معجم مصطلحات علوم الحياة

أنكليزي-عربي

All inquiries should be emailed to dr.hindsuhail@scbaghdad.edu.iq

ISBN: 1721524983

ISBN-13: 978-1721524983

معجم مصطلحات علوم الحياة

أنكليزي-عربي

الطبعة الثانية

تأليف

د.هند سهيل عبدالحي   د.محمد عمار الراوي

جامعة بغداد– كلية العلوم

قسم علوم الحياة

بسم الله الرحمن الرحيم

والصلاة والسلام على افضل الخلق والمرسلين سيدنا محمد وعلى آله الكرام الطيبين وصحبه الأبرار

الفاتحة

يقول الحق عز وجل « إِنَّا أَنزَلْنَاهُ قُرْآنًا عَرَبِيًّا لَّعَلَّكُمْ تَعْقِلُونَ »....(2) سورة يوسف. ويقول الرسول محمد (ص) « أَحِبُّوا الْعَرَبَ لِثَلاثٍ: لأَنِّي عَرَبِيٌّ، ولأنَ الْقُرْآنُ عَرَبِيٌّ ، وَلِسانُ أَهْلِ الْجَنَّةِ عَرَبِيٌّ ». إنه شرف ما بعده شرف للعرب وللغة العربية ان ينزل القرآن بلغة العرب وان يكون الرسول محمد (ص) من خيار العرب، وهو المرسل رحمة للعالمين، وإن اللغة العربية لسان اهل الجنة على إختلاف لغاتهم في الدنيا. تعد اللغة العربية اكثر لغات العالم استعمالاً. فالقرآن الكريم يقرؤه مئات الملايين كل يوم من العرب ومن غير العرب من المسلمين. والآذان ينادى به خمس مرات في اليوم باللغة العربية من مئات الآف من المآذن في مشارق الأرض ومغاربها وحيثما يوجد المسلمون. والآذان والصلاة لا تصحان إلا باللغة العربية.

لقد أثار هذا التشريف حقد أعداء العرب على كل ما هو عربي وبلغ ذروته في الحروب الصليبية، وفيما بعد بالغزو الأستعماري، العسكري، الأفتصادي والثقافي الذي هو أخطر أشكال الأستعمار لأنه يبقى بعد رحيل المستعمر. أن أحد ذرائع أعداء اللغة العربية في عدم صلاحيتها للتعليم الجامعي قصورها عن استيعاب المصطلحات الأجنبية. فما هو المصطلح، هذا الغول الأستعماري الذي تعجز لغة القرآن عن استيعابه؟ ان خير من يجيبنا هو من واجه هذه الدعابة السمجة منذ اكثر من 1200 عام العلامة السرمدي إبي عثمان عمر بن بحر الجاحظ (150-250 هـ) حيث يعرفه بأدق التعابير فيقول: "المصطلح لفظ يدل على معنى يفهمه أهل تلك اللغة"، اي ذلك التخصص. لقد وضع المعنيون قواعد وطرق للمصطلح. والطرق بإيجاز هي:

البحث عن مقابل، والأشتقاق، والمجاز، والنحت، والتعريب. واخيراً الأبقاء على المصطلح الأجنبي على حاله اذا لم تفِ الطرق السابقة ولو الى حين، مع تقديم شرح باللغة العربية.

لقد حفزنا الهجوم الشرس على اللغة العربية الى المبادرة في اعداد معجم في علم البيئة والحيوان، والذي استغرق منا نحو أربعة سنوات، بذلنا فيها من الوقت والجهد ما لايقدر بثمن. وهدفنا الوحيد خدمة اللغة العربية ومساعدة الباحثين والدارسين. وبما ان الكمال لله وحده، وكما قال الرسول (ص): « كل أبن آدم خطاء، وخير الخطّائين التوّابون » ، فاننا نرحب بكل نقد بناء ورأي سديد بهدف تطوير هذا المعجم ومن الله نطلب العون والثواب.

« قُلْ هَٰذِهِ سَبِيلِي أَدْعُو إِلَى اللَّهِ عَلَىٰ بَصِيرَةٍ »

محمد عمار الراوي   د.هند سهيل عبدالحي

A

a- لا (سابقة)

a- horizone الطبقة أ ،الافق أ: الطبقة العليا من التربة التي تحوي أعلى تراكم من المواد العضوية (الدبال) والنشاط الحياتي

aardwolf (*Proteles cristata*) ذئب الارض، العُسبر:من عائلة الضباع،حيوان صغير من الثدييات آكلة الحشرات، موطنه الاصلي في شرق أفريقيا والجنوب الأفريقي

abandon يهجر، يترك

abate يخمد

abatement خمود ،اختزال في القوة او الشدة

abaxial بعيد عن المحور

Abbott formula معادلة ابوت

abbreviated مقتضب، مختصر

abbreviation اختصار

abscess خُراج

abdomen البطن

abdominal بطني

abdominal appendage زائدة بطنية

abdominal ganglion عقدة بطنية

abdominal lateral بطني – جانبي

abdominal muscle عضلة بطنية

abdominal zone منطقة بطنية

abducens مبعد

abduct يبعد

abduction ابعاد

abductor muscle عضلة مُبعدة

aberrant زائغ، شاذ عن المألوف

aberration زيغ ،شذوذ

aberration,annual الزيغ السنوي

aberration,chromatic الزيغ، الانحراف اللوني

aberration,diurnal الزيغ النهاري

abeyance تعطل

ability قدرة، استطاعة

abiocoen لا حياتي:المحيط غير الحي،جانب البيئة غير الحياتي

abiogenesis,spontaneous generation نظرية النشوء الذاتي:نظرية شاعت سابقا على نطاق واسع في القرن 19 ثم فقدت مصداقيتها، وتشير إلى أن الكائنات الحية يمكن أن تنشأ مباشرة وبسرعة من المواد غير الحية وتسمى أيضا التولد التلقائي

abiogenesis, abiology لا احيائية ،لا عضوية

abiosis غير حي: انعدام او نقص الحياة

abiotic لاحياتي - لا احيائي

abiotic environment بيئة غير حياتية

abiotic factor عامل لا حياتي مثل الريح ، الحرارة،الرطوبة

abiotic stress اجهاد ناجم عن عوامل لاحياتية فيزيائية او كيميائية لبيئة الكائن الحي

abiotic stress resistance مقاومة الاجهاد في الكائنات الحية الناجم عن ارتفاع في العوامل غير الحياتية مثل الجفاف اوزيادة الملوحة

ablate يزيل، يستأصل، ازال ،جث

ablation الاجتثاث، إزالة اعلى طبقة من شيء، مثل ازالة الثلوج من على سطح جليدي بالذوبان او الريح، استئصال في علم الزراعة

ablution غسل او وضوء

abnormal شاذ

Abnormal Psychology علم النفس غير الطبيعي: دراسة الاضطرابات النفسية والعاطفية أو السلوكيات غير القادرة على التأقلم، أو الظواهر النفسية كالأحلام، التنويم المغناطيسي، ومستويات الوعي

abnormality شذوذ

abomasum مِنفحة (الجزءالرابع لمعدة الحيوانات المجترة)

aboral بعيد عن الفم

abort يجهض

abortion السقط ،اجهاض

abortive مُجهض،ناقص التكوين ،غير تام النمو

abraded كشط، متاكل، حك

abrasion حك ، سحج

abrasive حاك – ساحج

abreaction إزالة العقد بطريقة التحليل النفسي: إطلاق العواطف المكبوتة من خلال الكلام والسلوك أو الخيال

abrupt مفاجئ ،مبتور
abrupt speciation تكوين انواع مفاجئ: تكون نوع نتيجة لتغيير مفاجئ في عددالصبغيات وتكوينها
abscissa الاحداثي السيني: الخط الافقي في الرسم البياني
abscissic acid حامض ابسيسيك (هرمون نباتي)
absconding فرار
absenteeism, absentia غياب
absolute مطلق
absolute dominance hierarchy سيادة التسلسل الهرمي المطلق
absolute humidity الرطوبة المطلقة
absolute temperature درجة الحرارة المطلقة
absorbent ممتص
absorptiometer مقياس امتصاص
absorption امتصاص
absorptive cell خلية ماصة
abstinence امتناع
abstract ملخص، مجرد
abstraction مصدر اخر لاغراض صناعية ، تجريد ،ازالة الماء من النهر زراعية 2- ازالة شيء مثل الغاز ، الزيت او الحصى من الارض
abterminal متجه نحو الموكز: يتحرك من الطرف نحو المركز
abundance وفرة
abundant وافر
abundant rain مدرار، الغيث، المطر
abuse سوء أستعمال
abysmal اعماقي، سحيق، عميق جدا
abysmal fauna حيوانات الاعماق
abysmal region منطقة الهاوية ،اعماقية
abyss اعماق المحيط، الهاوية
abyssal اعماق المحيطات
abyssal animals الحيوانات العميقة
abyssal deposits رواسب الاعماق
abyssal fauna حيوانات الاعماق
abyssobenthic zone منطقة القاع الاعماقية
abyssobenthic احياء محيطية قاعية، تشير الى كائن يعيش في اعماق قاع بحراو بحيرة

abyssopelagic احياء محيطية طافية، تشير الى كائن يعيش على اعمق جزء من البحر او البحيرات على عمق اكثر من 3000 م
acacia السنط : شجرة أو شجيرة صغيرة تنتمي إلى جنس أكاسيا ، لها مجموعات من الازهار الصفراء الصغيرة
acanaceous شائك
acantha شوكة
acanthaceous شوكي ،شائك ، ذو شوك
Acanthia lectularius بق الفراش
Acanthoceridae,F. عائلة خنافس الازهار
Acanthocerus جنس من عائلة خنافس الازهار
acariasis داء الحلم
acarid القراد
Acarida, Acarina رتبة القراد (مفصليات تتطفل على الحيوانات)
acaridicide, acaricide مبيد القراد
acarinosis, acariasis الجرب: مرض جلدي يسببه الحلم
acaudal,acaudate بدون ذيل
acarpous لا ثمري ،عاقر ،ليس له ثمار
acarus حلم ،اكاروس
acceleration تسارع، تعجيل
accelerator المعجل
accentuation اشتداد
acceptable daily intake كمية المادة التي يمكن ان يستهلكها الانسان او الحيوان بامان يوميا خلال الحياة مثل المغذيات ، الفيتامين
acceptable limits حدود مقبولة
acceptor متقبل
accessory اضافي ،تابع ،لاحق
accessory cell خلية اضافية
accessory gland غدة اضافية
accessory jaw فك اضافي
accessory structures تراكيب اضافية
accessory vein عرق اضافي
accident طارئة،عرضي
accidental طارئ، مفاجئ،عرضي
accidental parasitism تطفل طارئ
accidental species نوع طارئ

acid fallout سقط حامضي:حامض يتكون في الجو ويسقط كدقائق بدون ماء
acid gland غدة حمضية
acid mine drainage بزل المنجم الحامضي
acid pulse ارتفاع مفاجئ بالحامضية
acid rain المطر الحامضي:انبعاثات من كبريتيد الهيدروجين واكاسيدالنتروجين سببها النشاط البشري من حرق للوقود الاحفوري، والتي تتفاعل مع بخار الماء لانتاج حامض النتريك والكبريتيك المخفف مسببة تكون غيوم حامضية ثم تساقط مطر أو ثلج .كما يدعى ترسب الأحماض والأمطار الحامضية
acid deposition, acid precipitation
acid soot سخام حامض:جزيئات حامض الكربون التي تسقط من الدخان المنبعث في المدخنة
acid soil تربة حامضية : التربة التي تسود فيها ايونات الهيدروجين ومن المحتمل ايونات الالومنيوم
acidic rock صخرة تحوي نسبة عالية من السليكا
acidic حمضية
acidification تحميض: جعل المادة حامضية او اكثر حامضية
acidifier محمض : مادة تستخدم لزيادة حمضية التربة
acidity حموضة ،نسبة الحامض في المادة
acid-neutralising capacity سعة الماء لمعادلة الحامض
acidophile محب الحمض: يعيش في وسط حامض
acidotroph حامضي التغذية
acid-proof مقاوم التاثير الضار للحامض
acinesia تعذر اوعجز عن الحركة
acinus عنيبة
acme اوج
acne العُد (مرض جلدي)
acoustic power القدرة الصوتية
acoustical design تصميم صوتي
acoustics دراسة الاصوات لاسيما مستويات الضوضاء في البنايات
acou- سمعي (سابقة)
acquired مكتسب

acclimate (to) يؤقلم، يتأقلم
acclimatization, acclimatisation,
acclimation أقلمة
acclimatize،acclimate يؤقلم
accommodation ملائمة، تكيف، مطابقة
accommodometer مقياس التكيف
accomodate استيعاب
accretion 1.نمو مادة غير عضوية عن طريق تلامس المادة لسطحها2- نمو مادة حول شيء3- تراكم، تراكم الثفالة
accumulate تجمع، تراكم او زيادة،لجمع عدة اشياء معا خلال وقت معين
accumulation تجمع،تراكم :عملية الازدياد بالحجم او الكمية خلال فترة من الزمن
accuracy دقة
accurate مضبوط ،دقيق
acellular لاخلوي
acentric بلا مركز
acephalous عديم الراس
acerose,acerous ابري الشكل
acetaldehyde اسيتالديهيد:سائل عطر طيار عديم اللون
acetate kinase انزيم الخلات
acetum خل
acetylcholinesterase(ACHE) إنزيم مسؤول عن تحطيم الأستيل العصبي في نقاط الاشتباك العصبي، وبالتالي منع الانتقال المستمر في الجهاز العصبي. هذا الانزيم هو الهدف الرئيسي للمبيدات الفوسفورية العضوية والمبيدات الحشرية الكارباماتية
achromatic غير ملون
achromatic objectives عدسات شيئية لالونية
achromous لا لوني ،لا يحتوي على المادة الملونة (صبغ)
aciculu ابرة
aciculum ابري
acid حامض
acid aerosol هباء حامضي سائل او صلب يندفع في الهواء

acu- ابري (سابقة)
aculeata الانواع اللاسعة ،ذوات الشويكات
aculeate ابري ، شوكي ،الحشرات التي لها الة لسع (غشائية الاجنحة)
aculei اشواك – ابر
acuminate مستدق الطرف
acute حاد، مدبب
acute exposure التعرض الحاد: تعرض الى ملوث او مادة مشعة لفترة قصيرة
acute health effect تأثير صحي حاد:مشكلة صحية تستمر لفترة قصيرة بعد التعرض لملوث او مادة مشعة
acute toxicity السمية الحادة: تركيز مرتفع من المادة السامة يجعل الناس يصابون بامراض خطيرة او قد يسبب الموت
ad. حتى
adapt يلائم، يُكيف: يتغير ليلائم ظروف جديدة او تغيير أو تعديل شيء لاستخدام خاص او تغيير موروثة في بنية أو وظيفة لتجعل الكائن الحي أكثر قدرة على البقاء والتكاثر، وذلك كجزء من عملية التطور
adaptability التكيفية ، قابلية التكيف
adaptation to habitat تكيف للموطن: ملائم للبيئة
adaptation, adaption التكيف: ظروف مهيئة للنمو في بيئة معينة
adapted مُهيا ، مُعد
adapted race سلالة متكيفة، أو متلائمة: شكل من عدة اشكال متشابهة ظاهريا ولكنها تختلف في بعض الصفات الكيميائية الحياتية او المرضية
adaptive تكيفي
adaptive capacity السعة التكيفية
adaptive radiation تكيف متشعب:تطور انواع مختلفة من سلف واحد حيث يصبح للاشكال المختلفة تكيفات مختلفة لملاءمة الظروف البيئية
adaptometer مقياس الملاءمة او التكيف
additional اضافي
additive 1- مواد كيميائية تضاف للغذاء لتحسين المظهر او لابقاءه طازجا.2. مواد كيميائية تضاف الى شيء لتحسينه

acquired character صفة مكتسبة: صفات تتطور استجابة للبيئة
acquired immunity مناعة مكتسبة:مناعة تنتج من تعرض الكائن الحي لمستضدات تحفز إنتاج الأجسام المضادة
acre وحدة قياس مساحة الارض تساوي4840 يارد مربع او 0.4047هكتار
acreage مساحة الارض مقاسة بالايكر
acrid له رائحة او طعم مر قوي
Acrididae,F. عائلة الجراد والنطاط قصير القرون
Acridology علم الجراد
acridophage آكل جراد
acro- طرف،نهاية (سابقة)
acrotic سطحي، خارجي
acrophobia رهاب المرتفعات
acrosome جسيم طرفي الجزءالأمامي من الحيوانات المنوية يساعد في اختراق غشاء البيض
acrotrophic قليلة الغذاء
act فعل
Actias*(=*Tropaea*)*luna العثة القمرية أو عثة لونا: هي إحدى أكبر العث المعروفة وأكثرها جمالاً، تعود إلى عائلة Saturniidae
actic ساحلي:منطقة ساحلية –بين حدي المدوالجزر
actinomorphic شعاعي الشكل
Actinomycetes فطريات شعاعية
Actinopoda شعاعيات الاقدام
action فعل
activated carbon كاربون منشط
activated sludge الحمأةالمنشطة،الخبث المنشط :حماة صلبة تحوي كائنات دقيقة نشطة وهواء تخلط مع حماة غير معاملة لزيادة عملية التنقية
activation تنشيط
activator منشط
active immunity مناعة فعلية (فعالة)
active ingredient مادة فعالة
active organic matter موادعضوية من عملية التحلل التي تقوم بها البكتريا
actual rate of increase المعدل الحقيقي من الزيادة

adjust يعدل، ينظم، يضبط
adjustment احكام ، تنظيم، ضبط
adjustment,coarse ضبط (اعداد) تقريبي
adjustment,fine ضبط دقيق
adjustment,moisture ضبط الرطوبة
adjustor ضابط
adjuvant مساعد، شيء يضاف لتحسين الفاعلية
adnexa ملحقات
adolescence اليفع، المراهقة
adolescent يافع، مراهق
adopt يتخذ، يتبنى
adoptive immunity (=acquired immune) مناعة مكتسبة
adoral قرب الفم
adrenal كظري
adrenalin الكظرين، الادرنالين
adsorbent ماز
adsorption امتزاز وتجمع سطحي: الالتصاق بالسطح الخارجي
adspersed مبعثر، مشتت اي له انتشار واسع
adulate يتملق
adulator(s) متملق
adult بالغ
adult imago الحشرة الكاملة بعد اخر انسلاخ
adult insect حشرة كاملة (يافعة)
adult stage الطور الكامل ،طور البلوغ
adulterant غاشة، شائبة:مادة تستعمل في الغش
adulteration شوب: يجعله غير نظيف وغير لائق
adulterer الزاني
adulteress الزانية
advanced متقدم
advanced gas-cooled reactor نوع من المفاعل النووي
advection حركة الهواء في اتجاه افقي
adventitious 1- على الخارج او على مكان غير معتاد2- تشير الى جذر ينمو من عقدة من ساق النبات وليس من جذر اخر 3. عرضي ،دخيل
adventitious bud برعم عرضي
adventitious root جذر عرضي

adduction تقريب
adductor magnus muscle عضلةمقربةكبيرة
adductor muscles عضلات قافلة ، قابضة
adenine ادينين: قاعدة نتروجينية من نوع البيورين توجد في الاحماض النووية والنيوكليوتيدات مثل ادينوسين ثلاثي الفوسفات وادينوسين ثنائي الفوسفات
adenoid غُداني: تركيب غدي او شبيه بالغدي او لمفي متضخم
Adenology علم الغدد
adenose غُدي، او غدد - شبه غدي
adenosine diphosphate(ADP) ادينوسين ثنائي الفوسفات
adenosine monophosphate (AMP) ادينوسين احادي الفوسفات
adenosine triphosphate(ATP) ادينوسين ثلاثي الفوسفات
Adephaga رتيبة الخنافس المفترسة
adequate وافي
adfrontal جار جبهي
adherent ملتصق
adhesion لصق ،التصاق
adhesion force قوة الالتصاق
adhesive لاصق
adhesive disc قرص لاصق
adhesive organ عضو لاصق
adhesive tube انبوبة لاصقة
adiabatic lapse rate معدل هبوط ثابت الحرارة
adiabatic ثابت الحرارة:تغييرفي حرارة كتلة من الهواء نتيجة ضغط او تمدد بسبب زيادة او نقصان في الضغط الجوي بدون خسارة او ربح في الحرارة من والى المحيط
adipo- دهن، شحم (سابقة)
adipose (Zool.) شحم ، دهن حيواني
adipose cell,adipocyte,fat cell خلية دهنية
adipose tissue نسيج دهني
adiposis سِمْنَة ،تشحم
adjacent متاخم، مجاور
adjunct يُلحق، يُضيف، يُساعد

adventitious vein عرق عرضي

adverse 1- سيء او فقير 2- مؤذي 3- التحرك بالاتجاه المعاكس

adverse health effect تاثير ضار على صحة الشخص نتيجة لتلامس مع ملوث او تحسس

adynamic واهن

adynamia فقدان القوة أو النشاط، عادة بسبب المرض

aecentuate يؤكد

aecruing نمو النبات فجاة

aedeagus قضيب – آلة السفاد

aedes الزاعجة: بعوضة الحمى الصفراء

Aedes triseriatus نوع من البعوض

Aegeriidae,F. عائلة الفراشات شفافة الاجنحة

aelophilous ريحي الانتشار: ينتشر بوساطة الرياح

aeolian ريحي

aeolian deposits ترسبات ريحية، الترسبات القرارية

aerate يهوي: السماح بدخول الهواء الى المادة لاسيما التربة او الماء، او هوائي :اجزاء النبات التي تنمو فوق الارض

aeration تهوية

aerator مُهوِّي

aerial هوائي

aerial root جذر هوائي

aero-aer- هوائي (سابقة)

aeroallergens محسسات هوائية: هي أي مادة محمولة جوا، تسبب رد فعل تحسسي مثل غبار الطلع أو الجراثيم

aerobe,aerobic حي هوائي ،حيهوائي: يشير الى الحياة بوجود الاوكسجين الحر اما بشكل غاز في الغلاف الجوي او مذاب في الماء

aerobic هوائي:يحتاج اوكسجين لوجوده او لحدوث تفاعل بايو كيميائي

aerobic animals الحيوانات الهوائية

aerobic digestion هضم هوائي

aerobic respiration تنفس هوائي

aerobiosis الحيهوائية: نشاط حياتي بوجود الاوكسجين

aerodynamic ديناميات الهواء:هو فرع من الديناميكية التي تهتم بدراسة حركة الهواء، لاسيما عندما يتفاعل مع جسم صلب

aerodynamic method طريقة الديناميكا الهوائية: طريقة لمراقبة معدلات الإنتاجية الأولية، وهي مفيدة بشكل خاص في دراسات مجتمعات الأحراج أو الغابات

aerolisation, aerolization انتقال المادة بشكل بخار او دقائق دقيقة في الهواء

aerophyte-epiphyte نبات معلق،هوائي

aerosol هباء،كمية الدقائق الصغيرة لسائل معلق في الغاز تحت الضغط يرش من حاوية

aesthesia حس ، ادراك

aesthetic injury level المستوى الذي تصبح فيه الفائدة او المنفعة من مكافحة الافة مقبولة

aestival or (estival) صيفي

aestival aspect مظهر صيفي

aestivation اصطياف(السبات الصيفي):1-سكون في بعض الحيوانات خلال الصيف او الجفاف 2- ترتيب الاوراق التويجية والكاسية في برعم الزهرة

aetiological agent عامل يسبب مرض

Aetiology علم اسباب المرض : مبحث اسباب المرض

affect يؤثر

affective منبه ،مؤثر

afferent وارد، احساسي

affinity الفة ، ميل

affinity chromatography جاذبية الفصل اللوني

affinity constant ثابت الجاذبية ،ثابت الميل

afflux فيض

afforest يشجر،يحرج:زراعة الارض بالاشجار

afforestation تشجير:تنمية الاشجار كمحصول

aflatoxin افلاتوكسين: سموم فطرية منتجة من فطر *Aspergillus*

after bay رافد

afterbirth بعد الولادة

afterburner 1.جهاز لزيادة قوة الدفع من محرك طائرة عن طريق جهاز لحرق أو تغيير كيميائي

لمركبات الكربون غير المحترقة أو المحترقة جزئيا في غازات العادم

aftercare 1. ترتيبات لمنع التلوث البيئي في المستقبل والناتج عن نشاطات متوقفة 2. استمرار إدارة التربة أو الغطاء النباتي في منطقة مصلحة او معاد زراعتها 3. العناية بالناقهين

agamete لا كميتي ، لا تزاوجي

agamic تكاثر لا تزاوجي –لا كميتي

Agaontidae,F. عائلة حشرات التين من رتبة غشائية الاجنحة

Agathidium جنس من عائلة خنافس الجيف

age عمر

ages احقاب ،دهور

age class صنف العمر

age distribution توزيع العمر: نسبة عمر كل مجموعة في السكان(قبل التكاثر،التكاثر،بعد التكاثر)

age of fishes عصر الاسماك

age pyramids اهرام العمر

age schedule of births جدول عمر ولادات

age schedule of deaths جدول عمر وفيات

age,developmental عمر تطوري،عمر النمو او النشوء

agenesis لا تكون،عدم تكون

agent عامل

ageotropism انتحناء في اتجاه بعيدعن الارض

age-specific birth rate معدل ولادةعمرمعين

age-specific death rate معدل وفاة عمرمعين

agglutinate لاصق

agglutination تلازن ،تخثر،الصاق

agglutination spontaneous تلازن ذاتي

agglutinin اجلوتينين، مُلزن ،مادة ملصقة

agglutinins,immune ملزنات مناعية

agglutinins,normal ملزنات طبيعية

agglutinins,specific ملزنات نوعية

agglutinogen مولد الملزن

agglutinoid شبه الملزن

aggravate يفاقم:جعل شيء ما اسوء

aggravation اسْتِفْحَال،إشْتِداد،تَأزّم،تَصعِيد،تَفَاقُم

aggregate متجمع

aggregate fruits ثمرة متجمعة

aggregation تجمع: تجمع كائنات في مجموعة كما في الجراد

aggregation dispersion تشتت التجمع:توزيع الافراد بنمط تجمعات مبعثرة (مثل قطعان، اسراب، مجاميع الاسماك)

aggregation phase طور التجمع

aggregation pheromone فرمونات تجمعية

aggregational respons استجابة تجمعية

aggression عدوان

aggressive عِدائي ، عدواني

aggressive mimicry محاكاة الهجوم

aggressors عدوانيون

agitate رجَّ، هزَّ،هيجَّ، أَثَارَ

agitated ثائر، هائج

aglossa لا لساني

agnathous بدون فك

agnosia فقد الادراك: فقدان القدرة على تفسير المنبهات الحسية، مثل الأصوات أو الصور

agranular لا حُبيبي

agri- زراعي (سابقة)

agricultural زراعي

agricultural burning حرق زراعي

agricultural chemicals كيمياويات زراعية

agricultural chemistry كيمياء زراعية

agricultural drain مبزل حقلي

agricultural pollution تلوث زراعي

agricultural waste فضلات زراعية

agriculture زراعة

agri-environmental indicator مؤشر الزراعة البيئية : مؤشر يهدف لتقديم معلومات عن التفاعلات المعقدة بين الزراعة والبيئة

agrilus خنفساء الشجر

Agrionidae,F. عائلة الرعاشات عموديةالاجنحة فوق الظهر عند الاستراحة

Agriotes جنس ديدان سلكية تعود لعائلة خنافس Elateridae

Agrotis segetum عثة اللفت، تعود لعائلة Noctuidae

agro- زراعي (سابقة)

agrobiodiversity التنوع الحياتي الزراعي:

جوانب التنوع الحياتي التي تؤثر على الزراعة وانتاج الغذاء بضمنها ما بين الانواع والانواع وتنوع النظام البيئي
agrochemical industry الفرع من الصناعة الذي ينتج المبيدات والاسمدة المستخدمة في الزراعة
agrochemicals المبيدات والاسمدة للاستعمال الزراعي
agroclimatology دراسة المناخ وتاثيره في الزراعة
Agroecology علم بيئة الزراعة
agroecosystem نظام بيئي زراعي
agroforestry نموالمحاصيل الزراعية والاشجار معا كوحدة زراعية
agroindustry التصنيع الزراعي
Agromyzidae,F. عائلة ذبابة الفاصوليا
agronomic زراعي
Agronomy 1.المحاصيل الحقلية2.علم الزراعة، الزراعة العلمية:دراسة القوانين والقواعد التي تسمح بتطبيق العلوم على الزراعة
agro-technology التقنية الزراعية
Agrotidae (=Noctuidae**), F.** عائلة العث الليلي (الديدان القارضة)
Aiolopus strepens نطاط الارز
air هواء
air bladder مثانة هوائية، كيس مملوء بالهواء
air compressors ضاغطات هوائية
air conditioning تكييف هوائي
air craft طائرة
air hunger عوز الهواء
air monitoring مراقبة الهواء: اخذ عينات من الهواء لفحص مستوى التلوث
air plane mapping المسح الجوي
air pollutants ملوثات الهواء مثل الغاز او الدخان
air pollution تلوث الهواء: وجود شوائب دقيقة في الهواء النقي
air porosity مسامي التهوية: نفاذي للهواء
air quality standards حدود قانونية لوجود ملوثات معينة في الهواء
air quality نوعية الهواء في مكان معين
air sac كيس هوائي
air stripping الانتزاع بالهواء: تقنية ازالة الملوثات من الماء
airborne محمول جواً
airborne lead دقائق رصاص محمولة بالهواء تسبب تلوث
air-fuel ratio نسبة هواء- وقود
akinesia,akinesis لا حركي: بطء او فقدان القدرة على الحركة او شلل مؤقت في العضلات
akinesthesia تعذر إدراك الحركة
akinetic لا حركي
Al رمز الالمنيوم
ala تركيب جناحي ،جناح
alar جناحي
alary muscle عضلة جناحية
alary جناحي
alate (alatae) مجنح
albedo قياس قابلية السطح لعكس الضوء
albedo of earth بياض الارض(ما يعكسه) من ضوء ساقط عليه
albino امهق:عدم وجود مادة صبغية في الجلد او الشعر
albumen آح- بياض البيض
albumin زلال
albuminimeter مقياس الزلال
alces الالق (حيوان مجتر)
alchemy الكيمياء
alder moth(*Acronicta alni***)** عثة نبات جار الماء تعود الى عائلة الفراش الليليNoctuidae
alecithal عديم المح
alepidote بدون قشور
alert يقظ
aletophytes نباتات هائمة:نباتات النفايات الرطبة (نباتات تعيش بشكل مستعمرات في الردم)
alfalfa weevil سوسة الجت
alga (pl. algae) طحلب
algaecide مبيد طحالب
algal طحلبي
algal bloom ازدهار طحلبي: كتلة من الطحالب تنمو بسرعة في البحيرات نتيجة الوفرة الغذائية

allele frequency تكرار الصنو: شيوع الصنو في السكان

allelochemical ممرضات كيميائية: المنتجات الكيميائية غير الغذائية التي ينتجها نوع واحد وتؤثر على نمو وصحة وسلوك، أو تكاثر نوع آخر مثل المواد الكيميائية النباتية التي تعمل في النباتات كدفاعات ضد الحيوانات العاشبة أو مسببات الأمراض

allelochemic substance مواد ممرضة كيميائيا

allelogenic متولد خارجيا

allelomorph متعدد اشكال الصنو

allelopathic substance مواد ممرضة او مانعة

allelopathy الممرضية:تاثير نبات حي على نبات اخرمن خلال اطلاقه مادة كيميائية ضارة او سامة تحد انبات او نمو الاخر

Allen's rule قاعدة آلن، قاعدة تبين ان الحيوانات ثابتة الحرارة في المناطق الباردة لها اذان وارجل اصغرمن حيوانات المناطق الدافئة، لتقليل نسبة حجم الجسم الى سطحه

allergen حساسة، مادة تثير تسبب حساسية،عادة بروتين وتشمل الاغذية ، شعر الحيوانات ، الغبار وحبوب اللقاح

allergenic يسبب حساسية، مُحسس

allergic diseases امراض الحساسية

allergy حساسية

alleviate يقلل او يختزل التاثير الضار

alleviation اختزال او تقليل التاثير الضار

alley cropping المحاصيل البينية: زراعة محاصيل مثل الذرة بين الاشجار

allochthonous 1.نباتات او حيوانات او مواد عضوية توجد في مكان غير الذي تكونت فيه، او ذات اصل اجنبي،2. موجود او مدفون في مكان بعيد من موقع التشكيل (الجيولوجيا)

allogamy تلقيح خلطي

allogenic succession انشاء مجتمعات متعاقبة في منطقة معينة نتيجة عوامل بيئية خارجية أو أضطراب مثل حريق او فيضان

algal control منع نمو الطحالب

algal mat حصيرة طحلبية

-algia ألم (لاحقة)

algicide متلف، مبيد الطحالب

algoculture زراعة الطحالب: تنمية الطحالب تجاريا للاغراض العلمية

Algology علم الطحالب

algophage ملتهم الطحلب

algor برودة، قشعريرة

alibility تغذية

alible مُغَذٍ (مُغَذّي)

aliform جناحي الشكل

align يرصف

alignment تراصف، رصف، محاذاة

aligned مصطفة، مصفوفة

aliment غذاء

alimentary غذائي

alimentary canal قناة الهضم

alimentation اطعام

alinotum الصفيحة الظهرية الجناحية

alkali قلي

alkali lakes بحيرات قلوية

alkalimetry قياس القلوية

alkaline قلوي

alkaline gland غدة قلوية

alkalinity قلوية

alkaloid اشباه قلوية، قلواني: واحد من المواد السامة الموجودة في النبات وتستعمل للدفاع ضد العاشبات

Allee effect, or Allee principle of aggregation تأثير أو مبدا اللي للتجمع: تاثير كثافة السكان على نمو السكان حيث ينخفض معدل التكاثر عند كثافات سكانية واطئة ، ويوجد ارتباط موجب بين كثافة السكان والتكاثر وبقاء الافراد. عرفه لاول مرة W.C.Allee (عام1931)

allele أليل،صنو:شكل من اشكال الجينات،او اشكال بديلة اخرى للورثة (الجين): لفظة استعملها مندل للتعبير عن الجينات بالمفهوم الحديث للوراثة ،توجد في المكان نفسه على زوجي الكروموسومات وتسيطر على وراثة نفس الصفة

allometric growth نمو متسارع:نمط من النمو فيه جزء من الجسم ينمو بمعدل مختلف عن أجزاء أخرى من الجسم أو الجسم ككل

allometry (=biological scaling) مقياس التنامي(المقياس الحياتي): في علم الحياة "يتعلق التغير في الكائنات الحية بالتغييرات النسبية في حجم الجسم". وكمثال في الثدييات بدءاً من الفأر إلى الفيل ، فكلما أصبح الجسم أكبر فأن ضربات القلب تصبح ابطأ، والعقول تصبح أكبر والعظام أقصر وأرق نسبيا، وتطول مدة الحياة، وحتى الخصائص المرنة بيئيا، مثل الكثافة السكانية وحجم مدى المسكن يمكن ان تقاس بطريقة تنبؤية تبعا لحجم الجسم

allomones مانعات:مواد يستفيد منها الكائن الحي المنتج وتضر الكائنات المستقبلة،مثل مواد كيميائية ذات رائحة كريهة لحمايته من الأعداء الطبيعية

altruism إيثار:سلوك الكائن الحي الذي لا يستفيد لنفسه مباشرة ولكن يسهم في رفاه الآخرين داخل مجموعة الأسرة، او هو اختزال فرصة احد الافراد في البقاء او انتاج الذرية لصالح فرد آخر من نفس النوع

altruistic behavior سلوك ايثاري: سلوك اجتماعي يزيد ظاهريا فرص بقاء وتكاثر افراد اخرى في السكان على حساب الفرد الذي يظهر هذا السلوك

allopatric حيوانات منفصلة الموطن: حيوانات ونباتات من نفس النوع تنمو في اجزاء مختلفة من العالم ولا تتزاوج بينها

allopatric speciation تنويع أو انتواع منفصل الموطن: ظهور انواع جديدة (من سلف مشترك الى انواع متميزة) ناتجة عن انعزال جغرافي للسكان

allopatry المواطن المنفصلة

allotrophic مغاير التغذية:له قيمة غذائية متغيرة ومنخفضة

alloy سبيكة خليطة

allo- مخالف،مختلف (سابقة)

alluvial غريني ،رسوبي ،طميي

alluvial clay بُغاء، رسوبي

alluvial deposits رواسب غرينية، مواد طينية مترسبة في قاع النهراو البحيرة

alluvial flat(alluvial plain) منطقة مسطحة على طول النهر حيث يترسب الغرين عندما يفيض النهر

alluvial mining استخلاص المعادن من ترسبات الغرين كالذهب

alluvial soil التربة التقنية

alluvium طمى ،غرين

Alopex lagopus الثعلب القطبي

alpha diversity عدد الانواع الموجودة بمنطقة صغيرة

alpine البي ، ذو علاقة بجبال الالب

alpine tundra تندرا آلبية: ظروف مشابهة للتندرا توجد فوق خط الاشجار في الجبال العالية

alternate متبادل

alternate host مضيف بديل

alternately بالمقابل

alternation تناوب ،تبادل ،تحويل

alternation of generations تعاقب او تناوب الاجيال:جيل يتناسل جنسيا يليه جيل يتكاثر لا جنسيا كما في السراخس

alternative energy الطاقة المنتجة من المد ، الريح ، الطاقة الشمسية

alternative مختلف ،غير تقليدي

alternative fuel وقود نظيف بديل مثل الميثانول

alternes تناوب السيادة :تحول سيادة نبات في بيئة معينة نتيجة لتغير عوامل بيئية مناخية -تعاقب داخلي- تداخل نوع من النبات في بيئة مفاجئة محددة من نوع اخر

altimeter مقياس الارتفاع

altitude ارتفاع، زاوية الارتفاع، الارتفاع عن مستوى سطح البحر

altitude level مستوى الارتفاع

altitudinal zonation تمنطق ارتفاعي: تغيير في تركيب مجتمعات النبات او الحيوان في منطقة تبعا للارتفاع

altruism ايثار:سلوك الحيوان الذي يختزل فرصته في البقاء او انتاج الذرية لكن يزيد فرص لفرد اخر قريب الصلة من نفس النوع

alula(pl. alulae=calypter) فص قاعدي للجناح ، او وسادة جناحية في ثنائية الاجنحة

alum شب (حجر الشب)
aluminium arsenate زرنيخات الالومنيوم
aluminium(Al) الالمنيوم
alveolus حويصلة
amanthophilus استيطان التلال الرملية: ما يوجد او يسكن على التلال الرملية
amber كهرمان
ambient المحيط: يشير الى الظروف المحيطة
ambient climate المناخ المحيط: الظروف الجوية المحيطة بنقطة جغرافية معينة
ambient conditions الظروف المحيطة، مثل الرطوبة، الحرارة او ضغط الهواء
ambient environment البيئة المحيطة بنظام بيئي
ambient quality standards المستوى المقبول للهواء النظيف
ambient temperature (ta) حرارة الهواء المحيط
amelioration تحسين(البيئة)
amendment ,soil تعديل: كل مادة تضاف للتربة وتبدل من خواصها
amensal مانع
amensalism ممانعة: علاقة بين نوعين مختلفين احداهما يتضرر أو يثبط والاخر لا يتأثر ، او هي حالة حيث يتاثر نوع باخر سلبيا
ametabola عديمة التحول
ametabolous metamorphosis عديمة التحول
amines امينات
amino acid حامض اميني:الوحدة التي يتكون منها جزيء البروتين
amitosis انقسام الخلية مباشرة بوساطة الانشطار البسيط للنواة دون تشكيل المغزل أو ظهور الكروموسومات
ammonification نترجة:معاملة أو نقع شيء في الامونيا
ammonotelic مفرغة امونيا
ammonotelism ايض الامونيا
amoeba اميبا
amoebocyte خلية اميبية
amoeboid اميبي
amorphism لا شكلية
amorphous عديم الشكل
amount كمية
amphi- من الجانبين
amphibian برمائي: فقريات متغيرة درجة حرارة الجسم التي تعيش عادة على الأرض ولكن تتم التربية في المياه، اليرقات مائية ثم تتحول إلى شكل البالغة
Amphibia برمائيات:واحد من أصناف الحيوانات الفقرية
amphibious برمائي: متعلق بكل من البر والماء او معد لهما
amphichromatic ثنائي اللون: انتاج زهور من لونين مختلفين على النبات نفسه
amphioxus الهيم ، الرميح
amphiphyte برمائي المعيشة
amphipneustic system جهاز تنفسي ذو فتحات تنفسية في الحلقتين الصدرية الاولى والبطنية الاخيرة
amphipoda مزدوجة الارجل
Amphipyra اسم جنس لعث، وهو الجنس الوحيد الباقي لعويلة Amphipyrinae
Amphipyra pyramida عثة نحاسية الجناحين الخلفيين من عائلة العث الليلي او بوم الليل Noctuidae
amphoteric compound مركبات ثنائية القطب
ampliate امتداد، اتساع ،انبساط
amplitude السعة،الاتساع، متسع، متسع الذبذبة، قيمة الذروة، او القيمة القصوى المطلقة لكمية متفاوتة بشكل دوري (الفيزياء)
amputation بتر
amyotrophia ضمور العضلات : انخفاض في حجم العضو ناتج عن المرض أو عدم الاستعمال
anabatic wind تيارات الريح الصاعدة ، او رياح تحدث بسبب حرارة الشمس على الارض
anabiosis الذماء: بقية الروح في المذبوح(لغويا)، تطلق على الكائن الذي يبدو ميتاً في ظاهره (بيئيا)
anabolic ابتنائي

anabolism ابتناء، عملية البناء،عملية تمثيل المواد الغذائية - بناء الغذاء
anachoretic المتخفيات، أو تعيش حياة ناسك
anadromous fish , anadromesis,
anadromy مصعد:نوع من الهجرة لاسماك تصعد من البحار الى الانهار لتضع بيوضها مثل السلمون
anaemia فقر دم
anaerobe لا هوائي
anaerobes كائنات لاهوائية
anaerobic لاهوائي، يشير الى حياة او عملية تحدث بغياب الاوكسجين الحر
anaerobic decomposition التحلل اللاهوائي : تحلل السليلوز والبروتينات في غياب الأوكسجين، كمافي مرادم النفايات، وينتج غاز الميثان وثاني أوكسيد الكربون
anaerobic processes عمليات لا هوائية
anaerobiosis الفاعلية الحياتية التي تحدث بدون الحاجة الى الاوكسجين
anaesthesia تخدير
anaesthetic مخدر
anal شرجي -خلفي
anal angle زاوية خلفية
anal aperture فتحة شرجية
anal area منطقة خلفية
anal cerci قرون شرجية
anal circus قرن شرجي
anal crossing تقاطع خلفي
anal fin زعنفة شرجية
anal lobe فص خلفي
anal margin حافة خلفية
anal papilla حلمة شرجية
anal veins عروق خلفية:عروق طولية تقع خلف العرق الزندي وغالباً ما تكون ثلاثة في العدد
analogous مضاهي (مناظر في الوظيفة)
analogous structure تراكيب متشابهة وظيفيا
analogue مضاهاة
analogy مضاهاة،تشابه وظيفي:تشابه في المظاهر الخارجية او الوظيفية لتراكيب من منشأ مختلف. فالعناصر الهيكلية للاجنحة في الخفاش، والزواحف المنقرضة والطيور متماثلة في انها جميعا تحويرات للنمط العام للطرف الامامي في الفقريات الارضية . والاجنحة في الحشرات تضاهي الاجنحة في الفقريات.ومع انها تستعمل للطيران الا انها غير مشتقة من الاطراف، ولكن من امتدادات خارجية من جدار الجسم
analysis تحليل
analysis, organic تحليل عضوي
analysis, qualitative تحليل نوعي
analysis, quantitative تحليل كمي
analysis, volumetric تحليل حجمي
anamnesis الذاكرة
anaphysis نمو،نماء:امتداد خيطي في بعض انواع الاشن
anaplasia شذوذ، شاذ، نواحٍ تظهر مختلفة عن الطريق السوي
Anarhopus sydneyensis شبيه طفيل يعود لعائلة Encyrtidae
anasarca استسقاء
Anatomy علم التشريح
ancestor السلف
anchorage ارساء، رسو
anchor مثبتة،مرساة،انجر:مرساة السفينة(فارسي)
ancillary مساعد
andrena نحل بري
androgen اندروجين، ذكوري ،هرمون الخصية
andro ذكري
anemia فقر دم
anemochore ريحي الانتثار: نبات ينتثر عن طريق الرياح
anemograph اداة تسجل بيانياً اتجاه الريح والسرعة
Anemometer المرياح: مقياس شدة الرياح او سرعتها ،مقياس الريح
anemone شقيق البحر
anemophile تلقيح ريحي:التلقيح بوساطة الرياح وما تحمل من لقاح
anemophobe متاثر بالرياح
anemoplankton عوالق هوائية: كائنات حية تنتقل من مكان الى اخر في الهواء بوساطة الرياح

anemotaxis انجذاب ريحي: الاتجاه تبعا للريح عادة يشمل المشي أو الطيران عكس اتجاه الريح
aneroid barometer جهاز يبين التغيرات بالضغط الجوي
angi- وعائي (سابقة)
angina خناق
angiosperms مغطاة البذور
angiosperm نباتات مغطاة البذور
angle زاوية
angstrom units انكستروم :وحدة طول =0.1 ملي مايكرون
Anguilla جنس من ثعبان السمك او الانقليس يعود لعائلة Anguillidae
Anguillidae,F. عائلة ثعابين السمك
anguilliform ثعباني الشكل
angular زاوي
angulier زاوي من الزاوية
angustasia الكآبة، الضيق
angustate ضيق
anhelation عسر التنفس
anhydrous لا مائي
animal husbandry تربية الحيوان
animal distribution التوزيع الجغرافي للحيوان
animal ecology علم بيئة الحيوان: دراسة العلاقات بين الحيوانات وبيئتها
animal kingdom المملكة الحيوانية
animalcule حيوان دقيق
animalism البهيمية، الحيوانية
animation احياء،حيوية ،رسوم متحركة
anion ايون سالب الشحنة
anisochromic غير متماثل اللون
anisomeric متفاوت:غير مصنوع من نفس نسب المكونات
anisometric غير متناسق
anisopleural مختلف الجانبين
Anisoptera(dragon flies) الرعاشات الكبيرة
ankylo- التصاق ،قسط (سابقة)
Annelida الحلقيات
annoyance scale نظام تصنيف كمية الازعاج والضرر
annoyance sound level نقطة بدا تسبب الضوضاء بازعاج
annual حولي ، سنوي
annual rhythum تناغم حولي :ايقاع حولي او سنوي
annular حلقي
annulated ذات قطع حلقية او تقسيمات
annulus حلقة
Anodonta جنس من محار الماء العذب
anomalous غير سوي ، شاذ
anomaly شذوذ: لاقياس،خروج عن القياس
Anopheles annulipes نوع من بعوض الانوفلس
Anopheles culifacies نوع من بعوض الانوفلس
Anopheles gambiae بعوضة الجامبيا
Anoplura رتبة القمل الماص
anoxia عوز تام للاوكسجين
anoxic ماء يفتقد الاوكسجين
anoxybiosis فعاليات حياتية تحدث بغياب الاوكسجين
ant نمل
ant lion اسد النمل
antagonism تضاد، تنافس، تنافر
antagonist مضاد في العمل
antagonist muscle عضلة مضادة في العمل
antagonistic مُضاد،عداء ضاد :مقاومة كائن حي لاخر بوساطة افرازه سموم او مضادات تقتل او تمنع اقترابه من منطقة النمو
antagonistic allomones مانعات تضادية
antagonistic symbiosis مُصاحبة تضادية، تصاحب مضاد
antarctic القطب الجنوبي: مساحة الارض حول القطب الجنوبي مغطاة بالثلج والجليد
antarctica قارة غير ماهولة تقع حول القطب الجنوبي
ant-catcher (ant-thrush) مفترس النمل

ant-cow المن الذي ينتج الندوة العسلية التي يتغذى عليها النمل
antecedent السابق ،السابقة
anteclypeus درقة امامية
antelope بقر الوحش ،ظبي
antenna (pl. antennae) قرن استشعار، مجس: زوج من التراكيب المفصلية تقع في اعلى الراس فوق اجزاء الفم وغالباً ما تكون حسية
antenna club تضخم القطع الطرفية في قرن الاستشعار الصولجاني
antennal fossa حفرة قرن الاستشعار
antennal groove ميزاب قرن الاستشعار
antennal socket حفرة قرن الاستشعار
antennule قرين استشعار امامي قصير
antenodal قبل عقدي
antenuptial قبل الزواج
anterior امامي ،متقدم
anterior cross vein عرق عرضي
anterior end طرف امامي
antero- امامي (سابقة)
ante- امام (سابقة)
Antilocapra americana بقر الوحش:يستوطن في غرب ووسط أمريكا الشمالية
anther المتك
Anthomyidae,F. عائلة ذباب الازهار، تحفر يرقاتها في اوراق النباتات والسوق والجذور
anthophagus آكل الازهار
anthozoa الحيوانات الزهرية
anthracite فحم الانثراسايت
anthrax الجمرة الخبيثة:مرض يصيب المواشي والاغنام بسبب بكتريا
anthropochorous انتشار بالانسان :انتشار النباتات بوساطة الانسان ووسائله المختلفة
anthropogenic مولدة او ناتجة من قبل فعاليات الانسان
anthropoid شبيه الانسان
Anthropology علم السلالات ،علم وصف الانسان
anthropomorphous تشكيل الانسان
anthropophagous آكل لحم الانسان
Anthroposophy علم طبائع البشر
anthropotomy التشريح البشري
anthrosol نوع من التربة تم تشكيلها أو تعديلها بشكل كبير بسبب النشاط البشري على مدى طويل ، او هو نمط تربة حضري من صنع الانسان، تحوي على وفرة من مسحوق الاسمنت،غبار، حطام ومواد مالئة
Anthus trivialis ابو تمرة الاشجار- طير
Anthus partensis ابو تمرة المروج- طير
antidust ضد الغبار
anti-,ant- مضاد ، ضد (سابقة)
antibiosis تضادية حياتية ،تضاد الحياة ،تصاد
antibiotic صادة(مضاد حياتي)
antibodies الاجسام المضادة
antibody الضِد ،جسم مضاد
anticlockwise معاكس لاتجاه عقرب الساعة
anticoagulin مضاد للتخثر
anticyclonic اعصار مضاد،او يشير الى الاتجاه المعاكس لدوران الارض
anticyclonically الاتجاه المعاكس لدوران الارض
antidote ترياق ، درياق ،مضاد السم
antidune كثيب مضاد: تشيكل منحدر حاد ضد اتجاه تيار سريع
antifeedant طاردة: كيميائية وغالبا سامة تمنع أو تقلل التغذية
antifouling paint مبيد تُطلى به اسفل السفينة لمنع نمو الكائنات الحية على جسم السفينة
antifungal ضد الفطر
antigenic مستضدي
antigen مولد الضد، مستضد: مادة تساعد على تنبيه الجسم لافراز اجسام مضادة
antigrowth مضاد النمو
antihelmintic(Anthelmintic) طارد الديدان
antimony الانتمون ،الاثمد
antimycotic ضد الفطر
antioxidant مضاد الاكسدة، مادة تمنع التاكسد
antiphone ضد الضجيج
antipodes نقطتين باتجاهين متعاكسين على الارض

anti-pollution legislation قوانين مصممة للسيطرة على التلوث
anti-pollution التوجه لاختزال او ايقاف التلوث البيئي
anti-predator net شبكة مصممة لمنع المفترسات من دخول منطقة
antiscolic طارد الديدان
antisepsis تطهير
antiseptic مطهر
antithermal مضاد حراري
antitoxic مضاد السم
antler قرن الغزال
antro- غاري (سابقة)
antrum 1.غار،تجويف لاسيما في العظام 2. أي من الجيوب الأنفية في عظام الفك العلوي ، التي تفتح في تجويف الأنف
ants نمل
anus المخرج،الشرج:الفتحة الخلفية للقناة الهضمية
aorta الابهر
aortic valve صمام الابهر
Apanteles plutellae شبيه طفيل
ape قرد
aperture فتحة
apex(pl.apices) قمة، ذروة
Aphaniptera رتبة مختفية الاجنحة- البراغيث
aphasic حبس
Aphelinus mali شبيه طفيل على من التفاح القطني
aphellon الاوج الشمسي
aphicide مبيد حشرة المن
aphid حشرة المن
aphid lion اسد المَن
Aphididae,F. عائلة المن
Aphidius phorodontis مفترس على من الخوخ
aphidivorous ملتهم المن
aphilopony تقاعس: مصطلح قديم للنفور،أوعدم وجود رغبة للعمل
Aphis forbesi مَن جذور الشليك
Aphis rumicis نوع من المَن اسود اللون
Aphis sorbi من التفاح الوردي
Aphodius howitti خنفساء الروث، تعود لعائلة Scarabaeidae
aphonic لا صوتي
aphoresis لا تحمل، لا انتقال
aphotic zone منطقة لا ضوئية ، نحو 1500 م
aphototropic انتحاء مضاد للضوء
apical قمي
apical angle زاوية امامية
apical cell خلية طرفية
apical margin حافة خارجية
Apidae,F. عائلة النحل
Apis نحل (جنس) تعود لعائلة Apidae
apitherapy علاج يستعمل نحل العسل اومنتجاته
apivorous آكل النحل
aplasia لا تكون ،لا تنسج
aplastic لا تكوني
apnea or apnoea لا تنفس
apneumia انعدام الرئة
apneustic system جهاز تنفسي فتحاته التنفسية مقفلة
Apocrita زنابير ذات خصر من رتبة غشائية الاجنحة
apodeme وتدهيكلي داخلي(نمو كايتيني نحو داخل من جدار الجسم) تتصل به العضلات لتقوية الجسم
apodous عديم الاقدام
apogamy تكاثر لا تزاوجي: نموالجنين دون حدوث إخصاب
apogee الاوج: ابعد نقطة عن الارض في مدار القمر
apogeotropic انتحاء مضاد للجاذبية الارضية
Apoidea S.F. فوق عائلة النحل
apolar لا قطبي
apolysis انفصال الجليد عن البشرة في المفصليات بسبب تحرير ecdysteroids في بداية كل انسلاخ
apomict, apomictic كائن حي يتكاثر لا جنسيا
apomixes تكاثر خضري: شكل من التكاثر اللاجنسي يعتمد على أنسجة مولدة متخصصة لكن بدون اخصاب
apomorphous وصف صفة جديدة تطورت من صفة موجودة من قبل

applied factors عوامل تطبيقية
apposition التركب، اضافة
appressed مضغوط
appropriation doctrine مبدأ التخصيصات
approximal قريب
approximate تقريبي ،يقرب
approximation تقريب
apterous (pl. apterae) حشرات غير مجنحة
Apterygogenea عديمة الاجنحة
Apterygota صنيف الحشرات عديمة الاجنحة في الاصل
aqua ماء
aqua-, aqui- ماء (سابقة)
aquaculture, quafarming,aquiculture تربية،مزرعة مائية:استنبات النباتات في وسط مائي
aqualung الرئة المائية - جهاز تنفس
aquarium مربى مائي، حوض
aquatic مائية، تعيش في الماء
aquatic animal حيوان مائي
aquatic ecosystem نظام بيئي مائي (نهر، بحيرة ،بركة، محيط)
aquatic insect حشرة مائية
aquatic larva يرقة مائية
aquatic medium وسط مائي
aquatic nymph حورية مائية
aquatic plant نبات مائي
aquatic respiration تنفس مائي
aqueduct قناة ماء اصطناعية
aqueous مائي
aquiclude طبقة صخرية حاملة للماء
aquifer مستودع الماء الارضي: طبقات مسامية تحت الارض (حجر الكلس،الرمل والحصى) محددة بصخر كتيم(غير منفذ) يحوي كميات مهمة من الماء
aquila عُقاب ،برج العقاب: برج في نصف الكرة الشمالي
Ar رمز الاركون
arable ارض حية(صالحة للزراعة)،مُستحرِثة
arable weed دغل ينمو على او قرب ارض محروثة لزراعة المحاصيل
Arachnida عنكبوتيات

apomorphy(-ic) سمةمن سمات الكائن الحي في حالة مشتقة،تتناقض مع بديلها في الاسلاف (البدائية)
apophysis(pl.apophyses) نتوء، بروز متطاول مسماري بجدار الجسم يمتد نحو الخارج او الداخل
apoptosis إستماتة:عملية موت الخلية المبرمج والتي قد تحدث في الكائنات متعددة الخلايا. أو هي عملية متعمدة تفكك فيها الخلية نفسها بنفسها
aposematic محذر،علامات بارزة على الحيوان لمنع المفترسين
aposematic signals إشارات محذرة واضحة، صوتية ، شمية، أو سلوكية يظهرها حيوان لإعلان خصائصه السامة أوالخطرة. مثل الألوان المتناقضة والأنماط من البيض والحمر، والأصفر، أو السود؛ الأصوات مثل الهسهسة ، الصرير، السلوكيات مثل الهزات ، والنقر بالجناح، أو حدة الحركات
aposematism تحذير
apostate مرتد:شخص تخلى عن الدين أو العقيدة ، أو قضية ، يتم استخدام مصطلح الردة من قبل علماء الاجتماع بمعنى نبذ وانتقاد ، أو معارضة ، او دين الشخص السابق
apostatic selection الاختيار التطوري الذي يمنح ميزة الحماية للأفراد داخل السكان التي لديها لون أو نمط نادر بالنسبة إلى الآخرين
apparatus جهاز
apparent ظاهر، واضح
apparent density الكثافة الظاهرة
appendage زائدة،لاحقة
appendiculate marginal cell خلية حافية مذنبة
appendix (appendices) زائدة
apperception ادراك حسي
appetite شهية
appliances اجهزة
application تطبيق
Applied Ecology علم البيئة التطبيقي: تطبيق النظريات البيئية، المبادئ، المفاهيم لادارة الموارد
Applied Entomology علم الحشرات التطبيقي

arachnoid عنكبوتي
aranaceous rocks صخور رملية
arbitary تعسفي، عشوائي
arbor شجرة
arbor- شجرة (سابقة)
arbor vitae شجرة الحياة
arboreal ساكن الاشجار
arboreal animal حيوان يعيش في الاشجار
arborescent شجري
arborial شجري
arboricide مبيد الأشجار
arboriculture دراسة زراعة الاشجار
arc قوس
arch قوس، قنطرة
Archaeopteryx اركيوبتركس(طائر منقرض)
archebiosis نشوء ذاتي
archi-,arch- بدائي(سابقة)
arctic القطب الشمالي
arctic air كتلة من الهواء البارد تتكون فوق القطب الشمالي ثم تتحرك جنوبا
Arctiidae ,F. عائلة عثة النمر
arctogea واحد من المناطق الجغرافية الحياتية على الارض
arcuate مقوس
arculus عرق قوسي
area مساحة ، منطقة
area of discovery مساحة اكتشاف
areal range مدى مساحي
arenaceous رملي
areola هالة: 1.حلقة ملونة كالتي تكون حول حلمة الثدي البشري2.فجوة كالتي تكون بين خيوط النسيج الضام
areolar tissue نسيج خلالي ،هوائي
areole خلية اضافية
areolet خلية اضافية صغيرة
arête ارض مرتفعة حادة بين واديين
argasid القراد اللين
Argasidae ,F. عائلة القراد اللين
argenteum طبقة من نسيج رابط يحتوي على بلورات مجهرية من الغواني تشكل سطح عاكس على الجلد في كثير من الأسماك وهي أساس اللؤلؤ
argentine ant نمل فضي
argentum فضة
argil صلصال
argillaceous تربة طينية، صلصالي
arid جاف، قاحل
arid climate المناخ الجاف (القاحل)
arid land ارض جافة، قاحلة
aridity جفاف
Arion جنس من البزاق عديم الصدفة
arista سفاءة،شوكة كبيرة ظهرية الموقع على القطعةالاخيرة من قرن الاستشعار في ثنائية الاجنحة
aristate سفائي قرن الاستشعار، ذو شوكة
arm ذراع
Armadillidium جنس من القشريات الأرضية الصغيرة المعروفة باسم قمل الخشب
armadillo المدرع
army worm دودة العسكر : يرقة من العث تعود لرتبة حرشفية الاجنحة وهي تعد آفة جاءت تسميتها من عاداتها الغذائية فهي تاكل كل شيء في طريقها كالجيش عندما يتم استنفاذ الإمدادات الغذائية فينتقل الى مصدر الغذاء المتاح
arolium (pl., arolia) الوسادة:تركيب وسادي على نهاية القطعة الاخيرة من الرسغ بين المخلبين (مستقيمة الاجنحة) تركيب وسادي عند قاعدتي المخلبين (نصفية الاجنحة)
aromatic ذو رائحة عطرة
aromatic hydrocarbon هيدروكاربونات عطرية
arousing يثير، يستحث
Arrhenius equation معادلة ارينيوس
arrhenotok عملية انتاج ذكور من بيوض غير مخصبة
arroyo غدير
arsenic زرنيخ
arsenic sulfide كبريتيد الزرنيخ
artefact, artifact مادة من صنع الانسان

Artemisia نبات الشيح
Arteriology علم الشرايين
arteriole شُرين
artery شريان
artesian well بئر ارتوازية
arthro-,arthr- مفصلي (سابقة)
Arthrology علم المفاصل
arthropod vector ناقلات مفصلية الأرجل: مفصليات مثل الحشرات او القراد التي يمكن أن تنقل حياتيا او ميكانيكيا عوامل الأمراض الحيوانية بين الفقريات
Arthropoda مفصليات الارجل
artichoke خرشوف
articular مفصلي
articulate يتمفصل
articulation تمفصل ، وصل ما بين قطعتين او تركيبين
artifact مصطنع
artificial صنعي،صناعي
artificial community مجتمع صنعي:مجتمع يحفظه البشر مثل الحدائق
artificial enrichment اغناء صنعي
artificial fertiliser (= chemical fertilizer) اسمدة كيميائية
artificial immunity مناعة صنعية: مناعة مكتسبة (ايجابية أو سلبية) ينتجها التعرض المتعمد للمستضدات، مثل التلقيح
artificial selection الانتخاب او الاختيار الصنعي :تربية انتقائية تحت ظروف المختبر لتغيير صفة، قد يكون هذا الانتخاب أحادي الاتجاه أو ثنائي الاتجاه
artificial stocking تاصيل صنعي: إدخال الحيوانات من منطقة أخرى، مثل تزويد المياه بتيار ماء مع أنواع جديدة من الأسماك أو جلب الطيور الى منطقة كانت شحيحة بها
artificial sweeteners محليات صنعية
As رمز الزرنيخ
asbestos اسبست،الاسبستوس، مادة الياف معدنية
asbestosis الاسبستية :مرض في الرئة بسبب استنشاق غبار الاسبست

ascend يصعد
ascendancy **سيادة، هيمنة، ميل لتنظيم الذات**
ascendant, ascending صاعد
Asclepias الصُقْلاب: أسم جنس نبات من الأعشاب المعمرة التي تنتمي إلى العائلة الدفلية Apocynaceae
ascorbic acid حامض اسكوربك
Asellus aquaticus نوع من قشريات المياه العذبة التي تشبه قمل الخشب
aseptic مطهر
asexual لا تزاوجي ، لا جنسي
asexual reproduction تكاثر لا جنسي
asexualization التعقير:عملية جعل الكائن غير قادر على الإنجاب،كان يكون عن طريق الإخصاء، قطع القناة الدافقة،إزالة المبيضين أوبالمواد الكيميائية
ash رماد
ash bottom رماد القعر
ash fly رماد طائر
Asilidae , F. عائلة الذباب السارق
Asio wilsonianus البوم طويل الأذن
asparagus هليون
aspect مظهر ، منظر،واجهة
aspection التغيرات الموسمية في المظهر لنبات في مجتمع ، تبعا للاختلاف المناخية الموسمية
asphyxiant خانق
asphyxiation انخناق
aspirate يرشف
aspiration رشف
aspirator رشافة ،الشفاطة
assay الروز
assemblage تجميع ،جمع ، حشد
assemble جمع
assembly اجتماع
assessment تقدير
assimilable مغذي
assimilated الممثل
assimilate يمثل: يؤخذ من خلال انسجة الجسم وتمتص بالدم من الغذاء المهضوم
assimilation تمثيل الغذاء

assimilation efficiency كفاءة التمثيل:النسبة المئوية لطاقة الغذاء الماخوذ من القناة الهضمية للمستهلك خلال جدار القناة
assimilation ratio نسبة التمثيل
association مشاركة،مصاحبة، تجمع ،رابطة، وفي علم البيئة هو نوع من المجتمعات البيئية تتصف بتركيب انواع يمكن التنبؤ به، او هي وحدة طبيعية من النباتات غالبا يسودها نوع معين مما يكون تركيب منتظم نسبيا من النباتات
Astagobius angostata خنفساء الجيفة الكهفية
astatine عنصر طبيعي مشع
aster نجم
asteroid كويكب
asthma داء الربو
astomous لا فمي
astral نجمي الشكل
astringency تقبض
astrocyte خلية نجمية
Astrology علم التنجيم: التنبؤ بالتأثيرات المفترضة للنجوم والكواكب في الشؤون البشرية والظواهر الأرضية من خلال مواقعها
astro- نجمي (سابقة)
asylum ماوى
asymmetrical غير متماثل،لامتناظر
asymmetry عديم التناظر
asymptote الخط التقريبي ،قيمة عظمى
asynchronism, asynchrony لا تواقت
asynclitism تفاوت النضج
asynergy لا تآزر
At رمز الاستاتين
atavism تأسُل(ارتداد وراثي): تكرار صفة نموذجية في كائن حي كانت موجودة في السلف وعادة بسبب إعادة تركيب المورثات او التكرار أو الارتداد إلى النمط الماضي، بالطريقة، والشكل او النشاط
athermic لا حراري
atlantic ocean المحيط الاطلسي
atlas أطلس: اسم الفقرة الأولى في الرقبة
atmobiotic العيش فوق الارض
atmometer المبخار
atmosphere جو، الغلاف الجوي :كتلة الغازات المحيطة بالارض او اي جسم فلكي مثل النجوم والكواكب، وحدة قياس الضغط
atmospheric water رطوبة الجو، الرطوبة الجوية
atmospheric جوي
atocia عقم الأناث
atoll شعاب مرجانية على شكل حلقة أو سلسلة من الجزر المتقاربة المرجانية الصغيرة في البحار الدافئة، تطوق بحيرة ضحلة كليا او جزئيا
atom ذرة
atomic ذري
atomic fallout سقط ذري
atomic fission انشطار ذري:انفصال نواة الذرة الى نوى عديدة صغيرة تحرر طاقة ونيوترونات
atomic power قوة ذرية
atomic waste فضلات مشعة من مفاعل نووي
atomic weapons اسلحة ذرية
atonia وهن
atoxic غير سام
Atremata عديمات الثقب
atresia عدم وجود أو إنغلاق فتحة الجسم العادية أو فتحة ممر أنبوبي مثل فتحة الشرج، الأمعاء، أو قناة الأذن الخارجية
atrium دهليز
Atropa belladonna عنب الثعلب: نبات عشبي معمر من العائلة الباذنجانية Solanaceae
atrophi,atrophied ضامر
atrophic ضمور ، ضامر
atrophy ,atrophia ضمور
atropine مركب نباتي سام (قلويد) يؤثر في القلب ويستخدم طبيا لاسترخاء العضلات
attachment مرتكز
attack rate معدل الهجوم
attenuate هزل ،خفف ،يضعف
attenuation اضعاف،توهين ،تخفيف
attitude حالة، موقف
attract يجذب
attractants المواد الجاذبة، كيميائيات تجذب الكائنات مثل الفرمون

attraction جذب

attraction and repulsion تجاذب وتنافر

attribute خصائص او نوعية

atypical شاذ ، لانموذجي

Au رمز الذهب

audio-, audi- سماع ، صوت (سابقة)

audiometer مقياس السمع

auditory سمعي

aufwuchs متعلقات : نباتات او حيوانات متعلقة او متحركة على الاسطح الغاطسة مثل الصخور او الاخشاب الطافية وتعد غذاء لبعض أنواع الأسماك واللافقريات، تدعى غالبا periphyton

augmentation زيادة، تقوية

aurally سمعي

auricle فص صغير او تركيب يشبه الاذن (غشائية الاجنحة)

auricular valve صمام اذيني

auricular اذيني

auroral period الفترة الفجرية

aurum ذهب

Austroicetes cruciata النطاط الاسترالي

authentic اصيل

authigensis عملية تشكيل معادن جديدة في الصخور الرسوبية بعد ترسبها

authority مرجع

auto-,aut- ذاتي (سابقة)

autoagglutination تلازن ذاتي

autoantibody جسم مضاد ذاتي

autochthonous 1.اصلي:نباتات او حيوانات او مواد اخرى تنتج في المجتمعات التي توجد فيها،2. موجود او مدفون (لاسيما المتحجرات) في المكان الذي عاشت فيه دون اضطراب أو تفكك (الجيولوجيا)

autochthonous flora الكائنات الدقيقة الأصلية في نظام بيئي معين(السكان الحقيقيون لنظام بيئي)، يشير الى الكائنات المجهرية في التربة التي تميل لتظل ثابتة على الرغم من التقلبات المستمرة في كمية المواد العضوية القابلة للتخمر

autocidal control نوع من السيطرة على الافة لاسيما الحشرات بتعقيم الذكور واطلاقها لايقاف النسل،اي السيطرةعلى نوع من قبل افرادالنوع نفسه

autoclave الموصدة

autodigestion هضم ذاتي

Autoecology ,Autecology علم البيئة الذاتي: دراسة نوع مفرد في بيئته

autogamy تكاثر مشيجي ذاتي ،تلقيح ذاتي

autogenesis تكون ذاتي: افتراض بان الكائنات الحية العضوية تنشأ من مواد غير الحية

autogenic متولد ذاتيا

autogenic succession تعاقب متولد ذاتيا:1. تعاقب يتبع عمليات حياتية قد يتضمن تكون المستعمرات وتغيير البيئة.2 بناء مجتمعات مختلفة في مساحة معينة نتيجة لتغييرات حياتية منها تكوين المستعمرات وتغيير البيئة

autogeny القابلية على انتاج بيض من دون تغذي الكاملة عند البلوغ

auto-inoculation تلقيح ذاتي

auto-intoxicant سم ذاتي

autolysis انحلال او تحلل ذاتي

automimicry محاكاة الذات: محاكاة أو ابراز بعض صفات النوع نفسه بوصفها استجابة تكيفية،او هي ميزة اكتسبتها بعض أعضاء نوع ما من مشابهته لآخرين من النوع نفسه . مثل ذكور العديد من النحل والزنابير التي تشابه اناثها التي لها ابر كوسيلة دفاع من الحيوانات المفترسة

autonomy بتر ذاتي

autoparasitism تطفل ذاتي

autorecorder مسجل ذاتي

autotomy البتر الذاتي

autotoxin سم ذاتي

autotroph, autotrophic ذاتي التغذية: تنتج غذائها بنفسها (مثل نباتات التركيب الضوئي)، يكون الانتاج أكثر من التنفس (P>R)

autotrophic succession تعاقب ذاتي التغذية: تعاقب يبدأ عندما يكون حاصل قسمة الانتاج على التنفس اكثر من واحد (P/R>1)

autotrophism اغتذاء ذاتي

autozoid حيوان اصلي

autumn الخريف

autumnal خريفي

autumnal overturn الانقلاب الخريفي:يحدث في البحيرات في المناطق ذات المناخ القاري اذ تنتقل المياه الباردة في الخريف من المنطقة العلوية للبحيرة الى الاسفل وترتفع لتحل محلها مياه المنطقة السفلية
autumnal period الدورة الخريفية
auxiliary مساعد
auxiliary energy تدفق الطاقة المساعد
auxiliary substance مادة مساعدة
availability التجهز
available متاح، جاهز، متيسر
avalanche كتلة كبيرة من الثلج تنفصل وتسقط الى اسفل الجبل
average معدل
aversive منفر
Aves صنف الطيور
avian طيري: يعود للطيور
aviary مطير ، قفص للطيور
avicide مبيد الطيور
avifauna كل الطيور التي تعيش طبيعيا في منطقة معينة
awake يقظ
aware واع، مدرك
awash عائم، مغمور بالماء
axenic culture مزارع نقية
axenic نقي
axial محوري
axilla ابط
axillary ابطي
axillary anal cell خلية قاعدية خلفية
axillary areole خلية قاعدية صغيرة
axillary cord حبل ابطي
axio- محوري (سابقة)
axis محور
axis of symmetry محور التماثل
axon محور الليفة العصبية
axonic poison سم محورة عصبية
azadirachtin الازدراختين:مركب كيميائي يعد من منتجات الايض الثانوي الموجودة في بذور النيم
azotobacter بكتريا ازوتية مثبتة للنتروجين تعود لمجموعة توجد في التربة

B

B رمز البورون
B-horizon الطبقة ب: طبقة التربة التي تحوي المعادن من تتحلل المواد العضوية في الطبقة أ الى مركبات لاعضوية مثل السليكا والطين
Ba رمز الباريوم
Babinski reflex منعكس بابنسكي: امتداد إصبع القدم الكبيروذلك استجابة لتمسيد قوي من باطن القدم القوية على الجانب الخارجي من الكعب إلى الأمام ، وهو رد فعل طبيعي عند الرضع الذين تقل أعمارهم عن سنتين ولكن يعد علامة على اصابة الدماغ أو الحبل الشوكي لدى كبار السن، كما يدعى علامة بابنسكي
bacillicide مبيد العصيات
bacillus بكتريا عصوية الشكل
back ظهر، صلب
backbone العمود الفقري، الصلب
back-cross تزاوج رجعي
backfill ردم
background ارضية ، خلفية
background extinction rate المعدل المعتاد لانقراض بعض الانواع طبيعيا دون تدخل نشاط الانسان
background noise المستوى العام للضوضاء الموجودة دائما في البيئة
background pollution تلوث قليل جداً أو غيرهام على المستوى الفردي بحيث يتم تجاهله.لكن على المستوى الكلي،غالبا ما يكون تلوث مهم جدا
backscatter ارجاع الاشعاع
backwash الاجتراف الخلفي :جريان ماء البحر اسفل الساحل

backwater مياه الارتداد: الماءالمخزون خلف السد ،الماء الراكد المتصل بنهر او جدول
bactericidal مبيد للجراثيم
bactericide مبيد الجراثيم
Bacteriology علم الجراثيم
bacteriophage العاثية، اكل البكتريا
bacterium (pl.bacteria) جرثومة (جراثيم)
badger الغرير: حيوان ثدي قصير القوائم يحفر في الارض وجر لسكناه
badlands الارض الرديئة، مساحة من الارض اصبحت غير ملائمة للزراعة
bagged waste فضلة مكيسة : فضلات مختلطة تجمع من المنازل ومصادر اخرى
bag كيس
balance توازن
balancement موازنة
balance of nature توازن الطبيعة : مفهوم معروف بان العدد النسبي لكائنات مختلفة تعيش في نفس النظام البيئي قد يبقى اكثر او اقل ثباتا بدون تدخل الانسان لاحداث تغيير في البيئة والتي لها تاثير ضار ببعض الكائنات قياسا باخرى
balance- sheet صفحة موازنة
balancer دبوس التوازن
balancer chromosome كروموسوم موازن
bald اجرد، اصلع
Ballistics علم القذائف
ballooning النفخ
balsam twig aphid مَن غصين البلسم
band شريط، رباط
banded نطاقات: وجود شرائح او اشرطة من لون او نسيج مغاير
bang يضرب بعنف
bank ضفة نهر او بحيرة او شاطئ
bar شريط، وحدة قياس الضغط الجوي، عائق
bar,sand جزرة رملية، سد: حافة او تلال من الرمل في النهر أو البحر، تراكمت بفعل التيارات والمد والجزر وغيرها
Barbus bynni سمك البني
bare land ارض جزر، يابسة لا نبت فيها
barium باريوم: عنصر كيميائي
bark قلف ،عواء الكلاب والذئاب والثعالب
bark lice قمل القلف
barley شعير
barnaele البرنقيل: حيوان بحري قشري من رتبة هدبيات الارجل تتعلق بالصخور
baro- ضغطي (سابقة)
barograph مرسمة الضغط الجوي: اداة تسجل التغيير في الضغط الجوي
barometer مقياس الضغط الجوي
barometric pressure ضغط جوي،ضغط بارومیتر
barophile اليف، محب للضغط
barrage سد: تركيب لمنع او تنظيم جريان المد او منع الفيضان
barred basin حوض متحجر ،حوض المنع : حوض رسوبي مقيد جزئيا، اذ يعيق حرية انتقال المياه بسبب لوجود صخور أو حاجز رسوبي. هذا التقييد غالبا ما يؤدي لنقص الأكسجين في المياه
barrel-shaped برميلي
barren عقيم، قاحل ،غير قادر على دعم حياة الحيوان او النبات
barren rock صفوان ، حجر املس
barrenness عُقم
barrier حاجز، عائق
basal قاعدي
basal area مساحة قاعدية
basalt صخور سوداء صلبة بركانية
base قاعدة، اساس
base level of erosion قرارة التعرية
base line خط المناسيب
base metal معدن شائع مثل الرصاص ،النحاس والقصدير
baseline emission مستوى الانبعاثات بدون تدخل السياسة العامة
basement القاع ، الجزء الاسفل
basement membrane غشاء قاعدي: غشاء غير خلوي تحت الطبقة المولدة لجدار الجسم
basement rocks الصخور القاعية
baseoids اشباه القواعد

basic lead arsenate زرنيخات الرصاص القاعدية
basil,sweetbasil ريحان
basin حوض
basin desilting (=settling basin) حوض الترسيب
basin drainage(=watershed=drainage area) الجابية
basin irrigationحوض الري،الارواءالحوضي
basket سلة
basophile الخلية المستقعِدة: خلية سريعة الاختضاب بالاصباغ
bat خفاش
Batesian mimic نوع من المحاكاة: حشرات تكتسب حماية من خلال التشبه بانواع اخرى لا يستسيغها المفترس
Batesian mimicry, Bate's theory of mimicry التخفي الباتيزي،محاكاة باتيسين: شكل من المحاكاة حيث يحاكي نوع غير خطر نوع اخر مؤذي او خطر لتجنب الافتراس،سميت من قبل في Henry Walter Bates عام 1862
bathmetry قياس الاعماق
bathy- يشير الى قاع البحر بين 200و2000م
bathyal اعماق البحر
bathyal zone منطقة المياه العميقة
bathylimnetic اعماق مستنقعات او بحيرة
bathypelagic اعماقية
bathypelagie عميق
***Batrachedra* sp.** حشرة الحميرة
Batrachia فوق رتبة الضفدعيات
batrachoid ضفدعي
bay خليج، شرم
Be رمز البريليوم
beach ساحل، شاطيء
bead عقدة
beak (proboscis) خرطوم :الفم الممتد بشكل خرطوم في الحشرات الماصة
beak منقار، خرطوم
bean weevil سوسة الفول
beast بهيمة

beaver القندس، كلب الماء
beck جدول جبلي،غدير
bed قاع النهر او البحيرة او البحر ،او طبقات من الثفالة بالصخور
bed impervious طبقة لا مسامية ،غير نفوذ
bed bug بق الفراش
bed load حمل القاع
bed movable قاع متحول
bed,pervious طبقة مسامية ، نفوذ
bedding اضجاع ، ثفالة بطبقات مختلفة
beddington معادلة بدنكتون
behavior response استجابة سلوكية
bedrock صخر الاديم او الاساس، الصخور الموجودة تحت طبقات الفحم او المعدن
bee colony مستعمرة النحل
bee flies ذباب النحل
bee hive خلية النحل
bee keeping النحالة ،تربية النحل
bee moth عث النحل
bee sting لسعة النحل
beech woods خشب الزان
bees نحل
beet leaf hopper نطاط ورق البنجر
beetle خنفساء
beetle bank منطقة غير مزروعة تترك بمنتصف الحقل لتعيش الحشرات والعناكب فيها خلال الشتاء ثم تنتشر بالربيع لمكافحة الحشرات مثل المَن
behavior (Brit. behaviour) سلوك
Behavioral Ecology علم البيئة السلوكية: فرع من علم البيئة يدرس سلوك الكائن في بيئته الطبيعية، ، او هو دراسة انماط السلوك في الحيوان
behavioral fixity ثبات السلوك: مبدأ ينص بأن السلوك والبيئة والمناخ المفضل للكائنات الأحفورية سيكون مشابه لما موجود في ذريتهم على المستوى العام ، ويستخدم في إعادة بناء السلوك والتفضيلات البيئية للكائنات المنقرضة
behaviorism (Brit. behaviourism) سلوكية

behavioural strategy استراتيجية يتبناها الحيوان استجابة للمفترس مثل الهرب او الهجوم
belly بطن
Belostomatidae ,F. عائلة بق الماء
belt حزام،شريط
belt transect شريط مستعرض
bend منحنى
bending انحناء
benthic قاعي
benthic fauna حيوانات قاعية
benthic organism كائنات حية تعيش في قاع البحر او البحيرة
benthic zone القاع او اوطأ منطقة من بحيرة او نظام بيئي مائي
benthos القاعيات ،احياء القاع التي تستوطن قاع الانهار،البحيرات والبحار
benzo البنزولي
Bergmann's rule, Bergmann's rule قاعدة بيرجمان: مفهوم ان افراد الحيوانات ثابتة درجة الحرارة في المناطق الباردة لها اجسام اكبر من حيوانات النوع نفسه في المناطق الدافئة لتقليل نسبة حجم الجسم الى سطحه
berries عنيبات
berylliosis تسمم يحدث بسبب تنفس الغبار او الدخان الحاوي على دقائق البريليوم او مركباته
beryllium البريليوم ، عنصر معدني
beta diversity عدد الانواع في منطقة واسعة
betray يضلل، يخون
beverage مشروبات
biaciliate ذات هدبين
biaxial ثنائية المحور
Bibio marci Bibionidae ذبابة آذارمن العائلة
biceps ثنائية الراس (عضلة)
biennial ثنائي الحول، نبات يتطلب عامين لاكمال دورة حياته الخضرية والتكاثرية
bifollicular ثنائي الحويصلة
bifurcate ثنائي التشعب
bigeminal ثنائي
bilateral symmetry تناظر جانبي
bilateralism تماثل الجانبين
bile صفراء
bilobed ذو فصين
bimodal distribution توزيع ثنائي المثال
binary fission انقسام ثنائي
binder حزام، رباط
binomial اسم ثنائي
binomial classification النظام العلمي لتسمية الكائنات
binomial nomenclature التسمية الثنائية
binomial system نظام التسمية الثنائية
bio- حياة (سابقة)
bioaccessible قابل للاخذ من الكائن الحي
bioaccumulate تراكم وزيادة خلال السلسلة الغذائية
bioaccumulation تراكم مواد سامة وزيادة كميتها تصاعديا على طول السلسلة الغذائية
bioaeration المعاملة المؤكسدة لمياه المجاري الخام عن طريق التهوية حياتيا
bioassay (biological assay) الروز الحياتي: اختبار مادة عن طريق فحص تاثيرها على الكائنات الحية
bioaugmentation اضافة الكائنات المجهرية الى فضلات الانسان او الصناعة لتعزيز العمليات الحياتية
bioavailability درجة تمثيل المواد الكيميائية او المغذيات
biocatalysis تفاعل كيميائي يحدث بمساعدةعامل كيموحياتي مثل الانزيم
biocatalyst عامل حياتي مثل الانزيم يساعد التفاعل الكيميائي
biochemical or biological oxygen demand عوز الاوكسجين كيميائي حياتي (متطلب الاوكسجين الكيموحياتي)
biochemical كيموحياتي
biochemical diversity تنوع كيمياوي حياتي
biochemistry الكيمياء الحياتية
biocide مبيد كائنات حية
biocide pollution تلوث الانهار والبحيرات بسبب انتقال المبيدات من الحقول

biodiversity prospecting عملية البحث بين الكائنات البرية عن انواع جديدة او خصائص وراثية قد يكون لها قيمة تجارية

biodiversity(=biological diversity) التنوع الحياتي : الاختلاف في الكائنات الحية من الجينات حتى النظم البيئية، او هو التنوع في اشكال الحياة

biodynamics(= bioenergetics) دراسة الكائنات الحية وانتاج الطاقة

bioecology دراسة العلاقات بين الكائنات الحية، وبينهم وبين البيئة الفيزيائية مع الاهتمام بتاثير الانسان على البيئة

bioenergetic الطاقة الحياتية:دراسة تحول الطاقة في كائن ما

bioenergy طاقة تنتج من الكتلة الحية

bioengineering الهندسة الحياتية: استعمال العمليات الكيميائية الحياتية في الصناعة لانتاج الادوية والاغذية او اعادة تدوير الفضلات

bioerosion تعرية او تآكل الصخور أو الشعاب المرجانية تحت البحر من قبل الرخويات وغيرها من الكائنات

biofacies سحنة حيوانية

biofilter الترشيح الحياتي : هو أسلوب لمكافحة التلوث باستخدام الكائنات المجهرية للتحليل الحياتي للمركبات العضوية للملوثات

biofuel وقود حياتي: مجموعة واسعة من أنواع الوقود المستمدة من الكتلة الحياتية مثل الفضلات العضوية المنزلية او الطحالب او النباتات

biofumigation تبخير حياتي

biogas مزيج من الميثان وثاني اوكسيد الكربون ناتج من تخمر الفضلات كروث الحيوانات

biogenesis النشوء الحياتي (نظرية نشوء الحياة من حياة سابقة)

biogenic نشوئيحياتي

biogenic source مصادر حياتية كالنباتات او الحيوانات التي تنبعث منها ملوثات الهواء مثل المركبات العضوية المتطايرة

biogenic salts املاح النشوء الحياتية

biogeny نشوء وارتقاء الكائن الحي

bioclastic هي أجزاء من الهيكل العظمي للكائنات البحرية أو البرية الموجودة في الصخور الرسوبية البحرية، لاسيما اصناف الحجر الجيري (الكلسية) التي تأخذ لونها وقوامها من البقايا السائدة

bioclimate المناخ الحياتي، العلاقات بين المناخ والكائنات الحية

bioclimatic zonation منطقة المناخ الاحيائي

Bioclimatology علم دراسة تاثير المناخ على الكائنات الحية

biocoen حياة عامة

biocoenose تجمع

biocoenosis,biocenose مجتمع متنوع من الكائنات الحية في منطقة صغيرة مثل قلف شجرة، العلاقات بين الكائنات الحية في مثل هذه المجتمعات ، او مجتمع (في الكتابات الروسية والاوروبية)

biocomposite مادة مصنوعة من الياف النبات مثل القنب تثبت براتنج مصنوع من وقود متحجر

bioconversion تغيير الفضلات العضوية الى مصدر طاقة

biodegradability تحلل حياتي

biodegradable قابل للتحلل حياتياً

biodegradable detergents منظفات تتحلل حياتيا

biodegradable packaging تحلل مواد مثل الكارتون والصناديق بالكائنات الحية مثل البكتريا او بعمليات طبيعية مثل اشعة الشمس او البحر

biodegradation تحلل المادة حياتيا

biodegrade يتحلل حياتيا

biodiesel بديل الديزل مصنوع من منتجات عضوية لاسيما الزيت المستخلص من النبات مثل بذور اللفت

biodigestion استخدام الكائنات الحية لتكسير الغذاء والفضلات العضوية

biodiverse يحتوي اعداد كثيرة من الانواع

biodiversity hotspot منطقة مهددة بمدى كبير من انواع النباتات المستوطنة (على الاقل 1500)

biodiversity indicator(= bioindicator) دليل حياتي: عامل يقيم من خلاله التغيير في البيئة بمرور الزمن

الحية تسيطر على الدورة اليومية للوظائف المختلفة مثل التغيرات الايضية ،النوم، والتركيب الضوئي

biological control(=biocontrol) المكافحة او السيطرة الحياتية: استخدام الكائنات الحية مثل المفترسات ،الطفيليات ،الممرضات والمنافسين لقمع والسيطرة كان الآفات والادغال

biological desert صحراء حياتية : الغالبية العظمى من البحار العميقة (بعيدا عن السواحل) ، حيث لا يكاد يكون هناك أي أسماك، او منطقة لا توجد فيها حياة

biological efficiency الكفاءة الحياتية: نسبة انتاجية كائن حي او مجتمع من الكائنات الحية الى الطاقة المجهزة له

biological factor عامل احيائي

biological half-life نصف العمر الحياتي : الزمن اللازم لازالة نصف كمية المادة المشعة من الكائن الحي بصورة طبيعية

biological indicator الدليل الحياتي: كائن له استجابة لتغير معين في البيئة

biological magnification (= bioaccumulation) تكبير حياتي: زيادة تركيز مادة او عنصر ثابت كيميائيا (مثل المبيدات، المواد المشعة،او المعادن الثقيلة) عند انتقالها خلال السلسلة الغذائية

biological mass (= biomass) كتلة حياتية

biological monitoring عملية التحقق من التغييرات الحاصلة في الموطن على مر الزمن

biological oxygen demand (B.O.D)
متطلب الاوكسجين الحياتي: دليل تلوث سببه دفق فضلة، اذ يتم أخذ الاوكسجين المذاب من الكائنات الدقيقة التي تحلل المواد العضوية الموجودة في الدفق

biological rhythm تزامن احيائي

biological wastewater treatment
استعمال الكائنات الدقيقة الهوائية واللاهوائية لانتاج نفايات سائلة وفصل الحمأة الحاوية على مكروبات مع الملوثات فضلا عن استعمال العمليات الميكانيكية

biologist عالم حياتي

Biology علم الحياة: من العلوم الطبيعية التي تهتم بدراسة الحياة والكائنات الحية

biogeochemical cycle الدورات الكيميائية الارضية الحياتية: العملية التي تنقل فيها المغذيات من الكائنات الحية الى البيئة الفيزيائية ثم ترجع الى الكائن

biogeochemistry الكيمياء الجيوحياتية: فرع من العلوم يدرس حركة العناصر او المغذيات خلال الكائنات الحية وبيئتها، أو هي دراسة الدورات الطبيعية للعناصر وحركتها خلال المكونات الحياتية والارضية مثل التربة، الصخور او معادن

biogeocoenosis النظام البيئي- في الكتابات الروسية والاوربية

biogeographical,biogeographic regions مناطق جغرافية حياتية

Biogeography الجغرافية الحياتية: فرع من علم الحياة يتعامل مع التوزيع الجغرافي للنباتات والحيوانات

biogeosphere الطبقة العلوية من قشرة الارض التي تحوي الكائنات الحية

Biognosis علم الحياة، التحقيق العلمي في الحياة

biohazard خطورة على الانسان او البيئة من مواد سامة او معدية

bioherm شعب مرجانية

Biohydrology دراسة التفاعلات بين النباتات والمياه والحيوانات ، بما في ذلك تأثير المياه على النباتات والحيوانات فضلا عن التغيرات الفيزيائية والكيميائية في الماء

bioinformatics استعمال الكومبيوتر لاستخلاص وتحليل معلومات حياتية

bioinsecticide مبيد حياتي

biolith حجر حياتي

biological حياتي

biological amplification التضخيم الحياتي : زيادة في تركيز المركبات الكيميائية في المستويات الغذائية ألاعلى في الشبكة الغذائية (مثل الحيوانات المفترسة)

biological association مجموعة كائنات حية تعيش معا في منطقة واسعة مكونة مجتمع مستقر

biological clock المؤقت الحياتي،الساعة الحياتية: ميكانيكية وظيفية داخلية المنشأ في الكائنات

bioluminescence ومضان او اضاءة احيائية، إنتاج الضوء من قبل الكائنات الحية

biolysis انحلال الحياة

biomagnification (= bioaccumulation) تكبير حياتي

biomanipulation عملية تغيير البيئة لتحسين حياة الحيوانات البرية

biomass الكتلة الحياتية :1.مجموع كل الكائنات الحية في منطقة معينة اوعند مستوى غذائي معين، او هو وزن المادة الحية ويعبر عنه عادة بالوزن الجاف لوحدة مساحة،2. او مادة عضوية تستعمل لانتاج طاقة

biomass energy الطاقة الناتجة من حرق الموارد المتجددة مثل الخشب او النفايات

biomaterial مواد متحللة من اصل نباتي

biome مجتمع حياتي كبير:مجتمع حياتي معقد مثل الغابات المدارية النفضية يتميز بانواع معينة من النباتات والحيوانات في ظل الظروف المناخية للمنطقة (درجة الحرارة والامطار)،لاسيما المجتمع الذي تطور ووصل الذروة

Biometeorology الدراسة العلمية لتاثير الظروف الجوية الطبيعية أو المصنعة ، مثل درجة الحرارة والرطوبة، على الكائنات الحية

Biometrics علم المقاييس الحياتية

biometry احصاء حياتي:1.تحليل البيانات الحياتية باستخدام أساليب رياضية وإحصائية 2 . حساب إحصائي لمدة حياة الإنسان المحتملة

biomonitoring الرصد الحياتي: الاستخدام المنهجي للكائنات الحية أو استجابتها لتحديد نوعية البيئة ، او هو قياس وتتبع المادة الكيميائية في الكائن الحي او في المادة الحية مثل الدم لمراقبة المخاطر

bion كائن حي مفرد في النظام البيئي

bionomics دراسة تاريخ الحياة وعادات الأنواع غالبا ما تستخدم كمرادف لعلم البيئة

Biontology علم الاجناس

biopesticide مبيد حياتي: مبيد منتج من مصدر حياتي كالسموم النباتية

biophages اكلات (ملتهمات) احياء

biophysics الفيزياء الحياتية

biophyte نبات يستمد مغذياته من تحلل اجسام الحشرات المصطادة

biopsy خزعة: إزالة وفحص عينة من الأنسجة من الجسم الحي لأغراض التشخيص،2. العينة المأخوذة للفحص

bioregenerative system نظام مولد حياتيا

bioremediation استعمال الاحياء كالبكتريا لازالة ملوثات البيئة من التربة، الماء او الغازات (تستعمل لتنظيف الاراضي الملوثة وبقع النفط)

bioseparation الفصل الحياتي: استعمال العوامل الحياتية مثل النبات، الانزيمات اوالاغشية الحياتية في فصل المكونات المختلفة مثل تنقية البروتين او الماء أو في صنع الغذاء والمنتجات الصيدلانية

biosphere(= ecosphere) البيئة الحياتية، المحيط الحياتي: ذلك الجزء من البيئة في الارض حيث توجد الكائنات الحية

biostrom الصخور الشعيبية

biosynthesis انتاج مركبات كيميائية من قبل الكائنات الحية

biotaxy تصنيف الاحياء

biota حيويات،جميع الحيوانات والنباتات الموجودة ضمن منطقة معينة

biotelemetry المقياس الحياتي النائي

biotic حياتي، يشير الى المكون الحي في النظام البيئي

biotic carrier potential, biotic potential الوسع الحياتي: تقييم الحد الأقصى للزيادة في عدد الافراد في النوع بدون الاخذ بتاثير التنافس والانتخاب الطبيعي، او هو اعظم وسع حياتي تكاثري لكائن حي

biotic climax ذروة حياتية : مجتمع يحافظ على العوامل الحياتية وبالتالي يختلف عن أي مجتمع ذروة أخر

biotic community مجتمع حياتي: مجتمع من الكائنات في منطقة معينة

biotic factor عامل حياتي: هي العوامل الناتجة عن اي كائن حي يعيش في البيئة أو أنشطتها

biotic index دليل حياتي:هو مقياس لإظهار نوعية البيئة من خلال تحديد أنواع الكائنات الحية

الموجودة فيها.غالبا ما يستخدم لتقييم نوعية المياه في الأنهار
biotic potential (=biotic carrier potential) الوسع حياتي
biotic pyramid(=ecological pyramid) هرم حياتي: مخطط بشكل هرم يمثل تركيب النظام البيئي من حيث نوع المأكل ويسمى ايضا الهرم البيئي (يتألف من قاعدة من الكائنات الحية المنتجة ، عادة النباتات والحيوانات العاشبة ثم الحيوانات آكلة اللحوم. ويمكن ان يكون من حيث الكتلة الحياتية، او الطاقة أو العدد)
biotic succession تتابع من التغيرات التي تحدث في تكوين مجموعة احياء تحت تاثير بيئتها المتغيرة
biotop منطقة صغيرة بظروف حياتية منتظمة مثل التربة ، المناخ
biotroph طفيلي يتغذى فقط على الكائنات الحية
biotropism انتحاء حياتي
biotype طراز حياتي: مجموعة افراد متشابهة ضمن النوع
bipectinate مشطي مزدوج
biped ذو قدمين
bipolar cell خلية ذات قطبين
bipolar ذو قطبين
biramous ذو فرعين، يتكون من فرعين داخلي وخارجي
bird lice قمل الطيور
bird of prey طير يقتل وياكل طيور اخرى او حيوانات صغيرة
birdwatcher(= birder) مراقب الطيور
birth ولادة
birth pore فتحة تكاثرية (في يرقات بعض الديدان المسطحة تخرج منها يرقات اخرى متكونة بداخلها كما في الريديا)
birth rate معدل الولادة:عدد الولادات في السنة او لكل الف في السكان
bisect ينصف، يشطر نصفين
biserrate ثنائي التسنن
bisexual خنثي – ثنائي الشق
bi-symmetrical ثنائي - التناظر
biting lice قمل قارض
biting mouth فم قارض
bitter اجاج، مر
bituberculate ذو درقتين
bivoltine وصف دورة الحياة ذات جيلين في السنة
bi- اثنان او مزدوج (سابقة)
black body radiation اشعاع الجسم الاسود
black carpet beetle خنفساء السجاد السوداء
black flies الذباب الاسود
black lung disease مرض الرئة السوداء
black redstart الحميراء السوداء:طائر اوروبي مغرد *Phoenicurus ochruros*
black-box صندوق اسود
bladder ورقة محورة ضخمة من النبات لاصطياد الحشرات ، كيس هوائي، مثانة
blast تاثير، صدمة
blastide بلاستيد
blastoderm ادمة جرثومية: طبقة واحدة سميكة من الخلايا المحيطة بالمح
blastogeny المراحل المبكرة من تاريخ نشوء الفرد أو الأنواع، والذي يتبع تاريخ الخصائص الموروثة
Blastoidea البرعمائيات
blastoides اشباه البراعم
blastomeres فلجة: الخلايا الجنينية الناتجة أثناء عملية الانقسام
blastula المفلجة- بلاستيولا
Blatta orientalis الصرصر الشرقي
Blattidae, F. عائلة الصراصير
bleaching تبيض او تقصير: ازالة الالوان بفعل مواد كيميائية او ضوء الشمس
bleaching agents عوامل تبييض أو قصر
bleed ينزف
bleeding نزف
blend الخلط ، مزج
Blissus leucopteus نوع من البق يعرف باسم بق الفراش الحقيقي وهو حشرة صغيرة في أمريكا الشمالية، تعود لعائلة Lygaeidae

blizzard عاصفة ثلجية عنيفة مع رياح
bloat نفخ: انتفاخ في البطن بسبب ابتلاع الهواء أو إنتاج الغازات في الأمعاء
block حاجز
blood دم
blood capillaries شعيرات دموية
blood circulation دورة الدم
blood clot جلطة دموية
blood clotting تجلط الدم
blood coagulation تجمد، تخثر الدم
blood gills خياشيم دموية
blood plasma بلازما الدم
blood sucking insects الحشرات ماصة الدم
bloom ازدهار، ازهار
blotch 1.بقعة أو لطخة، 2.تغيير لون الجلد،3.أي من الأمراض النباتية العديدة التي تسببها الفطريات وتنتج تلون بني أو أسود في المناطق الميتة على ألاوراق أو الفاكهة
blow يهب، يعصف (يحرك بالرياح)
blow-by gases غازات متسربة
blowflies (Calliphoridae) الذباب الازرق: عائلة تعود لرتبة Diptera
blowflies maggot يرقة الذبابة الزرقاء
blubber طبقة دهن سميكة تمتد تحت جلد الحيوانات البحرية مثل الحوت
blue babies,blue baby syndrome متلازمة الاطفال الزرق:مصطلح يستخدم لوصف الأطفال حديثي الولادة الذين يولدون بأمراض قلبية
blue whale الحوت الازرق: حوت كبير بدون الاسنان يتغذى بتصفية الماء للحصول على العوالق
bluff الشفير،يخدع
blunt كليل-غير مدبب
body burden عبءالجسم:مجموع كمية المادة الضارة في الجسم الحي
body جسم
body cavity تجويف الجسم
body fluid سائل الجسم
body lice قمل الجسم
body segments حلقات الجسم
body substance مادة الجسم
bog ارض رطبة، مستنقع: تتصف بظروف حامضية وتراكم الخث ويسودها طحلب الاسفنغون *Sphagnum*
bog soil تربة ردغية، مستنقعية
boiler مرجل
boiling water reactor (BWR) مفاعل الماء المغلي
bole قاعدة عريضة لجذع الشجرة
boll worm دودة اللوز:هو مصطلح شائع عن أي يرقة عث تهاجم الأجسام الثمرية لمحاصيل معينة ، لاسيما القطن
bolt يندفع ، يهرب
bomb fly أي من الذباب الكبير المشعرالتي تسبب يرقاتها التهاب تحت الجلد في الماشية وغيرها من الحيوانات وتعود لعائلة ذباب النغف Oestridae
bombadier beetle الخنفساء القاذفة،الخنفساء المدفعية
bombard يقصف (بالاشعة)
Bombycidae,F. عائلة فراش الحرير
Bombyliidae,F. عائلة ذباب النحل
Bombyx mori دودة القز
Bonasa umbellus الطيهوج المطوق
bond ربطة
bone عظم
bone dust سماد عظمي
bonemeal سماد مصنوع من العظام المطحونة او القرون
book gills خياشيم كتابية تشبه الورق (القشريات)
book lice قمل الكتب
book lungs رئة كتابية تشبه الورق: الجهاز التنفسي في العناكب، عبارة عن انسجة سطحية صحائفية مرزومة بشكل وثيق لتوفير الحد الأقصى للتهوية
boom ازدهار ، تعاظم
booster منشط: مادة تعزز فعالية العلاج
border strip الحزام الواقي
border حافة، حد
bordered يحد، تحدها
boreal شمالي
boreal forest غابة شمالية

boring تجويف، ثقب
born blind الاكمه: الذي ولد اعمى
-borne منقول بوساطة (لاحقة)
boron بورون، عنصر كيميائي
borrow pit نقرة محفورة
botanic, botanical نباتي
botanical insecticide مبيدات مصنوعة من مواد مستخلصة من النباتات
Botany علم النبات
Beauveria bassiana نوع من الفطريات التي تنمو بشكل طبيعي في التربة في جميع أنحاء العالم، ويعد طفيل على أنواع مختلفة من المفصليات لذلك فهو ينتمي إلى الفطريات الممرضة للحشرات
botryoidal عنقودية
bottom feeder متغذي القاع: كائنات مثل الاسماك تجمع الغذاء من القاع
bottom-up control نظام لتنظيم المستويات الغذائية حيث يحدد عامل في اسفل السلسلة وفرة الافراد في المستويات الاعلى
bottom-up regulation تنظيم التركيب الغذائي لمجتمع او نظام بيئي، يتعلق بزيادة الانتاجية في مستوى المنتجات وتاثيره على المستويات الغذائية الاعلى في الشبكة الغذائية
botulism الوشيقية: تسمم ناشئ عن آكل لحم او سمك فاسد
boundary حد
bound مقيد
bovids, bovine بقري، بقريات
bowels امعاء
bowl كرة الغبار
box turtle (*Terrapene*) السلحفاة المربعة: جنس من السلاحف موطنها الأصلي أمريكا الشمالية (الولايات المتحدة والمكسيك)
Bq بيكريل:وحدة القياس الدولية للنشاط الإشعاعي
Br رمز البروم
brace vein عرق عابر مائل
Braconidae عائلة زنابير متطفلة
Brachiopoda المسرجيات
Brachycera, S.O. رتيبة الذباب قصير القرون

Brachymeria euphloeae شبيه طفيل يعود لعائلة Chalcidae
Brachyptery(-ous) قصيرة الجناح:ذات اجنحة قصيرة لا تغطي البطن والتي فقدت وظيفة الطيران
brackish مويلح نصف ملحي ،مج
braided river نهر ينقسم الى عدة قنوات ومنطقة جافة بينهم
brain دماغ
brake lining بطانة الكابح
bran نخالة
branch فرع
branchiae خياشيم
branchial basket سلة خيشومية
branchial chamber حجرة خيشومية
branchial respiration تنفس خيشومي
branchiopneustic insect حشرات خيشومية التنفس
branchiopneustic تنفس خيشومي
brass سبيكة من النحاس والزنك
Brassicaceae(Cruciferae) عائلة الخردليات
breakdown فصل المادة الى مركباتها
breaking يكسر
breaks up يتحطم ، يتفرق
breakthrough حالة وصول مياه المجاري او ملوثات اخرى الى شبكة مياه المنازل
breakwater مَلطِم،حائل الامواج: حاجز لوقاية المرفأ من عزم الامواج
breed يربي، تهجين نباتات او حيوانات للحصول على صفات مرغوبة
breeder reactors مفاعلات مولدة
breeding تربية، تناسل، تكاثر
breeding ground to breed منطقة تاتي اليها الطيور والحيوانات سنويا للتكاثر
breeding dispersal حركة الافراد خارج السكان وتسبق بدء موسم التكاثر
breeding season موسم التكاثر: الوقت من السنة الذي تنتج فيه الكائنات ذرية
breeze ريح خفيفة ، فضلات صلبة ناتجة من حرق الفحم او مواد اخرى ناتجة من الفرن
brevi- قصير، قصر(سابقة)

Brevicoryne brassicae حشرة مَن اللهانة
breweries مخمرات
bridge جسر
bridge cross vein عرق عابر جسري
bridge vein عرق جسري
brilliant star كوكب (دري)
brine الاجاج ، ماء الملح
brink شفا: شفير ،حافة
bristle هلب: ما غلظ وصلب من الشعر
bristle like يشبه شعرة او شعيرة
bristle tail ذنب شعيري
brittle هش
broad daylight ضُحى
broad-spectrum واسع الطيف: كان يكون مبيد يقتل او يسيطر على انواع عديدة من الكائنات الحية
bromine بروم ،عنصر كيميائي
bronchi قصبات
bronchial asthema ربو قصبي
bronchitis التهاب القصبات
brood الحضنة: مجموعة من الذرية تنتج في الوقت نفسه لاسيما مجموعة من الطيور
brooder مِحضنة
brooding time طول مدة حضن الطير لبيضه حتى يفقس
brooding حضن البيض
brook trout سلمون الجداول المرقط
brook جدول صغير
brown dog tick قراد الكلب البني
brown earth (brown forest soil) الارض العفراء: تربة جيدة الخصوبة
brown fumes دخان من مادة قطرانية ينتج من حرق الفحم بدرجات حرارة منخفضة
brown soil التربة العفراء
browse يرعى: يتغذى على مادة نباتية لاسيما اوراق نباتات خشبية
Bruchidae,F. عائلة سوس البقول
Bruchus obtectus خنفساء البقول (الفاصوليا)
brush-tailed porcupine الشيهم، النيص، تعود لجنس *Atherurus*
Bryobia praetiosa نوع من الحلم
bryophyte حزازيات اوطحلبيات:نباتات لازهرية تنمو في اماكن رطبة تعود لشعبة Bryophyta
bryozoam كائنات حية بحرية
bryozoan الحيوانات الطحلبية
bubble فقاعة
Bubo virginianus البومة المقرنة أوالبومة النمر
bubonic plaque الطاعون الدملي
bucca فم
buccal فمي
buccal cavity تجويف فمي
buccal ganglion عقدة فمية
buccolabial فم شفوي
buccula حافة فمية
buck الآيل العادي
bud برعم
budding تبرعم
buff ermine(*Spilarctia luteum*) عثة القاقوم الصفراء تعود لعائلة Arctiidae
buffalo جاموس
buffalo beetle خنفساء الجاموس
buffer دارئ ،منظم
buffering دَرء
buff-tip moth(*Phalera bucephala*) العثة صفراء الراس تعود لعائلة Notodontidae
bug بق
build up يتكون بالتراكم ، تراكم تدريجي
building بنيان
built environment البيئة المبنية او المشيدة: البنايات،الطرق وغيرها من صنع الانسان
bulb انتفاخ - بصلة
bulbil بصيلة
bulge نتوء ،انخفاض
bulkhead مصد ، حجز
bulla انتفاخ ، فقاعة
bumble bee نحلة طنانة
bunch عنقود
bund سدة
bundle حزمة
buntings الدرسه: طائر عصفوري
buoy طافية

buoyance theory نظرية العوم
buoyancy الطفو
Buprestidae,F. عائلة الخنافس مسطحة الرأس
burial site موقع دفن النفايات النووية،مكان دفن الحيوانات الميتة الموبؤة
burrowing leg رجل حفارة
bursa كيس
bursa copulatrix كيس السفاد:تركيب ملحق في الجهاز التناسلي للأنثى في بعض الحشرات يقذف فيه الذكر الحيوانات المنوية
burying beetles خنافس المقابر
butane غاز البوتان ينتج اثناء تقطير البترول
butterfly فراشة
butterwort صائد الذباب :نبات يلتهم الحشرات النامية في مستنقع
buzz يطن
by-pass,bypass مجرى جانبي، تحويلة
by-product ناتج ثانوي

C
C رمز الكربون ،رمز الدرجة المئوية
C- horizon الطبقة ج: طبقة التربة التي تقع تحت الطبقة أ و ب وهي نسبيا غير محورة من قبل النشاط الحياتي او عمليات تكوين التربة (طبقة المادة الاصلية)
C_3 plant النبات الذي ينتج مركب3- كربون (حامض الفوسفركلسرك) كخطوة اولى في التركيب الضوئي، هذا المسار لتثبيت الكربون شائع في النباتات المتكيفة لدرجات الحرارة الواطئة، ظروف اضاءة متوسطة ومياه متوفرة
C_4 plant النبات الذي ينتج مركب 4- كربون (حامض الماليك او الاسبارتيك) كخطوة اولى في التركيب الضوئي،هذا المسار لتثبيت الكربون شائع في النباتات المتكيفة للعيش في درجات الحرارة العالية ، ضوء قوي، ومياه قليلة
Ca رمز الكالسيوم
cabbage butterfly فراشة اللهانة
cacothenics تردي السلالة (بتاثير البيئة)
cadaveric جيفة، جثة، لاسيما معدة للتشريح
caddis flies ذباب شعري الاجنحة
cadmium كادميوم
caecum (pl.caeca) المصران الاعور
caenogenesis,cainogenesis, kenogenesis,kainogenesis,cenogenesis النشوء المستحدث: نشوء يكتسب فيه الخصائص المميزة للكائن الحي بوساطة تاثير البيئة، او هو نمو تراكيب واعضاء في جنين أو يرقة تعد تكيفا لطريقة الحياة ولا يحتفظ فيها البالغ
caesium سيزيوم
cal رمز كالوري، سعرة
calamistrum اشواك رسغية:صف من الشعيرات في رشغ العناكب تستخدم لتمشيط خيوط الحرير
Calandra granaria سوسة الحنطة
Calandra oryzae سوسة الرز
calcar مهماز
calcareous جيري، كلسي
calcareous soil تربة كلسية
calcicole,calcicolous plant, calciphile, calciphyte نبات ينمو في تربة طباشيرية او قاعدية
calcification تكلس
calcified صلب
calcifuge نبات يفضل ترب حامضية ولا ينمو في ترب طباشيرية او قاعدية
calcium كاليسيوم
calcium phosphate فوسفات الكاليسيوم :هو الشكل الرئيسي للكالسيوم الموجود في الحليب البقري وهو المكون الرئيس للعظم وسماد رماد العظم
calcul حصاة
calculous حصوي
caliber العِيار
calibration معايرة
caliche قشرة- كلسية
Calliphora augur نوع من ذباب اللحم (السروء)
Calliphora stygia نوع من ذباب اللحم (السروء)

Callosobruchus chinensis خنفساء اللوبياء
Callosobruchus maculatus خنفساء اللوبياء
callus بثرة: هي منطقة في الجلد تصبح سميكة وقاسية نسبيا نتيجة الاحتكاك المتكرر والضغط والتهيج أو غيرها
calm فترة لا رياح فيها، هادئ
calor حرارة(باللغة اللاتينية)،او حرارة الجسم التي تشير إلى التهاب(في الطب)
calorie سعرة: وحدة قياس الحرارة اوالطاقة، وهي كمية الحرارة اللازمة لرفع درجة حرارة غرام واحد من الماء درجة مئوية واحدة
calorific value القيمة الحرارية: محتوى الطاقة في المواد الحية، يعبر عنها بالسعرة او كيلو سعرة لكل غرام من الوزن الجاف
calvin cycle دورة كالفن
calyciform كاسي الشكل
calyciform cell خلية كاسية
calyptera فص غشائي في قاعدة الجناح فوق دبوسي التوازن مباشرة
calyx الكاس: جزء الزهرة المتكون من سبلات خضراء تغطي الزهرة عندما تكون في البرعم
camber يحدب
camberwell محدب
cambium الكامبيوم: طبقة رقيقة من الخلايا تحت لحاء النباتات الخشبية التي تكون خلايا جديدة(اللحاء والخشب) وبالتالي هي المسؤولة عن النمو القطري
camel(s) جمل، بعير، أبل، البُدن
camel, dromedary (*Camelus dromedarius*) الجمل العربي وحيد السنام
camel,bactrian(*Camelus bactrianus*) جمل ذو سنامين
camouflage التمويه: التخفي الطبيعي لشكل الحيوان بالالوان او الانماط ،او اخفاء شكل الحيوان اما بالالوان او بنمط الجلد
campodeiform larva يرقة حشرة منبسطة تمتاز باستطالة شكل الجسم تشبه افراد الجنس *Campodea*
canadian oil,low acid زيت الكندي منخفض الحمض
canal قناة
canal diversion قناة التحويل
canal irrigation قناة الري
canal lateral قناة فرعية(جانبية)
canal lined قناة مبطنة
canal main قناة رئيسية
canal navigation قناة الملاحة
canaliculus (pl.canaliculi) قناة صغيرة
canaries طيور الكناري
candela وحدة قياس سطوع الضوء
cane قصب
Canis جنس الكلب
cankerworm دودة قارضة
cannabis قنب، الحشيش
cannabism التحشيش
cannibalism أفتراس ما بين نوعي
cannibalistic تتغذى على افراد من نفس النوع
cannibalistic insects حشرات تفترس حشرات اخرى من نفس نوعها
canning wastes فضلات التعليب
canola كانولا او سلجم :يشير إلى صنف من بذور اللفت أو الخردل تستخدم في انتاج زيت الطعام للاستهلاك من قبل البشر والماشية
canopy ظُلة: الجزء الاعلى المتفرع من الغابة
canyon خانق، خورعميق ،وادي عميق مع حواف شديدة الانحدار
cap قبعة
capacity سعة ، قدرة
cape راس
capillarity الخاصية الشعرية
capillary شعري
capillary action, capillary flow حركة سائل الى الاعلى خلال انبوب ضيق او التربة
capillary capacity السعة الشعرية
capillary frings الحاشية الشعرية
capillary por فراغ في التربة يجري الماء باتجاه الجذور
capillary porosity المسامية الشعرية
capillary water الماء الشعري
capitate هامي، ذو راس

carbon tetrachloride(CCl_4) رابع كلوريد الكربون : سائل سام كثيف القوام غير قابل للاشتعال يستعمل كمذيب او في الثلاجات او في مطفأة الحريق
carbonaceous كاربونية، فحمي
carbonation التكربن، اضافة ثاني اوكسيد الكربون الى الشراب لجعله فوار
carboniferous period الفترة من العصور الجيولوجية عندماظهرت الزواحف لاول مرة غطت الغابات سطح الارض
carboniferous يحوي فحم او كاربون
carboxyhaemoglobin كاربوكسي هيموغلوبين: مركب من اول اوكسيد الكربون وصبغة الدم الهيموكلوبين يتكون عندما يتنفس الانسان اول اوكسيد الكربون
carburetor المكربن: اداة لمزج الهواء بالبترول بغية احداث مزيج متفجر
carcin- سرطان (سابقة)
carcinogen مسرطن : مادة تسبب السرطان
carcinogenesis تكون خلايا السرطان في الانسجة
carcinogenicity سرطانية
carcinogens مولدات السرطان
carder bee (*Bombus pascuorum*) النحلة الطنانة: نوع من النحل يعود لعائلة Apidae
Cardiology علم القلب
cardio- قلبي (سابقة)
cardo (pl. cardines) القاعدة:الجزءالقاعدي من الفكوك المساعدة
caribou الرَّنة: أيل شمال أمريكي
carina عرف
carneous قرني
carnivorophyte نباتات آكلة اللحوم
carnivors,carnivorous 1.لواحم،اكلة اللحوم اي تتغذى على لحوم حيوانات حية مثل حيوان او نبات يصطاد ويهضم الحشرات2. الجارحة (ج. جوارح): ذات الصيد من السباع والطير والكلاب، سميت بذلك لانها كواسب انفسها
carotene صبغة نباتية برتقالية او حمراء
carotenoids اشباه الكاروتينات

Capparidaceae عائلة الشلفح (الكبر)
Capparis spinosa نبات الكبر
Capsicum فلفل- اسم جنس
capsid bug بق الأوراق: حشرات صغيرة الى متوسطة تمتص العصارة النباتية ، تعود الى عائلة Miridae(Capsidae) من رتبة نصفية الاجنحة
capsular محفظي: محفوظ في علبة او كبسولة
capsule علبة، محفظة
captive اسير
captive breeding التربية في الاسر:تربية نوع مهدد في حدائق الحيوان ،وعادة يفرج عنها في وقت لاحق الى البرية
capture يقبض، يمسك
Carabidae,F. عائلة خنافس الارض
caracal (*Caracal caracal*) عناق الارض- وشق صحراوي: الوشق الصحراوي، هو قط البري توجد على نطاق واسع في جميع أنحاء أفريقيا وآسيا الوسطى وجنوب غرب آسيا في الهند
carapace درع: هو القسم الظهري العلوي من الهيكل الخارجي في حيوانات ، كالمفصليات مثل القشريات والعناكب، وكذلك الفقريات مثل السلاحف
carbamate كاربمايت: مبيد للقضاء على الحشرات، الاعشاب والفطريات
carbarly كاربريل (مبيد)
carbohydrate كربوهيدرات: مادة عضوية تتالف من الكربون، الهيدروجين والاوكسجين
carbon كربون
carbon cycle دورة الكربون: حركة الكربون بين الجو والمحيط المائي والبيئة الحياتية وتحولات تراكيبه الكيميائية (مثل التركيب الضوئي والتنفس)
carbon dating مؤقت كربون
carbon dioxide ثاني اوكسيد الكربون
carbon emissions انبعاثات الكربون:اول وثاني اوكسيد الكربون منتجة من السيارات والصناعات وتعد ملوثات الغلاف
carbon neutral توازن بين انتاج وبين استعمال الكربون
carbon sequestration حجز الكربون : خزن الكربون في الاشجار والنباتات الاخرى تمتص ثاني اوكسيد الكربون وتحرر الاوكسجين

carp شبوط (سمك):تضم أنواع مختلفة من أسماك المياه العذبة
carpel كربلة: الجزء الانثوي من الزهرة تتكون من مبيض، قلم وميسم
carpenter ant نمل الخشب
carpenter bee نحل الخشب
carpenter moth عث الخشب
Carpocapsa pomonella عثة التفاح: عثة رمادية صغيرة تعيش يرقاتها في التفاح والجوز
carpus رسغ اليد
carr مساحة من الاراضي الرطبة تدعم الاشجار
carrier ناقل او حامل الاصابة
carrier gas,carrier solvent غاز يستعمل في علب الهباء لاخراج الرذاذ
carrion beetles خنافس الجيف
carrying capacity سعة الحمل:حجم السكان الاعظم أو الكثافة القصوى من الأنواع التي يمكن أن تستدام في بيئة معينة، قيمة K لمنحني النمو السيني (بشكل حرفS)
cartilage غضروف
cascade شلال صغير ،او نظام تنقية للمواد
caste طائفة في الحشرات الاجتماعية، فئة: أي مجموعة من الأفراد في مستعمرة التي تختلف شكليا و/ أو التي تؤدي وظيفة متخصصة
castor beans الخروع
castration اخصاء:أي إجراء أو جراحة كيميائية أو غير ذلك بحيث يفقد الذكر وظائف الخصيتين فيما تفقد ألانثى وظائف المبيضين
cat fish السلورا (سمك)
cat flea برغوث القط
catabolism ايض هدمي: تكسير الكيميائيات المعقدة الى ابسط
catadromous fish سمك مُنَزل(نازل): يعيش في المياه العذبة لكن يهاجر إلى مياه البحار للتكاثر
catadromy, katadromy هجرة اسماك مثل الانقليس من الماء العذب الى البحر للتفريخ
catalysis حفز: عملية حدوث تفاعل كيميائي بمساعدة مادة دون ان تتغير في التفاعل
catalyst مادة تساعد في حدوث تفاعل كيميائي دون ان تتغير
catalytic agent عامل مساعد
catalytic oxidation التاكسد المحفز
catalytic reactor مفاعل محفز
catalyze يتوسط (تفاعل)
cataract الساد أو الماء الأبيض: مرض يصيب عدسة العين فيعتمها ويفقدها شفافيتها مما يسبب ضعفاً في البصر دون وجع أو الم
catastrophe كارثة
catastrophic كارث
catch basin جابية
catchment,catchment area,catchment basin,watershed جابية: منطقة من الارض احيانا كبيرة جدا تجمع وتصرف ماء المطر الساقط
catenary curve منحنى السلسلة
caterpillar يسروع: يرقة اسطوانية كيرقات الفراش والعث والزنابير المنشارية
cathode قطب سالب
cation كاتيون: ايون موجب
cattle انعام، ماشية
cauda ذيل
caudal ذنبي: يخص الذنب او الجزء الخلفي للجسم
caudal filament الخيط الذنبي:نتوء شعري في نهاية البطن
caudal gills خياشيم ذيلية
caudate مذنب
cauliflower قرنبيط
causative مسبب
cavern,caverna,cave كهف
cave كهف، مغارة: تجويف طبيعي داخل الجبل يتسع لمئات العوائل مع حيواناتهم يقضون فصل الشتاء فيه
cave, small غار:تجويف طبيعي صغير مثل غار حراء
cavernicole الكائن الحي الذي يعيش في الكهوف وغيرها مما يشبه المواطن الجوفية (تحت الارض)
cavernicolous insects حشرات كهفية
cavitation تكهف
cavity تجويف، فجوة

Co رمز الكوبالت
cease توقف
cecidium (pl.cecidia) هو نمو غير طبيعي للنسيج النباتي تحت تأثير كائن طفيلي ، الآلاف من الحشرات تحث على هذه النموات في مجموعة متنوعة من الأنواع النباتية وأجزاء النبات
cecidogenesis آلية تحريض التغيرات الفسيولوجية في مضايف الأنسجة النباتية لتشكيل اورام ، يبدأ بتحفيز كيميائي ينتقل من الحشرات الى النبات إما في وقت وضع البيض أو عندما تتغذى اليرقات النامية على النبات
cedar شجرة الارز
-cele, -coele مجوف (لاحقة)
celery (*Apium graveolens dulce*): كرفس: يعود لعائلة Apiaceae
celestial equator خط الاستواء السماوي
cell خلية
cell aggregates مجموعات خلوية
cells ,epidermal خلايا البشرة
cellular خلوي
cellularity خلوية
cellulose سيليولوز
celo- جوفي (سابقة)
celsius وحدة قياس
cement سمنت
cementation التحام
Cenozoic, Caenozoic or **Cainozoic era** العصر السينوزي: حقبة زمنية تمتد من 65.5 مليون سنة مضت إلى الوقت الحالي. ويعني الحياة الحديثة. تعرف هذه الحقبة بعصر الثدييات وأنقراض الديناصورات الغير طائرة
censunig يحصي
censusing تعداد
center of symmetry مركز التماثل
centesimal system النظام المئوي
centigrade - celsius درجة مئوية
centipedes ام 44
centi- مئوي (سابقة)
central body جسم مركزي
central canal قناة مركزية
central nervous system الجهاز العصبي المركزي
centre of origin,centre of origin and diversity منطقة يعتقد ان الانواع وجدت اصلا فيها وانتشرت منها
centre مركز
centrifugal طرد مركزي
centrifugal force القوة النابذة
centrifugal machine الالة النابذة
centrifugation,centrifuging فصل مكونات سائل في النابذة
centrifuge النابذة ،جهاز يعتمد على قوة الطرد المركزي لفصل او ازالة السوائل
centrifuging عملية الطرد المركزي
centrosphere لب الارض
centro- مركزي (سابقة)
cephal- راس (سابقة)
cephalic راسي
cephalic ganglion عقدة راسية
cephalic muscle عضلة راسية
Cephalopoda صنف راسية الارجل: حيوانات لافقرية بحرية براس متطور ومجسات كالاخطبوط
cephalothorax : المنطقة الراسية- الصدرية : منطقة من مناطق الجسم تتكون من قطع الراس والصدر معاً (قشريات وعنكبوتيات)
Cephidae,F. عائلة ذباب الساق المنشاري
Cephus cinctus الذباب المنشاري، يعود لعائلة Cephidae
cera شمع
Cerambycidae,F. عائلةخنافس القرون الطويلة
Ceraphronidae,F. عائلة من اشباه طفيليات (غشائية الاجنحة)
Ceratitis capitata ذبابة فاكهة البحر المتوسط
Ceratopogonidae,F. عائلة البرغش اللاسع
cercaria (pl. cercariae) المذنبات: الشكل اليرقي للطفيل الذي ينمو من الخلايا الجرثومية او الريديا لكيسية الأبواغ في الديدان المثقوبة. المذنبات لها رأس مستدق مع غدد اختراق كبيرة. قد تملك ذيل للسباحة أو لا تملك تبعا للأنواع. تجد السركاريا

chamber حجرة
channel مجرى نهر ، قناة
channelization of stream شق الجداول
chaparral جابرال، دغل، اجمة: بيئة حياتية تتميز بصيف حار جاف وشتاء بارد ورطب يسودها نمو كثيف من شجيرات دائمة الخضرة في الغالب، صغيرة الأوراق، كالتي توجد في سفوح كاليفورنيا
character مميزات،خواص
character convergence تقارب الصفة،صفة التقارب
character displacement صفة الازاحة (العزل): تشير إلى ظاهرة يتغير بها بروز التمايز بين الأنواع المتشابهة التي تتداخل بعض نطاقاتها الجغرافية، إذ أنَّ الاختلافات التي بينها تصبح بارزة أكثر في المناطق المشتركة لها، وتقل أو تختفي في المناطق غيرالمتداخلة.ينجم هذا عن التغير التطوري الذي يسببه تنافس الأنواع المختلفة فيما بينها من أجل الموارد المحدودة كالطعام
characterisation وصف المظهر النموذجي
characteristic species مميز، معين: نوع نموذجي يوجد في منطقة فقط وبهذا يمكن ان يستعمل لتحديد نوع المجتمع
charbon (anthrax) الجمرة الخبيثة:مرض معد جدا وقاتل من الأغنام والخيول والماشية
charcoal فحم
charge شحنة ، كلفة
charge ,sediment حمل الرواسب
chart خريطة
chasm ثقب عميق في الارض او الصخور، هوة
cheek (gena) الخد:الجزءالجانبي من الراس بين العيون المركبة والفم
cheese skippers ذباب الجبن
cheetah (*Acinonyx jubatus*) فهد أسيوي
chela الكلاب: زائدة شبيهة بالكماشة في اطراف القشريات والعنكبوتيات
chelation =grasping قبض، مسك
chelation 1.خلب، تمخلب او تكالب: تكوين معقد لمواد عضوية مع آيونات معدنية (مثل الكلوروفيل وهو مركب خلب والايون المعدني هو المغنيسيوم)
2.عملية ازالة معدن ثقيل

المتحركة مضيف وتستقر فيه حيث تصبح إما بالغة، أوmesocercariaأو metacercaria وفقاللأنواع
cerciform قرني الشكل
cercus (pl., Cerci) قرن شرجي:واحد من زوج من لواحق مؤخرة بطن الحشرة تعمل غالبا كاعضاء حسية وتسمى ملقط forceps
cereal حبوب
cerebral ganglion عقدة مخية
cerebration التفكير العقلي
cerebrum مخ
Cereus giganteus نبات الصبير العملاق
cervical عنقي
cervical muscle عضلة عنقية
cervical sclerite صفيحة عنقية
cervical sclerite صفيحة متقرنة عنقية: صفائح متقرنة بين منطقة الراس والحلقة الصدرية الامامية
cervicum (cervix) العنق:المنطقة الغشائية بين الراس والحلقة الصدرية الاولى
cessation وقف، انقطاع
cesspol, cesspitبالوعة (خزان فضلات منزلية)
Cestoda الديدان الشريطية- الشريطيات
cestoid شريطي
Cetacea رتبة الحيتان: لبائن تعيش في البحر مثل الدلافين والحوت وخنازير البحر
chaetae= bristle الهلب: ماغلظ وصلب من الشعر
Chaetotaxy علم ترتيب الشعر: ترتيب وتسمية الشعيرات او الاشواك على الهيكل الخارجي للحشرة
chafer جُعل
chaffinch الظالم - عصفور مغرد
chagas disease مرض:هو مرض استوائي ناجم عن ابتدائيات مسوطة *Trypanosoma cruzi* ينتقل الى البشر واللبائن الأخرى عادة عن طريق ناقل حشري هوبق التقبيل يعود لعائلةReduviidae
chain سلسلة
chalazae كلازة :هو تركيب داخل بيض الطيور والزواحف و بويضات النباتات ،اذ تتعلق او تلامس النواة او صفار البيض مع الغشاء

chemosphere منطقة في غلاف الارض فوق الجزء العلوي للتروبوسفير وضمن الستراتوسفير حيث تحدث التغييرات الكيميائية تحت تاثير اشعة الشمس

chemostat ثابت كيميائي

chemosterilant مادة كيميائية تعقم الكائنات المجهرية

chemosterilization التعقيم الكيميائي

chemosynthesis التركيب الكيميائي: انتاج البكتريا مواد عضوية

chemosynthetic bacteria بكتريا التمثيل الكيمياوي

chemotaxis انتحاء كيميائي: حركة الخلية وهي اما جاذبة او نافرة نحو المادة الكيميائية

chemotherapeutic drugs الادوية العلاجية الكيميائية

chemotransduction عملية ناتجة من اشارة كيميائية معينة (التفاعل الجزيئي) لإزالة الاستقطاب من الزوائد التشجرية الحسية .وهذا يشمل التضخيم الذي يسمح لعدد قليل من الجزيئات المحفزة لانتاج استجابة خلوية كبيرة ، وبالتالي زيادة الحساسية

chemotroph كائن يحول الطاقة من المركبات العضوية الكيميائية الى طاقة اكثر تعقيدا بدون ضوء الشمس

chemotrophic كيميائي التغذية: يحصل على الطاقة من مصادر عضوية

chemotropism انتحاء كيميائي: حركة او نمو الكائن استجابة لمحفز كيميائي

Chermes جنس من عائلة قمل النبات القافز Chermidae

chernozem التربة الركثاء،السوداء: تربة سوداء خصبة وغنية بالمواد العضوية

chest صدر

chestnut ابو فروة، كستنا

chestnut soil التربة الكميت

chew يمضغ

chewing مضغ

chiasma تقاطع ، تصالب

chick pea حُمص

chigoe برغوث الرمل

chelating agents عوامل خلب او تمخلب: هي الجزيئات التي لديها القدرة على تشكيل أكثر من آصرة واحدة إلى أيون الفلز، وبالتالي زيادة استقرار معقد الأيون. يسمى المعقد كلاب. يحدث طبيعيا عند نقل المغذيات المهمة في النباتات والحيوانات، وهي مهمة في العديد من التفاعلات لحفظ ودامة الحياة

chelicera(pl.,chelicerae) رجل كلابية:الزوج الامامي من اللواحق (العنكبوتيات)

cheliped رجل تنتهي بتركيب ملقطي متضخم (قشريات)

Chelonia سلحفيات

chem- كيميائي (سابقة)

chemical كيميائي

chemical bond اصرة كيميائية

chemical coloration تلوين كيميائي

chemical control مكافحة كيميائية: سيطرة على الافات باستعمال الكيميائيات

chemical fertiliser, artificial fertilizer اسمدة كيميائية

chemical oxygen demand(COD) متطلب الاوكسجين الكيميائي: كمية الاوكسجين المستهلك من المواد العضوية في الماء، يستعمل لقياس كمية المواد العضوية في ماء المجاري

chemical toxicity الطبيعة السامة للكيميائيات المستعملة في مكافحة الافات

chemistry كيمياء

chemo- كيميائي (سابقة)

chemoautotrophic كيمو ذاتي التغذي: قدرة الكائن الحي على الحصول على الغذاء خلال اكسدة المركبات الكيميائية غير العضوية وليس من خلال عملية التمثيل الضوئي

chemolithotrophic كائن مثل البكتريا يحصل على الطاقة من مواد لاعضوية

chemo-organotrophic كائن كالحيوان يحصل على طاقته من مصادر عضوية

chemoreceptor مستقبل كيميائي: خلية تستجيب لوجود مواد كيميائية عن طريق تنشيط العصب الحسي او مستقبلات البروتين على غشاء الخلية الحسية

chill قشعريرة
Chilopoda عديدة الارجل
chimney مدخنة
Chinch bug(*Blissus leucopterus*) بق الحنطة من العائلة Lygaeidae
Chiroleptes platycephalus الضفدع مسطح الرأس: هو ضفدع يعيش بالجحور في الصحراء الاسترالية وله القدرة على تخزين ما يكفي من المياه في جسمه فيصبح اشبه بالكرة المنفوخة
Chironomus البرغش:جنس من عائلة البرغش Chironomidae
Chiroptera رتبة اللبائن الطائرة
chitin كايتين: مادة صلبة مقاومة للماء تشكل جزء من الهيكل الخارجي للحشرات والجدار الخلوي للفطريات رمزه الكيمياوي ($C_{32}H_{54}N_4O_{21}$)
chitinous كايتيني
chitonase انزيم كايتنيز
chlorinated hydrocarbons الهيدروكربونات المكلورة: المركبات العضوية التي تحتوي على الكلور والهيدروجين والأوكسجين والكبريت أحيانا . تستخدم على نطاق واسع كأول المبيدات الحشرية العضوية المصنعة.تبقى في البيئة بعد الاستعمال وقد تتراكم في السلسلة الغذائية مثل ددت
chlorinated مكلور
chlorinate يُكلور: معاملة مادة بالكلور، لاسيما لتعقيم ماء الشرب
chlorination الكلورة: التعقيم باضافة الكلور، المعاملة بالكلور
chlorine الكلور، يضاف لتعقيم الماء ولقصر الالوان
chlorinty الكلورية
chloro- كلور (سابقة)
chlorofluorocarbon(=CFC) مركب يتالف من الفلور والكلوروالكربون يستعمل كدافع في علب الهباء وكمبرد في الثلاجات ومكيفات الهواء (عندما يتم إطلاق مركبات الكربون الكلورية الفلورية في الغلاف الجوي،ترتفع ببطء وتاخذ حوالي سبع سنين للوصول إلى طبقة الستراتوسفير وعندما تصل وتحت تأثير اشعة الشمس فوق البنفسجية تتكسر ذرات الكلور وتدمر طبقة الأوزون مما يسمح للأشعة فوق البنفسجية الضارة بالمرور إلى سطح الأرض
chloromethane غاز يتكون من الكربون والكلور تكونه الفطريات عند تعفن الخشب (يعمل بصورة مشابهة لمركبات الكلوروفلوروكربون في استنفاذ طبقة الاوزون)
chlorophyll ,chlorophyl المادة الخضراء، يخضور ،صبغة خضراء في النبات وبعض الطحالب
Chlorophyta مجموعة كبيرة من الطحالب التي تمتلك كلوروفيل
Chlorophyta(green algae) طحالب خضر
chloroplast بلاستيدة خضراء
chlorosis داء الاخضرار،شحوب يخضوري، تقليل الكلوروفيل في النبات يجعل الاوراق صفراء
choke يختنق
cholera كوليرا : مرض بكتيري ينتقل خلال الطعام او الماء
cholinesterase انزيم يحلل الاستيل كولين
chord, chorda حبل
chordae حبال
Chordata حبليات: تصنيف يضم كل الحيوانات التي لها حبل ظهري عصبي
chordotonal organs اعضاء وترية
chorion قشرة البيضة
chorodotonal organ عضو حسي الجزء الخلوي فيه يكون تركيباً متكاملاً يتصل عند طرفيه بجدار الجسم
Chortoicetes terminifera نوع من الجراد الاسترالي
Chortophaga viridifasciata النطاط الأخضر المخطط، من عائلة النطاط قصير القرون
chroma صفاء اللون او كثافته
chromatic ملون
chromatography فصل كروموتوغرافي
chromatophore حامل اللون : خلية نباتية او حيوانية تحوي صبغة
chromium كروم
chromo- لون، كروم (سابقة)
chromomeres حبيبات صبغية
chromosomal كروموسومي

chromosome كروموسوم (جسم صبغي)
chronic exposure التعرض المزمن الى ملوث او مادة مشعة لمدة طويلة او حتى طوال الحياة
chronic مزمن
chrysalis(pl.chrysalids,chrysalides) خادرة - عذراء حرشفية الاجنحة
Chrysanthemum الاقحوان- أسم جنس
chrysobag حقيبة لوضع بيض شبكية الاجنحة
Chrysomya albiceps نوع من ذباب اللحم، تعود لعائلة Calliphoridae
Chrysomya chloropyga نوع من ذباب اللحم
Chrysomya rufifacies نوع من ذبابة لحم
Chrysophyta الطحالب البنية الذهبية:تقسيم يضم معظم الطحالب حقيقية النواة وحيدة الخلية بشكل عام والتي تعيش في المياه العذبة
Chrysopidae , F. عائلة اسد المن
chunk قطعة غليظة ،قطعة، كتلة ،مكتنز
cicatrix ندبة : اثر الجرح
cichlid المشطبة (سمكة)
-cide قاتل (لاحقة)
ciliary هدبي
ciliary body جسم هُدبي
ciliate, ciliated مهدب
cilium(cilia) هدب
Cimicidae(Acanthiidae)F. عائلةبق الفراش
Cimex lectularius بق الفراش
cinnabar الزنجفر
circa حوالي
circadian rhythm الايقاع اليومي: النشاط اليومي للنباتات او الحيوانات الذي يعاد كل24 ساعة حتى بغياب المحفزات البيئية الواضحة مثل ضوء النهار
circuit electric الدورة الكهربائية
circuits دوائر كهربائية
circular muscle عضلات دائرية
circulation دوران
circulatory system الجهاز الدموي
circum- حول (سابقة)
circumpolar حول القطب الشمالي او الجنوبي
cirrostratus طبقة عالية رقيقة من السحاب
cirrus ليمون ، سحاب عالي فوق 5000م
Citellus citellus السنجاب الارضي
Citrullus colocynthis حنظل: نبات يعود لعائلة Cucurbitaceae
Citrus جنس الحمضيات
civets /cat قط الزباد:قط له ذيل طويل كث الشعر ،يتميز بنمو غدد عطرية في البطن في الذكر والانثى ويحصل على الزباد من هذه الغدد وتشبه رائحة الزباد رائحة المسك تماما
Cl رمز الكلور
clacking طقطقة
cladding مادة واقية
Cladocera براغيث الماء: هي رتبة من القشريات الصغيرة
clarification الترويق:عملية ازالة الفضلات الصلبة من مياه المجاري
clasper مقبض، ماسك
class صنف
Class Insecta صنف الحشرات
classification تصنيف
claval suture الدرز الصولجاني: يوجد في الجناح الامامي في نصفية الاجنحة يفصل بين الصولجان والجلد
claval vein عرق خلفي
clavate صولجاني متسع عند النهاية
clavicornia خنافس صولجانية
clavola شمروخ قرن الاستشعار
clavus صولجان الجزء الخلفي من جناح نصفية الاجنحة الامامي ويكون بشكل مستطيل او مثلث
claw مخلب
clay الصلصال، بغاء
clay pan طبقة صلصالية متصلبة
clean up ازالة الفضلات والقمامة اوالملوثات من مكان
cleaner سمكة او حشرة تنظف حيوان اخرعن طريق ازالة الاوساخ او الطفيليات
cleanser مسحوق او سائل تنظيف
clear air هواء نظيف بدون دخان او ضباب
clearcut قطع كل الاشجار في منطقة

وتسلسل دوري للمجتمعات،ولا يكون ايا منها مستقر بذاته
climax, edaphic الذروة التربية : هو مجتمع يحافظ عليه ويصان بعوامل التربة
climax,fire الذروة النارية:هو مجتمع يحافظ عليه ويصان بالحرائق الدورية
climbing متسلق
climograph الرسم المناخي: مخطط فيه عامل مناخي رئيس ضد آخر
cline تدرج الاختلاف :مجموعة تغييرات تدريجية تحدث للنوع تبعا للاختلافات الجغرافية والمناخية للبيئة التي تعيش فيها
cline يصف منطقة بيئية انتقالية في سلسلة المجتمعات البيئية التي تظهر تدرج مستمريتكون من الأنواع البيئية أو أشكال من أنواع تظهر اختلافات مظهرية و/ أو وراثية تدريجيا في منطقة جغرافية، عادةنتيجة لعدم التجانس البيئي.اما وراثيا نتيجة تغير ترددات أليل داخل الجينات
clinging leg رجل تعلق
clisere تعاقب المجتمعات البيئية، لاسيما تكوينات الذروة لمنطقة معينة نتيجة للتغيرات المناخية الشديدة
Clistogastra رتيبة من غشائيات الأجنحة بما فيها النمل والزنابير والنحل ،يرقاتها عديمة الارجل، تمتاز بضيق في قطعة البطن الثانية لتشكل الخصر او السويق
clitellum نطاق، سرج
clock,biological ساعة حياتية
clone سلالة خضرية: مجموعة خلايا مشتقة من خلية واحدة بالتكاثر اللاجنسي ،او كائن او مجموعة كائنات ناتجة من تكاثر لاجنسي
cloning تكاثر كائن مفرد لاجنسيا
clorado beetle خنفساء كولورادو
close apparatus جهاز قفل
closed غلق، أطبق
closed cell خلية مغلقة: محاطة من جميع الجهات بالعروق
closed coxal cavity تجويف حرقفي مغلق محاط من الخلف بقطعة متقرنة من الحلقة الصدرية نفسها

cleavage انفلاق
cleft شق
cleg *Haematopota* اسم آخر لذباب الخيل جنس الذي يعود الى عائلة Tabanidae
cleptoparasite شرهة تتغذى على غذاء او تستعمل عش نوع اخر
click beetles الخنافس المفرقعة
clicking فرقعة ، طقطقة
cliff جرف ، منحدر صخري
climate مناخ
climate change تبدل طويل المدى في انماط المناخ العالمي،يحدث طبيعيا كما في العصر الجليدي
climatic مناخي
climatic climax ذروة دورية او مناخية:مرحلة متسلسل ومستقرة في التوازن يحددها المناخ العام للمنطقة
climatic factor عامل مناخي
climatic variation التغييرات بين نوع مناخ واخر او لنفس المناخ في مناسبات مختلفة
climatic zone واحد من المساحات الثمانية على الارض التي لها مناخات مختلفة
climatologist عالم المناخ ، المناخي
Climatology علم المناخ
climax ذروة: المرحلة الاخيرة في نمو مجموعة النباتات او مستعمرة النبات في مكان معين،وهو مصطلح ادخل عام 1916من قبلF.E.Clements ،او هو مجتمع حياتي يُعتقد أنه في حالة توازن مع الظروف البيئية الموجودة ويمثل المرحلة النهائية من التعاقب البيئي،او مرحلة النبات التي يكون P=R بغياب عوامل الاضطراب الرئيسة
climax forest الغابة الذروية
climax mono وحيد الذروة
climax community مجتمع الذروة:مجتمع بيئي يبقى فيه سكان النبات او الحيوان مستقرومتوازن مع بعضه البعض ومع بيئته،ويعد مجتمع الذروةالمرحلة الأخيرة من التعاقب، ويبقى دون تغيير نسبيا حتى يُدمر بسبب حدث ما مثل النار أو تدخل الإنسان
climax, poly متعدد الذروة
climax, cyclic الذروة المناخية: حالة مستقرة،

clotting of blood تخثر (تجلط) الدم
cloud سحاب:كتلة من بخار الماء او دقائق ثلج في السماء والتي تسبب المطر او الثلج، او كتلة دقائق عالقة في الهواء
cloud, light رباب: السحاب الابيض الرقيق
cloudbank كتلة من السحاب المنخفض
cloudbase الجزء الاسفل من طبقة السحاب
cloudburst عاصفة ممطرة مفاجئة،المُزنة، وابل، مطر غزير مفاجئ
clouding تغيم
clove (*Syzygium aromaticum*) قرنفل: نوع من النباتات من عائلة Myrtaceae
clover leaf weevil سوسة ورق البرسيم
clover mite قراد البرسيم
clover root borer حفار جذر البرسيم
club shaped صولجاني الشكل
clubbed صولجاني
clump مجموعة دقائق تلتصق معا ، او مجموعة اشجار او نباتات تنمو معا
clumping تكوين كتلة مرتبطة
cluster مجموعة اشياء متشابهة معا ،عنقود
clutch الحضنة، حضنة بيض
clypeo- labral suture درز درق شفوي
clypeo- labral درق شفوي
clypeo-frontal suture درز درق جبهي
clypeo-frontal درق جبهي
clypeus دَرَقة: صفيحة متقرنة في الجزء السفلي للراس بين الجبهة والشفة العليا
cnida خلية لاسعة
coaction قسري
coadaptation ملاءمة
coagulant مختر ،مادة تخثر الدم
coagulate يتخثر
coagulation تخثير ،تجمد
coal فحم حجري
coarctate pupa عذراء مستورة
coarctate مستورة
coarse دقائق كبيرة
coarse-grained 1.حبيبات خشنة، خشن، غير مصقول2.يشير الى موطن تكون فيه حرية حركة نوع معين من الحيوانات منخفضة نسبيا قياسا بحجم الموطن
coarse sand الخشن (الرمل الخشن)
coast ساحل
coastal ساحلي
coastal erosion خسارة الارض من الساحل نتيجة التيار او الامواج
coastal pelagic fish الاسماك التي تعيش في الطبقة العليا من البحر قريبة من الارض
coastal plain سهل ساحلي
coastal zones مناطق ساحلية
cobalt عنصر الكوبالت
cobweb نسيج العنكبوت
cocaine كوكايين
Coccidae, F. عائلة الحشرات القشرية
coccidioidomycosis مرض رئوي سببه استنشاق ابواغ فطر
coccinella دعسوقة
coccolithophores كائن من السوطيات النباتية
coccus (pl. cocci) مكورات: بكتريا بشكل كرة
Coccus viridis حشرة قشرية تصيب القهوة، تعود لعائلة Coccidae
cock صنبور
cockroach صرصر
coconut جوز الهند
cocoon شرنقة
co-determinantes محددات مشتركة
code شفرة
codistillation 1.عملية تبخير جزيئات المادة السامة الى الغيوم فوق الارض ثم سقوطها مرة اخرى كمطر في البحر2. تبخير ولاحقا جمع السائل بوساطة التكثيف كوسيلة للتنقية (تقطير المياه)
codominant 1.سائد مشارك:يشير الى نوع وفير بوجود نوع اخر في المجتمع2 . الاليلات غير سائدة بصورة كاملة على بقية الاليلات في اقتران متباين.3 التأثير على وجود ونوع من الأنواع الأخرى في المجتمع
coefficient معامل
coefficient of community معامل المجتمع

Colias eurytheme فراشة الجت، تعود لعائلة Pieridae
Colinus virginianus السلوى بيضاء الذنب (الحجلية)- طير
collateral جانبي
collar bone التراقي: عظم الترقوة
collecting leg رجل جامعة
collection جمع ، تجميع
collective properties خصائص جماعية: محصلة او الجمع من خصائص الأجزاء(مثل معدل الولادة والذي هو مجموع ولادات الافراد خلال فترة زمنية معينة)
Collembola, O. رتبة الحشرات ذات الذنب القافز
colleterial glands غدة غروية في الإناث: الغدد الملحقة التي تفرز البروتينات الليفية لدعم البيض
colliquative مميع: تتميز بتصريف غزير للسوائل ،مثل الجروح المتقيحة
collision effect تاثير التصادم
colloid غروي
collophore تركيب انبوبي في الجهة البطنية للحلقة البطنية الاولى (في قافزة الذنب)
collum ترجة عقلة الجسم الاولى
colluvium رواسب الجاذبية
colloidal غروي
colon قولون
colonial animals حيوانات تعيش عادة في مستعمرة مثل النمل
colonisation استعمار، استيطان
colonise يستعمر نظام بيئي جديد(نبات او حيوان)
colonization استيطان ،استعمار
colony مستعمرة
coloration اللون، تلوين
colour (color) لون
colour- vision رؤية اللون
Colpoda حيوان ابتدائي هدبي- اسم جنس
Colubridae,F. عائلة الثعابين المألوفة غير السامة وهي ألاكبر والاكثر شيوعا ، مع ما يقرب من 2000 نوع توجد في جميع القارات باستثناء القارة القطبية الجنوبية

coefficient of haze عدد يظهر النسبة المئوية للغبار والدخان في الجو
Coelenterata الجوفمعويات، جوفية المعي
coelom جوف الجسم
coevolution تطور مشترك او مترافق: تغير الكائن الحيوي المُحدث بفعل تغير الكائن المرتبط به، يمكن أن يحدث التطور المشترك في مستويات حياتية عديدة، إذ يمكن أن يحدث على مستوى مجهري، مثل الطفرات التي تحدث في الأحماض الأمينية في البروتين، أو المستوى العيني، مثل تباين الأنواع المختلفة من حيث السمات ببيئة معينة في علاقة تقوم على التطور المرافق، يمارس كل طرف الضغوط الإنتخابية على الآخر، وبالتالي يؤثر ذلك في تطور كل منهما. التطور المرافق لأنواع مختلفة يشمل تطور المضيف-الطفيلي
coexistence التعايش: اثنان او اكثر من الانواع تعيش معا في الموطن نفسه
coherent متماسك
cohesion تماسك
cohesiveness تلاصق
cohort جماعة، مجموعة افراد تشترك بعامل مثل العمر خلال فترة زمنية معينة
cold برد
cold death الموت من البرد
cold hardening زيادة في تحمل البرودة،عادة تتحقق عن طريق التعرض لدرجة حرارة منخفضة نسبيا
cold hardiness القدرة على تحمل درجات الحرارة تحت الصفر
cold spring ينبوع بارد
cold stupor (coma) غيبوبة البرودة
cold-blooded animals حيوانات متغيرة درجة الحرارة
cold-blooded متغيرة درجة الحرارة مثل الاسماك او الزواحف والتي تعتمد درجة حرارة أجسامها على حرارة المحيط حولها وتسمى ايضا poikilotherm, ectotherm
cold-hardy التحمل للبرد
Coleoptera حشرات غمدية الاجنحة
coleos غمد

colulus عضو أثري بين قاعدتي المغازل الأمامية في العناكب
column عمود
columnar cell خلية عمودية
coma 1.زغب،شوشة:خصلة من الشعر على بذرة النبات او بوغه 2.غيبوبة
comb like مشطي
combat يقاتل ، يقاوم
combination مزيج، خليط ، دمج
combine يدمج
combust يحترق
combustion احتراق بوجود الاوكسجين
combustion aerosols هباءات الاحتراق
commensal معايش: كائن يعيش على نبات او حيوان اخر دون ان يضره او يؤثر عليه
commensalism معايشة:شكل من أشكال التفاعل او العلاقة بين فردين من نوعين مختلفين. احدهما يستفيد من العلاقة لكن الاخر لا يستفيد ولا يتضرر
comminution سحق او طحن الصخور او المعادن الخام
comminutors مجارش
commissure رابط، موصل
common شائع، اعتيادي مالوف
common oviduct قناة بيض مشتركة
communis مشترك ،عام
community مجتمع: كائنات مختلفة نباتات وحيوانات تعيش وتتفاعل مع بعضها في منطقة معينة، او يشمل كل السكان الذي يستوطن منطقة معينة في نفس الوقت
compact متماسك
compaction, compacting مضغوط ،متراص
compactness تراص
companion plant نبات يحسن نمو النباتات المجاورة له
comparative character صفة مقارنة
comparator مقارن
compartment حجرة
compartment modeles نماذج الحجيرات
compatible متوافق، يلائم
compatibility ملاءمة، موافقة
compel يضطر- يجبر
compensation تعويض
compensation point or depth عمق التعويض: النقطة او العمق في البحيرة او البحر وفيه معدل تكوين المواد العضوية بالتركيب الضوئي مساوي لمعدل خسارة المواد بالتنفس (الانتاج الصافي يساوي صفر) او هو العمق الذي يكون فيه الضوء النافذ منخفض وكافي لاحداث توازن بين انتاج الاوكسجين واستهلاكه
compensation levels مستويات التعويض
compensatory تعويضي
compete يتنافس
competence جدارة
competition تنافس :تفاعل بين اثنين أو أكثر من الكائنات الحية التي تعود للنوع نفسه او لنوع اخر و التي تستخدم الموارد نفسها وفيها الضرر متبادل لكليهما عندما لا يكفي لاثنين معا وقد يكون التنافس على الغذاء ،الضوء، التزاوج
competition curve منحنى التنافس
competitive displacement الازاحة التنافسية
competitive exclusion principle مبدأ الاقصاء التنافسي: مبدأ ان نوعين او اكثر لهما متطلبات متشابهة لا يستطيعا ان يشغلا الموطن البيئي نفسه وان يعيشا على المصادر المحدودة نفسها لان احدهما سيتنافس بنجاح على الاخر والخاسر عليه اما ان يكيف عادات غذاءه او سلوكه او يهاجر لمكان اخر والا سيستمر تناقص عدده حتى ينقرض
competitive release عملية يوسع فيها نوع من نوخه اذا لم يكن له منافس
competitor مُنافس
compile يجمع
complementarity حفظ طبيعي يستند على توازن الانواع البرية والاليفة في منطقة
complementary foods الغذاء التكميلي : الأغذية التي توفر نظام غذائي متوازن
complement مُتمم
complete dominance سيادة تامة
complete linkage ارتباط كلي

conductivity التوصيلية: قابلية التوصيل الحراري للمادة
conductor موصل
conduit قناة
cone مخروط
configuration ترتيب .شكل .هيئة
confinement حصر
confinement feeding تغذية الحجز
confirmatory مؤكد
confluence 1.تدفق لاثنين أو أكثر من الجداول والأنهار أو ما شابه ذلك معاً 2. الملتقى : جسم مائي متكون من تدفق اثنين أو أكثر من الجداول والأنهار معا 3.حشد أو حشود، تجميع
confluent 1.تتدفق أو تجري معا2 . تمزج في واحد 3. أنهار او الأفكار متلاقية 4. واحد من اثنين أو أكثر من تيارات متلاقية 5. تيار رافد
confrontation مواجهة ،مجابهة
confront واجه، جابه، تحدى
confusion ارتباك ،اضطراب ،حيرة ، حائر
congectural حدسي
congener نوع يعود الى الجنس نفسه،او عنصر كيميائي يعود للمجموعة نفسها
congeneric مجانس
congenital خلقي
congested محتقن
conglobate gland غدة كتلية مكببة
conglutination لصق، يتغرى
conifer مخروطيات، صنوبرية
conjugate مقترن ، متقارن
conjugation اقتران: شكل بسيط من التكاثر في الكائنات وحيدة الخلية
conjugation in paramecium اقتران في البراميسيوم
conjunctive الملتحمة
connect يصل ، يربط
connection اتصال
connective رابط ، موصل
connivent متجمع: تتلاقى ولكن لا تنصهر في جزء واحد

complete metamorphosis تحول كامل، استحالة كاملة
completely randomized design التصميم العشوائي الكامل
complex مركب معقد
compose يتكون
composition تركيب
compost الدمان، سماد طبيعي
composting التدمين (تحويل الى دمن او سماد)
compound مركب
compound eye عين مركبة
compound fertiliser, mixed fertiliser سماد مركب يجهز باثنين او اكثر من المغذيات
compressed مكبوس، مضغوط
compression انضغاط ، صوت
concave مقعر ،مجوف
concavity تقعير
concentration تركيز
concentration ,biological التركيز الحياتي
concentration factor عامل التركيز
concentration peak قمة التركيز: اكبر كمية من المادة في المحلول او في حجم معين
concentric متحد المركز
concentric zones مناطق متحدة المركز
concept مفهوم
concretion تقسية، تصلب
condensation تكثيف
condensation nuclei نوى التكثيف
condenser مكثف
condition ظروف
conditional شرطي ، كييف
conditional behaviour السلوك الشرطي
conditioned reflex رد فعل منعكس مشروط: فعل تلقائي من حيوان لمحفز،اوهي استجابة مكتسبة تخضع لحافز وتحدث نتيجة للتعلم من تجارب سابقة
conduct يوصل
conduction توصيل الحرارة
conductive موصل الحرارة

conoid مخروطي
conscious واع، يقظ
consecutive متعاقب،متتابع ، مترابط
consenescence يشيخ، يتقدم بالسن
conservation محافظة، صيانة
conservation , heat حفظ الحرارة
conservation biology حفظ الحياة: حقل من العلم يهتم بحماية وادارة التنوع الحياتي اعتمادا على مبدأ علم البيئة الاساسي والتطبيقي ،او هو دراسة كيفية حفظ النوع والنظام البيئي
conservation easement آليات ميكانيكية لتصميم الممتلكات الشخصية من اجل منافع بيئية واقتصادية والحفاظ عليها
conservation of energy حفظ الطاقة :عملية جعل الطاقة المستهلكة اكثر كفاءة ومنع خسارة او ضياع الطاقة
conservation of resources حفظ المصادر كالوقود الحجري
conservation or preservation of species حفظ النوع
conservation حفظ
conserve يحفظ
consistency ثبات
consociation, consocies مجتمع بيئي له نوع رئيسي واحد مثل اشجار الزان في الحرش
consolidation الضم، التدعيم، متماسك
conspecific من النوع ذاته ، الكائن الذي يعود للنوع نفسه ككائن اخر
conspicuous واضح، جلي، مرئي
constancy ,concept of مفهوم الثبات
constant ثابت
constituent مكون
constitution التكوين
constrict قلص، انقبض
constriction انقباض
construction إنشاءات، بناء
constructive بناء
consultation استشارة
consultative تشاوري، استشاري
consume يستهلك
consumer مستهلك
consumption efficiency : كفاءة الاستهلاك النسبة المئوية للمادة الكلية في مستوى غذائي والتي تستهلك من حيوانات المستوى التالي (مثل النسبة المئوية للنباتات المأكولة من قبل العاشبات)
consumption استهلاك
consumption, energy استهلاك الطاقة
contact تماس
contact herbicide, contact weedkiller مبيد او مادة تقتل النبات بالتلامس
contact insecticides مبيدات حشرية بالملامسة
contagion عدوي: انتشار مرض عن طريق التلامس مع انسان مصاب او شيء لمسه مصاب
contagious معدٍ:يشير الى مرض ينتقل بالتلامس
container حاوية
containment structure (of a nuclear reactor) التراكيب الحاوية
contaminant مشوب
contaminated land, contaminated site منطقة مشوبة نتيجة فعاليات البشر مثل الصناعة
contaminate يشوب
contamination تشوب
content محتوى
contest مباراة ، قتال، صراع ، سباق
context قرينة ، سياق الكلام
contiguity تماس
contiguous متماس
continent قارة: واحدة من السبعة كتل ارضية كبيرة على سطح الارض
continental قاري
continental climate مناخ قاري يوجد في مركز القارة بعيدا عن البحر (صيف طويل جاف وشتاء بارد جدا وقليل المطر)
continental drift الانجراف القاري: نظرية جيولوجية بان القارات السبع كانت سابقا كتلة واحدة وابتعدت تدريجيا عبر ملايين السنين
continental platform الرصيف القاري
continental shelf الجرف القاري

continental slope الانحدار القاري
continental terrace رصيف قاري
continued مستمر
contingency table جدول الاحتمال: توزيع متكرر لتصنيف احصائي
continuous مستمر
continuum متسلسل، متصل، استمرارية : تدرج في الظروف البيئية تعكس التغييرات بتركيب المجتمع
continuum index قياس موقع مجتمع على تدرج يحدده تركيب الأنواع
contour كفاف، محيط الشيء
contour gradient تدرج الاكفة
contour strip cropping زراعة شريطية كفافية :وهي زراعة تهدف إلى تقليل تعرية التربة . وتتم الزراعة مع كفاف التلال أو عبر المنحدر لإبطاء جريان المياه خلال الأمطار
contraception منع الحمل
contraceptive مانعات الحمل
contract يتقلص
contractile vacuole فجوة متقلصة
contraction الانقباض ،التقلص
contrast تباين
contrasting مغاير
control action threshold (CAT) عتبة السيطرة: وفيها كمية الاصابة بالافة تجعل من الضروري البدء بمكافحة آفة معينة من أجل تجنب الخسارة الاقتصادية ، أو الضرر الجمالي لمحصول
control سيطرة ،ضبط
controlled environment بيئة مسيطر على الحرارة والرطوبة النسبية والجو
convection الحمل:احد طرق انتقال الحرارة وهي عملية ارتفاع المائع الحار(الغاز او السائل) الى الاعلى وهبوط المائع البارد الى الاسفل
conventional عادي ، اصطلاحي
conventional fuel وقود تقليدي: الفحم، الخشب او الغاز
convergence تقارب، تجمع
convergence zone منطقة التقارب: مساحة في المحيط يتجه اليها

convergent متقارب
convergent oscillation التذبذب المتقارب
convergent evolution تطور متقارب او التقائي
conversion تحويل
conversion factors عوامل التحويل
convert يحول
convex محدب
convolvulus اللبلاب
cony =coney أرنب أو الفراء المصنوعة من جلد أرنب،ارنب اوروبي *Oryctolagus cuniculus*
cool بارد
coolant مادة مبردة
cooling ponds برك التبريد
cooling towers ابراج التبريد
coordination تنسيق
coot الغر: طائر مائي
Copepods مجدافيات الأرجل: هي مجموعة من القشريات الصغيرة الموجودة في البحر وتقريبا كل موطن المياه العذبة
copper نحاس
coprolite روث متحجرات الحيوانات القديمة
coprophagan= coprophagous آكل البراز
coprophilous بنمو على الروث
copse ايكة: منطقة اشجار صغيرة
Coptotermes acinaciformis نوع من الارضة
copulation تزاوج ، جماع
copulatory organ عضو الجماع
copulatory spicule شوكة الجماع
coral reefs حيود مرجانية:مجاميع مستعمرة من اللاسعات Cnidarians، (شعبة من اللافقريات البحرية وتشمل شقائق البحر وقنديل البحر) التي يكون هيكلها الخارجي من كربونات الكالسيوم،تكون عادة في علاقة تبادل منفعة مع الطحالب
corbicula سلة اللقاح (في النحل)
cord حبل، الحبل السري
cord, spinal الحبل الشوكي
cord, vocal اوتار صوتية
cordate قلبي الشكل

core لب
corium الجلد: الجزء القاعدي من الجناح الامامي في نصفية الاجنحة
cork فلين
corn wireworm دودة الذرة السلكية
corn ذرة
cornea القرنية
corneagen layer الطبقة مكونة القرنية
corneal facet سطيح قرني
corneous قرني
cornered مزوي ، ذو زوايا ، محرج
cornflour, corn starch نشأ (طحين الذرة)
cornicle(or siphuncule) قرين: واحد من زوج من التراكيب الانبوبية الصغيرة ، توجد على الجانب الظهري للجزء الأخير من جسم المن
corolla مجموعة الاوراق التويجية في الزهرة، او جنس من الرخويات
corona هالة ،تاج
corona discharge تفريغ اكليلي
corona of cilia قمة الشعيرات
coronal suture الدرز التاجي: درز تاجي يمتد حوالي الخط الوسطي للهامة بين العيون المركبة
corpora اجسام
corpus (pl.corpora) جسم، جسد
corpus allatum (pl. corpora allata) غدة صماء في الحشرات تولد هرمون اليافعة ، الذي له دور مهم في التحول
corpus جسم
corpuscles كريات
correction تصحيح
correlation ترابط
correlation coefficient معامل الارتباط
correspond يراسل ، يطابق
corroboration أدلة ساندة
Corrodentia رتبة قمل الكتب والقلف
corrode تدمير الشيء بعمليات كيميائية بطيئة
corrosion صدأ، تاكل (فلزات):عملية تغير سطح المادة وعادة المعدن بسبب الرطوبة، الهواء او كيميائيا ،تعرية الصخور بالمناخ او كيميائيا

corrosive يسبب تاكل
cortex قشرة
Corvidae,F. عائلة الغراب
Corvus corax الغراب الاسحم
Corvus cornix الغراب المقلنس او المقنع
Corvus frugilegus الغداف أو غراب القيظ
cosmetics مواد التجميل
cosmic كوني
cosmic radiation,cosmic ray اشعة كونية: دقائق عالية الطاقة تدخل غلاف الارض من الفضاء مثل اشعة الشمس
cosmopolitan عالمي: ينتشر في انحاء مختلفة عديدة في العالم
cosmos الكون
costa 1.ضلع 2.العرق الضلعي:هو العرق الطولي الاول محاذي لحافة الجناح الامامية ويكون غير متفرع
costa margin حافة امامية (ضلعية)
costal area مساحة ضلعية
costal cell خلية ضلعية:مساحة من الجناح تقع بين العرق الضلعي والعرق تحت الضلعين
cotidal line خط مدي جزري
cotton boll weevil سوسة لوز القطن
cotton boll worm دودة لوز القطن
cotton bug بق ورق القطن
cotton dust مسحوق القطن
cotton leaf worm دودة ورق القطن
cotton seed bug بق بذرة القطن
counterfeit يخدع ، خدعة، يتظاهر
counterpart نظير
countershading نوع من تلون الحيوان يكون الظهر اغمق من البطن جاعلا من الصعوبة مشاهدة شكل الحيوان بوضوح
counter الضد – المضاد
countryside ريف
coupe منطقة من الغابات التي قطعت اشجارها
coupled مقرون ، مقترن ، متقارن
couple اثنان، رابط، ازدواج، رباط ، تقارن
coupling اقتران: مصطلح للعمليات والتراكيب التي تنقل الأحداث الميكانيكية في البيئة إلى غشاء

creator خالق ، فاطر
creek نُهير
creep يزحف ، ينسل
creeper زاحف ،نبات متسلق
cremaster نتوء شوكي او خطافي الشكل في نهاية العذراء يستعمل غالباً للتعلق (حرشفية الاجنحة)
crepuscular animals حيوانات غسقية:هي التي تنشط اساسا خلال الشفق ، وهو خلال الفجر والغروب
crepuscular periodicity دورية الغسق والسحر
crepuscular الغسق والسحر
crepuscule غسقي
crest قمة ، هامة،عرف الديك ،ذروة
crevice صدع
cribriform غربالي
Cricetidae,F. عائلة قوارض ذات خد متجعد
crickets الجدد ،صرصر الليل
Criminology علم الاجرام
crimson قرمزي
crinoid الزنبقيات
crisis ازمة
crista عرف
criterion معيار ، مقياس
critical حرج
critical daylength طول النهار الحرج: طول النهار الذي يمثل مرحلة انتقالية من طول النهار الذي يحفز التهيؤ وذاك الذي يشجع عدم التهيؤ
critical factor عامل حرج: عامل بيئي يسبب تغيير مفاجئ
critical link كائن في سلسلة غذائية مسؤول عن اخذ وخزن المغذيات والتي تمرر الى اسفل السلسلة
critical load المستوى العالي من التلوث والذي لا يسبب اذى دائم للبيئة
critical mass الكتلة الحرجة
critical point, critical state نقطة تكون فيها المادة تحت تغيير في الحرارة ،الحجم او الضغط
critical temperature درجة الحرارة الحرجة

بلازما الخلايا العصبيه الحساسة ، او مزاوجة ،ازدواج
courtship غزل، مغازلة : تواصل بين الجنسين
cove خليج صغير
cover crop نبات الصيانة:محصول يزرع ليغطي التربة ويمنعها من الجفاف والتعرية
cover غطاء (نباتي)
cowries صدفيات صفراء
coxa (pl.,coxae) الحرقفة ، القطعة القاعدية للرجل
coxal cavity تجويف حرقفي
coxal process زائدة حرقفية
coxite قاعدة الطرف،زوائد مسطحة على الصفيحة البطنية
Cr رمز الكروم
crab سرطان بحري
crab lice قمل العانة:حشرة صغيرة تمتص الدم من الانسان *Pthirus pubis*
cracking فصم، تكسير
cracking catalytic تكسير محفز
cracking thermal تكسير حراري
cracks شقوق
crane –fly insect الحشرة الرافعة
cranium علبة المخ ، جمجمة، صندوق الدماغ، قحف
crankcase صندوق المرافق
crassulacean acid metabolism(CAM) أحد طرق التركيب الضوئي في النباتات، توجد في نباتات تعيش بظروف بيئية حارة ومحدودة الرطوبة ، ويعد تكيف مع البيئات القاحلة ومتطورا عن التركيب الضوئي رباعي الكربون، اذ يتم تثبيت الكربون خلال الليل ويخزن ثاني أوكسيد الكربون لاستخدامه في اليوم التالي عند توفر الضوء في التركيب الضوئي. الهدف من هذه العملية هو إبقاء الثغور في الأوراق مغلقة طوال اليوم لتقليل النتح
crayfish (or crawfish) سرطان البحر
crawler 1.زاحف 2. الطورالاول النشط من الحشرات القشرية
created خلق ، فطر
creation خلق

critical threshold العتبة الحرجة:النقطة التي يحتمل انقراض النوع فيها
critically endangered يشير الى نوع يواجه مخاطر كبيرة في الانقراض،عادة عندما يكون هناك اقل من 50 فرد ناضج،تسمية معتمدة من قبل الاتحاد الدولي لحفظ الطبيعة والموارد الطبيعية
critically imperiled : مهددة بالانقراض تسمية مستخدمة من قبل برنامج التراث الطبيعي في الولايات المتحدة
crochets اشواك خطافية في طرف الرجل الاولية البطنية (يرقات حرشفية الاجنحة)
crocodile تمساح
crop محصول،حوصلة: الجزء المنتفخ الذي يلي المرئ في القناة الهضمية
crop breeding تنمية ضروب جديدة من المحاصيل
crop dusting عملية معاملة المحاصيل بالمبيدات بشكل غبار ناعم
crop relative نبات بري مرتبط وراثيا بنبات محصول
crop rotation الدورة الزراعية،دورة المحاصيل :المناوبة بين المحاصيل في الحقل الواحد للحفاظ على خصوبة التربة
cross عرضي،انتاج شكل جديد من النبات او الحيوان من نوعين او ضربية او سلالتين مختلفتين
cross resistance مقاومة متبادلة
cross striated عرضي التخطيط
cross vein عرق مستعرض هو العرق الذي يوصل بين عرقين طوليين في جناح الحشرة
cross-fertilisation تزاوج خلطي ،تخصيب نبات لنبات اخر من النوع نفسه
crossing تقاطع ،تهجين النباتات او الحيوانات من سلالتين او ضربين مختلفين
crossing over العبور،عبور العوامل ،تقاطع الكروموسومات
cross-pollination تلقيح الزهرة بحبوب لقاح من نبات اخر للنوع نفسه
crossway تقاطع
crowding ازدحام

crown التاج ،الذروة ،قمة النبات
crown cover مساحة الارض المظللة بافرع واوراق الاشجار
crown fires نيران القمة
crucible بودقة
Cruciferae (Brassicaceae) الاسم السابق للخردليات
crude خام
crude density الكثافة الخام: عدد الافراد لكل وحدة مساحة
crumble يتفتت، يتهاوى ، حطام
crumbs فتات ، كسرات
crushing السحق
crushing surface سطح طاحن
crust قشرة صلبة
Crustacea قشريات ، صنف من الحيوانات له قشرة صلبة
cryogenic يشير الى درجة حرارة منخفضة جدا
cryophilous نبات يزدهر في درجات حرارة منخفضة جدا ،او يشير الى حيوان يحتاج فترة من المناخ البارد لينمو
cryophyte نبات يعيش في ظروف باردة كالثلج
cryopreservation خزن المواد الحياتية بدرجة حرارة منخفضة جدا
cryosphere الجزء المتجمد من سطح الارض
crypsis التمويه من لون او نمط أو رائحة بحيث يتم خلط فرد مع البيئة الخلفية ولا يتم كشفها بسهولة عن طريق الحيوانات المفترسة
crypt 1.سرداب او قبو ،2. حفرة رفيعة اوتجويف غدي صغير(التشريح)
crypt like يشبه سرداب او قبو
cryptic coloration تلوين التخفي: نمط من التلوين يجعل الحيوان مخفيا
crypto- مخفي (سابقة)
cryptobiosis(or anabiosis) حالة مؤقتة تحدث في الكائن الحي اذ يصبح النشاط الأيضي قليل أو غير قابل للكشف استجابة لظروف بيئية غير ملائمة مثل الجفاف ، والتجميد، ونقص الأوكسجين
Cryptodonta خفيات الاسنان:هو تحت صنف من الرخويات ذوات المصراعين، وتحوي على

رتبة واحدة موجودة هي Solemyoida
cryptogam كائن يتكاثر بالابواغ
Cryptolaemus montrouzieri دعسوقة
cryptonephric complex الهيكل الذي يربط نهايات الأنابيب البعيدة من ماليبجي ارتباطا وثيقا مع المستقيم
cryptophytes نباتات ارضية
cryptosporidium كائن من خلية مفردة يمكن ان يعدي الانسان يوجد عادة في الماء الملوث
Cryptozoa 1.حيوانات ارضية:حيوانات تعيش حياة متخفية بين الحطام العضوي في أرض الغابة (علم الحيوان) .2. تراكيب في صخور عصر ما قبل الكمبري يُعتقد انها بقايا الحياة البدائية(علم الارض)
cryptozoic 1.يشير الى حيوان يعيش مخفيا بحفر الصخوراوالاشجار او تحت الصخور(علم الحيوان) 2.الجزء من الوقت في العصر ما قبل الكمبري سجل وجود حفريات بدائية
cryptozoic era دهر او عصر الحياة الخفية
crystalline بلوري
crystalline cone cells خلايا مخروط بلوري
crystalline cone مخروط بلوري
crystal بلورة:شكل هندسي منتظم تكونه المعادن او الماء المتجمد
Cs رمز السيزيوم
Ctenidae(wandering spiders) ,F. عائلة العناكب الجوالة
ctenoid مسنن الحافة
Cu رمز النحاس
cubito –anal cross vein الزندي الخلفي:عرق مستعرض بين العرق الزندي والعرق الخلفي
cubito anal زندي خلفي
cubitus عرق زندي : العرق الطولي الذي يلي العرق الوسطي مباشرة
cuboid مكعب
cubs جراء
Cucumis sativus خيار: نبات يعود لعائلة Cucurbitaceae
cues المشعرة
Culex annulirostris نوع من بعوض كيولكس
Culicidae ,F. عائلة البعوض
cull تقليل أعداد من الحيوانات البرية عن طريق قتلهم بطريقة مسيطر عليها
cultch مواد النفايات توضع في البحر لتكون بمثابة أرض خصبة للمحار
cultivar ضرب من النبات طور بالاستزراع ولا يوجد بشكل طبيعي في البرية
cultivate يزرع، يحرث التربة
cultivation زراعة
cultural استنباتي ،ثقافي
cultural control السيطرةعلى الافات باستعمال تقنيات زراعية مثل الدورة الزراعية
cultural eutrophication وفرة غذائية محدثة :زيادة المغذيات في الانظمة البيئية للمياه العذبة مثل المركبات الحاوية على النيتروجين والفسفور والناتجة من الانشطة البشرية
cultural lag تخلف الثقافة
culture مزرعة، مستنبت، نسيج او كائن حي نمي على وسط زرعي، ثقافة
cumber يثقل
cumulative تراكمي ،متجمع
cumulus ركمة
cuneus اسفين: جزء طرفي مثلثي الشكل تقريباً من الجناح الامامي يتميزعن بقية الجناح في رتبة نصفية الاجنحة
Curculionidae ,F. عائلة السوس
curie(Ci) وحدة سابقة لقياس كمية المادة المشعة حتى عام 1985 في الفيزياء النووية، ثم استبدلت بوحدة أصغر منها وهي البيكريل becquerel
curled مجعد
current تيار الماء ، الهواء او الكهرباء
current ocean تيار المحيط
current tidal تيار المد
cursed tree الزقوم
cursorial عدائة (لبائن)
curtain (=cut-off) قاطع
curvature of the earth الانحناء المرئي للافق ،يرى واضحا في البحر
curve منحنى
cuscuta هالوك
cushion وساد

cusp نقطة حيث يلتقي قوسا المنحي
cuticle ادمة،جُليد:طبقة شمعية رقيقة على النبات، او طبقة الجلد الخارجية في الحيوانات التي تشكل الهيكل الذي ترتبط به العضلات
cuticular respiration تنفس جلدي
cuticula جليد: طبقة الجسم الخارجي في مفصلية الارجل
cuttlefish الحبار
cutworm دودة قارضة
cyanide سيانيد
cyanobacteria مجموعة من البكتريا التي تملك كلوروفيل أ وتقوم بالتركيب الضوئي(سابقا الطحالب الخضراء المزرقة) وتعد اول كائن ينتج الاوكسجين وهي مسؤولةعن توليد الاوكسجين في الجو وبالتالي أثرت عميقا في مسار التطور الحياتي
Cyanophyta مجموعة من الطحالب الخضراء المزرقة تعيش في المياه العذبة وتخزن النشا بشكل كلايكوجين
Cybernetics علم القيادة والتحكم: الدراسة العلمية في كيفية التحكم في الاحياء والآلات ودراسة آليات التواصل في كل منهما
cycle دورة
cyclic succession تعاقب دوري: تعاقب تسببه اضطرابات إيقاعية دورية وفيه يتم تكرار تسلسل المراحل(تغيير النباتات واستبدال بعضها البعض مع مرور الوقت)، مما يمنع الوصول الى الذروة او الى مجتمع نباتي مستقر
cyclo- دائري (سابقة)
cyclomorphosis دورية التشكيل
cyclone اعصار ،عاصفة دوارة
cyclone separator فاصلات اعصار حلزونية
cyclostoma دائرية الفم
Cydia pomonella عثة ثمار التفاح
cylinder cell خلية اسطوانية
cylindrical اسطواني
Cynipinae عائلة زنابير العفص
Cyperus rotandus السعد: جنس نبات يعود لعائلة Cyperaceae
cyst حويصلة
cyst- كيس ،تكيس (سابقة)
cysto- مثاني ،كيسي (سابقة)
Cystoide الكيسانيات
-cyte خلوي (لاحقة)
cyto- خلية (سابقة)
cytochemistry دراسة الفعاليات الكيميائية للخلايا الحية
Cytogenetics علم الوراثة الخلوي
cytogenous cells خلايا مولدة
cytoid شبه خلوي
cyto-inhibition تثبيط خلوي
cytologic خلوي
Cytology علم الخلية
cytolysis انحلال او تميع خلوي
cytomorphosis تشكل الخلايا
cytoplasm سايتوبلازم
cytoplasmic سايتوبلازمي
cytotoxic سام او مضر للخلايا الحية
cytotoxin سام للخلايا: مادة لها تاثير سام على الخلايا الحية
cyto- خلوي (سابقة)
cytula بيضة ملقحة

D

dacry-,dacryo- دمع (سابقة)
dactylis اصبعي
Dacus tryoni ذبابة فاكهة، يعود لعائلة Tephritidae
dairy الملبنة: مصنع منتجات الألبان
dairy cattle انعام الألبان
dairy industry صناعة الالبان
Dallia pectoralis سمك الأسكا الأسود
dalton دالتون(وحدة تساوي وزن ذرةالهيدروجين)
dam سد،انثى اللبائن
damage ضرر
damp يرطب ،رطب ، مبلل
damping ترطيب
damping off مرض الذبول:سقوط البادرات أو موت البادرات المفاجئ تسببه فطريات مختلفة تعيش في التربة أهمها *Phytophthora*

2,4,5-T(2,4,5-Trichlorophenoxy acetic acid) ثلاثي كلورو فينوكسي حامض الخليك
de novo من جديد
deafness طرش،صمم
dealate يصف أفراد الطوائف في النمل الأبيض والنمل التي تلقي اجنحتها
death rate معدل الوفيات
debridement التنضير:ازالة الانسجة الميتة او الملوثة من الجرح
debris (=detritus) حطام
Decapoda ذات عشرة اقدام: هي رتبة من القشريات مثل جراد البحر وسرطان البحر والقريدس والربيان
decay يتحلل، تفسخ
decay of variability تلاشي التغاير
deception خدعة
dechlorination زكلرة : ازالة الكلور
decibel (db) ديسبل: وحدة قياس شدة الصوت او شدة الاشارة الصوت
deciduous ساقط ، نفضي
deciduous forest غابات نفضية: غابات تتكون من اشجار تسقط اوراقها خلال الشتاء او الظروف غير الملائمة
deciduous insect حشرة ساقطة الاجنحة
decimate يقارع عشرياً: يجري قرعة ثم يقتل كل عاشر
declination انحراف، ميل
decline تضاؤل ، انخفاض
decomposable مادة يمكن تحللها الى مواد كيميائية بسيطة
decompose يحلل
decomposer محلل: كائن يتغذى على مادة عضوية ميتة ويحولها الى مواد كيميائية بسيطة مثل الفطريات والبكتريا
decomposition تفكك ،تفسخ، تحلل: تفكك المواد العضوية المعقدة الى مكونات ابسط
decompression تخفيف الضغط
decontamination زشوبة: ازالة المواد الضارة مثل السموم او المواد المشعة
damselflies الرعاشات الصغيرة
Danaida archippus فراشة من عائلة فراش حشيشة اللبن
Danaidae,F. عائلة فراش السقلاب: عائلة من فراشات استوائية كبيرة تعود لرتبة حرشفية الاجنحة
Daphnia pulex دافنيا – برغوث الماء العذب
darkling مظلم، في الظلام
darting movement حركة اندفاعية
Darwin, Charles(1809–92): جارلس دارون: عالم عرف بنظريته حول التطور والذي وصف كيفية تغير النوع تدريجيا وتطوره للنجاح في بيئته
Darwinian selection انتخاب دارويني
Darwinian evolution التطور الدارويني
Darwinian fitness ملائمة دارويني: قياس نجاح الكائن بعبور جيناته الى الجيل التالي
Darwinism الداروينية
darwinism, darwinian theory نظرية التطور وضعها دارون والتي تنص بان نوع الكائن يبرز بالانتخاب الطبيعي
data معلومات، بيانات
dauermodification استمرار صفة غيرطبيعية -عادة صفة تسببها البيئة- على مدى أجيال عديدة في الكائنات الحية هذا الخصائص تورث وتميل إلى ان تختفي بعد بضعة أجيال
daylength-photoperiod طول النهار-الفترة الضوئية
daylight ضوء الشمس خلال النهار
daylight vision رؤية نهارية
daytime dark firefly خنافس مضيئة (يراعة) مظلمة خلال النهار: تكون نشطة جنسيا في النهار ، ولا تحمل عضو الضوء عندما تصبح بالغة، تعود لعائلة Lampyridae
DDT(dichlorodiphenyltrichloroethane) د.د.ت.(ثنائي كلورو ثنائي فينيل ثلاثي كلوروايثان) : مبيد استعمل سابقا ضد البعوض ناقل الملاريا والان ممنوع في عدد كبير من الدول بسبب سميته وقابليته على التراكم في البيئة
DDT-resistant insect حشرة مقاومةضد ددت
2,4-D(2,4-Dichlorophenoxy acetic acid) ثنائي كلورو فينوكسي حامض الخليك

decortication تقشير
decrease تناقص، اختزال
decreasers انواع مستساغة حساسة للرعي
decussation تصالب
dedifferentiation فقد التمايز
deductive أستنتاجي، أستدلالي
deep عميق
deep ecology شكل متطرف من الاعتقاد البيئي اذ يعد البشر نوع واحد من بين انواع عديدة في البيئة والاعداد الاكبر من البشر تعد مؤذية للبيئة التي تعيش فيها
deep-freezing خزن لمدة طويلة في حرارة اقل من نقطة الانجماد
deep water لجة
deerflies ذباب الخيل
deface شوه ، طمر ، محا
defaced مشوه
defecate صفى ، تغوط، قضى حاجته ، روق
defecation تبرز
defect عيب، خلل ،ارتد، ينشق
defection ارتداد
defence, defense دفاع
defensive دفاعي
defensive adaptations تكيفات دفاعية
defensive mutualism دفاعية تكافلية:علاقة بين نوعين احدهما يحمي الاخر من المفترس
deficiency عوز ، نقص
deficiency disease مرض النقص: سببه فقدان عنصر رئيسي في الغذاء مثل فيتامين او حامض اميني اساسي او احماض دهنية
deficient ناقص شيء اساسي
deficit عجز مالي
definite مُحدد
definition تعريف
definitive host المضيف المحدد:مضيف يستقر فيه الطفيلي بصورة دائمية
deflate يفرغ:يحرر الهواءاو الغاز من جسم منتفخ
deflected منحرف
deflection انحراف، ازاغة
defoliate منزور (ساقطة الاوراق)
defoliation انزوار (سقوط الاوراق)
deforest قطع الاشجار
deforestation ازالة اشجار الغابة
deformation تشويه
deformed مشوه
degenerate ينحل ،يضمحل
degenerate code رمز متغير
degeneration انحلال، انحطاط
degradable قابل للتحلل
degradation =erosion تعرية، انحلال
degradation فساد ، تدهور
degradative succession تكوين مستعمرات وتحليل المواد العضوية الميتة من قبل الفطريات والكائنات المجهرية
degrade يقلل من النوعية،او يحلل مركب كيميائي الى عناصره
degree مستوى ،كمية، وحدة قياس زاوية
degrees of freedom درجات الحرية
dehiscent متفتح (للثمرة)
dehorning تقضيب: إزالة القرون وتقضيب الشيء اومنع نموه
dehydrated مزموه
dehydration زموهة: ازالة الماء
dehydrogenation نزع الهيدروجين
deicing زجلدة (ازالة الجليد)
deicing of roads زجلدة الطرق
deicing of waterway زجلدة ممرات المياه
deimatic behaviour سلوك الاخافة
deinking ازالة الحبر من فضلات الجرائد لاعادة تدويرها
deinsectization ازالة الحشرات
delamination فصل صفائحي
delayed متأخر
delayed dominance سيادة متأخرة
deleterious ضار
deletion حذف
delicate رقيق ،نحيف
delimitation تحديد
deliquesce يميع ، يذوب
deliriant الهذيان

delta دلتا: ترسبات غرينية متكونة من القاء حمولة النهر في منطقة مائية ساكنة
delving ينقب (عن المعلومات)
demand body burden كمية المواد الكيميائية الموجودة في جسم الانسان او الحيوان
deme قسم من السكان له خصائص مميزة ، او هي مجموعة من الأفراد داخل الأنواع المحلية والتي يتم تهجينها بنشاط مع بعضها البعض وتشترك في جينات متميزة (خصائص معينة في الخلايا، وعلم الوراثة..)،تدعى ايضا local population
demineralisation,demineralization ازالة المعادن
demographic quotient(Q) حاصل قسمة السكان: ويساوي مجموع الموارد المتاحة مقسوم على ناتج حاصل ضرب كثافة السكان في الاستهلاك بالفرد
demographic transition تغيير نمو السكان من ولادات ووفيات عالية الى معدلات واطئة
Demography علم السكان: دراسة سكان البشر وتطوره
demonstrations ايضاحات
denaturation مسخ: يغير من طبيعة الشيء،او يحول البروتين الى احماض امينية
denature تغيير التركيب الطبيعي للبروتين او الحامض النووي بالحرارة العالية
dendrite تشجرات:1.جزء من خلية حساسة للكيماويات تحمل بروتينات مستقبلة2 . بلورة تتفرع الى اثنين عند النمو
dendrite(dendron) تشجر
dendritic متشجر: متفرع الشكل
Dendrochronology علم تسنين النبات: تحديد عمر الشجرة
Dendroclimatology علم دراسة المناخ على مر القرون كما يبدو من حلقات الاشجار
Dendroctonus brevicomis خنفساء الصنوبر
Dendroides canadensis ثاقبة البلوط
Dendrology علم الشجر
denitrification زَّنتَررة:ازالة النتروجين او اختزال النترات الى نتروجين جوي في التربة بفعل بكتريا

denitrifying-deazotifying bacteria بكتريا مطلقة الازوت
denizen نبات او حيوان غير اصلي ينمو ويعيش في منطقة معينة
denominator مقام (رياضيات)
dens أوجار
densely populated مكتظ بالسكان الكثافة : سكان كثيف يستوطن المنطقة نفسها
dense كثيف
densitometer مكثاف
density كثافة: عدد أفراد نوع معين لوحدة من المواطن
density conditioned الكثافة المتكيفة
density dependence معتمد على الكثافة : ميل معدلات الولادات أو الوفيات للتغيير تبعا لحجم او كثافة السكان من حيث الزيادة أو النقصان
density dependent factor عامل معتمد على الكثافة
density independence غير معتمد او مستقل عن الكثافة : عوامل تعمل على تنظيم السكان والتي ليس لها علاقة بالكثافة السكانية (مثل المناخ)
density triggered الكثافة المنبهة
density-dependent معتمد على كثافة السكان
density-independent factor عامل مستقل عن الكثافة
density-independent غير معتمد على كثافة السكان
dental سني
dentate مسنن
denticulate ذو اسنان صغيرة
dentiform سني الشكل
dentine عاج السن
denudation عملية تعرية الارض او الصخور بقطع الاشجار او بالتعرية
denude تعرية الارض او الصخورعن طريق قطع الاشجار والنباتات او بالتعرية
denutrition نقص التغذية
deoxygenate زكسجة: يزيل الاوكسجين من الماء او الهواء

deoxygenation ازالة الاوكسجين من الماء او الهواء
deoxyribonucleic acid (DNA) الحامض النووي الرايبوسومي منقوص الأوكسجين
dependence تبعية ،اعتماد
depletion افراغ ،نفاذ
depollution زلوثة: ازالة الملوثات
deposit طبقة من المعدن ،الفحم او اخرى توجد في الارض
deposit feeders متغذيات راسب
deposition ترسيب
depositive رسوبي
depository مكان خزن
deposits رواسب ،رسوبيات
depressants المخفضات
depressed منخفض ،مضغوط
depression تدهور،انخفاض،منطقة ضغط منخفض،او منخفضة عن سطح الارض
depressor muscle عضلة خافضة
depressor خافض
depth العمق
depth of rainfall قياس كمية المطر الساقط
derelict مهمل، مهجور: مثل ارض متضررة بالعمليات الصناعية او التعدين
derepression فقد الكبح
derivation اشتقاق
derivative مشتق
derived أشتق
derm,dermis,derma جلد، أدمة
Dermaptera,O. رتبة جلدية الاجنحة
dermato-,dermo- جلدي (سابقة)
dermatoglyphics دراسة البصمات
dermatopneustic insects حشرات جلدية التنفس
dermatopneustic جلدي التنفس
dermatosis مرض الجلد
Dermestes vulpinus خنفساء الجلود
Dermestidae, F. عائلة خنافس الجلد والجبن
dermo-muscular جلد عضلي
derris مسحوق مبيد حشري مستخلص من جذور نبات استوائي يستعمل ضد الراغيث، القمل والمن
desalinate يحلي :يزيل الملح
desalination التحلية : ازالة الملوحة
descendens نازل
descending نازل
description وصف
desensitization ازالة التحسس
desert صحراء:اقليم حياتي يمتاز بأقل من 10أنج (25سم) من المطر في السنة،تسودها نباتات تحوي عصارةفي سيقانهامثل الصبار وشجيرات صحراوية
desert locust الجراد الصحراوي
desertification تصحر
desiccant مجفف
desiccate يجفف
desiccation تجفيف
design تصميم
desmids طحالب خضر ،دزميدات
dessert العُقبة: حلوى بعد الطعام
destroy يدمر
destruction اتلاف
destruction=katabolism الانتقاض
desulfurization,desulphurisation ازالة الكبريت
desulfurization,flue gas- ازالة الكبريت بمسرب غاز
desynapsis فقد الاقتران
detachment انفصال
detection limit الكمية الادنى من المادة، الضوضاء.. التي يمكن كشفها
detection يكشف
detector كشاف
detergent مادة منظفة
deteriorate يتلف ، يفسد
deterioration اتلاف ، افساد، تدهور
determinant محدد
determinant cleavages انفلاقات محددة

develop ينمو
developed conturies بلدان نامية
developer مُظهر
developing countries بلدان متنامية
development rate معدل النمو
development نمو، تطور
deviation انحراف
deviation,standard الانحراف القياسي
device جهاز
devoid خال، يخلو
devolution تطور ارتدادي، رجعي
devonian العصر الديفوني
dew ندى
dew point درجة الندى
dew pond بركة صغيرة من ماء المطر تتكون في الاراضي المرتفعة ذات التربة الطباشيرية
dewatering of sewage sludge استخلاص الماء من حماة ماء الصرف
dexter يميني
dextra يمين، ايمن
diabetes millitus داء السكري
Diacrisia virginica عثة صفراء الشعر
diagnosis تشخيص
diagonally قطري، مائل
diagram رسم تخطيطي
dial قرص مدرج
dialysis انفاذ ، فصل غشائي، ديلزة
diameter قطر
diamond beetle خنفساء ماسية
diamonds مرصع بالماس، ماسي
diapause تهيؤ: مرحلة من النمو الوظيفي physiogenesis التي لابد من اتمامها شرطاً لأستئناف النمو المظهري morphogenesis ،وتحدث بوساطة نظام الغدد الصم العصبية عادة في مرحلة لأنواع معينة من دورة الحياة قد تحفزاجباريا أو اختياريا استجابة لمنبهات موسمية (طول اليوم ، ودرجة الحرارة،نوعية الغذاء،وغيرها) ويصبح فيها الكائن اكثر مقاومة للظروف غير الملائمة
diapause stage مرحلة التهيؤ
diapausing متهياة

determinate growth نمو غيرمحدد: نمط النمو الذي فيه تستمر الحشرة بالانسلاخ بعد الوصول إلى مرحلة البالغة
determination تحديد
determine يحدد
deterministic الحتمية: فرضية فلسفية تنص ان كل حدث في الكون بما في ذلك إدراك الإنسان وتصرفاته خاضعة لتسلسل منطقي سببي محدد سلفا ضمن سلسلة غير منقطعة من الحوادث التي يؤدي بعضها إلى بعض وفق قوانين محددة، يؤمن البعض بأنها قوانين الطبيعة في حين يؤمن آخرون بأنها قضاء الله وقدره الذي رسمه للكون والمخلوقات
deterministic model نموذج رياضي يتم فيه تحديد النتائج بدقة من خلال علاقات معروفة، مثل تفاعل كيميائي معروف
detoxication,detoxification زلسمة (إزالة سمية):عملية تقليل أو إزالة السمية،حالما يدخل المبيد الحشري الجسم، يمكن أن تعمل الانزيمات في عملية الأيض على إزالة السموم
detrimental مضر، مسئ
detrital food chain سلسلة غذاءحطامية: حلقة الربط بين النباتات الخضراء والمحلالات المتغذية عليها
detrital فتاتي، حطامي
detritus حتات،حطام: مواد عضوية نباتية او حيوانية ميتة او متحللة جزئيا
detritus feeder متغذيات على الحتات: كائن حي يتغذى على دقائق التربة التي يتم استخلاص المواد الغذائية عن طريق الجهاز الهضمي
detritus food chain سلسلة غذائية حطامية: سلسلة غذائية فيها المنتج الاولي لا تستهلكه آكلات الاعشاب، اذ ان المواد الميتة والمتحللة تكون غذاء للمحلالات (بكتريا وفطريات)، والتي تنقل الطاقة تباعا خلال سلسلة غذائية حطامية
detrivore حاطم: كائن يتغذى على المواد العضوية المتحللة او الميتة (مثل دودة الارض)
deuterogenesis ظهور صفة تكيفية جديدة في وقت متأخر من الحياة
deuterotoky تكاثر عذري للجنسين
deutonymph حورية ثانية

diaphragm حجاب ،حاجز
diarrhea إسهال
diastasis خلع
diastole انبساط القلب
diatom دايتوم: طحالب وحيدة الخلية توجد في المياه العذبة والمالحة وتحوي سيليكا في جدارها الخلوي
diatomaceous earth ارض ديوتومية: ناتجة عن ترسبات الديوتومات
dichotomous متفرع ثنائيا
dichotomy تفرع ثنائي
die موت
die back يتاثر بموت الفرع او الساق
die down يصبح اقل قوة ،يخفت ، يخمد
die off يموت واحد بعد الاخر
die out ينقرض
dieback مرض فطري لبعض النباتات يقتل سيقان وافرع النبات ، او موت تدريجي للاشجار يبدأ من نهايات الافرع
diel يشير لمدة من 24 ساعة
diel periodicity الدورية اليومية
dieldrin مبيد تابع لمجموعة الكلور العضوية
dietetics دراسة الطعام والغذاء والصحة
diet حمية ، نظام غذائي
Dietetics علم التغذية، علم النظم الغذائية
difference فرق، اختلاف
difference equations معادلات الفرق
differential affinity ألفة تمايزية، تفاضلية
differential equations معادلات تفاضلية
differential reproduction القابلية على انتاج ذرية اكثر لنفس تكيفات الابوين مما يؤدي الى بقاء النوع تحت الظروف البيئية المتغيرة
differentiate تفريق
differentiation تفاضل، تمايز
diffuse ينتشر
diffusion انتشار:حركة الجزيئات من التركيز الأعلى إلى الاقل تقودها حركة حرارية عشوائية
digestibility coefficients معامل الهضم: المعامل الذي يقيس مدخلات الغذاء ونواتج الاخراج للكائن الحي وهذا يسمح بتقدير كمية الغذاء المهضوم
digestion الهضم: عملية كيميائية حياتية يتم من خلالها يذاب الغذاء ويحول إلى مركبات يمكن أن تمتصه الأمعاء
digestive هضمي
digestive canal قناة هضمية
digestive gland غدة هضمية
digestive system جهاز هضمي
digestive tract قناة هضمية
digit اصبع، رقم
dihybrid هجين ثنائي
dilatation توسع ،توسيع
dilation توسع ،توسيع
dilatometer method مقياس التمدد الحراري
dilator موسع ، مُمدد
diluent مخفف
dilution تخفيف
dilution rate معدل التخفيف:مصطلح عام يصف معدل الاضافة الى السكان من الولادة والإستيطان
dim blush معتم محمر
dimension بُعد
dimictic, or dimictic lakes بحيرات ثنائية المزج (تمتزج او يحدث الانقلاب مرتين في السنة)
diminished مقلل
diminution تضاؤل
diminutive animals حيوانات شديدة الصغر
dimmer ثنائي الجزيئة
dimorphism ثنائية الهيئة
dinoflagellates سوطيات دوارة
dinosaur ديناصور
dioecious منفصل الجنس، ثنائي المسكن: وجود الاعضاء الجنسية الذكرية والانثوية في فردين مختلفين اي ان الفرد يكون اما ذكراً او انثى
dioptric portion جزء انكساري
dioxin غاز سام جدا
diploblastia ثنائي الطبقة
diplohaplont كائن متعاقب الجيلين: كائن حي يتميز بتناوب اجيال متماثلة مظهريا احادية الكروموسومات وثنائية الكروموسومات
diploid مضاعف الكروموسومات، ثنائي الصبغيات

Dipodomys merriami جرذ الكنغر الامريكي
dipole ثنائي القطب
Dipsosaurus عظاءة
Diptera رتبة حشرات ثنائية الاجنحة
direct metamorphosis تحول مباشر
directional selection انتخاب موجه
direction اتجاه
directive evolution تطور مُوجه
disaster كارثة ، مصيبة
disc equation معادلة القرص
disc meter مقياس قرصي
discal cell خلية قرصية: خلية كبيرة بعض الشئ عند قاعدة او وسط الجناح
discal قرصي
discharges تصريف الفضلات الى البيئة
disciplina تدريب
disclimax ذروة مضطربة: حالة بيئية مستقرة في مجتمع سببها تأثيرات مختلفة، لاسيما من قبل البشر والحيوانات الداجنة،مثل مجتمع مراعي تم تحويلها إلى الصحراء بسبب الرعي الجائر
disclimax community مجتمع نبات مستقر ينجم عن النشاط البشري، مثل قطع أشجار الغابات الممطرة للحصول على الأخشاب
discoidal شبه قرصي
discoidal cell خلية قرب وسط الجناح الامامي في غشائية الاجنحة
discoidal vein عرق شبه قرصي
discontinuous متقطع
discontinuous distribution توزيع متقطع، غير متصل
discordant متضارب
discrepancy اختلاف
discrimination تمييز ، تعصب
discrimination ,biology تمييز حياتي
diseased مريض
disease مرض
diseconomy لا اقتصاديات خارجية
disequilibrium خلل التوازن
disercte غير مترابط ،متقطع
disinfect يطهر
disinfectant مطهر
disinfection تعقيم ،تطهير
disintegration تحلل، تفتت
dispersal انتشار: ترك المكان الذي ولد فيه الى اماكن اخرى،حركة الافراد او الذرية (بذور،يرقات، سبورات) داخل وخارج السكان او المنطقة
dispersion تشتت: نمط من انتشار الافراد ضمن السكان في المنطقة
dispersion aerosols منتشر الهباء
displacement ازاحة
disposable معد للطرح ،نبيذ
disposition ترتيب
disproportion لا تناسق
disrupt يفسد ، يعطل
disrupted ممزق
disruption تشويش، ازعاج
disruptive ممزق
disruptive coloration انماط التلوين التي يمكن ان تطمس معالم جسم فريسة محتملة
dissection تشريح
disseminate نشر ،بث ،بذر
disseminated cells خلايا متفرقة
dissemination انتشار
disseminule فصلة(جزءينفصل من الكائن فيكفل له الانتشار)
dissociation افتراق
dissolution تذويب
dissolve ذوب
dissolved oxygen (DO) الاوكسجين المذاب
distal قاصي ، بعيد
distasteful كريه
distensible قابل للتمدد
distention تمدد
distillation تقطير
distilleries مقطرات
distiller مقطر
distill يقطر
distinctive character الصفات المميزة
distortion تشويه

dodder حامول: نبات متطفل على نباتات اخرى
dolphin دولفين: من اللبائن البحرية
domain ملك، دائرة نفوذ ،مجال اهتمام
dome قبة
dome –shape شكل قبة
domestic sewage فضلات المنازل
domesticated مدجن
domestication تدجين: تغييرات تطورية في النباتات والحيوانات احدثها الانتخاب المصطنع من قبل الانسان
domestic اليف،داجن ، يعيش في المنزل
dominance سيادة
dominance-diversity curve-منحني التنوع السيادة: عدد او النسبة المئوية لكل نوع مرسوم في تسلسل من الاكثر وفرة الى الاقل في موطن محدد، تعبيراومخطط لتنوع الانواع يعتمد على اهمية النوع
dominance hierarchy تسلسل السيادة الهرمي :سيادة النظام الاجتماعي الراسخ بين أفراد من جنس واحدالذكورعادةمن خلال عرض السلوكية العدوانية أو غيرها
dominant (genetic) سائد ،وفي الوراثة يعني قوة زوج من الأليلات (صنوان) ، يعبر عنه في حالتي heterozygous, homozygous
dominant character صفة سائدة او غالبة
dominant species نوع سائد له تاثير اكبرفي تركيب وتوزيع بقية الانواع
donation اعطاء
donor مانح، واهب
dor beetle خنفساء روث اوربية
dormancy سكون او عدم النشاط
dormant ساكن
dorsal ظهري: في الناحية الظهرية
dorsal diaphragm حاجز ظهري
dorso-,dorsi- ظهري (سابقة)
dorso-central bristles شعيرات ظهرية مركزية
dorso-central ظهري مركزي
dorso-longitudinal muscles عضلات ظهرية طولية

distraction الهاء، التهاء
distribution توزيع
distribution area عدد الاماكن التي يوجد فيها النوع
district منطقة ،مقاطعة
disturb يغير، يشوش
disturbance اضطراب، تغيير في النظام البيئي بسبب تبدل الظروف البيئية
disturbance corridor ممر اضطراب: اضطراب خطي خلال الطبيعة
disturbance threshold عتبة اضطراب:نقطة فيها تتبدل الظروف البيئية ويسبب تغيير في النظام البيئي
ditch ساقية ،خندق
diurnal نهاري النشاط
diverge يتباعد
divergence تباعد
divergent مباعد ،مبتعد
divergent oscillation تذبذبات مبتعدة
Diversicornia رتيبة الخنافس مختلفة القرون
diversion انحراف او تحويل
diversity تنوع
diversity gradient(التنوع)ممال،منحدر ،تدرج
diversity indices ادلة التنوع
diversity-productivityhypothesisفرضية التنوع-الأنتاجية: فرضية تقوم على افتراض ان الاختلاف مابين الانواع في استخدام المصادر من النباتات تسمح بتنوع اكثر لمجتمع النبات والى استخدام اكثر للموارد المحدودة ومن ثم تحقيق اعظم صافي انتاج اولي
diversity-stability hypothesis فرضية التنوع-الأستقرار: فرضية تقوم على افتراض ان الانتاجية الاولية في مجتمعات النبات الاكثر تنوعا هو اكثر مقاومة ويتعافى بصورة اكمل من الاضطراب مثل الجفاف
diverticulum ردب:انبوبة مسدود احد طرفيها
divide يقسم
division انقسام ،تقسيم ،قسم،شعبة
dobson unit وحدة تستعمل لقياس كمية الاوزون في عمود الهواء العمودي فوق سطح الارض

dorso-ventral muscles عضلات ظهرية بطنية
dorso-ventral ظهري بطني
dorsum الظهر او الناحية الظهرية العلوية
dosage تقدير الجرعات
dosage compensation تعويض الجرعة
dose جرعة
dosimeter, dosemeter مقياس الجرعة
dotted مرقط
double connective موصل مزدوج
double cross عبور زوجي ،تهجين زوجي
double crossover عبور مزدوج
double fertilization اخصاب مزدوج
double layer الطبقة الشفعية
doubling time الوقت اللازم للمضاعفة
dove حمام
down feather زغب الطير: طبقة من الريش الناعم الموجود تحت الريش الخارجي اكثر صلابة
down اسفل
downstream نحو مصب النهر
downwelling الدفق السفلي
draft مسودة، سحب، قرعة، رسم، مخطط تمهيدي
drafting السحب
drag جر، مقاومة
dragonfly رعاشة
drain مصرف، يصرف، يفرغ
drain, storm مبزل مياه الامطار
drainage تصريف المياه، بزل
drainage , land بزل الاراضي
drainage , subsoil البزل الجوفي
drainage ,surface البزل السطحي
drainage basin جابية، بزل
drainage,soil صرف،تخليص التربة من المياه الزائدة التي تمنع تهوية الجذور
dramatic مثير
drastic حاسم
dredge حفارة(رافعة عينة من قاع الماء)
dredging الحفر تحت الماء
drift انجراف ،انسياق، حركة بطيئة او تغيير
drift, glacial ركام (جليدي)
drill مثقب
drilling الثقب
drinkable قابل للشرب
drizzle رذاذ،مطر خفيف متواصل مع قطرات اقل من0.5ملم
drizzly طقس مع رذاذ مطر
Drochronology الطريقة العلمية لتحديد عمر الاشجار بدراسة حلقات الشجرة
dronefly, drone ذكر النحل
drongos عائلة من الطيور (Dicruridae) العصفورية في المناطق الأستوائية في العالم القديم
droplet قطيرة
droppings براز ، روث
drop قطرة ، انخفاض ، يسقط
Drosophila دروسوفيلا ، ذبابة الفاكهة
Drosophila auraria ذبابة فاكهة
Drosophila azteca ذبابة فاكهة
Drosophila melanogaster ذبابة فاكهة
Drosophila nitens ذبابة فاكهة
Drosophila persimilis ذبابة فاكهة
Drosophila rufa ذبابة فاكهة
Drosophila simulans ذبابة فاكهة
Drosophila subobscura ذبابة فاكهة
drought stress وطأة الجفاف: نقص في النمو بسبب الجفاف
drought جفاف ،قحط
drought-hardy تحمل الجفاف
drugs ادوية
drupe فاكهة وحيدة البذرة
dry جاف
dry deposition سقوط دقائق صلبة من الهواء الملوث
dry season فصل جاف فيه مطر قليل
dry up جفاف النهر او البحيرة
dryfall سقط جاف :سقوط مواد ملوثة كدقائق
drying تجفيف
dryness جفاف
dualism ثنائية
duct قناة مغلقة

ductless gland غدة صماء
ductule قنية
dumb أخرس، أبكم
dumps مرادم، مزابل
dunes كثبان
dunes sand كثبان رملية
dung روث
dung beetle خنفساء الروث
duodenum الاثنا عشري
duplex المزدوج
duplication تضاعف
durability ديمومة، الاحتمالية، تحملية
duration عُمر، مدة البقاء
durum الحنطة الصلدة او القاسية
dust مسحوق ناعم مثل الغبار او الرمل
dust devil دوران سريع لعمود الهواء الذي يحمل الغبار فوق الصحراء او الساحل
dust discharge اطلاق الغبارالى الجو لاسيما من العمليات الصناعية
dust storm عاصفة ترابية
dust veil كتلة الغبار في الجو بسبب الانبعاثات البركانية
duty of water الكفاية المائية
dwarf قزم
dwarfism القزامة
Dyar's law قانون ديار:الملاحظة التجريبية تشير إلى متوالية هندسية في عرض الرأس في الاطوار المتتالية لمعظم يرقات حشرات كاملة الانسلاخ ، كما اقترحه ديار في عام 1890
dye صبغة
dyke (dike) سدة
dynamic داينميات، حركي، وفي بيئة السكان هو دراسة اسباب تغير حجم السكان
dynamic equilibrium التوازن الحركي
dynamic-pool model نمط من نموذج غلة او انتاج أمثل وفيه يتم التنبؤ بالغلة من مكونات النمو،الهلاك، وكثافة صيد السمك بالمقارنة مع نموذج النمط اللوجستي
dynamometer المقْوَى: اداة لقياس القوة الميكانيكية

dysentery زحار
dysmetria خلل القياس
dysphotic منطقة مظلمة من المحيط المائي
dystrophic lakes بحيرات سيئة التغذية
dystrophic يشيرالى جسم مائي مثل بحيرة او بركة ضحلة، ذات مياه ملونة بلون الشاي أو اللون البني وهذا التلون نتيجة لتركيزات الأحماض العضوية والمواد العضوية الطبيعية(الدبال)، والمياه الاعمق قليلة الاوكسجين
dystrophy بحيرة او بركة غير قادرة على دعم الحياة
dys- عسر، سوء ،خلل (سابقة)
Dytiscidae ,F. عائلة الخنافس المائية الحقيقية (الغواصة)
dytiscus خنفساء مائية
Dzierzon's rule قاعدة زيرزون : المصطلح الأصلي لتحديد الجنس في نحل العسل عام 1845 كما عرفه Dzierzon

E

eagle نسر
ear أذن
ear- finger الخنصر
early successional plant نبات ينمو بسرعة وينتج بذور كثيرة ، مثل هذه النباتات هي اول من يستوطن الاراضي الجديدة
earth التربة ، الارض
earth dam سد ترابي
earthquake زلزال
earthworm دودة الارض
earwigs ابرة العجوز
ebb, ebb tide جَزْر
ebony خشب الابنوس الاسود
eccentricity الاختلاف المركزي
ecdysial fluid السائل الانسلاخي
ecdysis = molting انسلاخ،تغير الجلد:عملية التخلص من جلد الحشرة القديم
ecdysone هرمون الانسلاخ

eco-engineering الهندسة البيئية :استعمال الاشجار والمواد التقليدية لحماية المناطق والاراضي المعرضة للتاكل والانهيارات الارضية

ecogeographical divergence تشعب جغرافي بيئي

ecological بيئي

ecological ages اعمار بيئية

ecological backlash رد فعل بيئي عنيف: عواقب ضارة غير متوقعة نتيجة تغيير او تحوير في البيئة (مثل بناء السدود) والتي قد تفوق المكاسب المتوقعة من خطة التغيير

ecological balance توازن بيئي: مفهوم نظري للتوازن يحدث عندما تبقى الاعداد النسبية من الكائنات المختلفة التي تعيش في النظام البيئي نفسه اكثر او اقل ثباتا على الرغم من وجود تقلب دائما من الناحية العملية

ecological boomerangs ارتداد بيئي

ecological density كثافة بيئية: عدد الافراد لكل مساحة الموطن (مثل مساحة الموطن الذي يمكن ان يُشغل فعليا من قبل السكان)

ecological dominance سيادة بيئية

ecological economics اقتصاد بيئي: حقل من الدراسة يحاول دمج العاصمة الاقتصادية (البضائع والخدمات التي يقدمها الانسان) مع العاصمة الطبيعية (المنتجات والخدمات التي تقدمها الطبيعة)

ecological efficiency كفاءة بيئية :قياس مقدار الطاقة المستخدمة في مختلف مراحل السلسلة الغذائية في أو على مختلف المستويات الغذائية

ecological engineering الهندسة البيئية: عملية لتصميم تهدف إلى دمج الأنشطة البشرية مع البيئة الطبيعية لصالح الاثنين ، مع مراعاة الأثر البيئي في بناء الطرق أو الموانئ ، وإدخال نباتات جديدة أو حيوانات ، أو إجراءات أخرى

ecological equivalents مكافئات بيئية: الانواع التي تشغل نفس النوخ البيئي في مناطق جغرافية مختلفة

ecological factor عوامل بيئية

ecological fitness ملاءمة بيئية: عدد الذرية التي تعيش وتنضج وتضع بيض

ecdysteroids هرمون الانسلاخ الستيرويدي في الحشرات والذي يصنع في غدة prothoracic في اليرقات وفي الجهاز التناسلي للبالغات

ecesis توطن ،استيطان

Echidna النّضْناض(آكل النمل):جنس من وحيدات المسلك

Echidnophaga myrmecobii البرغوث سريع الوخز

echinoderm الشوكي الجلد:لافقريات بحرية ذات تناظر شعاعي

Echinus جنس من قنافذ البحر

echo صدى، يردد

echography تخطيط الصدى

echosounder جهاز لتحديد عمق الماء بارسال اشارات صوتية للقاع وحساب المسافة بين زمن انعكاس الصوت الى الوصول الى السطح مرةاخرى

echosounding عملية تحديد العمق باستخدام جهاز echosounder

eclipse كسوف الشمس اوخسوف القمر

eclipse period مدة الحضانة: الفترة الزمنية بين الإصابة بفايروس وظهور فايروس ناضج داخل الخلية . او هي مرحلة في تكاثر الفايروس لا يمكن خلالها الكشف عن الفيروس في الخلية المضيفة

eclipsed antigen مستضد مخفي:طفيلي يشبه مستضدات الخلية المضيفة لدرجة لا تثير الاجسام المضادة للمضيف ضده

eclosion الخروج من الشرنقة:انسلاخ الحشرات الجديدة من الجليد مرحلته السابقة

ecocatastrophe حدث يسبب اضرار جسيمة على البيئة، ناجم لاسيما عن فعل الانسان

ecoclimate مناخ موقعي: مناخ موطن محدد تبعا للعوامل البيئية

ecocline تمايز في تركيب المجتمع، التغييرات التي تحدث في الانواع كافراد يعيشون في مواطن مختلفة

ecocomposite مادة مصنوعة من الياف نباتية مثل القنب تثبت بالراتنج

ecodeme موقع بيئي

ecologist عالم بيئة

Ecology علم البيئة : دراسة التفاعلات والعلاقات بين الكائنات الحية وبين البيئة الفيزيائية، علم المنتجات والخدمات المجهزة من قبل الأنظمة البيئية الطبيعية، بما في ذلك تكامل هذه الخدمات غير السوقية مع السوق الاقتصادية

Economics الأقتصاد: العلم الذي يتعامل مع المنتجات والخدمات المجهزة من قبل الانسان،شاملا التكامل في الخدمات السوقية مع الخدمات غير السوقية المجهزة من الانظمة البيئية الطبيعية

economic conservation حفظ الاقتصاد: إدارة البيئة الطبيعية للحفاظ على العائد المنتظم للموارد الطبيعية

economic entomologist عالم الحشرات الاقتصادي

economic injury level, or economic injury thresholds مستوى او عتبة الضرر الاقتصادي: أقل كثافة من سكان الافة التي تسبب ضرر اقتصادي، او هي النقطة التي تتساوى فيها الأضرار الاقتصادية التي تحدث من الاصابة الحشرية مع تكلفة إدارة سكان الحشرات اومكافحتها. اي انها نقطة التعادل (الضرر الذي يحدث تحت هذه النقطة لا يستحق تكلفة منعه، اذ إن تكلفة استخدام المبيدات الحشرية تكون أكبر من الضرر الذي تسببه الافة)،هذه العتبة تقع فوق العتبة الاقتصادية

economic loss خسارة اقتصادية

economic threshold العتبة الاقتصادية: هي النقطة التي يجب فيه أن يتم اتخاذ الإجراءات اللازمة(مثل استخدام المبيدات)لمنع حدوث الضرر الاقتصادي

ecoparasite طفيل بيئي: طفيلي يتكيف مع مضيف محدد

ecophenotype نمط بيئي مظهري

Ecophysiology الفسلجة البيئية: فرع من علم البيئة يهتم باستجابة الكائنات للعوامل اللاحياتية مثل الحرارة،الرطوبة،الغازات الجوية وبقيةعوامل البيئة

ecoregion المنطقة البيئية: وحدة كبيرة نسبيا من الأراضي أو المحيط تحوي على تجمع متميز جغرافيا من الأنواع والمجتمعات الطبيعية ، والظروف البيئية، وفيها تسمح التفاعلات التي تحدث

ecological footprint البصمة البيئية : مقياس للطلب البشري على الأنظمة البيئية للأرض وهو مقياس موحد للطلب على رأس المال الطبيعي والذي يمكن أن يتناقض مع قدرة كوكب الأرض على تجديد البيئية، او هو مساحة الانظمة البيئية المنتجة خارج مدينة والمطلوبة لدعم الحياة في المدينة

ecological indicators ادلة بيئية

ecological isolation الانعزال البيئي

ecological longevity طول العمر البيئي: متوسط طول العمر الملاحظ لافراد سكان تحت ظروف بيئية معينة

ecological niche مركز، نوخ بيئي: مصطلح يصف طريقة حياة الأنواع . ويعتقد ان كل الأنواع منفصلة متخصصة فريدة من نوعها ،او هي الخصائص الكيميائية والمادية أو الحياتية التي تحدد موقع الكائن الحي أو الأنواع في النظام البيئي (ملاحظة: يشار أيضا إلى أنه "دور" أو "مهنة" للكائن الحي،والتي يمكن وصفها حسب البيئة والنوع ، كما مثل الحيوانات المفترسة المائية أو الأرضية النبات)

ecological potential الوسع البيئي: قابلية الأنواع على التكيف مع العوامل البيئية

ecological pyramid هرم بيئي

ecological restoration عملية تجديد وحفاظ على صحة النظام البيئي

ecological rules القواعد البيئية

ecological structure البنية البيئية:الترتيبات المكانية وغيرها من الأنواع الموجودة في نظام بيئي

ecological study unit(ESU) وحدة الدراسة البيئية:الحجم الفيزيائي لمساحة الدراسة التجريبية، احواض التربية المتوسطة او البقعة لتحقيق تكرار صحيح

ecological succession تعاقب بيئي: سلسلة من المراحل التي تمر بها مجموعة من الكائنات الحية تعيش في مجتمع تصل الى حالة مستقرة نهائية أو ذروة

ecologically sustainable development التنمية المستدامة بيئيا: التنمية التي تحد من حجم السكان الإنسان واستخدام الموارد ، وذلك لحماية الموارد الطبيعية لأجيال المستقبل

التضاريس وظروف المناخ المحلي (بدلا عن المناخ العام)

edaphic factors عوامل تُربية

edaphon كائن حي(نبات او حيوان) يعيش في التربة، او مجموع الكائنات الحية التي تعيش في التربة

eddy دوامة

edema وذمة :اراقه السائل المصلي في فجوات الخلايا في الأنسجة أو تجاويف الجسم2.تورم صغير في سطح النبات الناجم عن الرطوبة الزائدة او أي مرض يتميز بذلك

edge حافة: موقع يلتقي فيه اثنان او اكثر من المجتمعات او الانظمة البيئية المختلفة التركيب (مثل حافة بركة او بحيرة)

edge effect تاثير الحافة: استجابة النباتات والحيوانات الى الموقع الذي يلتقي فيه اثنان او اكثر من المجتمعات او الانظمة البيئية (عادة يزداد التنوع الحياتي على طول الحافة

edge speices أنواع الحافة: انواع تستوطن الحافة او حدود المواطن وتستخدم الحافة لأغراض التكاثر والبقاء

edible يؤكل

eel Anguilliformes ثعبان السمك : هي رتبة من الأسماك التي تتكون من أربعة رتيبات،وعشرون عائلة،يطلق عليه في اعالي الفرات شبربوط (نصف حية ونصف شبوط)

effect تاثير

effective مؤثر

effective (physiological) temperature درجة الحرارة المؤثرة (الفسيولوجية): درجة الحرارة التي تسمح بالنمو، مجموع درجات الحرارة المؤثرة مساوية لعدد الأيام اللازمة لاستكمال درجة نمو معينة

effective temperature درجة الحرارة المؤثرة

effective population size حجم السكان المؤثر: مفهوم في علم وراثة السكان وهو الحجم المؤثر للسكان كمقياس عن عدد الأفراد المتميزة وراثيا والمشاركة فعلا في الجيل القادم، وقد يفقد سكان نوع معين وسعه التطوري تحت حجم السكان الاقل

بين المناخ، التربة والتضاريس على تطور انواع متماثلة من النباتات

ecospecies نوع بيئي

ecosphere وسط بيئي:كل الكائنات الحية على الارض متفاعلة مع كل البيئة الفيزيائية

ecosystem diversity تنوع النظام البيئي:تنوع المواطن الموجودة في المحيط الحياتي

ecosystem نظام بيئي: مجتمع من الكائنات الحية وتفاعلاتها مع البيئة اللاحياتية، يمكن ان تعد الارض كنظام بيئي كبير واحد

ecotone حيد، مجتمع او منطقة انتقالية بين مجتمعين او نظامين بيئيين متنوعين (مثل غابات التندرا الشمالية)

ecotourism السياحة البيئية: سياحة لمناطق طبيعية،دون تاثيرسلبي على البيئة ، ويعطي السكان مزايا مالية للحفاظ على الموارد الطبيعية

ecotoxic سام للبيئة : محتمل أن يسبب أضرارا بالغة للكائنات وبيئتها

Ecotoxicology علم السموم البيئية: دراسة كيفية تاثير المواد الكيميائية المرتبطة بالأنشطة البشرية على الكائنات الحية وبيئتها

ecotrophic سطحي التغذية

ecotype نويع او سكان محلي مكيف لمجموعة معينة من الظروف البيئية

ectasia,ectasis توسع وانتفاخ في القنوات والاوعية او الاحشاء المجوفة

ectocrine هرمون خارجي

ectoderm اكتودرم ، اديم ظاهر، طبقة خارجية

-ectomy قطع (لاحقة)

ectomycorrhizae علاقة بين فطر وجذور نبات وفيه يكون الفطر تراكيب شبكية حول خلايا الجذر

ectoparasite طفيل خارجي:يعيش على الجلد او السطح الخارجي للمضيف

ectotherm متغير الحرارة: كائن يعتمد إلى حد كبير على مصادرخارجية لرفع درجة حرارة الجسم (مثل النباتات والزواحف)

ecto- ظاهر ،خارجي (سابقة)

edaphic ترابي

edaphic climax ذروة تربية:مجتمع نباتي مستقر في حالة توازن تعتمد على عوامل التربة كالملوحة،

effector فاعلة ، مستجيب
effector organ عضو مؤثر
efferent صادر
efferent neurone خلية عصبية صادرة
efficiencies,ecological كفاءات بيئية
efficiency كفاءة
effluent تيار متدفق من جسم مائي ،فضلات صناعية سائلة او شبه غروية او غازية
effluent stream مجرى منبعث
efflux تدفق
effuse يمدد ،ينتشر
egestion (excretion) طرح، ابراز
egg بيضة
ego الذات ، الانا
egret البلشون الابيض، مالك الحزين- طير
ejaculate =ejaculation قذف
ejaculatory duct القناة القاذفة: الجزء النهائي من قناة الحيامن الذكرية
ejecta مواد تقذف من حفرة بركان أو خلال تأثير النيزك
ejects يقذف
el niño النينو: ظاهرة تحدث كل بضع سنين في المحيط الهادي اذ ترتفع وتتحرك كتلة من الماء الدافئ من الغرب الى الشرق مسببة مد عالي جدا على طول ساحل المحيط الهادي من جنوب امريكا وتؤثر على المناخ
eland ظبي العلند
elapid snaks افاعي سامة
Elapidae,F. عائلة الافاعي السامة- تعيش على اليابسة
Elassoma zonatum سمك الشمس القزم
elastic مرن،مطاط
elasticity مرونة
elateriform larva يرقة مثل الدودة السلكية: جسمها رفيع ومتصلب مع ارجل صدرية قصيرة او شعيرات جسم قليلة
elbowed antenna قرن استشعار مرفقي:تكون فيها القطعة الاولى طويلة بينما بقية قطع قرن الاستشعار تشكل زاوية مع القطعة الاولى

elective اختياري
electric storm عاصفة مع رعد وبرق
electrical analog models النماذج الكهربائية المناظرة
electricity كهرباء
electrode قطب كهربائي
electrodialysis الديلزة الكهربائية،الميز الغشائي الكهربائي
electrolyte الكتروليت متاين:محلول كيميائي من مواد موصلة
electromagnetic radiation اشعاع كهرومغناطيسي
electron الكترون
electron microscope مجهر الكتروني
electrostatic precipitator مرسبات كهربائية ستاتيكية
element عنصر
elementary اولي
elephant فيل
elephant, African(*Loxodonta africana*) فيل الأدغال الأفريقية
elephant, Indian (*Elephas maximus indicus*) الفيل الهندي
elephantiasis داء الفيل: وهو اضطراب نادر في الجهاز اللمفاوي بسبب ديدان طفيلية مثل *Wuchereria bancrofti*, *Brugia malayi*, *B. timori*،التي تنتقل بوساطة البعوض
elevated مرتفع، متزايد
elevation ارتفاع
elfinwood(krummholz) غابة من أشجار متقزمة قرب الجبال
elicited يظهر للعيان
eliminate يزيل ، يقصي
elimination ازالة ، اقصاء
elk الالكه،ايل او ظبي
elm شجرة الدردار ، تنمو في المناطق المعتدلة
elongation استطالة
eluvial horizon الافق السليب
eluvium قرارة تفتينية، حصى

elytron (pl. elytra) غمد، جناح غمدي: او متقرن (الخنافس)
elytron/femur ratio (E/F) النسبة بين طول الجناح الامامي للجراد الى طول فخذ الرجل الاخيرة ،يستخدم لتحديد الطور المظهري للجراد
emarginate مشرشر ،متعرج
emasculation إخصاء
embedding طمر،استقرار
Embryology علم الاجنة
embryonic diapause فترة التهيؤ الجنيني: توقف النمو المظهري في مرحلة الجنين مع تفيض الايض بشكل ملحوظ
embryo جنين
emergence انبات من البذور،خروج ،بزوغ
emergency طارئ
emergency core cooling systems انظمة طوارئ تبريد اللب
emergent طارئ
emergent property خاصية النشوء: أي خاصية فريدة تنشأ او تبرز عندما تنضم مكونات الاشياء او الاجسام معا في علاقة قوية لبناء كائن كلي على مستوى أعلى، مثل الطعم المألوف للملح هو خاصية ناشئة تتعلق بالصوديوم والكلور التي يتألف منها
embodied energy (eMergy) الطاقة المجسدة: هو مجموع كل الطاقة اللازمة لإنتاج أي سلع أو خدمات، كما لو ان تلك الطاقة تتجسد في المنتج نفسه، او هي كمية من نوع واحد من الطاقة المطلوبة للحصول على الكمية نفسها لكن من نوع آخر
Emerita talpoida ابو جنيب الرمل
emigrate يغترب
emigration اغتراب،هجرة: حركة الافراد في اتجاه واحد الى خارج السكان
emission انبعاث
emission factor عامل الانبعاث:النسبة بين التلوث الحاصل وبين كمية الوقود المحروق
emission rate معدل الانبعاث: كمية الملوثات المنتجة لفترة محددة
emission standard معيار الانبعاث: كمية الملوثات الممكن قانونيا اطلاقها الى البيئة
emit يبعث (طاقة او اشارة)
emitting البعث، القذف
embolium منطقة ضيقة من الجناح (في جناح بعض نصفية الاجنحة) على طول الحافة الضلعية وتفصل بدرز
emotion عاطفة، احساس، أنفعال
empathic عاطفي
emphysema انتفاخ الرئة
empirical عملي (صيغة عملية)
empirical formula معادلة وضعية
empodium شوكة قدمية: تركيب وسادي او شوكي في نهاية الرسغ بين المخلبين (كما في ثنائية الاجنحة)
emulsifier مستحلب
emulsifying agent عامل استحلاب
emulsion مستحلب
enantiomers(=enantiomorphs) نظائر مظهرية او متماثلات صورية: هي اما زوجين من البلورات، الجزيئات، أو المركبات التي هي صور طبق الأصل من بعضها البعض ولكن ليست متطابقة، وهي تعمل على تدوير مستوى الضوء المستقطب بنفس القدر، ولكن في اتجاهين متعاكسين كما تدعى نظائر او ضوئية بصرية
encapsulation تغليف
Encarsia formosa شبيه متطفل: هو نوع من الزنابير من غشائية الاجنحة التي تتطفل على الذبابة البيضاء في البيوت الزجاجية
encephalitis التهاب الدماغ
enclosure سياج
encounter تصادف، تلاقي ، يواجه
encroach on يتعدى، يتجاوز
encrusting يلبس بقسوة
Encyrtidae,F. عائلة من اشباه طفيليات تعود الى رتبة غشائية الاجنحة
encystment تكيس
end cell خلية نهائية
end product inhibition تثبيط الناتج النهائي
end product repression كبح الناتج النهائي

endotherm ذو دم ثابت الحرارة،ثابتة الحرارة: كائن حي قادر على حفظ درجة حرارة جسمه عند مستوى مستقل عن درجة حرارةالمحيط مثل الطيور والثدييات

endothermic reaction تفاعل ماص للحرارة

endothermy ثبات الحرارة: حقيقة وجود آليات الذاتية تتحكم في درجة حرارة الجسم بدلا من تاثرها بدرجة الحرارة المحيط

endotoxin سموم داخلية

endotrophic mycorrhiza فطريات جذرية داخلية

endoxyly العيش داخل الخشب

endozoic يعيش بداخل حيوان

enemy-free space مساحةحرة من العدو:منطقة يمكن للفريسة الهروب فيها من المفترس ، لاسيما اذا كان يعيش نوعين من فريسة في نفس البيئة

energetic طاقية

energy طاقة

energy , kinetic الطاقة الحركية

energy , potential الطاقة الوسعية او الكامنة

energy , specific الطاقة النوعية

energy balance توازن طاقة: سلسلة من القياسات تظهر حركة الطاقة بين الكائنات الحية وبيئتها

energy budget ميزانية او موازنة الطاقة: معدل ما يستهلكه الكائن او السكان للطاقة نسبة الى معدل ما يصرفه (مثلا في عمليات الأيض والتنفس)، اوهو عبارة عن موازنة لدخل الطاقة في مقابل نفقاتها

energy conservation المحافظة على الطاقة

energy consumptio استهلاك الطاقة

energy dissipation تبديد الطاقة

energy efficiency ratio معدل كفاءة الطاقة: مقياس كفاءة نظام التدفئة أو التبريد مثل المضخات الحرارية أو تكييف الهواء

energy environment بيئة الطاقة

energy flow تدفق الطاقة: تبادل وتبدد الطاقة خلال المستويات الغذائية في السلسلة الغذائية للنظام البيئي

energy gradient انحدار الطاقة

endanger مهدد، يضع في خطر

endangered species نوع يواجه خطر الانقراض في المستقبل القريب ما لم تتم حمايته وعادة عند وجود اقل من 250 فرد ناضج

endemic population سكان مستوطن،مجموعة من الكائنات الموجودة في منطقة جغرافية محددة

endemic متوطن، مستوطن: تقتصر على منطقة معينة أو جزء من منطقة ، تصف الأنواع الموجودة بصورة طبيعية في منطقة واحدة وأي مكان آخر

endoadaptation التكيف الداخلي

endocarp قطمير: الغلاف الداخلي للثمرة

endocrine glands غدد صماء

Endocrinology علم الغدد الصم

endocuticle الجليد الداخلي: الطبقة الداخلية المرنة من الجليد

endocytosis تشكيل فجوات تنقل السوائل والمواد المذابة في سيتوبلازم الخلية

endoderm اديم باطن

endoderm,entoderm اديم باطن،طبقة داخلية

endogenous داخلي المنشا ،الذاتية

endoparasite طفيل داخلي، يعيش داخل جسم المضيف

endoplasmic reticulum الشبكة الإندوبلازمية :نظام من الحويصلات السيتوبلازمية تشمل وظيفتها جمع البروتينات المصنع حديثا

endopodite الفرع الداخلي للواحق الجسم

Endopterygota داخلية الاجنحة:تتكون الاجنحة داخلياً في ذات التحول الكامل

endoskeleton الهيكل الداخلي، او الهيكل الساند، يكون في الداخل

endosperm السويداء

endosymbiont theory نظرية المصاحب الداخلي (للعضيات)

endosymbiosis مصاحبة داخلية:وفيه كائن يعيش تكافليا بداخل الاخر مثل النمل والنمل الأبيض وغيرها من الحشرات المتغذية على الخشب تحوي سوطيات تكافلية تهضم السليلوز وتجعله ملائما كغذاء

endothelial بطاني

energy storage خزن الطاقة
energy stress (drains) استنزاف الطاقة
energy subsidy دعم الطاقة: معونات دعم من خارج النظام (مثل المخصبات، مبيدات الافات،وقود احفوري او الري)والتي تحسن النمو اومعدل التكاثر في النظام
engine محرك
enhanced greenhouse effect تاثيرالدفأ على المناخ بسبب انبعاثات غازات البيت الزجاجي (الدفيئة) من قبل الانسان مسببا زيادة تاثير غازات الدفيئة
enhancer معجل،معزز: تسلسل الحمض النووي الذي يميز عوامل نسخ معينة لتحفيز النسخ من الجينات المجاورة
eniwetok atoll : جزيرة ايني وتوك المرجانية : جزيرة مرجانية في وسط غرب المحيط الهادي ، كانت موقع التجارب النووية الأمريكية 1948 حتى 1954
enlargement تضخم
enquiry, inquiry استفسار، تحقيق
enrichment اغناء،زيادة في النتروجين،الفسفور او مركبات الكربون او مغذيات اخرى في الماء تؤدي الى تشجيع نمو الطحالب ونباتات الماء
entangle يوقع في الشرك
enteric canal قناة غذائية
enteric معوي
entero- معوي (سابقة)
Enterolgy علم الامعاء
enterovirus حمة الامعاء
enterozoon (pl.enterozoa) حيوان طفيل: طفيليات تعيش في الأمعاء ،مثل الدودة الشريطية
entire كامل
entity كيان، كينونة
entocyte محتويات الخلية
ento-endo داخل او داخلي (سابقة)
entomologist عالم حشرات
Entomology علم الحشرات
entomopathogenic ممرضة للحشرات: تسبب المرض أو الموت في الحشرات

entomophagous fungi فطريات مقتاتة بالحشرات
entomophilous حشري التلقيح،جاذب الحشرات
entomophobia رهاب الحشرات: خوف غير طبيعي من الحشرات
Entomophthora جنس من الفطر الممرض للحشرات
entomotomy تشريح الحشرات
entozoic parasite طفيل داخلي
entozoon طفيل داخلي
entrap اصطياد : صيد حيوان بالمصيدة
entric caecum اعور معوي
entropy إنتروبي: دليل اضطراب مرتبط بتدهور المادة والطاقة، تحويل الطاقة الى حالة عشوائية اكثر وغير منظمة
enucleate عديم النواة
envagination انذِلاق: بروز للخارج
envelope غلاف،مغلف:غمد أو علبة تحيط بأمشاط من عش الزنابير الاجتماعية
environment البيئة:جميع العوامل الحية وغير الحية التي تؤثر على كائن حي او مجموعة من الكائنات في اي وقت من الحياة
environment , effective البيئة المؤثرة
environmental بيئي
environmental assessment تحديد البيئية المتوقعة : تقييم بيئي لتحديد الآثار المترتبة على الإجراءات المقترحة
environmental audit مراجعة بيئية
Environmental Biology علم الحياة البيئي
environmental forecasting التنبؤ البيئي: التنبؤبالتأثيرات على البيئة المحيطة من برامج البناء الجديد
environmental hormones هرمونات بيئية
environmental impact assessment تقييم الأثر البيئي: تقييم الأثر على البيئة بسبب نشاط مثل برنامج البناء الكبرى
environmental indicator دليل بيئي ،كائن يتناقص او يتزايد في ظروف بيئية معينة ووجوده دليل على حالة البيئة او تغيير في البيئة

EPA (Environmental Protection Ageny) مختصر 1.وكالة حماية البيئة2 . قانون حماية البيئة 1990

epedaphon كائن حي يعيش على سطح التربة وفي أوراق الشجر مثل ذوات الذنب القافز والعديد من الخنافس المفترسة

ephemeral 1.حولي قصير العمر مثل نباتات أو حشرات لها دورة حياة قصيرة ، وقد تكمل العديد من الدورات خلال السنة ،2.حوليات تبقى بشكل بذور خلال فترة الجفاف ،لكن تنبت وتنتج بذور بسرعة عند توفر الرطوبة

Ephemeridae,F. عائلة ذباب مايو

ephemeron أي شيءقصير الامد،أو لمدة قصيرة ،لاسيما أنواع معينة من الحشرات مثل ذبابة مايو

Ephestia kuehniella عثة الطحين البحر المتوسط

epibasal فوق القاعدة

Epibenthic فوق قاعي: يشير إلى الكائنات الحية التي تعيش على السطح السفلي للماء او على سطح رواسب القاع

epibenthos فوق قاعية

epibiont كائن يعيش على سطح حيوان اخر دون ان يتطفل عليه

epibiosis حالة فيها كائن يعيش على سطح حيوان اخر دون ان يتطفل عليه

epiboly النمو التحلقي : نمو جزء بحيث يطوق آخر، او نمو مجموعة من الخلايا سريعة الانقسام حول مجموعة ابطىء، كما في تشكيل المعيدة

epicarp غلاف ثمري خارجي ،قشرة الثمرة

epicranial suture درز جمجمي

epicranium فوق القحف:1.طبقة من فروة الرأس التي شكلتها العضلات والأوتار المسطحة (علم التشريح)2. الجزء العلوي من الرأس في الحشرات، ويضم عادة الجبهة والخد والهامة (علم الحشرات)

epicuticle جليد سطحي او الكيوتكل الفوقي: طبقة رقيقة خارجية من الكيوتكل تكون خالية من الكايتين

epicuticula جليد سطحي

epidemic وبائي

Epidemiology علم الاوبئة

epidermis البشرة ،الادمة

environmental pollution التلوث البيئي: هو إدخال ملوثات في البيئة الطبيعية تسبب تغير سلبي ، يمكن أن يكون التلوث من المواد الكيماوية أو الطاقة، مثل الحرارة والضوضاء أو الضوء

environmental quality standard معايير الجودة البيئية : حدود مقبولة لتراكيز الملوثات أو النفايات السائلة في بيئة محددة مثل تركيز العناصر النزرة في مياه الشرب أو المواد المضافة في الأغذية

environmental radioactivity النشاط الإشعاعي البيئي : طاقة في شكل إشعاع منبعث في البيئة من مواد مشعة

environmental resistance المقاومة البيئية: المجموع الكلي للعوامل البيئية المحددة (الحياتية واللاحياتية)التي تمنع تحقق الوسع الحياتي لسكان ما

Environmental science علم البيئة: دراسة العلاقات بين الانسان والبيئة ، مشاكل التلوث او فقد المواطن واقتراح الحلول

environmental set-aside البيئية المجنبة: مخطط لتعليق زراعة المحاصيل الغذائية لفترة مع أهداف بيئية واضحة المعالم ومصممة بشكل مناسب للظروف المحلية

environmental variance تباين بيئي

environmental variation تباين البيئية: التغييرات المستمرة في البيئة خلال فترة

environmentalism حماية البيئة، الاهتمام بصحة وأدامة كوكب الارض

environmentally friendly صديقة للبيئة: تهدف إلى تقليل الضرر الذي يلحق بالبيئة ، مثل استخدام المكونات القابلة للتحلل

environment بيئة: ما يحيط الكائن الحي من العوامل الفيزيائية والكائنات

envy الحسد

enzyme انزيم ، انظيم

Eocene epoch العصر الإيوسيني : منذ 54- 38 مليون سنة. وظهرت فيه القوارض والحيتان الأولية

eolian رياحي

eolian deposits رواسب مزيجية او هوائية

eolian erosion تعرية بالرياح

epifauna حيوانات منطقة فوقية
epigamic جاذب الجنس
epigamic selection انتخاب جنسي
epigeal ينمو فوق الارض:يعيش في أو بالقرب من سطح الأرض او يتعلق بظهور النبات فوق سطح الأرض بعد الإنبات
epigenesis التخلق المتعاقب: نظرية تقول بان الجنين يتكون عبر سلسلة من التشكلات المتعاقبة (وهي تناقض نظرية التخلق السبقي القائلة بان جميع اعضاء الجنين موجودة وجودا سبقيا في الجنين)
epigenous النامية أوالمتنامية على السطح العلوي ، مثل نمو الفطريات على الأوراق
epigeous فوق ترابي
epiglottis لسان المزمار
Epilachna corrupta خنفساء الفاصوليا المكسيكية، تعود لعائلة Coccinellidae
epilimnion طبقة ماء فوقية:الطبقة العليا من ماء بحيرة وتكون غنية بالاوكسجين وادفأ من الطبقة الاسفل منها في التطبق الحراري صيفا
epilithic نامية او متعلقة على سطح الصخور او الحجارة
epimeron (pl.epimera) المساحة الخلفية من الصفيحة الجانبية للصدر تقع خلف الدرز الجانبي
epineurium غلاف العصب
epipharynx سقف الحلق- فوق البلعوم:جزء من اجزاء الفم يقع الى داخل الشفة العليا او الدرقة،اللهاة
epiphragm حاجز سطحي
epiphyte نبات يعيش على نبات اخر للدعم الفيزيائي بدون ان يتطفل عليه
epiphytes نباتات فوقية
epiphytic نبات ينمو او يتعلق على نبات آخر للدعم وبدون تطفل
epiproct فوق شرجي :نتوء او لاحق يقع فوق المخرج يظهر وكانه ينشا من الحلقة البطنية العاشرة وفي الحقيقة ينشأ من الناحية الظهرية للحلقة البطنية الحادية عشرة
episternum(pl.,episterna) فوق قص: المساحة الامامية من الصفيحة الجانبية للصدر تقع امام الدرز الجانبي
epistomal فوق فمي
epistomal suture الدرز فوق الفمي: يقع بين الشفة العليا والدرقة
epistome فوق الفم: جزء الراس الواقع فوق الفم
epitheca غلاف علوي
epithelial طلائي
epithelial layer طبقة طلائية
epithelium نسيج طلائي
epixylous ينمو على الخشب
epizoite حيوان قرين: يعيش على سطح حيوان اخر دون ان يتطفل عليه
epizootic يصف وباء مرضي في سكان من الحيوانات
epizooty وباء حيواني
epi- فوق اوحول (سابقة)
epoch عصر ، حقبة
epoxide hydrolase الانزيم الذي يثبط نشاط هرمون اليافعة
equation معادلة
equator خط الاستواء
equatorial استوائي
Equidae,F. الخيليات
equilibration موازنة
equilibrium توازن
equilibrium relative humidity الرطوبة النسبية الموازنة
equine خيلي (من الخيل)
equinox الاعتدال الربيعي او الخريفي
equinoxe وقت الاستواء للمد والجزر
equip يجهز
equipment معدات ،تجهيزات
equitability التعادلية، الانصاف: توزيع ووفرة الانواع بانماط متساوية، يحدث الحد الاقصى للتعادلية عندما يتم تمثيل جميع الأنواع بنفس عدد الأفراد
equitant متراكب (كما في الاوراق)
equivalent مكافئ
Equus asinus حمار اهلي
Equus asinus×Equus ferus caballus بغل

era حقب
eradicate يستاصل ، يجتث
eradication استئصال ، ابادة ، اجتثاث
erect ينصب، منتصب
ergotamine سم الاركوت
ergotism تسمم اركوتي:نتيجة اكل حبوب او خبز ملوث بمرض الاركوت ergot الذي يسببه الفطر *Claviceps purpurea* وانواع اخرى
Erinaceidae,F. القنفذيات: هي العائلة الحية الوحيدة في رتبة Erinaceomorpha
Eriosoma lanigerum من التفاح القطني
erode يحت ، يتآكل تدريجيا
erodible مستحث
erosion تآكل،تعرية التربة او الصخور بالرياح او الامطار او ماء البحر او النهر او بفعل مواد سامة
erratic شارد، ضال، جائل
erratic wanderers متجولون شاردون
error خطا
error acceptance criterion معيار قبول الخطأ: امكانية التوصل إلى استنتاج غير صحيح
erucic acid حامض دهني مشبع
eruciform larva يرقة اسطوانية:يرقة ذات جسم اسطواني وراس جيد التكوين مع ارجل صدرية وارجل بطنية اولية
eruption ثوران ،طفوح
erythrocytes كريات الدم الحمراء
erythro- احمر (سابقة)
escape يفلت ، هروب
escarpment هاوية، خندق دفاعي
esophagus المريء
essence خلاصة، زيت مركز مستخلص من النبات
essential اساسي ، جوهري
essential amino acids أحماض أمينية أساسية :الأحماض الأمينية التي تساهم في صنع البروتين
essential fatty acid احماض دهنية غيرمشبعة اساسية للنمو تؤخذ من الغذاء ولا يمكن صنعها من الجسم
essential oil زيوت نباتية او زيوت عطرية لها رائحة مميزة أو نكهة من النبات الذي تاتي منه ، وتستخدم لعمل العطور والمواد المنكهة

establish تأسيس ، انشاء
establishment استقرار
esthesia حس
estimate تقدير
estimation تخمين
estival صيفي
estivation اصطياف، تصييف
estuarine plant نبات يعيش في المصبات
estuary مصب النهر: وفيه يلتقي الماء العذب والماء المالح (البحر) ، ويعد المد والجزر منظم فيزيائي مهم ويدعم الطاقة
ethical اخلاقي
ethics اخلاق ،آداب
ethno- انسان (سابقة)
ethnobotany دراسة طريقة استعمال النبات من قبل الانسان
ethnopharmacology دراسة استعمال الناس للادوية في المجتمعات التقليدية
ethological isolation عزل سلوكي
Ethology علم السلوك
etiogenic مسبب
etiolation اصفرار: اصفرار النباتات الخضراء التي تزرع في ضوء غير كاف ونمو براعم طويلة
etiological agent العامل المسبب للمرض: العامل المسبب للمرض،مثل ممرض، مادة كيميائية، أو طفرة جينية
Etiology علم اسباب الامراض
eu- حقيقي، أصلي(سابقة)
euedaphon كائن حي يعيش داخل التربة كليا، وغالبا أدنى بكثير من السطح
Eugenics علم الوراثة البشرية ،علم تحسين النسل
eugeosyncline تقعر اقليمي بيني بركاني
eukaryote, eucaryote حقيقية النواة
Eumolpus خنفساء الكروم: جنس من الخنافس الصغيرة ، ضارة جدا لمزارع الكروم في أوروبا
Euphausidae,F. عائلة من القشريات البحرية الصغيرة التي تعد الغذاء الرئيس لحوت البالين
euphotic zone منطقة حسنة الاضاءة: الطبقة العليا من البحر او البحيرة التي تنفذ فيها ضوء الشمس ويحدث التركيب الضوئي

eutrophic يصف برك، بحيرات او اجسام مائية اخرى غنية بالمغذيات وعالية الانتاجية
eutrophication, eutrophy وفرة غذائية: عملية الاغناء بالمغذيات (لاسيما الفوسفات والنترات) في الانظمة البيئية المائية مما يسبب زيادة في الانتاجية الاولية
Euxoa ochrogaster نوع من الديدان القارضة
evacuation افراغ
evagination نمو للخارج ،انبعاج للخارج
evaporate يتبخر
evaporation تبخر
evaporation basin حوض تبخيري
evapotranspiration نتح بخاري:مجموع الماء الكلي المفقود من الارض من خلال التبخر ونتح النبات
evapotranspire فقدان الماء الى الجو بالتبخر والنتح
evasive مراوغ
even منتظم ، متعادل
evening primrose زهرة الربيع
evenness index دليل التوزيع المتساوي: دليل يوضح عدالة توزيع الافراد ضمن مجموع السكان، او مقياس لمدى الأنواع التي يمكن تمثيلها بشكل متساو في المجتمع
event حدث ، واقعة
evergreen دائمة الخضرة
evergreen trees اشجار دائمة الخضرة
eversible قابل للقلب
eversion القلب بطنا لظهر
evidence برهان ، دليل
evocation تحفيز
evocator المحفز
evolution ارتقاء، تطور
Evolutionary Ecology علم البيئة التطوري: فرع من علم البيئة يهتم بالانتخاب الطبيعي والتغييرات في تكرار المورثات في السكان بمرور الزمن
evolutionary تطوري

Euplectes hordeaceus الطير المطران الاحمر اسود الجناحين
Euplectes nigriventris الطير المطران
eury- عريض، واسع(سابقة)
eurycious واسع التحمل لانتخاب الموطن
euryhaline واسع التحمل للملوحة
euryhydric واسع التحمل للماء
euryphagic واسع التحمل للغذاء:كائن يستهلك أغذية متنوعة
eurythermal واسع التحمل للحرارة
Eurytoma curta شبيه طفيل من رتبة غشائية الاجنحة ،عائلة Eurytomidae
Eurytoma robusta شبيه طفيل
eurytopic كائن حي (نبات او حيوان) قادرعلى التكيف مع نطاق واسع من الظروف البيئية وهي موزعة على نطاق واسع
eusocial مصطلح ينطبق على بعض الأنواع من الحشرات والحيوانات الأخرى التي تعيش في مجموعات على الأقل جزءا من دورة حياتها
eusocial society مجموعة من الحيوانات كالنحل والنمل والزنابير التي يتكون بعض افرادها عاملة لا تتكاثر
eusociality أعلى مستوى من تنظيم السلوك الاجتماعي،ويعرف بالخصائص التالية: الرعاية التعاونية للصغار،تقسيم العمل، وتداخل على الاقل لجيلين من مراحل الحياة تساهم في نجاح المجموعة
eustatic change تغيير ناتج من تغيير مستوى سطح البحر في جميع انحاء العالم وتتميز عن تغير الإقليميةالناجمةعن حركات الأرض في منطقة معينة
eusternum الصفيحة الرئيسية البطنية في الصدر
eutectic point نقطة التصلد الحرج،نقطة الإنذواب: درجة الحرارة التي ينجمد عندها الخليط والذي هو أدنى نقطة تجميد لاي مكون في الخليط او السبيكة، او هي نقطة انصهار بالغة الحد الادنى من حيث الانخفاض
Eutheria ثدييات حقيقية (تضم جميع رتب اللبائن عدا اللبائن البيوضة) monotremes والكيسية marsupials
eutrophic lakes بحيرات وفيرة الغذاء

Exobiology علم الحياة الخارجي
exocarp = epicarp الغلاف الخارجي للثمرة
exocrine خارجي الافراز
exocrine gland غدة ذات قناة
exocrine secretion إفرازات غدية:افرازات من غدة خارجية الإفراز متخصصة تعمل اما بين النوع الواحد (فرمون) او ضمن الأنواع (allomone)
exocuticle جليد (كيوتيكل) خارجي
exocuticula جليد خارجي:طبقة الكيوتكل الى خارج طبقة الكيوتكل الداخلي
exogamy تزاوج الاباعد
exogenic deposits الرواسب الدخيلة
exon تتابع رمزي:اي تسلسل للنوكليوتيدات المشفرة بوساطة الجينات الموجودة في الحامض النووي الرايبوسومي وهومصطلح يشير إلى تتابع تسلسل كل من الحامض النووي ناقص الاوكسجين داخل الجين وتسلسل المقابل في الحامض النووي الرايبوسومي المستنسخ
exopodite الفرع الخارجي من اللاحق الجسمي
Exopterygota حشرات خارجية الاجنحة: اي تنشا الاجنحة خارجياً مثل الحشرات ذات التحول التدريجي وذات التحول الناقص
exoression تعبير
exoskeleton الهيكل الخارجي: يتالف عادة من الكايتين والبروتين المعقدويعزز بكربونات الكالسيوم
exosphere الجو الخارجي: اعلى طبقات الغلاف الجوي للارض،اكثرمن650 كم فوق السطح ويتالف بالكامل تقريبا من الهيدروجين
exothermic reaction تفاعل باعث للحرارة
exothermous خارجية حرارة الجسم
exotherms متغير الحرارة
exotic غريب، دخيل :كائن او نوع غير اصلي ومدخل من مكان اخر
exotoxin ذيفان خارجي : سم بكتيري يؤثرعلى اجزاء من الجسم بعيدة عن مكان الاصابة
expanded متمدد
expander موسع
expansion تمدد
expectation توقع

evolve ينمو تدريجيا، يتغير وينمو تدريجياعلى مر ملايين السنين من شكل بدائي الى انواع من النباتات او الحيوانات
ewe شاة، نعجة
exacerbation اشتداد
exaggerate يبالغ
examination فحص
exarate pupa عذراء حرة:عذراء ذات لوامس وارجل حرة غير ملتحمة مع الجسم
excavate يحفر
excavation تنقيب ،حفر
excessive cold زمهرير
exceed يتجاوز ، يزيد عن
exceedance الدرجة التي فيها تركيز الملوث اكثر من القياسي او الحد
excentric خارج عن المركز
excess زيادة، تجاوز
excessive زيادة عن الحد، مفرط ، متجاوز
exchange capacity سعة التبادل
exchange مقايضة ، مبادلة
exchange pool مجمع التبادل
excitation إثارة
exclusion principle مبدأ الاقصاء
exclusion zone منطقة استبعاد:منطقة لا يدخلها الناس بسبب وجود مواد سامة
excrement براز
excreta فضلات الحيوان (براز،غائط،عرق)
excrete يبرز
excretion افراغ، اخراج
excretory system جهاز اخراجي
exerts تمارس
exfoliation تقشر، تفطر
exhalation زفير
exhaust عادم السيارة، يهلك ، يستنزف
exhaustion انهاك ، استنزاف
exhaustive شامل ، مستنزف
exhibit معرض ،يعرض
existence تنازع البقاء
exoadaptation التكيف الخارجي

experiment تجربة
experimental تجريبي
experimental design تصميم تجريبي: خطة إحصائية لإجراء تجربة، وضمان أن الأسباب والتاثيرات يمكن تقييمها من خلال التحكم بدقة في جميع المتغيرات
experimental population مجاميع سكانية تجريبية: أفراد من أنواع مدرجة تكون مفصولة جغرافيا عن غيرهم من سكان النوع نفسه عملا بالمادة المنشورة في السجل الفيدرالية، وتصنف على أنها السكان التجريبية
experimental zoology علم الحيوان التجريبي
expiration زفير
explant زَرعة (من نسيج او عضو)
explode ينفجر ، يزداد بسرعة
exploit يستغل ، يستثمر
exploitation استغلال ،استثمار
exploitative competition تنافس إستنزافي: علاقة بين نوعين وفيها احدهما يستهلك الموارد المحدودة مثل الغذاء، المكان او الفريسة المشتركة الى الدرجة التي تؤثر عكسيا على السكان الاخر(كما يقارن بتنافس التداخل .interference comp)
exploration استقصاء
explosion انفجار ،زيادة فجائية سريعة
explosive انفجاري
exponential اسي :زيادة اكثر وبسرعة اكبر
exponential curve منحني اسي
exponential growth نمو اسي
exposed معرض ،غير محمي
exposure dose كمية الاشعاع المتعرض لها
exposure تعرض لعامل، تاثير ضار لعدم وجود حماية من الطقس
exsanguination إستنزاف(النزيف):عملية فقدان الدم وهي قاتلة، تعرف عادة "نزف حتى الموت"
exsert يُنشئ ، يبرز
exsertile vesicle حويصلة بارزة
exsertus بارز
ex-situ خارج الوضع الطبيعي: دراسة ،صيانة أو حفظ الكائن الحي بعيدا عن محيطه الطبيعي
extant عائش
extant species نوع موجود وغير منقرض
extender موسع
extensor muscle عضلة باسطة
extention امتداد ،بسط
exterior خارجي
external خارجي
external chiasm تصالب خارجي
external combustion energy مكائن احتراق خارجي
extinct منقرض،خامد(بركان توقف عن الثوران)
extinction انقراض
extinction vortex حالة اندماج الصفات الوراثية مع الظروف البيئية لجعل النوع ينقرض تدريجيا
extra intestinal digestion هضم معوي اضافي
extracardiac pulsations نبضات قلب إضافية : تقلصات دقيقة من عضلات جدار البطن تسبب ضغط في اللمف الدموي ،والتي تحرك اللمف الدموي حول الاعضاء وتساعد في التهوية
extract خلاصة، عصارة
extraction استخلاص
extrapolation استنتاجيا
extra- خارجي ،اضافي (سابقة)
extrinsic factors العوامل الخارجية:عوامل مثل الحرارة وسقوط الامطار والتي تكون خارج نطاق تفاعلات السكان
extrusive ناتئ ،ناري: يشير الى صخرة بركانية تشكلت من الحمم المنصهرة التي دفعت من خلال قشرة الأرض
exudate ينضح
exudation رشح،نضح
exudes ينضح
exuvia الجلد المنسلخ (عن الحشرة او الحية)
exuvial gland غدة الانسلاخ
ex- خارج كذا او غير او للنفي(سابقة)
eye عين،اوالنقطة المركزية لعاصفة استوائية حيث يكون الضغط منخفض
eye ,compound عين مركبة
eye ,simple عين بسيطة

eye cataracts الساد (عتمة عدسة العين)
eye irritation تهيج العين
eyed وجود العين أو العينين
eyesight مد البصر
eyesore شيء قبيح المنظر
eyespot بقعة عينية
eye-witness المشاهد ،المعاين

F

F رمز الفلور ، فهرنهايت
F1 الجيل الاول من الذرية
F2 الجيل الثاني
facet (= ommatidium) العُينة ،الوُجَيهة:وحدة تركيب العين المركبة
faceted eyes عيون سطيحية
facial وجهي
facilitation model نموذج التسهيل: نموذج للتعاقب وفيه المراحل المتسلسلة السابقة تهيء او تسهل الطريق للمرحلة اللاحقة من نمو المجتمع
factor عامل ، معامل
factor compensation تعويض العامل:قابلية الكائن الحي على تكييف وتحوير البيئة الفيزيائية لاختزال العوامل المحددة، الشد او الظروف الاخرى
factor interaction تفاعل العامل
facultative اختياري
facultative agents عوامل اختيارية: مصطلح استخدمه هاوارد وفيسك Howard & Fiske لوصف عوامل الدمار التي تزيد نسبة تدميرها مع ارتفاع الكثافة السكانية، وهو مرادف لمصطلح العوامل المعتمدة على الكثافة
facultative diapause تهيؤ اختياري: شكل من التهيؤ الذي يحدث في استجابة لمنبهات بيئية محددة
facultative homoiothermous ثابتة الحرارة مخيرة
facultative hyperparasitoid فرط تطفل اختياري: طفيليات تستطيع ان تضع ذريتها لتنمو اما على الطفيل الاولي أو الثانوي

facultative parasites طفيليات اختيارية
fade يذبل ، يتلاشى
faecal برازي
faeces براز
fahrenheit(F) فهرنهايت: مقياس درجة الحرارة (فهرنهايت ما زال المقياس المستخدم في امريكيا)
fail يفشل
failure فشل ،عجز
falcate منجلي ، معقوف كالمنجل
Falconidae,F. عائلة الصقور
fall الخريف، ينخفض ، يسقط ، يهبط
fall overturn انقلاب خريفي
fall velocity سرعة الهبوط
fall, water مسقط الماء
falling tide جَزر
fallout سقط اشعاعي
fallout shelter ملجأ من السقط الاشعاعي
fallow الأرض المراحة: أرض تحرث ثم تترك موسماً كاملاً من غير زراعة رغبة في اراحتها
fallspeed سرعة سقوط قطرات المطرأو جزيئات جافة في الهواء
fallstreak عمود من جزيئات الجليد تتساقط من خلال سحابة
false legs ارجل كاذبة
falx منجل: تركيب على شكل المنجل
fames جوع، سمعة، شهرة
family عائلة: جزء من الرتبة
famine مجاعة
fan out تأجيج: نشر من نقطة مركزي
farmland bird indicator دليل الأراضي الزراعية للطيور: طريقة قياسية لقياس تردد الطيور في المناطق الزراعية
farm-stead المزرعة وما فيها
farmyard manure سماد طبيعي: مصنوع من روث الحيوانات
fascination سحر، افتتان
fast سريع، صوم
fast breeder reactor, fast breeder مفاعل التوليد النووي السريع
fasting صيام

fastness صمود ، رسوخ

fat دهن، شحم، سمنة، بدانة

fat body جسم دهني: تركيب يوجد بداخل الصرصر يحتوي على مواد مغذيةمخزونة وحامض اليوريك وبكتريا متعايشة داخليا

fat cell خلية دهنية – شحمية

fatal مميت

fate المصير

fatigue اعياء ، تعب

fat-soluble يذوب بالدهن

fatstock الثروة الحيوانية التي تم تسمينها لإنتاج اللحوم

fatten تسمين: إعطاء الحيوانات الغذاء وذلك لإعدادهم للذبح

fatty دهني

fatty acids احماض دهنية

fault صدع ، فالق

fault ,normal صدع اعتيادي

fault ,reversed صدع عكسي

fault ,step صدع مدرج

fauna حيوانات منطقة

favorable range مدى ملائم

favourable ملائم، موافق

Fe رمز الحديد

fear خوف

feasibility معقول، ملائم

feather ريشة

feces البراز: الفضلات التي تخرج من القناة الهضمية

fecundity انتاجية:الوسع الممكن لكائن حي لانتاج وحدات تكاثرية مثل البيض، الحيامن، البذور او التراكيب اللاجنسية

feedback تغذية إسترجاعية،رد فعل لشيء ما، استجابة

feedback genetic الرد التطوري للسكان على تكيف المنافسين، الحيوانات المفترسة، أو فريسة

feedback negative تغذية استرجاعية سالبة

feedback positive تغذية استرجاعية موجبة

feedback system نظام تغذية استرجاعية

feeding guild مجموعة من الكائنات الحية التي تستغل الموارد مثل المَن الذي يمتص عصارة النبات

feeding تغذية

feedlot حظيرة

feigning death يتظاهر بالموت

Felidae,F. عائلة السنانير(السنوريات،الهريات): تشمل القطط، القطط الوحشية،الأسود،الفهود،النمور

Felis domesticus القط المستانس، المنزلي

female أنثى

femoral فخذي

femur (pl. femora) الفخذ

fen مستنقع:نظام بيئي من أراضي رطبة مسطحة تستلم جزء من المغذيات من تدفق المياه الجوفية، تسودها نباتات تنمو في المياه القلوية مثل القصب والطحالب

fen soil (low moor) تربة مستنقعات

fenestra عين بسيطة اثرية

fennel نبات حبة الحلوة ، الشمر

feral population سكان وحشي ،سكان ضار سكان آبد

fermentation التخمير:عملية تحلل المركبات العضوية كالكربوهيدرات بانزيمات من الكائنات الدقيقة مثل الخمائر لانتاج الطاقة

fern السرخس: نباتات تنتمي إلى مجموعة اللازهريات الوعائية

ferret ابن مقرض (حيوان لبون):حيوان شبيه بابن عرس

ferrous حديدي

ferruginous صدأ،حديدي،او مشتمل على الحديد

fertile خصب

fertililized مخصب

fertility خصوبة: القدرة الفعلية لكائن حي على انتاج ذرية حية

fertilization, fertilisation اخصاب

fertilizer اسمدة: مادة كيميائية أو طبيعية

fertility rate معدل الخصوبة:عدد الولادات لكل سنة تحسب للبشر لكل الف امراة بين 15-44 سنة

fetus, foetus جنين

fetal جنيني

fever حمى

fever,typhus حمى التيفوس:وتسببه بكتريا *Rickettsia*
feverish محموم
fiber tract مجرى ليفي
fibre ألياف
fibril لييفة
fibrosis تليف
fibrous ليفي
fidelity أخلاص، ولاء
field حقل
field capacity سعة حقلية
field ditch ساقية حقلية
fierce شرس، رهيب، وحشي
figure شكل
filament خيط، خويط
filiform خيطي ، يشبه الخيط
fill ردم
filly مهرة
filling ملء
film فيلم او طبقة رقيقة
filter مرشح ، يترسب
filter cake ترسبات من الموادشبه الصلبة تفصل بين طبقات مواد الترشيح
filter feeder متغذيات المرشح: حيوانات تعيش في الماء وتتغذى على جزيئات صغيرة يرشحها من الماء مثل الاسفنج أو حوت البالين
filter feeding متغذيات الرشح: عملية الحصول على الغذاء من خلال اخذ جزيئات صغيرة من الهواء أو الماء
filtrate راشح
filtration ترشيح
filum خيط
fin زعنفة
finches حسونات : عصافير
fine ناعم
fine-grained 1.حبيبات ناعمة، ناعم، مصقول 2.يشير الى موطن تكون فيه حرية حركة نوع معين من الحيوانات عالية نسبيا قياسا بحجم الموطن
fine sand الرمل الناعم
finger أصبع
finger, fore السبابة
finger little الخنصر
finger, middle الوسطى
finger, fourth البنصر
fingerprint طبع الاصابع
finite محدد
finite rate of increase المعدل المتناه للزيادة
finite resource موارد محدودة غير متجددة
fire beetle خنفساء النار
fire climax community مجتمع ذروة النار: هو مجتمع تحافظ عليه الحرائق الدورية
firebreak مانع للنار :منطقة خالية من الغطاء النباتي حتى لا تتمكن النار من المرور والانتشار الى أجزاء أخرى
fireproof مضاد او مقاوم للحريق
firm ثابت، متين، راسخ
firn الثلج الجليدي:ثلج الربيع على الجبال العالية التي تصبح أكثر صلابة خلال الصيف
first law of thermodynamics قانون الديناميكا الحراري الأول: وهو مبدأ حفظ الطاقة أي أن الطاقة لا تفنى ولا تُستحدث وإنما تتحول من شكل إلى أخر
first thoracic spiracle فتحة تنفسية صدرية اولى
fish سمك
fish culture تربية السمك
fish farm مزرعة اسماك
fisherman صياد اسماك
fishery science علم الاسماك
fission أنشقاق ،انشطار
fission, nuclear أنشطار نووي
fist قبضة اليد
fit ملائم، مناسب، لائق
fitness ملاءمة: مساهمة وراثية من سلف الافراد الى الاجيال اللاحقة، قياس نجاح التكاثر المتوقع
fixation تثبيت
fixative مثبت
fixity of species theory نظرية ثبات النوع
fjord, fiord خليج عميق، زقاق بحري
flabellate ذات تراكيب مروحية او صفاقية، او

flood فيضان
flood plain السهل الفيضي للنهر ،مطغى الفيضان
flood pulse concept: مفهوم نبض الفيضان: وصف التغييرات في النهر، طوليا وجانبيا (لكل من النهر وسهوله الشاطئية) لاسيما اثناء المطر الغزير او الفيضان
flora ثروة نباتية ،نباتات منطقة
floret زهيرة: تشكل جزء من زهرة اكبر
flotation طفو
flourish تزدهر: تعيش أو تنمو بشكل جيد وتزداد بالعدد
flow جريان، تدفق
flow pathways مسار التدفق: حركة المواد او الطاقة من مكون لاخر
flower زهرة
flowmeter مقياس الجريان
fluctuate يتقلب: يختلف أو تغير بصورة غير نظامية
fluctuation تقلب: تبدل غير منتظم في حجم السكان تبعا لاختلاف الظروف البيئية
fluff louse قملة الريش الناعم
fluffing ينفش ، زغبي
fluid مائع
fluid mechanics ميكانيك الموائع
fluke دودة مسطحة طفيلية
fluorescence تالق
fluorescence microscooy استشعاع مجهري
fluoridate اضافة فلوريد الصوديوم الى ماء الشرب لمنع تسوس الاسنان
fluorine غاز الفلور
flushing كسح
fluvial نهري
fluvial soil or deposit طمى الانهر ،الغرين
fluvial, fluviatile نهري
flux تدفق : معدل تدفق الحرارة ،الطاقة أو الإشعاع
foal مهر
foam زبد ،رغوة
focus بُؤرة، تركيز
fodder,fodder crop الأعلاف والمحاصيل

على شكل مروحة
flagellate سوطيات
flagellum (pl., flagella) سوط،تركيب سوطي ،او هو الجزء الثالث من قرن الاستشعار
flame cell خلية لهبية
flammability القابلية للاشتعال
flammable قابل للاشتعال
flapping رفرفة
flash ومضة، وميض، مصباح ،يعرض،توهج
flatfish سمك مسطح: نوع من الاسماك مسطح الظهر يعيش في قاع البحر او البحيرة مثل سمك موسى
flat-headed borers حفارات مسطحة الراس
flattened منبسط
flatworm دودة مسطحة
flaunder سمك مسطح
flea برغوث
flesh لحم
flection ثني
fledgling 1.الفرخ او الطير الذي حصل مؤخراً على ريش الطيران 2. شاب أو شخص عديم الخبرة
flesh-fly ذبابة اللحم
flexibility ليونة، مرونة ،لدونة
flexible لين، مرونة
flexor مقرب
flexor muscle عضلة مقربة (قافلة)
flies ذباب
flightless bird طير له جناح صغير ولا يطير مثل البطريق والنعام
float عائمة
float gage مقياس العائمة
floating طاف
floating reserve احتياطي عائم:افراد من سكان لا تملك اقليم وتبقى بدون تزاوج لكنها جاهزة لاخذ اقليم تم أخلاءه بسبب موت مالكه
flocculate متلبد
flocculation التلبد اوالتندف: التجمع معا في كتل الجسيمات
flock سرب او قطيع :مجموعة كبيرة من الطيور أو بعض حيوانات المزرعة مثل الأغنام والماعز

footprint بصمة: الموارد التي يستهلكها فرد أو منظمة
forage محصول ، علف
foramen فتحة ،ثقب
foramen magnum الفتحة القفوية: فتحة الراس الخلفية تمر خلالها التراكيب الداخلية التي تمر من الراس الى الصدر
forb كلأ (كل النباتات العشبية عدا الحشائش)
force of gravity قوة الجاذبية
force قوة
forcing functions دالات قسرية: متغيرات خارجية او غير معتمدة تجعل النظام يستجيب لكن لا تتاثر هي من قبل النظام
fore gut معي امامي: الجزء الامامي للقناة الهضمية من الفم الى القناة الوسطى
forecast توقع ، تنبؤ
forecasting التنبؤ
fore-leg رجل امامية
forensic medicine الطب العدلي
foreshock الهزات النذيرة: صدمة لصغيرة تأتي قبل الزلزال الرئيسي
foreshore صدر الشاطئ
forest غابة
forest fire حرائق غابات
Forestry علم الغابات ، الحراجة
fore-wing جناح امامي
fork - tailed ذنب مشعب
forked end طرف مشقوق (مشعب)
form شكل
formation تكوين
formicary قرية النمل
formula معادلة
fossa حفرة ، نقرة
fossil متحجر
fossil fuel وقود متحجر
fossil pollen حبوب لقاح متحجر
fossil trilobites ثلاثية فصوص متحجرة
fossorial leg رجل حفر
fossorial حفار (حيوان)
fossulae حفيرات

العلفية: المواد النباتية أو المحاصيل التي تزرع لتغذية الحيوانات
fog ضباب
foggy ضبابي
föhn, foehn الرياح الجبلية الدافئة: الرياح الحارة الجافة التي تهب باستمرار على جانب أحد الجبال بعيدا عن الرياح السائدة، يحدث عندما يرتفع الهواء الرطب إلى أعلى الجبل على الجانب المواجه للريح ،ويفقد الرطوبة على شكل أمطار أو ثلوج ويتدفق الى أسفل الجانب الآخربشكل رياح جافة
foliage اوراق الشجر
foliar ورقي
folk culture ثقافة شعبية
follicle = follicule حويصلة،جراب:ثمرة بشكل جاف
fontanelle بقعة صغيرة فاتحة اللون منخفضة في مقدمة الراس وبين العينين (رتبة الارضة)
food غذاء، طعام
Food and Agriculture Organization (FAO) منظمة الأغذية والزراعة: منظمة دولية تابعة للأمم المتحدة أنشئت بهدف تحسين مستويات التغذية والقضاء على سوء التغذية
Food and Drug Administration(FDA) ادارة الغذاء والدواء: قسم في الولايات المتحدة يحمي الناس من الأغذية غير المأمونة ، الأدوية ومستحضرات التجميل
food balance توازن الغذاء: التوازن بين العرض والطلب على المواد الغذائية من السكان
food chain سلسلة غذائية: سلسلة أنواع من الكائنات الحية وفيها يتغذى كل كائن على الاوطأ منه
food crops محاصيل غذاء
food pyramid هرم غذائي
food reservoir مخزن الغذاء
food web شبكة الغذاء:نموذج او ملخص للعلاقات الغذائية ضمن المجتمع البيئي، يمثل تدفق الطاقة خلال السكان في المجتمع
foodstuff مواد غذائية
foot printing اقتفاء الاثر، قصاص
foot-candle قدم - شمعة

foul يفسد، يلوث
foul brood disease مرض تعفن الحضنة (في خلايا النحل)
foul water ماء يحوي فضلات او مجاري
foundation اساس
founder crop محصول مؤسس: المحاصيل التي كانت أول ما استخدم البشر وطورت مثل القمح والشعير والعدس والحمص
founder effect تأثير المؤسس:وجود مستويات منخفضة من الاختلاف الجيني بسبب السكان الجديد الذي يجري إنشاؤه من القليل من الأفراد الأصليين
founder event speciation أنتواع جديد مؤسس :طريقة تشكل تطوري لنوع جديد يرتبط عموما مع كائنات حية على جزيرة ،عدد قليل من الأفراد، وربما انثى واحدة مخصبة، تستقر وتنشا على جزيرة مجاورة أو في مواطن معزولة جغرافيا
fountain نافورة، ينبوع
fowl دجاجة
fowl-lice قمل الدجاج
fraction جزء،كسر
fractional تجزيئي
fracture كسر
fragile هش ،سهل الكسر
fragment جزء
fragmental مفتت
fragmentation تفتيت
framework اطار عمل ، هيكل دعم
francium(Fr) الفرانسيوم: عنصر مشع طبيعي
francolins الدراج- طائر
frass براز الحشرات وغالبا ما يحتوي على نباتات غير مهضومة او اجزاء الخشب ، او قصاصات من الخشب معاملة مع افرازات الحشرات تعملها بعض الحشرات الثاقبة للخشب
fraternal اخوي في الوراثة
free حر
free board فضلة العمق،الجزء الطافي من السفينة
free phosphorus فسفور منفرد
free radical جذور حرة:ذرة أو مجموعة ذرات شديدة التفاعل بسبب وجود الكترون غير مزاوج

free-living animal حيوان حر المعيشة:حيوان موجود في بيئته دون أن يتطفل
freeze يجمد
freezing انجماد، تجميد
freezung point نقطة الانجماد
frenate type نمط شبكي
frenulate شبكي
frenulum قيد-مشبك جناحي: شوكة او مجموعة من الاشواك تنشأ من الزاوية الامامية القاعدية للجناح الخلفي (حرشفية الاجنحة)
frequency تردد، تكرار الحدوث
frequency–dependent fitness ملاءمة مُعتمدة على التكرار
frequency-dependent selection اختيار يعتمد التردد: الاختيار الذي يعتمد سلبا أو إيجابا على تكرار الطراز المظهري في السكان ويكون سلبيا عندما تكون الطرز المظهرية النادرة هي المفضلة (مما يؤدي إلى تعدد أشكال متوازن) وإيجابي عندما تكون غير مفضلة (مما يؤدي إلى استقرار الاختيار والشكل الواحد)
frequency of occurrence تكرار الحدوث: النسبة المئوية لعينة من الارض يشغلها نوع معين
fresh طازج
fresh water ماء عذب: ماء نهر او بحيرة
freshet سيل
freshwater ecosystems انظمة بيئية الماء العذب
friable قابل للتفتيت، شي قابل للسحق
friction احتكاك
frightening behaviour سلوك الاخافة
fright يرعب، يخيف
frigidity برودة
frill هدب، ريش او شعر طويل
Fringilla coelebs canariensis طائر الظالم ، الشرشور
Fringilla teydea طائر الظالم،الشرشور الازرق
frings شراشير
frond سعفة

frons الجبهة: الجزء المتقرن من الراس بين الدرز الجبهي والدرز فوق الفمي وتوجد فيه العين البسيطة الثالثة

front جبهة، امام، الجزء الامامي من الوجه

frontal جبهي

frontal bristle شعيرة جبهية

frontal depression انخفاض جبهي

frontal ganglion عقدة جبهية

frontal inversion انقلاب امامي (جبهي): انقلاب حراري يحدث عندما تُضعف كتلة هواء بارد كتلة هوائية دافئة وترفعها عاليا

frontal lunule صليبية او صفحة جبهية هلالية: جزء هلالي متقرن صغير يقع فوق قاعدة قرن الاستشعار (ثنائية الاجنحة)

frontal suture الدرزالجبهي:احد فرعي الدرز التاجي

frontal vitta منطقة جبهية جانبية

frost صقيع

frosty متجمد:يشيرالى درجة حرارة أقل من 0 °

froth رغوة، زبد

frugivorous,frugivore أكل الفواكه: كائن يتغذى على فواكه

fruit فاكهة

fruit stalk عرجون:السويق الذي يحمل النورات

fruit sugar, fructose سكر الفواكه، فركتوز

fruitflies ذباب الفاكهة

fuel وقود

fugitive dust غبار عابر

fugitive emissions الانبعاثات المتسربة: المواد الملوثة التي تطلق في الجو نتيجة للتبخر أو تسرب أو تأثيرات الرياح

fugitive عابر، جوال

fulcrum نقطة ارتكاز، ارتكاز

fulguration, electrofulguration صعق: تدمير الأنسجة ، والأورام الخبيثة عادة ، عن طريق تيار كهربائي عالي التردد باستخدام قطب شبيه بالابرة

Fulmarus glacialis طائر الفلمار

fume دخان

fumifugium تدخين،تبخير

fumigant تبخير: كيميائيات متطايرة تعمل كغازات سامة في منطقة محصورة

fumigants مبيدات التدخين، ابخرة

fumigation تبخير

function وظيفة، دالة

functional food اغذية وظيفية: غذاء صمم ليكون مفيد طبيا مما يساعدعلى الحماية ضد امراض خطيرة مثل مرض السكري

functional response استجابة وظيفية:استجابة حيوان مفترس إلى زيادة في عدد سكان فرائسه من خلال زيادة معدل التغذي

functionality وظيفي

fundamental اساسي

fundamental niche نوخ أساسي: نوخ يتحدد بغياب المنافسة او التفاعلات الحياتية الاخرى مثل الافتراس، المدى الكلي للظروف البيئية التي يمكن ان تعيش فيها الأنواع

fundamental theory of natural selection نظرية الأنتخاب الطبيعي الأساسية

fundatrix(fundatrices) ام المن الاساسية (امهات) وهي عذرية التوالد وتنتج في الربيع بعد فقس البيض،وهي مرادفة stem mother

fundi قيعان

fungal فطري

fungicides مبيدات فطرية

fungivorous اكلات الفطر

fungus (pl. fungi) فطري

fungus gnats الذباب الفطري

funicle حبل

funicular حبلي

funnel قمع

fur فراء

furca زائدة شوكية: تركيب مشطور الى قسمين

furcula جهاز القفز،زمبرك ،الشويكة المشطورة في قافزة الذنب تستعمل للقفز

furling اللف

furrow ثلم ، اخدود

fusible قابل للصهر ،صهور

fusiform مغزلي

fusion انصهار،اندماج ،التحام

fusion ,heat حرارة الانصهار
fusion power قوة الالتحام

G

g رمز الغرام
gage (=gauge) مقياس ،معيار
gaia hypothesis, gaia theory فرضيةغايا، نظرية غايا: نظرية وضعت عام 1968 تقول بأن الكائنات الحية لاسيما الأحياء المجهرية قد تطورت مع البيئة الفيزيائية لتوفير سيطرة (تنظيم ذاتي) وللحفاظ على ظروف ملائمة للحياة على الارض
gain زيادة ،كسب
gaining stream مجرى منبعث
galaxy مجرة
gale عاصفة: ريح قوية جدا تهب عادة من اتجاه واحد
galea القلنسوة: الجزء الخارجي للفك المساعد في الحشرات يقع بعد قطعة الساق
gall gnat ذبابة الحنطة
gallery سرب ، دهليز
gallery forest غابة نهرية: غابة نامية على طول مجرى مائي مثل ضفاف الانهار في منطقة تخلو من الأشجار
gallium(ga) الغاليوم:عنصر معدني نادر يستخدم في أشباه الموصلات
gallmaker كائن يحفز النبات المضيف على تشكيل ورم ، والذي يتكون من فائض من البروتين يقوم بالتغذي عليه
gallon غالون: وحدة من حجم السائل يعادل تقريبا 4.5 لتر
gall-wasps زنابير العفص
gall 1. صفراء 2.عفصة3 .ورم: نمو غير اعتيادي في نسيج النبات نتيجة تنبه من حيوان او نبات اخر
gamete مشيج
gametocyte خلية مشيجية احادية الصبغيات
ganglion (pl. ganglia) عقدة عصبية، توسع في العصب يحوي على كتلة من الخلايا العصبية
ganglion cell خلية عقدية عصبية
ganglionic centre مركز عقدي
ganoid لامعات (اسماك لامعة)
gap فجوة
gap phase succession تعاقب طور الفجوة: تطور تعاقبي في موقع مضطرب ضمن مجتمع نباتي مستقر،الاستبدال والتعاقب في فجوة في الغابة سببه اضطراب مثل رياح او مرض
garbage قمامة
garter snake (*Thamnophis sirtalis*) الغرطر: حية امريكية غير سامة
gas غاز
gas cleaning تنظيف الغاز: ازالة الملوثات من الغاز
gas exchange تبادل الغازات بين الكائن وبيئته
gaseous غازي
gaseous pollutant ملوث غازي
gasoline ,the Uk term is petrol بنزين
gasometer مقياس غازي
gaster بطن- خلف الخصر:الجزء المنتفخ من البطن خلف السويق (غشائية الاجنحة)
gastric معدي
gastric caecum اعور معدي
gastropoda بطنية الاقدام
gastrula الطور المعدي
gate بوابة
gate crasher المتطفل على الموائد
gather يجمع
Gause's principle مبدأ جاوس: نظرية تقترح أن اثنين من الأنواع المماثلة والمنافسة (لها المتطلبات البيئية نفسها) لا يمكن أن تحتل نفس المكانة البيئية في نفس الوقت
gauze شاش
Gazella loderi نوع من الغزال
gecho وزعة، ابو بريص
Geiger counter,Geiger-muller detector عداد غيغر، جيجر مولر كاشف أداة لكشف وقياس الاشعاع
gel =gelatinization هُلام، جل ،تجلتن ،عملية تكوين الجيلاتين

genetic وراثي، جيني، موروث

genetic bottleneck عنق الزجاجة الوراثي: تغيير في ترددات الجين والانخفاض في إجمالي الاختلاف الجيني عندما يوجد انخفاض حاد في أعداد السكان

genetic code, genetic information الشفرة الوراثية

genetic diversity التنوع الوراثي: تنوع او الحفاظ على انماط وراثية مختلفة ومتعددة الأشكال وأختلافات وراثية اخرى في السكان الطبيعي

genetic drift انجراف وراثي: تغيير عشوائي في تكرار الصنو(الاليل) في السكان بمرور الزمن

genetic engineering الهندسة الوراثية: التلاعب في DNA ،ويشمل نقل المادة الوراثية بين الانواع

genetic feedback تغذية استرجاعية وراثية

genetic linkage الارتباط في الوراثة: وجود اثنين من المورثات المتقاربة على الكرموسوم نفسه ومن غير المحتمل ان ينفصلا أثناء العبور بل تميل إلى أن تكون موروثة كوحدة واحدة

genetic marker علامة وراثية: تسلسل جينات اوالحمض النووي معروفة الموقع على الكروموسوم والمرتبطة بصفة معينة ،العلامات الوراثية مرتبطة بأمراض معينة يمكن الكشف عنها وتستخدم لتحديد إذا ما كان الفرد في خطر الاصابة بها

genetic material مادة وراثية

genetic modification,genetic manipulation,genetic engineering تعديل وراثي ،تلاعب جيني وهندسة وراثية: تعديل وإعادة التركيب للمادة الوراثية مختبريا وانتاج الكائنات المعدلة وراثيا

genetic polymorphism: تعدد الأشكال الجينية: وجود شكلين اثنين أو أكثر من أشكال متقطعة موروثة لنوع

genetic resources الموارد الجينية: الجينات الموجودة في النباتات والحيوانات والتي لها قيمة للإنسان

genetic sexing المورثات الجنسية: الإنتاج الانتخابي لأحد الجنسين على حساب الآخر كنتيجة مباشرة للفرق الوراثي بينهم

gelatin هلام ،جيلاتين

gelding حيوان مخصي

gellation جلتنة

geniculate = elbowed مرفقي

gena (pl. genae) الخد: جزئي الراس على الجانبين اسفل وخلف العيون المركبة

genal comb مشط خدي-وجني: صف من الاشواك القوية توجد عند الحافة الامامية البطنية للراس (في البراغيث)

gene مُورِثة، جين: حاملة صفة وراثية

gene flow التدفق الجيني: حركة الجينات بين السكان من خلال الانتشار والهجرة التهجين

gene frequency: تكرار او تواتر جيني(مورثي): نسبة شكل متغير معين (أليل) من المورث إلى العدد الكلي من الاليلات في سكان محدد

gene mutation الطفرة المورثة: تغيير في قاعدة واحدة أو زوج من القواعد في تسلسل الحمض النووي لجين

gene pool مجمع الورثة: مجموع الجينات التي يحملها فرد من الكائنات الحية في السكان

Genealogy علم الانسان

Genecology فرع من علم البيئة يهتم بالعلاقة بين التغاير الجيني للأنواع او السكان وبين موقعها في الطبيعة (الموطن) ،والعوامل البيئية

genera plural of genus اجناس

general circulation model نموذج التداول العام:محاكاة الكمبيوتر المعقدة بين المناخ ومختلف مكوناته ، وتستخدم من قبل الباحثين ومحللي السياسات للتنبؤ المناخي

general عام

generalist عام

generate توليد، انشاء

generation جيل

generation ,spontaneous التولد الذاتي

generator مولد: جهاز يولد الكهرباء

generic name الاسم العلمي للجنس

generic عام، في اشارة الى الجنس

genesis النشوء

genet مورثية:كائن حي مختلف وراثياعن غيره ،او استنساخ من كائن متميز وراثيا

genovertical وجني راسي
gentle ناعم ،هادئ
genuine warning تحذير حقيقي
genuinely بصدق
genuine حقيقي - أصيل
genus(pl.,genera) الجنس:مجموعة من الانواع المتقاربة
geo- أرض (سابقة)
geobiocoenosis نظام بيئي: يفضله الكتاب الذين يستعملون اللغات الالمانية والسلافية على مصطلح ecosystem
geochemistry جيوكيمياء
Geochronology علم التوقيت الجيولوجي
geocline مجموعة من التغيرات التي تحدث في الأنواع عبر بيئات جغرافية مختلفة
Geodesy الجيوديسيا (علم المجسمات الارضية)
geograms جيوغرامات
geographic information system نظام المعلومات الجغرافية:نظام حاسوبي لالتقاط ومعالجة وتحليل وعرض كل أشكال المعلومات الجغرافية
geographic isolation عزل جغرافي : انفصال عن بقية افراد النوع عن طريق البحر أو الجبال
geographical barrier حاجز جغرافي: ميزة طبيعية مثل سلسلة جبال أو نهر واسع يمنع الحركة من منطقة إلى أخرى ويفصل بيئات مختلفة
geographical distribution توزيع جغرافي
geographical speciation(=Allopatric speciation) تنوع جغرافي:هو ظهورأنواع جديدة والذي يحدث عندما يصبح سكان نوع ما معزول عن بقية النوع لدرجة تمنع او تتعارض مع التبادل الجيني
geography جغرافية
Geohydrology علم الامواه الارضية، الجيوهيدرولوجيا
geological aeon الدهر الجيولوجي: وحدة من الزمن الجيولوجي، تستمر لملايين السنين ويحتوي على عصورعدة
geological epoch الحقبة الجيولوجية: وحدة من الزمن الجيولوجي،تقسيم فرعي من الفترةالجيولوجية

genetic transformation التحول الوراثي: تغيير مستقر موروث في النمط الجيني بسبب دمج الحامض النووي الغريب في الجينوم
genetic variance التغاير الوراثي
genetic variation الاختلاف الجيني: الخلافات الموروثة بين أفراد نوع
genetically modified organism(GMO) كائن معدل وراثيا:النبات أو الحيوان الذي تنتجه تقنية التعديل الوراثي
genetics علم الوراثة
-genic جيني (لاحقة)
geniculate=elbowed مرفقي
genital تناسلي
genital aperture فتحة تناسيلية
genital duct قناة تناسلية
genital organ عضو تناسلي
genital pouch كيس تناسلي
genital sac كيس تناسلي
genitalia سؤة ،اعضاء التناسل الخارجية
genius متميز
genom المَجين أوالمجموع المورثي او الجينوم هو أحد التخصصات الفرعية من علم الوراثة والذي يُعنى بدراسة كامل المعلومات الوراثية في الكائن الحي المشفرة ضمن الدناوأحياناضمن الرنافي بعض الفيروسات . وتشمل كل المورثات التي تنتج بروتين وتشمل أيضا المناطق التي كانت تسمى الدنا المهمل الذي لا ينتج بروتينات.تم صياغة هذا المصطلح عام 1920 من قبل هانس وينكلر Hans Winkler
Genomics علم الجينوم: هو أحد فروع علم الوراثة المتعلق بدراسة كامل المادة الوراثية داخل مختلف الكائنات الحية.ويتضمن جهودا مكثفة لتحديد تسلسل الحمض النووي بشكل كامل ورسم الخرائط الدقيقة للجينوم
genotypes انماط وراثية او جينية :1.التركيبة الجينية لكائن أو مجموعة من الكائنات، مجموعة من الصفات أو كل الصفات 2 . المجموع الكلي للجينات التي تنتقل من الآباء إلى الأبناء
genotype frequency تكرار النمط الوراثي: تكرار الانماط الوراثية المختلفة في السكان

geological era عصر جيولوجي:وحدةمن الزمن الجيولوجي تحتوي على عدة فترات جيولوجية
geological periods فترات جيولوجية
geological timescale المقياس الزمني الجيولوجي للوقت الذي وجدت فيه الأرض
Geology علم الارض
geomagnetic field المجال المغناطيسي الأرضي: المجال المغناطيسي ثنائي القطب المحيط بالأرض مع أقطاب الأرض، خطوط ا لمجال أفقية تقريبا وعلى مقربة من خط الاستواء
geomagnetic pole ,magnetic pole القطب المغناطيسي
geomagnetic المغناطيسية الأرضية: يشير الى الحقل المغناطيسي للأرض
geomagnetism مغنطيسية الأرضية: دراسة الحقل المغناطيسي للأرض
geometric progression متوالية هندسية
Geomorphology علم تشكيل الارض
geophagy آكل الطين
geophysics الجيوفيزياء:الدراسة العلمية للخواص الفيزيائية للأرض
geophytes نباتات ارضية
geoscience علوم الأرض: علم يهتم بالجوانب المادية للأرض ، مثل الجيوكيمياء ، والجيوديسيا والجغرافيا والجيولوجيا
geosphere(=lithosphere) الكرة اليابسة: الجزء المركزي من الأرض والذي لا يحتوي على الكائنات الحية
geosyncline طية طويل في قشرة الأرض،مكونة حوض مليئة الرواسب من الصخور البركانية
geothermal الطاقة الحرارية الأرضية: الحرارة من داخل الأرض
geothermal energy الطاقة الحرارية الارضية
geothermal power الطاقة أو الكهرباء المولدة من الحرارة داخل الأرض، مثل الينابيع الساخنة
geothermally من مصادر الطاقة الحرارية الأرضية
geotropism انتحاء ارضي
germ جرثومة
germ cell خلية جرثومية (للتناسل)
germarium المنطقة الجرثومية
germicide مبيد جراثيم
germination inhibitor مثبط الانبات
germplasm المادة الوراثية: المادة الوراثية التي تنتقل من جيل لكائن حي الى آخر
Gerontology علم الشيخوخة
gestation period مدة الحمل
geyser نبع ماء حار
giant عملاق
giant fiber ليفة عملاقة
giant water bugs بق الماء الكبير
gibberellin جبرلين (هرمون نباتي)
giga- غيغا: ألف مليون، أو 10^9 (سابقة)
gill خيشوم
gillnet الشباك الخيشومية: نوع من الشباك التي تعلق على قاع البحر، ويتم صيد الأسماك بوساطة خياشيمها
ginglymus مفصل متحرك
gin-traps مصائد الشرك
girdle حزام
girth حزام (محيط جذع الشجرة)
gizzard قانصة
glabrous اجرد، املس بدون شعر
glacial جليدي
glacial drift انجراف جليدي: المواد التي خلفها نهر جليدي، مثل الرمل أو التربة أو الحصى
glaciation تجلد
glaciers انهار جليدية
Glaciology علم الجليد: دراسة الأنهار الجليدية
gland غدة
gland, dermal غدة جلدية
glandular غدي
glandular hair شعرة غدية
glandular setae شعر غدي
glandular tissue نسيج غدي
glen وادي جبلي ، وادي صغير
gleying مجموعة خصائص التربة تشير إلى سوء الصرف ونقص الأكسجين
glide ينزلق
gliding انزلاقي ،تحويم

glomerulus كُبيبة كلوية: عقدة او تجمع ملتف من شرايين شعرية صغيرة داخل محفظة بومان في الكلية

gloom كابة ، غم

glossa (pl.,glossae) لساني ، اللسين: واحد من زوج من الفصوص يقع عند طرف الشفة السفلى الى داخل جاري اللسينين

***Glossina* spp.** أسم جنس ذبابة مرض النوم، تعود لعائلة Glossinidae

glossy لماع

glowwormes الحباحب (سراج الليل) : الاسم الشائع لمجموعات مختلفة من يرقات الحشرات والإناث البالغة الشبيه باليرقة التي تتوهج من خلال التالق الحياتي،وهي كلها حشرات بالرغم من انها قد تشبه الديدان في بعض الأحيان

gluconeogenesis المسار الأيضي المسؤول عن تصنيع الجلوكوز من الأحماض الأمينية، اللاكتات، والجلسرين

glucose كلوكوز: سكر بسيط

glucosinalate موادعضوية تحتوى على الكبريت والنيتروجين

glued (glue) ملتصق بغراء

glume العصفة:واحد من زوج من الأوراق الجافة

gluten الغلوتين: البروتين الموجود في بعض الحبوب مما يجعل العجينة لزجة عند إضافة الماء

glycogen النشا الحيواني

glycolysis تحلل سكري: عملية التمثيل الغذائي الرئيسية المسؤولة عن أكسدة الكلوكوز الى بيروفيت خلال التنفس الخلوي

glycopolynophagous متغذية على سكريات

gnat برغش

gnatho فكي

gnawing قرض (حيوان)

gneiss صخر صواني، النيس:صخرة خشنة مع طبقات مختلفة من المعادن

gnotobiotic cultures مزارع ناتجة من اضافة مكونات عزلت ودرست بعناية مسبقا

goat ماعز

goat moth عث الماعز:عث رمادي كبير تقوم يرقتها بالحفر في الخشب ولها رائحة تشبه الماعز

glioma ورم ليفي عصبي

global العالمية: يشير إلى الأرض كلها

global climate change تغير المناخ العالمي: تغير المناخ العالمي بسبب زيادة نسبة غازات الدفيئة،لاسيما ثاني اوكسيد الكربون المنبعث كناتج ثانوي من أنشطة الانسان

global distillation التقطير العالمي: حركة الملوثات العضوية الثابتة من المناطق الدافئة الاستوائية وشبه الاستوائية الى خطوط العرض العليا الباردة من خلال التبخر والتكثيف

Global Ecology علم البيئة العالمية: دراسة العلاقة بين الكائنات إلى بعضها البعض وبيئتهم في جميع أنحاء العالم

global positioning system(GPS) نظام تحديد المواقع العالمي : نظام دقيق للغاية لتحديد المواقع على سطح الأرض (بضمنها خطوط الطول والعرض والارتفاع) باستخدام إشارات الأقمار الصناعية

global solar radiation الإشعاع الشمسي العالمي: الأشعة المنبعثة من الشمس والتي تقع على الأرض

global stability الاستقرار العالمي: قدرة وحدة بيئية او وحدة تصنيفية (مثل موطن) على تحمل اضطرابات كبيرة دون أن تتأثر بشكل كبير

global temperature درجة الحرارة العالمية: درجة الحرارة على الأرض ككل

global warming potential وسع الاحترار العالمي: وهو مفهوم يأخذ في الاعتبار اختلاف زمن بقاء الغازات في الغلاف الجوي، وذلك لمعرفة التغيرات المناخية المحتملة لانبعاثات متساوية من كل من الغازات المسببة للاحتباس الحراري

global warming الاحترار العالمي : ارتفاع تدريجي في درجات الحرارة على كامل سطح الأرض، والناجمة عن ظاهرة الاحتباس الحراري

globalisation العولمة: تطوير ثقافة واقتصاد مماثل في جميع أنحاء العالم نتيجة للتقدم التكنولوجي

globe العالم ، الارض

globose, globular كروي او يقارب ذلك

globule كرية

Gloger's rule قاعدة جلوجر

goblet cell خلية كاسية
goby fish القوبيون - سمك شائك الزعانف
goiter الدراق، تضخم الغدة الدرقية
gold ذهب
gold mine منجم ذهب
golgi bodies أجسام كولجي:عضيات خلوية محددة بغشاء مرتبطة مع الشبكة الإندوبلازمية
gonad منسل ،غدة تناسلية
gonapophyses زوائد (صفائح) تناسلية
gonapophysis زائدة تناسلية
Gondwana القارة القديمة التي يفترض أن تكون قد تجزأت وانجرفت بعيدا خلال العصر الترياسي لتشكل في نهاية المطاف القارات الحالية.تعرف ايضا بأسم Gondwanaland
Gondwanan distribution وجود توزيع جغرافي على أكثرمن واحدة من القارات الجنوبية التي كانت متحدة سابقا
Goniocotes جنس من قمل الطيور تهاجم مختلف الطيور البرية والداجنة
gonoduct قناة تناسلية
gonopod قدم تناسلي: ارجل متحورة وتكون جزءاً من اعضاء التناسل الخارجية
gonopore الفتحة التناسلية الخارجية
goose إوز
gore 1.نطح 2. دم لاسيما المتخثر من الجرح
gorge يحقن، يتخم
grab sample عينة تربة أو مياه تؤخذ دون النظر الى عوامل كالوقت أو التدفق
graben نوع من وادي متصدع تشكل من تصدع الاراض وغرقها
grabbing قبض ، مسك
grackles السوادية ، طائر اسود الريش
grad درجة زاوية مئوية
grade(=gradient) انحدار، ميل، تدرج
graded stream مجرى مستقر
gradient analysis تحليل المدرج: مخطط يصف استجابة النباتات للتدرج (في الرطوبة، الحرارة او الارتفاع)
gradients and ecotypes المدرجات والنويعات البيئية
gradocoen مجموع كل العوامل المؤثرة على السكان، وتشمل العوامل الحياتية وغير الحياتية
gradual metamorphosis تحول تدريجي
graduation model of evolution النموذج التدرجي للتطور
gradution تدرج ،تدريج
grain 1.قمحة،2.علاقة حجم الموطن بحرية حركة الحيوانات
granivorous food chain سلسلة غذائية تبدأ بالتغذي على البذور
gram غرام: مقياس متري للوزن ،بمقدار حمصة
-gram مخطط (لاحقة)
granary weevil سوسة الحبوب
granite جرانيت
granular حبيبي
granule(=grain) حبيبة
graph خط بياني
-graph مخطاط (لاحقة)
graphite الجرافيت: شكل من الكربون المعدنية التي تحدث بشكل طبيعي
-graphy تخطيط (لاحقة)
grass العشب: نبات ذو فلقة واحدة يعود للعائلة النجيلية
grass feeding تغذية عشبية
grass land (s),biomes مجتمعات ارض عشبية كبيرة
grasshoppers نطاط
grateful شاكر
gravel حصى
graveyard مقبرة: مكان دفن النفايات النووية ،أو حيث يتم ترك الآلات او المركبات غير المرغوب فيها
gravid حبلى
gravitational , gravity جاذبية
gravitational settling الاستقرار الجاذبي
gravitational water ماء الجاذبية
gravity جاذبية
gray ferruginous soil تربة حديدية رمادية
gray tropical clay البغاء الاستوائية الرمادية
gray wooded soil التربة الغابية الرمادية

gray(Gy) جراي: وحدة قياس الجرعة الإشعاعية من الأشعة المؤينة الممتصة،وتُعرف بانها امتصاص جول واحد من طاقة الإشعاع من قبل كيلوغرام واحد من الجسم الحي أو المادة. و1 جراي تساوي 100 راد

grayling التمالوس(سمك نهري)

graze رعي الحيوانات

grazier مزارع رعي الحيوانات

grazing رعي

grazing food chain سلسلة غذائية رعوية : فيها تأكل العاشبات (المستهلكات الاولية) النباتات، ثم تنتقل الطاقة الى آكلات اللحوم (المستهلكات الثانوية والثالثية) وتهضم ثم كروث الى التربة وتؤخذ مرة أخرى من النباتات التي تؤكل من قبل الحيوانات

grazing land المرعى

great tit(*Parus major*) القرقف الكبير: طير من العصافير

green belt حزام اخضر

green burial الدفن الأخضر: دفن صمم ليكون له تأثير منخفض على البيئة

green fly الذبابة الخضراء -حشرة المن

green manure سماد اخضر

green petrol بنزين أخضر: نوع من البنزين يحوي ملوثات أقل من البنزين العادي

green revolution الثورة الخضراء: التطور الذي حصل في عام1960 لأشكال جديدةمن النباتات كما زرعت الحبوب على نطاق واسع مثل الأرز والقمح ، مما أعطى عوائد عالية وزيادة إنتاج الغذاء ولاسيما في البلدان الاستوائية

green tariff electricity, green electricity التعرفة الكهربائية الخضراء: الطاقة الكهربائية المنتجة من مصادر الطاقة المتجددة مثل طاقة الرياح، كما تدعا الكهرباء الخضراء

green waste نفايات خضراء: الأوراق وقصاصات العشب وغيرها

greenhouse effect تاثير البيت الزجاجي او الدفيئة: التاثير الناتج عن امتصاص ومنع فقدان الاشعة تحت الحمراء المنعكسة من سطح الارض بسبب وجود غازات الدفيئة لاسيما ثاني أوكسيد الكربون في الجزء العلوي من الغلاف الجوي مما يعزل الأرض ويرفع درجة الحرارة

greenhouse gas غازات الدفيئة اوالاحتباس الحراري : غاز موجود بشكل طبيعي في الغلاف الجوي أو ينتج من حرق الوقود الأحفوري ويرتفع في الغلاف الجوي، ويشكل حاجز يمنع فقدان الحرارة

greenhouse دفيئة، مستنبت زجاجي لوقاية النبات

greening تخضير او تشجير

gregarious تجمعي: تعيش بشكل مجاميع

gregarious insects حشرات ذات حياة تجمعية: حشرات تعيش كمجاميع بصورة دائمية وان كانت غير مرتبطة ظاهريا بأي رابط مثل حشرات المن

gregarious instinct غريزة التجمهر-التجمع

gregarious phase طورالتجمع

grey water, greywater المياه الرمادية:المياه العادمة من الحمامات، والمطبخ

grid شبكة ، قضبان

grind طحن

grinder طاحونة

grinding طحن

grit حصى:1.حبيبات رملية حادة2.جسيمات صغيرة صلبة في الهواء أكبر من الغبار

grooming ينظف ، الاستمالة ، يستعد، تبرج

groove شق ، اخدود

gross pathology علم الامراض الاجمالي:علم الأمراض على مستوى كل الحيوانات ، الملاحظة خارجيا عموما

gross primary production(GPP) اجمالي الإنتاجية الأولية: معدل تمثيل الكتلة الحياتية لمواد عضوية، او هو إجمالي الطاقة التي تنتجها النباتات، والتي يستخدم بعضها في التنفس الخلوي لنمو النبات ،وما يتبقى يسمى صافي الإنتاج الأولي (NPP) (GPP=NPP+R)

ground ارض

ground beetles الخنافس الارضية

ground pollution تلوث الأرض:وجود تراكيز عالية بشكل غير عادي من المواد الضارة في التربة

ground water podzol التربة البدزولية الجوفية الماء

guerrilla نوع من النباتات تغزو المجتمع كأفراد معزولة، او عصابة ، حرب عصابات
guide دليل
guild مجموعة من النباتات أو الحيوانات من مختلف الأنواع تعيش في نفس النوع من البيئة
guills ريش
guinonoid كينوناني، شبيه بالكينونيين
gular sutures درزان طوليان على جانبي الحلقوم (حشرات)
gula الحلقوم: صفيحة متقرنة في الناحية البطنية للراس بين الشفة السفلى والفتحة القفوية
gulf stream تيار الخليج
gulf خليج
gull طير النورس (من الطيور البحرية)
gullet مريء
gully اخدود: قناة عميقة شكلها تآكل التربة، او قناة صغيرة للمياه
gum صمغ: مادة سائلة في جذوع وفروع بعض الأشجار، تتصلب عند تماسها مع الهواء
gurnard الغرنار سمك شائك الرأس: من الأسماك البحرية المتنوعة والواسعة الانتشار وتتميز بوجود زعانف صدرية كبيرة تشبه المروحة ورأس كبير ومدرعة
gus عاصفة : اندفاع قوي مفاجئ لهبوب الرياح
gustatory organ عضو ذوقي
gustatory ذوقي
guttation إدماع النبات:هو نضح قطرات من نسغ الخشب على نصائح أو حواف أوراق بعض النباتات الوعائية، مثل الأعشاب،تعرق النبات لا ينبغي الخلط بينه وبين الندى،الذي يتكثف من الغلاف الجوي على سطح النبات
guyot غويو:جبال تحت سطح البحر مسطحة القمة توجد أساسا في المحيط الهادئ،او هو جبل بركاني تحت الماء مع قمة مسطحة أكثرمن 200 متر(660 قدم) تحت سطح البحر يمكن ان تتجاوز أقطار هذه القمم المسطحة 10 كم
Gymnorhina dorsalis العقعق الاسترالي:طير متوسط الحجم أبيض وأسود
gymnosperm عاريات البذور
gynandrism التخنث

ground water ماء جوفي
ground-level concentration التركيز على مستوى الأرض : كمية الملوثات المقاسة في ذروة الأرض ، فوقه فقط أو تحته
groundwater recharge إعادة تغذية المياه الجوفية : إضافة الماء من فوق السطح إلى المنطقة المشبعة في طبقة المياه الجوفية،بشكل مباشر أو غير مباشر
group مجموعة
group selection انتخاب زمري: انتخاب طبيعي بين المجاميع او هو تجمع الكائنات الحية والتي ليست بالضرورة قريبة الترابط من خلال تجمع تبادل منفعة واستبعاد مجموعة الافراد من قبل مجاميع اخرى من الكائنات تمتلك صفات وراثية اعلى. وهي نظرية في علم الأحياء التطوري وفيها ان الزمرة هي الوحدة التي يعمل عليها الانتخاب الزمري وليست الأفراد أو الجينات. والزمرة يمكن أن تكون تجمعاً حياتياً، نوعاً، أو أي وحدة تصنيفية أخرى
grouse تدرج
grove بستان مجموعة صغيرة من الأشجار
growth نمو
growth curve منحنى النمو
growth, expontial شكل نمو اسي
growth factor عامل النمو
growth form شكل النمو
growth hormone هرمون النمو
growth, logistic شكل نمو لوجستي
growth promoting hormone هرمون يشجع النمو
growth rate معدل النمو
growth S-shaped شكل نمو شبيه بحرف s
grow ينمو
grub يرقة جعلية: لها جسم متثخن والراس والارجل الصدرية جيدة التكوين
Gryllidae, F. عائلة صراصير الحقل والحفار
gryllus حفار
guano ذرق الطيور: كتلة من روث الطيور المتراكمة المستخدمة كسماد عضوي
guard cell خلية حارسة

جاذبية في الغلاف الجوي.تحدث بانتظام في المناطق القاحلة في جميع أنحاء العالم

hadal zone منطقة هادال: منطقة المحيط على أعماق أكبرمن المنطقة السحيقة، أي أقل من 6000م

haemocyanin صبغ يوجد في دم بعض اللافقريات

haemocytes خلايا الدم

haemoglobin هيموجلوبين:صبغ تنفسي يوجد في دم الفقريات

haemolymph دم اللافقريات

hail بَرَد

hailstone البرد، الصقيع

hailstorm عاصفة من البرد: عاصفة فيها برد بدون المطر

hair شعر

half –life , biological نصف العمر الحياتي

half –life , radioactive نصف العمر الاشعاعي

half-hardy نبات قادر على تحمل الطقس البارد وصولا الى حوالي 5م

half-life, half-life period نصف العمر ،فترة نصف العمر:1- الوقت الذي تستغرقه ذرات النظائر المشعة لنصف التحلل 2. الوقت اللازم لكائن حي طبيعي للقضاء على نصف كمية المادة التي دخلت جسمه

hallucinogens المهلوسات

halo- ملح (سابقة)

halobiotic كائنات حية تعيش في الماء المالح

halocline تدرج الملوحة حيث تلتقي كتلتين من الماء مثل المياه العذبة ومياه البحر

halogen الهالوجين:عنصر غير معدني ينتمي إلى سلسلة من عناصر كيميائية التي تتضمن الفلور والكلور واليود والبروم والأستاتين

halometry قياس الهالة

halomorphic soil التربة التي تحتوي على كميات كبيرة من الملح

halophile محب الملوحة: نوع يعيش في ظروف ملحية

halophytes نباتات ملحية

halo هالة

gynandromorphy مخنث الشكل: فرد شاذ يحتوي على مميزات مظهرية للذكر والانثى معاً

gyneco-,gyn- نسائي (سابقة)

gyniatrics معالجة الأمراض النسائية،او هوالمجال الطبي الذي يتعامل مع أمراض المرأة

gynoecium الجهاز الانثوي في النبات(الكرابل)

gynopara عذرية التوالد المجنحة التي ترجع إلى المضيف الرئيسي في الخريف وتنتج البيوضة

gypsum جبس (جص)

gypsymoth عثة الغجر

gyre تلفيف: حركة دائرية أو حلزونية من مياه المحيطات

H

20-hydroxyecdysone (ecdysterone or **20E)** هرمون طبيعي يسيطر على الانسلاخ والتحول في المفصليات وهو الستيرويد الحياتي الاكثر نشاطا في الحشرات

ha رمز هكتار

haar ضباب رطب سميك يحدث خلال فصل الصيف في شمال الجزر البريطانية(كلمة اسكتلندية)

haber process عملية صناعية لتصنيع الامونيا من النتروجين والهيدروجين، اكتشفها الكيميائي الالماني Fritz Haber

habit عادة

habitat موطن، مَوئِل: المكان او البيئة التي يعيش فيها كائن محدد

habitat diversity تنوع المواطن: مجموعة متنوعة من المواطن في منطقة

habitat fragmentation تجزؤ الموطن: تحليل يحدد كيف غير الانسان الطبيعة من حيث الحجم والشكل وتكرار عناصر الطبيعة

habitat loss,habitat reduction فقدان المواطن

habitat restoration استعادة المواطن

habitual معتاد

habituation تعود

haboob هبوب عاصفة ترابية عنيفة تقوم على تيار

halter (or haltere) دبوس الاتزان:تركيب يشبه المسماراو الدبوس على جانبي الحلقة الصدرية الثالثة بدل الجناحين الخلفيين في ثنائية الاجنحة

halt وقف ، يوقف

hammer, water طرق مائي

hammock (vegetation) الارجوحة الشبكية

hamula خطاف

hamulate type نوع خطاف

hamuli (sing.hamulus) خطاطيف: صف من الاشواك الدقيقة على الحافة الامامية للجناح الخلفي تشبك الاجنحة مع بعضها خلال عملية الطيران

handled تمسك

handling time زمن المعالجة

haploid احادي الصبغيات (نصف عدد الكروموسومات)

harbor مرفأ

hard صلد

hard water ماء عسر

harden يتصلب

hardening تصلد

hardiness, heat تحمل الحرارة

hardly بشدة

hardness عسرة

hard-pan طبقة صماء ، قاع كتيم

hardwood خشب صلب : شجرة بطيئة النمو عريضة الأوراق

hardy شديد،قوي: يشيرالى نبات قادر على تحمل الطقس البارد،ولاسيما أقل من 5 °م

Hardy-Weinberg equilibrium law:
قانون او مبدأ هاردي-واينبيرغ: قانون اكتشف عام 1908 بصورة مستقلة من قبل G. H. Hardy و W.Weinberg ينص بان التزاوج يكون عشوائي في سكان ما بغياب القوى التطورية، ويبقى تكرار او تواتر الصنو والطراز الجيني ثابت في التجمع. هذا يعني أنها تكون في توازن عبر الأجيال إلا في حالة تدخل تأثيرات محددة أخرى تؤدي لخلل بذاك التوازن، وهذه التأثيرات تتضمن التزاوج غير العشوائي، الطفرات، الانتخاب، الانحراف الوراثي، انسياب الجينات. ولكن في واقع الأمر، دائماً يوجد على الأقل واحد من هذه التأثيرات في المجتمعات الحقيقية. أي أنَّ توازن هاردي-واينبيرغ هو حالة مثالية يُستند عليها عند تحديد أي من التغيرات يمكن تحليلها

harmonize ينسجم

harmony توافق

harness تسخير ، سيطرة

harvest حصاد

harvest method طريقة الحصاد:تقنية لقياس صافي الانتاج الاولي للعشبيات ،النباتات البرية (مثل الحقول القديمة او الاراضي العشبية) يتم الحصاد دوريا عن طريق قص النباتات بمستوى الارض من موقع عينة عشوائي ثم يصنف الى انواع وبعدها يجفف لوزن جاف ثابت

harvest ratio نسبة الحصاد:نسبة الحبوب (او اي جزء يؤكل) الى انسجة النبات الداعمة

hastate سناني الشكل

hatch يفقس

hatching فقس

hatchery مفقس:مكان حفظ البيض ليتبقى دافئة بشكل مصطنع

haustellate خرطومي، ماص

haustellum الجزء الطرفي من خرطوم الذبابة

haustorium ممص (فرع من الخيط الفطري المتطفل يمتص الغذاء)

hawk صقر

hawthorn الزعرور البري

hay قش ،تبن

hazard profile بيان المخاطر:بيانات عن الخصائص الفيزيائية والكيميائية والسمية ، الثبات والتراكم الأحيائي والتنقل في الأوساط البيئية وغيرها من الخصائص لمادة كيميائية

hazard خطر

hazardous substances مواد خطرة

hazardous waste نفايات خطرة: ناتج ثانوي من عمليات التصنيع أو العمليات النووية وهي سامة ويمكن أن تلحق الضرر بصحة الناس أو البيئة إذا لم يتم معاملتها بشكل صحيح

hazardous خطرة

haze الضباب: الغبار أو الدخان في الجو

He رمز الهليوم
head رأس، منبع ، قمة
head capsule علبة الراس
head lice قمل الراس
headland الرأس البحري: كتلة عالية من الأرض بارزة في البحر
headstream تيار يتدفق في نهر بالقرب من مصدر النهر
headwaters منبع المياه
health الصحة
health assessment تقييم صحي
health risk assessment تقييم المخاطر الصحية:التنبؤ بالآثار الصحية المحتملة من التعرض للمواد الخطرة
heart قلب
heat حرارة
heat budget ميزانية الحرارة
heat conduction توصيل حراري
heat convection حمل حراري
heat dissipation تبديد الحرارة
heat engine المحرك الحراري: وهي الظاهرة التي تنتج النمط المناخي للأرض بسبب الفرق في درجات الحرارة بين المنطقة الاستوائية الحارة والمناطق الباردة القطبية، مما يجعل الماء دافئ والهواء من المناطق الأستوائية يتحرك نحو القطبين
heat evaporation حرارة التبخير
heat exporter مصدر حرارة
heat insulation عزل حراري
heat island جزيرة حرارية
heat, latent الحرارة الكامنة
heat, specific الحرارة النوعية
heat of vaporization حرارة التبخير
heat production انتاج حرارة
heat reclamation, heat recovery اصلاح الحرارة والحفاظ على الحرارة: عملية جمع الحرارة من المواد أثناء عملية تسخين واستخدامه لتسخين المواد ، وذلك لتجنب فقدان الحرارة
heat storage , thermal storage خزن الحرارة

heat summation المجموع الحراري
heat trap مصيدة حرارة
heat, specific الحرارة النوعية
heather moor مستنقع خلنج
heath or **heathland** الخلنج: مساحة من تربة حامضية تنمو فيها شجيرات منخفضة ولا تحوي اشجار نتيجة لرعي الحيوانات
heating تسخين
heat-proof مقاوم للحرارة
heat-shock proteins بروتينات صدمة الحرارة :بروتينات تتكون استجابة للحرارة او غيرها من أشكال الضغط وتساهم في القدرة على التحمل لكل من درجة الحرارة العالية والمنخفضة
heavy ثقيل
heavy industry الصناعات الثقيلة
heavy rain وابل: مطر غزير مفاجئ
heavy water ماء الثقيل
hectare(ha) هكتار: وحدة مساحة من الأرض تعادل 10000 متر مربع
hedge الوشيع: زراعة صف من الشجيرات وقطعها بانتظام لتوفير حاجز حول الحقل أو الحديقة
hedgehog (*Erinaceus europaeus*) دعلج
Helicoverpa*(=*Heliothis*) *armigera دودة كيزان الذرة او القطن،تعود لعائلة Noctuidae
helio- شمس (سابقة)
heliophyte نبات تكيف للنمو في ضوء قوي
heliotropism دوران شمسي،انتحاء ضوئي
helium (He) الهيليوم: غاز خامل
helix حلزون
Helix desertorum الحلزون الصحراوي
helminth دودة طفيلية
Helminthology علم الديدان الطفيلية
helophyte نبات ينمو عادة في المستنقعات
hemato-,haemato- دموي (سابقة)
hematophagous متغذيات الدم:تتغذى على الدم كمصدر للغذاء
hemelytron(pl.hemelytra) نصف غمدي: الجناح الامامي في نصفية الاجنحة
hemi- نصف(سابقة)
hemi-crypophytes نباتات نصف ارضية

hemiedaphon الكائن الحي الذي يكمل جزءا من نموه في التربة ولكنه يقضي ما تبقى من حياته فوق سطح الأرض
hemimetbolous,hemimetabola ذات تحول ناقص مثل الرعاشات
Hemiptera نصفية الاجنحة
hemisphere نصف كرة او احد نصفي ألارض الشمالي أو الجنوبي من خط الاستواء
hemocoel(e) التجويف المفتوح في الحشرات والمفصليات الأخرى ويدور خلاله اللمف الدموي
hemocytes خلايا دم الحشرة:وهي plasmatocytes, granulocytes, spherule cells, lamellocytes,oenocytoids, crystal cells.
hemoglobin الهيموجلوبين: صبغة تحمل الأكسجين في الدم وتوجد في بعض الحشرات المائية التي تعيش في بيئات منخفضة الأكسجين
hemolymph دم الحشرات الذي يغمر جميع الأنسجة عن طريق الدورة الدموية المفتوحة، يضخ من القلب إلى أنبوب مفتوح وينقل جميع العناصر الغذائية والهرمونات على الخلايا ويزيل النفايات الخلوية
hemophilia مرض نزف الدم
hen دجاجة
hepatitis التهاب الكبد
Hepialidae,F. عائلة العث الخطاف
Hepialus lupulinus نوع من العث الخطاف
herb عشب
herbaceous عشبية
herbage الكلأ: النباتات الخضراء ،والعشب لاسيما، تؤكل من قبل الحيوانات الرعوية
herbal عشبي
herbalism الاعشاب
herbarium معشب
herbicide مبيد ادغال
herbivores,herbivorous عاشبات، آكل اعشاب، نباتية التغذية
herd القطيع:مجموعة من الحيوانات العاشبة تعيش معا
hereditary وراثي
hereditary disease امراض وراثية
hereditary factor عامل وراثي: صفة مسيطر عليها وراثيا يتم تمريرها من الآباء إلى الأبناء
heredity وراثة
heritable قابل للتوريث
heritable characters صفات قابلة للتوريث
heritage التراث ، الارث
hermaphrodite خنثى:له اعضاء جنسية ذكرية وانثوية معاً
hermaphroditism حالة التخنث
heron مالك الحزين
herring الرنكة : سمك سردين
hertz هيرتز: وحدة التردد
hetero-,heter- مختلف او مغاير (سابقة)
heterochrony الظهور المبكرأو المتأخر لبعض الميزات في تطويرنشوء الفرد
Heterodoxus longitarsus قملة الكنغر العاضة
heteroecious متعدد المُضيفين
heterogametic sex الجنس الذي يحمل الكروموسومات الجنسية من الجنس متغاير المشيج: أمشاج من نوعين ، مثل ذكور البشر فتحتوي على كروموسوم Y وX
heterogamy تباين الامشاج :تبادل تكاثر تزاوجي مع تكاثر عذري
heterogeneous غير متجانسة،وجود خصائص او نوعيات مختلفة، مكونات بيئية او وراثية مختلطة
heterogeny اختلاف الأجيال في حشرات من نوع واحد، حيث يشمل احد الجيلين كلا الجنسين في حين أن الجيل ألاخر يشمل الإناث فقط،
heterologous مخالف ،مغاير
heteromera خنافس متباينة
heteromerous متباينة الاجزاء (حشرات)
heterometabola مختلفة التحول
Heteromyidae,F. عائلة الفئران الكيسية (الجرابية)
heterophyte النبات ينمو في مجموعة واسعة من المواطن او هو النبات الذي يفتقر إلى الكلوروفيل ويتطفل بالتالي

hide إخفاء ،تخفي

hierarchy هرمية، سلسلة هرمي: ترتيب في سلاسل متدرجة،مثل مستويات التنظيم الحياتي

hierarchial organization تنظيم التسلسل الهرمي

high عالي

high moor أرض سبخة

high water المنسوب العالي

high water map مناسيب اعالي المياه

high-density كثافة عالية

higher plants النباتات العليا : النباتات التي لها الجهاز الوعائي

higher termites مصطلح يصف عائلة الارضة من رتبة متساوية الاجنحة والتي تفتقد وجود ابتدائيات في القناة الهضمية وتحوي بكتريا بدلا عنها

highland مرتفعات

highway ممر رئيسي

high-yielding غلة عالية: إنتاج محصول كبير

hill تل

hillsides منحدر التل

hind -gut معي خلفي: الجزء الخلفي من القناة الهضمية

hind- leg رجل خلفية

hind- wing جناح خلفي

hinge مفصل

hinged يتوقف على ، يتمفصل

hip الورك

Hippology علم دراسة الخيل

Hippopotamus اسم جنس فرس النهر

Hirudinea علقيات

Hirudo medicinalis العلق الطبي (يعد الاكثر شيوعا ويسمى العلق الطبي الاوروبي)

Hirundo rustica السنونو:هو النوع الأكثر انتشارا من طيور السنونو في العالم

hissing يحس: يطلق صوت يشبه صوت الافعى

histo- الانسجة الحياتية (سابقة)

Histochemistry الكيمياء النسيجية : دراسة المكونات الكيميائية للخلايا والأنسجة ووظيفتها وتوزيعها

histogenesis تكون الانسجة

heteroptera مختلفة الاجنحة

heteroscian ثنائي المسكن ،عديد المسكن ،متعدد العائل

heterosis قوة الهجين:زيادة في حجم أومعدل النمو والخصوبة أو مقاومة المرض توجد في ذرية كائنات حدث فيها عبور

heterosphere الجو غير المتجانس

heterothermy(poikilothermy) متغير الحرارة : وجود تذبذب في درجة حرارة الجسم

heterotremes مختلفة حرارة الجسم

heterotroph مختلف التغذية: كائن لايستطيع ان يصنع غذائه بنفسه من مواد لاعضوية ولذلك يستهلك كائنات حية أخرى مستهلكة أو منتجة للحصول على الطاقة

heterotrophic مختلف التغذية: يعتمد على كائنات اخرى للحصول على الغذاء، نظام يفوق فيه التنفس (R) عن الانتاج (P)

heterotrophic succession تعاقب مختلف التغذية: عملية تعاقب على مواد عضوية ميتة

heterozygote advantage ميزة متغاير الزايكوت : حالة فيها ملاءمة الأفراد تحمل اثنين من الأليلات المختلفة من جين معين

heterozygote اقتران متباين

heterozygous متغاير: صفة خلية أو كائن لديه اثنين أو أكثر من الأليلات المختلفة على الأقل في واحدة من جيناته

hex-,hexa- سداسي (سابقة)

hexamerins وفرة البروتينات في بلازما الحشرات تتمثل وظيفتها الرئيسية في خزن الأحماض الأمينية لاستخدامها لاحقا

Hexapoda(Insecta) صنف سداسية الارجل (حشرات)

Hg رمز الزئبق

hibernacula مشاتي

hibernal شتوي، تشتي

hibernal aspect المظهر الشتوي

hibernate يشتي (للحيوان)

hibernation التشتية: انخفاض كبير في معدل الأيض والنشاط، واستخدام الدهون المخزنة في الجسم من أجل البقاء في أشهر الشتاء الباردة

بعملية التركيب الضوئي
holoplankton الكائنات الحية التي تبقى عوالق طوال دورة حياتها،مثل طحلب
holoplanktonic عوالق كاملة
holopneustic respiratory system جهاز تنفسي انبوبي فتحاته التنفسية كلها مفتوحة
holozoic يشير الى الكائنات الحية مثل الحيوانات التي تتغذى على الكائنات الأخرى أوالمواد العضوية
home موطن
home range مدى الموطن
holo- شامل او كامل (سابقة)
Holocene epoch العصر الهولوسيني: منذ 11000 سنة وحتي الآن. وهو آخر العصور الجيولوجية
homeo- مماثل (سابقة)
homeorhesis ميل النظام لحفظ نفسه في حالة نابضة من التوازن
homeostasis ديمومة الحال، التوازن الطبيعي: ميل النظام لمقاومة التغييرات والحفاظ على حالة مستقرة نسبيا من التوازن أو يميل نحوه، توجد مثل هذه الحالة بين عناصر مختلفة ولكن مترابطة أو مجاميع من الكائنات الحية، او السكان
homeotherms ثابتة الحرارة:حيوانات تستخدم طاقة الأيض للحفاظ على درجة حرارة اجسامها ثابتة نسبيا (ذوات الدم الحار)
home range مدى الموطن: المساحة التي يمتد فيها الفرد خلال السنة،وهو تحديد عملي لمدى الموطن الذي يشمل عادة مراقبة حركة الافراد عن طريق رسمها في خارطة ثم ربطها بالنقاط الابعد لتكوين مضلع محدب
homing التوجيه،عودة للوطن: قدرة الفرد على اجتياز مسافات طويلة لأيجاد طريق العودة لوطنه
hominid بشري
Hominidae,F. عائلة البشر
hominoid شبيه البشر
Homo جنس البشر
homo-,homoio- مثيل (سابقة)
homoeo-,homoeo- مثيل (سابقة)
homoeosis = homeosis تماثل ، تناظر
homogametic sex جنس امشاج متماثلة: الجنس

histograph مخطط زمني
Histology علم الانسجة
histopathology أمراض الأنسجة: مرض يلاحظ في أنسجة معينة
history التاريخ
hive bee نحل الخلية
hobble يهرب ، يعرج
hoe معول
hog خنزير
holarctic region منطقة حياتية جغرافية وتشمل Nearctic أي امريكا الشمالية وPalaearctic اي أوروبا وشمال أفريقيا واسيا
holding tanks احواض احتفاظ
holdover storage خزين الطوارئ
hole ثقب
holism الكلانية: نظرية بان النظام الكلي لا يمكن ان يفهم بصورة كاملة من خلال التحقيق بالاجزاء الفردية او الخصائص،او هي الفكرة القائلة بأن الأنظمة الطبيعية (المادية والحياتية والكيميائية والاجتماعية والاقتصادية والعقلية واللغوية وما إلى ذلك) وسماتها، يجب أن ينظر إليها على أنها متكاملة، وليس على أنها مجموعة من الأجزاء
holistic كلي ، شامل
holistic approach المفهوم الكلي
hollow اجوف
holocrine مفرز: إنتاج أو إفراز ناتج عن تحلل الخلايا الإفرازية
holocycly الدورة الموسمية: التكاثر الجنسي واللاجنسي للمن وفي الشكل الجنسي تنتج بيوض لقضاء الشتاء
holological يشير الى دراسات تحقق بالنظام البيئي كوحدة واحدة، بدلا عن فحص كل جزء مكون
holological approach المفهوم الكلي
holometabola حشرات كاملة التحول
holometabolous كاملة التحول: لها تحول كامل اي اربعة مراحل تشمل البيضة واليرقة والعذراء ثم الكاملة
holomictic lakes بحيرات كاملة المزج
holophytic يشير الى الكائنات الحية مثل النباتات التي يمكن أن تصنع الجزيئات العضوية المعقدة

honey-bee نحل عسل
honeydew رضاب، ندوة عسلية:سائل سكري يخرج من مخرج بعض متشابهة الاجنحة كالمن
honey-sac كيس العسل
honey عسل
hooded مقلنس
hook gage مقياس الخطاف
hook خطاف
hookworm دودة الانكلستوما: دودة طفيلية في الأمعاء
horizon افق
horizon (soil) الأفق (التربة): طبقة من التربة ، توازي تقريبا سطح التربة ، وتختلف في الخصائص والصفات عن الطبقات المجاورة ألاعلى أو الاسفل
horizontal transmission الانتقال الأفقي: انتقال جين او الجينات الوراثية من كائن حي إلى آخرعن طريق آلية أخرى غير الطريقة الطبيعية في نقل المادة الوراثية من الآباء والأمهات الى ذرية
horizontal افقي
hormonal هرموني
hormone هرمون
horn قرن، بوق
horn fly ذبابة البقر
hornet زنبور، دبور
horntails قرنيةالذيول:آلة وضع البيض القوية في اناث حشرات الذباب المنشاري والتي تعود لعائلة قرنية الذيول Siricidae
hornworm اليرقة الاسطوانية في عائلة عث ابي الهول لها شوكة او قرن على ظهر اخر حلقة بطنية
horny قرني: متثخن او متصلب
horrnbill ابو قرن - طائر ضخم المنقار
horse (*Equus ferus caballus*) فرس
horse dung روث
horse flies ذباب الخيل
horse of the river (*Hippopotamus amphibius*) فرس النهر ،نهر النيل وجنوب افريقيا
horse power قوة حصانية
horticultural oil زيوت خفيفةالوزن اما زيوت بترولية او زيوت خضروات

الذي يحمل كروموسومات متشابهة مثل اناث البشر تحمل اثنين من كروموسوم X
homogeneous متجانس التكوين
homoiothermous ثابت درجة الحرارة
homolog (=homologue) مثيل
homologous pair زوج متماثل: زوج من الكروموسومات في الكائنات الحية لها نفس الترتيب من الجينات،بالرغم من أنها قد تحمل أليلات مختلفة
homologous متماثل: يشيرالى تراكيب أو أعضاء التي تكتسب من تطور تركيب الأجداد نفسها
homologous متماثل التركيب
homology تماثل:تشابه تركيبي لعضو او لجزء منه في نوع من الحيوان مع نظير له في نوع اخر ناتجة عن اصل مشترك لكنها مختلفة وظيفيا. فالذراعان في الانسان والطرفان الاماميان في اللبائن ومنها الحيتان والزواحف والاجنحة في الطيور متشابهة اساسا في تركيب العظام والعضلات والاوعية الدموية والاعصاب لكنها تستعمل لاغراض مختلفة
homonym السَّمِي، مجانس: كلمة واحدة أو اثنين او أكثر من الكلمات التي لها نفس اللفظ وغالبا نفس الحروف الاملائية ولكنها تختلف في المعنى،او كلمة تستخدم لتعيين عدة أشياء مختلفة ، او اسم تصنيفي مطابق لاسم استخدم سابقا لنوع او جنس اخر لذلك لا يقبل استخدامه الجديد
Homoptera رتبة متشابهة الاجنحة
homos متشابه
homosphere الجو المتجانس: منطقة الغلاف الجوي للأرض بما في ذلك التروبوسفير ، الستراتوسفير والميزوسفير، حيث تبقى مكونات الغلاف الجوي ثابتة نسبيا
homotaxis تناظر الطبقات
homozygote لاقحة متجانسة، زيجوت متماثلة الأليل : فرد يحمل نسختين من نفس الأليل في مكان معين
homozygous نقي،اقتران متجانس،يحوي صنوين (الليلين) اثنين متطابقين على الموقع نفسه في زوج الكروموسومات

Horticulture البستنة: علم زراعة الأشجار المثمرة والخضراوات والزهور ونباتات الزينة
hose خرطوم
host عائل، مضيف:الكائن الذي يعيش فيه او عليه كائن اخر،او هو الكائن الذي يوفر الغذاء،المأوى او اي منافع اخرى لكائن من نوع مختلف
host to cuscuta مضيف للحامول
host–parasite interaction علاقة المضيف- الطفيل
hot حار
hot spring ينبوع حار
hotspot نقطة ساخنة: مكان اشعاع مرتفع بشكل خاص
housefly ذبابة المنزل
household refuse,household waste, domestic refuse نفايات منزلية
human being الأنسان: رجل ، امراة او طفل
human ecology علم بيئة البشر: دراسة تاثير البشر وتكامله مع النظام الطبيعي
human geography الجغرافيا البشرية : دراسة توزيع سكان الإنسان مع الإشارة إلى بيئته الجغرافية
human race , humankind البشرية ،عرق البشر
human timescale المقياس الزمني للانسان: الوقت الذي كان البشر موجودين على وجه الأرض، أي عدة آلاف من السنين
human-caused يحدث بسبب الانسان
human-induced stress اجهاد بسبب الانسان
humankind البشرية
humate ملح مشتق من الدبال
humble bee النحل الطنان
humeral عضدي، او يقع عند الجزء القاعدي الامامي للجناح
humeral angle زاوية (قاعدية) عضدية
humeral bristle شعيرة عضدية
humeral cross vein عرق مستعرض عضدي
humerus عضد
humic دبالي
humid ندي ، رطب
humid climate المناخ الندى
humidifier المرطب :جهاز
humidity رطوبة
humification تدبل: تفكك النفايات العضوية المتعفنة لتشكيل الدبال
humify جعله رطبا: لتكسر النفايات العضوية المتعفنة وتشكيل الدبال
humor دعابة، او خِلط: احد الاربعة (الدم والبلعم والصفراء ورطوبة)
humoral خِلطي
humoral immunity المناعة الخلطية: المناعة التي تمنحها آليات الدفاع غير الخلوية بوساطة الجزيئات النشطة التي تنقلها البلازما
humped مسنم ،محدب،ذو حدبة:تشويه في العمود الفقري للاشخاص
humus دبال: الجزء المستقر نسبيا من المواد العضوية في التربة الذي يبقى بعد تحلل ألاجزاء الكبيرة من المخلفات النباتية أو الحيوانية، او هو مواد عضوية مشتقة من التحلل الجزئي للمواد النباتية والحيوانية
hunt صيد
hunting الصيد
hunting season موسم الصيد
hurricane اعصار أستوائي (مصحوب بمطر ورعد وبرق)، يدعى في الشرق الاقصى typhoon
husbanding يذخر: استخدام الموارد بعناية
husbandry تربية: نشاط رعاية حيوانات المزرعة والمحاصيل
Hyaenidae,F. عائلة الضباع
hyaline لماع ،شفاف
Hyalopterus pruni مَن المشمش
hybrid vigour ,heterosis قوة الهجين
hybridization, hybridisation تهجين
hybrid الهجين:شكل جديد من نبات أوحيوان ناتجة عن خليط بين الكائنات التي لديها الأنماط الوراثية
hydr-,hydro- موه (سابقة)
hydra الهايدرا: جنس من حيوانات صغيرة بسيطة تعيش في المياه العذبة وتمتلك تناظر شعاعي
hydrated lime الكلس المميه
hydration تميؤ، تميه
hydric مائي

hydro- ,hydr- ماء(سابقة)
hydroclimographs مصورات مناخية مائية
hydroelectric الطاقة الكهرومائية
hydrofluorocarbon(HFC)
الهيدروفلوروكربون:مادة كيميائية التي تنبعث كناتج ثانوي لعمليات الصناعية ، وتساهم في ظاهرة الاحتباس الحراري،على الرغم من أنها لا تضر بطبقة الأوزون
hydrogen هيدروجين
hydrogen cyanide(HCN) سيانيدالهيدروجين
hydrograph مخطط الماء ، الهيدروغراف
hydrograph,discharge مخطط ماءالتصريف
hydrograph,flood مخطط ماء الفيضان
Hydrography علم قياس ورسم الأنهار والبحار والبحيرات
hydroid مائية
hydrological cycle دورة الماء: تدفق ودوران الماء في حالاته المختلفة ومخزونه خلال البيئات البرية، المائية والجوية
Hydrology علم المياه: دراسة الماء كما ونوعا اثناء انتقاله خلال دورة الماء
hydrolysable يتحلل مائيا
hydrolysis تحلل مائي
hydrometer مكثاف، مقياس الماء
hydromorphic soil تربة مائية: التربة المشبعة بالمياه وتوجد في المستنقعات والأهوار
hydroperiod الفترة المائية:دورية تقلبات مستوى الماء
hydrophilic محب للماء
hydrophobic طارد ،كاره للماء
hydrophytes نباتات مائية:نباتات تعيش كليا او جزئيا في الماء او اماكن رطبة مثل المستنقعات او المروج الرطبة
hydroponics الزراعة المائية : زراعة النباتات في محلول مغذي بدلا من التربة
hydropower قوة كهربائية مائية
hydropyle النقير المائي
hydropyle cells خلايا النقير المائي

hydroquinone الكينون المائي
hydrosere سلسلة من المجتمعات النباتية تنمو في الماء أو في الظروف الرطبة
hydrosphere المحيط المائي، وسط مائي
hydrostatic يشير إلى المياه التي لا تتحرك
hydrostatic organ عضو توازن مائي
hydrothermal الحرارة المائية: تشير إلى الماء والحرارة تحت القشرة الأرضية
hydrothermal vents فتحات حرارية مائية: مواقع في قاع المحيط عادة قرب منتصف قمة المحيط تطلق ماء حار من باطن الارض والذي يكون غني بالكبريت الذائب وتتم اكسدته ببكتريا التركيب الكيميائي مكونة مركبات عضوية تدعم مجتمعات الحيوانات
hydrotropism انتحاء مائي
hyena (*Hyaena hyaena*) الضبع المخطط
Hygiene علم الصحة
hygienic صحي
hygro- رطب (سابقة)
hygrocoles رطب (مكان)
hygrometer مرطبة ،مقياس الرطوبة: أداة تستخدم لقياس الرطوبة
hygrophilous محب للرطوبة
hygroscope جهاز أو مادة تعطي مؤشرا على الرطوبة، وغالبا عن طريق تغيير اللون
hygroscopic مسترطب ،متجه نحو الرطوبة، ماص للرطوبة
hygroscopic water ماء الترطيب
hymen غشاء
Hymenoptera رتبة حشرات غشائية الاجنحة
hypabyssal rock صخر الاغوار: صخر ناري على عمق معتدل تحت الارض تلك الصخور النارية التي ارتفعت من أعماق كبيرة كصهارة لكن تصلبت قبل أن تصل إلى السطح
hypabyssal متوسط العمق
hyper- فرط، مفرط، فوق الحد ، زائد عن المعدل (سابقة)
hyperaccumulator نبات له القدرة على النمو في تربة عالية التركيز من المعادن، اذ يمتص هذه المعادن من خلال الجذور ويركزها في الانسجة

hyperbola قطع زائد
hyperbolic cooling towers ابراج تبريد زائدية المقطع
hypercompensation تعويض مفرط
hyperdisperse مفرط في الانتشار
hypermetamorphosis فرط التحول: نمط من التحول الكامل في الحشرات تمثل فيه الاطوار اليرقية المختلفة نمطين او اكثر من انماط اليرقات. يكون الطور الاول فعال ومنبسط campodeiform فيما تكون الاطوار اليرقية اللاحقة اما دودية الشكل vermiform عديمة الارجل مثل يرقات الذباب ، maggot او مقوسة ، scarabaeiform او grub - form مثل يرقات عائلة الجعل Scarabaeidae
hyperparasites فوق طفيليات، طفيلي مفرط: الطفيلي الذي يتطفل على طفيل اخر
hyperparasitism فوق تطفل
hyperparasitoid طفيل يهاجم طفيل من نوع اخر
hyperplasia تضخم، فرط تنسج
hypersensitivity حساسية مفرطة
hypertension ارتفاع ضغط الدم
hypertensive مفرط التوتر
hyperthermal مفرط الحرارة
hypertonic زائد الضغط ، زائد التوتر او فوق التركيز
hypertonic solution محلول زائد التوتر
hypertrophy تضخم
hypervariable (=hv site) مواقع مفرطة التغاير
hypervolume niche فرط حجم النوخ: مفهوم تعدد ابعاد المكان اقترحه G. E. Hutchinson في عام 1957 الذي يكون فيه النوخ نوعا ما مركز او حجم في فرط مكان محاوره تتطابق مع صفات ذلك النوع
hypha خيط الفطر
hypo-, hyp- تحت ، اقل (سابقة)
hypobenthile قاع البحر
hypodermis البشرة الداخلية – تحت البشرة
hypogeal تحدث أو تنمو تحت سطح الأرض
hypognathous حشرات سفلية الفم : الراس عمودي على الجسم واجزاء الفم نحو الاسفل
hypolimnion طبقة ماء تحتية: ادنى طبقة من المياه في بحيرة متطبقة حراريا خلال الصيف وهي باردة وتحتوي على اوكسجين أقل من الطبقات العليا ،تقع اسفل الانحدار الحراري thermocline
hypomorph نقص الحجم
hypon- نوم (سابقة)
hypopharynx اللسان، تحت البلعوم: جزء من تراكيب اجزاء الفم تفتح فيه او عليه الغدد اللعابية احياناً
hypophysis غدة نخامية، النخامية
hypotension نقص التوتر
hypotensive ناقص التوتر
hypothermy تبريد
hypothesis فرضية:فكرة او مفهوم يمكن اختباره بالتجربة
hypothysis فرض
hypotonic ناقص التوتر او تحت التركيز
hypotonic solution محلول ناقص التوتر
hypotrophy ضمور تدريجي لعضو أو نسيج ناجم عن فقدان الخلايا
hypoxia نقص الأكسجة: استنزاف الأكسجين في المياه بسبب إمدادات كبيرة من المغذيات وتحفيز نمو الطحالب التي تستخدم كميات كبيرة من الأكسجين عندما تتحلل
hypoxic water مياه ناقصة الأوكسجين: المياه التي تحتوي على القليل جدا من الأكسجين

I

I رمز اليود
Iatrology علم الطب او الشفاء: مصطلح نادر الاستخدام للدلالة على العلوم الطبية
ice ثلج
ice age العصر الجليدي
ice bergs كتل جليد هائمة
ice caps الجليد القطبي، قلنسوات الجليد
ice floe رقاقه الثلج: كتلة من الجليد العائمة في البحر

illumination اضاءة
illusion خداع ،وهم ،خيال
illuviation التراكم التفتتي: حركة الجزيئات والمواد الكيميائية من التربة السطحية الى باطنها
image صورة
imaginal discs أقراص تخيلية: تجمعات من خلاياجينينةغيرمتمايزة في الحشرات كاملة الانسلاخ التي تتكاثر خلال المراحل اليرقية ثم تتمايز خلال مرحلة العذراء بتحفيز من ecdysteroids وغياب هرمون اليافعة (JH)
imagine يتصور ، يتخيل
imago(pl. imagoes or imagines) اليافعة: الحشرة الكاملة وهي الحشرة في طورها النهائي
imbalance عدم توازن
imbibition تشرب الماء
imbricate تراكب: ترتيب بحيث تتداخل مع بعضها مثل السقف والبلاط
immature غير ناضج
immediate فوري
immersed غاطس في الماء
immersion غمر
immigrant species انواع مستوطنة: الأنواع التي تهاجر إلى أو التي أدخلت على النظام البيئي ، عمدا أو عن طريق الخطأ
immigration استيطان: حركة افراد جدد الى داخل السكان او الموطن
immobile ثابت
immobility ثبات
immobilize يشل حركته
immortality بقاء
immune منيع
immunisation التحصين ،التمنيع
immunity مقاومة، مناعة: القدرة الطبيعية أو المكتسبة لشخص أو لحيوان على مقاومة الكائنات الدقيقة والأمراض التي تسببها، او قدرة نبات على مقاومة المرض
immunity, natural مناعة طبيعية
immunization تمنيع ،تحصين
immunological response استجابة المناعية: استجابة حيوان بإنتاج الأجسام المضادة

ice sheet مساحة كبيرة من الجليد السميك في القطب الشمالي أو الجنوبي
ice shelf الجرف الجليدي: حافة خارجية من الجليد تمتد فوق البحر
Icerya purchasi الحشرة القشرية القطنية: حشرة استرالية الاصل، تتغذى على أكثر من 50 عائلة من النباتات الخشبية، تعود لنصفية الاجنحة ، عائلةMonophlebidae ، فوق عائلةCoccoidea
ichneumons نمسيات (حشرات من رتبة غشائية الاجنحة)
ichthyoid سمكي الشكل
Ichthyology علم السمك
ichthyophagous آكلات السمك
ichthyotoxin سم السمك
-icide مادة تقتل كائن معين(لاحقة)
idea فكرة
ideal مثالي
ideal free distribution التوزيع المثالي الحر: توزيع الافراد عبر رقعة الموارد لنوعية مختلفة داخلية المنشأ التي تعادل معدل صافي الربح عند أخذ المنافسة بنظر الاعتبار
identical twins توائم متماثلة
identically متطابق
identification تعريف، تشخيص
identify يعرف ، يشخص
ideology مبدأ
idiobiont الطفيل الذي لا يسمح لمضيفه بمواصلة النمو بعد التطفل، مثل بيض الطفيل التي تكمل نموها بأكمله داخل بيضة المضيف
idiopathic ذاتي ، فردي
igneous ناري
igneous rock صخر ناري
ignition احتراق
ileum الامعاء الدقيقة، اللفائفي
iliac حرقفي
illegal غير مشروع
illegally غير قانوني
illegitimate غيرشرعي:اسم جنس اونوع لا يطابق القواعد العامة للتسمية

immunological مناعية
Immunology علم المناعة
impact تاثير
impact assessment تقييم التأثير
impact study = impact assessment دراسة الأثر
impacted area منطقة متاثرة
impair يضعف ، يعوق
impairment ضعف ،انخفاض القيمة
impaternate offspring نسل عذري
impegnation التشرب
imperial unit نظام وحدات قياس استبدل بنظام وحدات SI
imperiled المعرضة للأخطار: مرادف لمهدد؛ تسمية مستخدمة من قبل في برنامج التراث الطبيعي الولايات المتحدة
impermeability كتيمائية، الكتامة (كتيم)
impermeable غير منفذ ،كتيم
impervious كتيم لا يسمح لدخول السائل
implant زرع ، يغرس
implantation غرس
implementation تنفيذ
implication تضمين
import استيراد
importance value: قيمة مهمة: مجموع الكثافة النسبية،السيادة والتكرار النسبي لأنواع في المجتمع ،على مقياس من 0 إلى300 كلما كانت القيم اعلى كلما كانت الانواع اكثر سيادة في مجتمع معين
impoundments الخزانات (مياه)
impoverish إفقار: للحد من نوعية شيء
impoverished فقيرة
impoverishment الفقر:انخفاض في الجودة
impregnate تشرب، غمر
impregnated مشبع ، منتفخ
impregnation تشبع
impression تاثير، انطباع
imprint اثر، بصمة
imprinting (behavior) بصم
impulse دافع: قوة لفترة قصيرة
impulsive مندفع ، اندفاعي
impure غير نقي
impurity شوائب
in appropriate مناسب
in effect في الواقع
***in situ* hybridization** تهجين موضعي: تقنية يتم فيها تعليم اجزاء صغيرة من الحمض النووي بمركبات مشعة أو مركبات كيميائية مضيئة
in vacuo في الفراغ
in situ في الوضع الطبيعي: اشارة الى صيانة ودراسة أو حفظ الكائن الحي داخل الطبيعية المحيطة بها
in vitro خارج الكائن الحي ،في انبوبة الاختبار
in vivo داخل الكائن الحي
inactivation تعطيل
inactive غير نشط
inactivity خمول
inadequacy لا كفاءة
inagglutinable لا يلتزن، لا يلتصق
inappropriately غير مناسب او غير ملائم
inborn ولادي
inbreeding استيلاد داخلي،تزاوج الاقارب
inbreeding depression وهن التزاوج الداخلي: تأثيرات ضارة تنتج عن تزاوج الاقارب تسبب نقص في مجمع الورثة او انخفاض في القوة والنشاط
incapacity عدم القدرة، العجز: عدم وجود الطاقة اللازمة لعمل شيء
incentive حافز
inch بوصة: وحدة طول، تساوي 25.4 ملليمتر أو 2.54 سم
incidence حدوث
incident حادثة
incident light radiation الاشعاع الساقط
incident light upon اشعة ساقطة
incidental طارئ
incinerate حرق
incineration الحرق
incineration ash رماد الحرق
incinerator محرقة

incipien اولي، ناشئ : في المراحل الأولى من التطوير
incipient drying جفاف عارض
incipient lethal level مستوى قاتل أولي: تركيز المواد السامة التي تسبب موت 50٪ من الكائنات الحية المتاثرة
incision حز، شق
incisors اسنان قاطعه: أسنان تكييفت للقطع أو القضم، وتقع في الجزء الأمامي من الفم
inclination ميل
inclined مائل
include يشمل
inclusion ادراج ،تضمين، محتوى
inclusive متضمن
inclusive fitness ملاءمة شاملة: نجاح تكاثر الفرد بذاته فضلا عن زيادة الملاءمة لاقاربه، وذلك تبعا لدرجة العلاقة
inclusive fitness لياقة شاملة: مجموع لياقة الكائن الحي الداروينية مع اللياقة البدنية لاقاربه
incompatibility عدم التوافق او عدم التكافؤ
incompatible متنافر، متناقض، غير متوافق
incomplete dominance سيادة ناقصة
incomplete metamorphosis التحول الناقص
inconclusive غير حاسم
incorporation مزج
increase زيادة
incridibly لا يصدق
incross تضريب داخلي
incubate يحضن
incubation حضانة
incubation period مدة الحضانة
incubator محضن
indeciduous دائمة الخضرة
indecision تردد ، أو عدم القدرة على حسم امر
indefinite غامض، غير محدد
indehiscent غير متفتح : يشيرالى بذرة او فاكهه التي لا تتفتح لاطلاق البذور عندما تنضج
indentation تحزيز، او المسافة البادئة: وجود فجوة في حافة شيء

indented محزز
independent مستقل
indeterminate growth نمو غير محدد: نمط النمو الذي تواصل فيه الحشرة الانسلاخ بعد ان تصل إلى مرحلة البلوغ
indeterminate waste نفايات غير محددة
index مؤشر، دليل
index of similarity مؤشر التشابه: نسبة عدد الأنواع الشائعة الموجودة في اثنين من المجتمعات إلى العدد الكلي للأنواع الموجودة في كليهما
indicator دليل ، كاشف، مؤشر
indicator plant النبات الدليل
indicator species الأنواع الدالة:أنواع حساسة جدا لتغيرات معينة في البيئة ويمكن أن تبين التغيرات البيئية الجارية
indices ادلة
indifferent species الأنواع التي توجد في العديد من المجتمعات المختلفة وغير نادرة
indigenous اهلي ، محلي ،اصلي الوجود
indirect fertilization التخصيب غير المباشر: نقل الحيوانات المنوية خارجيا
individual فرد
individual variation تباين الافراد: مدى الاختلافات بين الأفراد الموجودة بين السكان
individualistic concept مفهوم فردي: مفهوم لتطور المجتمع، اقترحه لاول مرة H.A.Gleason عام 1926ينص بان أنواع النباتات تتوزع بشكل منفرد مع مراعاة العوامل الحياتية واللاحياتية وبذلك النتائج المشتركة تكون فقط من متطلبات متشابهة
indolent sore قرحة غير مؤلمة
indoor داخلي
indoor air pollution تلوث الهواء الداخلي: التلوث داخل مبنى
indoor air quality نوعية الهواء الداخلي:حالة الهواء داخل المباني
induced مستحث
induce يحث، يستدعي
inducer حاث
induction حث، احداث

inductive استقرائي، تحريضي:إستنتاج من نتائج محددة او خاصة الى عامة
industrial صناعية
industrial crop محاصيل صناعية
industrial development التنمية الصناعية
industrial effluent المخلفات الصناعية: النفايات السائلة التي تنتجها العمليات الصناعية
industrial melanism السَفَع، اسوداد الجلد الصناعي : زيادة في عدد الحيوانات، مثل العث ذو اللون الداكن في الأماكن الصناعية التي تنتج الكثير من الدخان الأسود الذي يسبب اسوداد السطوح مما يسمح للحيوانات المفترسة برؤية الافراد فاتحة اللون لتتغذى عليها بسهولة أكبر وتبقى الافراد الغامقة في مأمن من الافتراس ويزداد عددها
industrial melanism السفع الصناعي
industrial waste فضلات صناعية
industrialisation,industrialization التصنيع
industrialise, industrialize صنع
inedible غير صالح للاكل ، لا يؤكل
ineffectual غير مجدي - عقيم
inert خامل
inertia سكون، قصور
infancy طفولة
infauna حيوانات منطقة داخلية
infect يعدي
infected مخمج او مخموج
infection عدوى
infectious خمجي
infective عدوى ، معدي
inferior appendages زائدة سفلية: اللواحق الطرفية البطنية في الرعاشات والتي تستعمل لمسك الانثى خلال عملية السفاد
inferior سفلي
infertile عقم
infertility عقم
infest يصيب
infestation اصابة
infested مصاب،مهاجم بحيوانات ولاسيما حشرات

infiltration ارتشاح ، تنافذ ،ترشيح
infinite لا يعد، لا نهائي
infinitely بلا حدود
infinitestimal لانهائي
inflammable قابل للاشتعال
inflammation التهاب: رد فعل او استجابة موضعية للأنسجة لجسم مضاد تتميز بالألم، واحمرار وتورم، وتدفق خلايا الدم البيضاء
inflate نفخ ، تضخيم بادخال الهواء
inflection انعطاف
inflorescence نظام الازهار، متزهر
inflow تدفق داخل
influence تأثير، نفوذ،عامل مؤثر
influent مؤثر
infra- تحت(سابقة)
infrared radiation الأشعة تحت الحمراء: أشعة غير مرئية طويلة ، تحت نهاية الأحمر المرئي من الطيف اللوني، وتشكل جزءا من الإشعاع الذي يتلقى من الشمس الى الأرض
infrastructure البنية التحتية
ingest تناول طعام، ابتلع
ingestion الاطعام ،تناول الطعام
ingredient مكون
inguisitire فضولي
inhabit يستوطن، يعيش في مكان
inhabitant مستوطن: حيوان أو النبات الذي يعيش أو ينمو في مكان
inherit يرث: تلقي صفة مسيطر عليها وراثيا من الوالدين
inheritance توريث، أرث: نقل خصائص التحكم
inhibit يمنع، يثبط
inhibiting factors عوامل مانعة
inhibiting مانع
inhibition تثبيط ،كبح
inhibition model نمط التثبيط: نمط من التعاقب يقترح بان انواع النباتات السائدة تشغل موقع يمنع تكوين المستعمرات من قبل انواع نباتية اخرى
inhibitor مانع ،مثبط
initation بداية
initial بادئ

initiator بادئ
initis التهاب العضل
inject حقن
injection الحقن
injury الإصابة: تأثير ميكانيكي أو وظيفي
ink fish الحبار
inland water المياه الداخلية:جسم مائي بعيد عن ساحل البحر مثل نهر او بحيرة
inland الداخلية: بعيد عن ساحل البحر
inlet مدخل
innate غريزي
innate capacity السعة الغريزية
innate capacity for increase (rm) السعة الغريزية للزيادة: مقياس معدل زيادة السكان تحت ظروف مسيطر عليها
innate immunity المناعة الفطرية: رد فعل دفاعي غير محدد للمضيف كالتهاب نحو عامل معدي
inner داخلي
inner valve صمام داخلي
inner vertical bristle شعيرة داخلية عمودية
innovative technology التقنية المبتكرة
inoculate طعم، لقح
inoculation تطعيم
inoculative biological control المكافحة الحياتية بالتطعيم: شكل من اشكال المكافحة الحياتية تهدف الى انشاء سكان متكاثر من الاعداء الطبيعية في بداية الزراعة
inoculum طعم
inorganic غير عضوي
inorganic acid حامض غيرعضوي: الأحماض التي تأتي من معدن
inorganic fertiliser أسمدة غير عضوية
inorganic matter مواد غيرالعضوية:وهي مادة التي لا تحتوي على الكربون
inorganic pesticide مبيدات الآفات غير العضوية : آفات مصنوعة من مواد غير عضوية كالكبريت
inorganic waste نفايات غير عضوية:مواد مثل الزجاج والمعادن

input ادخال
input management إدارة الادخال: أستراتيجية لإدارة مدخلات الانظمة بدلا عن مخرجاته ، طريقة اختزال المصدر لاختزال السكان
inquiline رفيق : حيوان يعيش عادة في عش، جحر أو مسكن حيوان من نوع أخر
inquilines parasite هي طفيليات اجتماعية تعيش داخل عش المضيف
inquiry, enquiry تحقيق او استفسار
inrolled مطوية
insanitary غير صحي
insect control مقاومة الحشرات
insect decrease نقصان الحشرات
insect growth regulators منظمات نمو حشرية
insect increase ازدياد الحشرات
insect survey حصر الحشرات
Insecta صنف الحشرات
insectary محشر او محشرة: يتم تربية الطفيليات والمفترسات فيه باعداد كبيرة ،عادة للاستخدام في برامج المكافحة الحياتية
insect-borne منقولة بالحشرات: يشير الى العدوى التي تحدث وتنقل عن طريق الحشرات
insecticidal soap الدهنية أي نوع من صابون احماض البوتاسيوم
insecticide مبيد حشري
insectivorous(insectivore) آكلات الحشرات
insequent stream مجرى متقلب
inserted مندغم ، مدخل
insertion اقحام ، ادخال
inshore الساحلية، الشاطئية
insolation تشميس
insoluble لا يذوب
inspect يتامل عن قرب ، تفتيش
inspection الفحص ، التفتيش، تامل
inspiration شهيق
inspirometer مقياس الشهيق
installation تثبيت
instant pathogen العامل الممرض
instantaneous آني

instar عمر، طور: مرحلة النمو بين انسلاخين او بين الفقس والانسلاخ الاول للحشرات والمفصليات الاخرى
instinct غريزة : نمط من سلوك يضع استجابة للأولويات مثل البقاء والتكاثر
instinct,instinctive behavior سلوك غريزي
instinctive theory النظرية التوجيهية
instrument جهاز قياس، الة
insufficiency قصور
insulated stream مجرى جاثم
insulate عزل: منع مرور الحرارة والبرودة أو الصوت داخل أوخارج منطقة
insulation عزل
insulation , heat العزل الحراري
insulation material مادة عازلة
intake ادخال، مدخل
integral متكامل
integrated متكاملة:تنسيق استخدام أو متناغم من طرق متعددة لمكافحة آفات مفردة أو متعددة
integrated control program برنامج السيطرة المتكاملة
integrated crop management الإدارة المتكاملة للمحصول : نهج لزراعة المحاصيل التي تجمع بين التربية التقليدية الجيدة مع انخفاض في استخدام المواد الكيميائية الزراعية، ويأخذ في الاعتبار أثر الممارسات الزراعية على البيئة
integrated pest management(IPM) الإدارة المتكاملة للآفات: مجموعة ملائمة من طرق مختلفة لمكافحة الآفات، تشمل عدة أساليب للزراعة الجيدة، والأستخدام الأقل لمبيدات الآفات الكيميائية، وأصناف المحاصيل المقاومة والحياتية لتقليل سكان الآفة الى اسفل حد العتبة الاقتصادي
integrated pollution control, integrated pollution prevention and control السيطرة المتكاملة او الوقاية المتكاملة من التلوث والسيطرة عليه: نهج يبحث في جميع المدخلات والمخرجات لعملية من المحتمل أن تسبب تلوث وتنظم عوامل أخرى
integration ادماج ،تكامل
integument جدار جسم (مفصليات) ، جلد
integumentary process زائدة جدار الجسم
intelligent behaviour سلوك ذكائي
intensification تكثيف واشتداد
intensify تكثيف
intensimeter مقياس الشدة
intensity حدة ، كثافة ، شدة
intensity factor عامل الشدة
intensity level مستوى الشدة
intensive مكثف، مبالغ: تحقيق الحد الأقصى من الإنتاج
intensive agriculture زراعة مكثفة
intensive agriculture,intensive farming ,intensive cultivation الزراعة المكثفة
intensive animal breeding تربية الحيوانات المكثفة
inter- بين او ما بين، داخل (سابقة)
interaction تفاعل تبادلي
interactive التفاعلية
interantennal بين قرني الاستشعار
interantennal suture درز بين قرني الاستشعار
interbreed هجن
intercalary بيني
intercalary veins عروق بينية
intercellular بين الخلايا
intercept اخر، اعترض، حصر، واجه
interchange تبادل
intercompensatory mechanism آليات تبادلية التعويض
intercostal بين ضلعي
intercropping الزراعة البينية: زراعة المحاصيل ذات خصائص واحتياجات مختلفة على نفس الأرض وفي الوقت نفسه
intercross تزاوج الاباعد ، تزاوج الهجائن
interdependence تواقف: علاقة بين اثنين أو أكثر من الكائنات الحية تعتمد على بعضها البعض أو هي العمليات التي تعتمد على بعضها البعض
interdependences تواقفات

interdependent متوافق: يشيرالى الكائنات أو الأشياء كونها تعتمد على بعضها البعض
interference تداخل، مُداخلة، تشوش
interference competition تنافس التداخل: تنافس بين نوعين وفيه يثبط كلا السكانين بفعالية السكان الاخر. تنافس يكون فيه الوصول الى مورد محدد مباشرة بوجود النوع الاخر
interfluve سلسلة من التلال او مساحة من الأرض بين نهرين
intergeneric يشمل اثنين أو أكثر من ألاجناس
interglacial period, interglacial الفترة بين جليديين، الجليديين: الفترة ما بين اثنين من العصور الجليدية عندما يصبح المناخ دافئ
interior داخلي
interior species انواع داخلية: افراد لاسيما الطيور واللبائن التي تستوطن في داخل الغابة او النظام البيئي للاراضي العشبية بدلا عن الحافات
interkernel space مساحة مليئة بالهواء بين حبات الحبوب
intermediate host مضيف وسيط
intermediate larva يرقة وسطية
intermittent controls السيطرات المتقطعة
intermittent stream سيل متقطع
intermolt بين انسلاخين: فترة التغذية والنمو تبدأ مع الانسلاخ من المرحلة السابقة وتنتهي مع بداية الانسلاخ الجديد
internal داخلي
internal chiasma تصالب داخلي
internal combustion engine ماكنة احتراق داخلي
international دولي
internode السلامية :جزء من ساق النبات بين عقدتين متجاورتين
interphase طور بيني
interpolation استيفاء
interpretation تفسير ، ترجمة
interrupted غير متصل ،متقطع
intersection تقاطع
intersegmental بين حلقي
intersegmental membrane غشاءبين حلقي
intersegmentalia صفائح بين حلقية
intersex ما بين الجنسين
intersexual selection أنتخاب مابين الجنسين
interspace فرجة او فسحة بين شيئين
interspecific competition تنافس بين الأنواع :المنافسة بين افراد تعود لأنواع مختلفة على واحد أو أكثر من الموارد المحدودة كالغذاء، ضوء الشمس ،الماء، المواد الغذائية، التربة والمكان
interspecific بين الأنواع:تشمل اثنين أو أكثر من الأنواع
interstice صدع
interstitial بيني
intertidal بين خطي المد والجزر
intertidal zone منطقة بين مديجزرية
interval فاصل ،فترة ،مدة
intervening sequence تعاقب متداخل
intervention التدخل
intestinal معوي
intestine ,small امعاء دقيقة
intestine,large امعاء غليظة
intima بطانة داخلية: الغشاء الباطني للقناة الهضمية الوسطى في الحشرات
intimidate يخيف، يرعب
intoxication تسمم
intra-alar bristle شعيرة داخلية جناحية
intracellular داخل الخلية
intrasexual selection اختياررفيقة للتزاوج اذ تتنافس عدة أفراد مع بعضها
intraspecific بين نوعي
intraspecific competition تنافس بين النوع: تنافس بين افراد من نفس النوع على الموارد المحدودة نفسها من أشعة الشمس ،والغذاء والمياه والتربة والمغذيات أو المكان
intrazonal مستنطقة، شبه اقليمية
intra- خلال ، داخل (سابقة)
intrinsic داخلي المنشأ
intrinsic factors عوامل داخلية المنشأ تسيطر على تذبذب السكان بصورة رئيسية من خلال آليات تنظيمية (وراثية، سلوكية، مرض،..) ضمن السكان

iodine اليود
iodise, iodize إضافة اليود
ion ايون
ion-exchange filter تصفية التبادل الايوني
ionisation,ionization تأين،التأين:إنتاج ذرات مع الشحنات الكهربائية
ionise,ionize تأيين:لإعطاء ذرة شحنة كهربائية
ionising(=ionizing) radiation إشعاع مؤين: إشعاع ينتج ذرات لها شحنات كهربائية لأنها تمر عبر وسط، مثل جسيمات ألفا أو أشعة اكس
ionization تاين
ionosphere الغلاف الجوي المتأين: جزء من الغلاف الجوي 50كم فوق سطح الأرض
iradiance اشعاع
iridescence قزحي
Iridomyrmex rufoniger نمل صغير، يعود لعويلة Dolichoderinae
iris قزحية العين ،اونبات السوسن: ذو زهور ملونة وأوراق بشكل سيف
iron (Fe) الحديد: عنصر معدني
irradiance إشعاعية: كمية الإشعاع المستلمة في منطقة معينة
irradiate يشعع
irradiation أشعاع
irradiation dose جرعة الإشعاع: كمية الإشعاع التي يتعرض لها الكائن الحي
irreversibility اللارجعة:عدم القدرة على تغيير شيء ما ليعود إلى حالته السابقة
irreversible لا يعكس
irrigable مستروي
irrigation ري
irritability= irritableness تاثرية ،انفعالية
irritant مادة أو الكائن الذي يمكن أن يسبب تهيج
irritate to اثار، يثير
irritation الاثارة
irruptions(see eruptions) توازن،انفجارات
ischio- وركي (سابقة)
island جزيرة
island biogeography جزيرة الجغرافية الحياتية: نظرية تفيد أن عدد الأنواع على جزيرة

intrinsic value القيمة الجوهرية:قيمة وضعت للصفات المتأصلة في الأنواع بدلا من قيمتها الخاصة بالبشر
intro- داخل (سابقة)
introduce تقديم ،اوادخال شيءإلى مكان جديد
introduced species إدخال الأنواع:الأنواع التي جلبها البشر الى منطقة لم توجد فيها بشكل طبيعي
introduction مقدمة ،او ادخال
introgression إستبطان، انْجِبال داخلي (في الهندسة الوراثية) : نقل الجينات من نوع واحد الى مجمع جينات نوع أخر نتيجة للتهجين
intromittant organ عضو الولوج
intron إنترون:جزء من الجين الذي تتم إزالته قبل ان يترجم وليس له دورفي التشفير لتصنيع البروتين
intruder الدخيل
intrusion اقحام
inundation غمر او اغراق ، طوفان
inundative biological control المكافحة الحياتية بالغمر: شكل من المكافحة الحياتية المعززة وفيه يتم اطلاق الأعداء الطبيعية بأعداد كبيرة طوال فترة الزراعة، ومن المتوقع مكافحة الآفات من الأفراد المطلقة وليس من ذريتهم
invade يغزو
invagination انغماد ،اندماج : وهودخول جزء من نسيج في نسيج اخر،او عمل تركيب يشبه الجيب
invariability عدم التغير ،الثبوت
invariably بثبات
invasion غزو
invasion area منطقة الغزو،او هي المنطقة التي تحتلها اسراب الجراد وهذه المناطق لا تستطيع ان توفر الدعم لسكان دائم من الجراد
inventory قائمة الجرد : قائمة من العناصر الموجودة في مكان
inversely density dependent معتمد الكثافة المعكوس
inversion انقلاب، او انقلاب حراري: ظاهرة في الغلاف الجوي حيث الهواء البارد اقرب من الأرض من الهواء الدافئ
Invertbrata اللافقريات
involute مطوية الحافة ، ملتف

قراد الماشية أو قراد الخروع: ***Ixodes ricinus***
قراد ينقل مسببات الأمراض البكتيرية والفيروسية
Ixodid عائلة القراد الصلب

J

jackal ابن آوى
jaculatory قاذف، ناثر
Jaculidae (or Dipodidae, dipodids),F.
عائلة اليرابيع: هي عائلة من القوارض توجد في جميع أنحاء نصف الكرة الشمالي.وتشمل هذه العائلة أكثر من 50 نوع من بين 16 جنس
jaguar(*Panthera onca*) النمر الامريكي
jarovization(=vernaliztion) كسر الكمون: يعجل اثمار النبات
jaw فك
jecko وزعة
jelly هلام ،جيلاتين
jerboa(*Allactaga euphratica*) يربوع فراتي
jerboa (*Jaculus jaculus*) يربوع مصري
jigger برغوث الرمل النقاب
Johnston's Organ عضو جونستون: عضو حسي يقع على القطعة الثانية من قرون الاستشعار في اغلب الحشرات
join ينضم
joint مشترك، متحد ، مفصل
jointed appendage زائدة مفصلية
jointed مفصلي
Jordan's rule قاعدة جوردان: وهي أن الكائنات الحية التي ترتبط ارتباطا وثيقا تميل إلى شغل المناطق المتجاورة بدلا من المناطق البعيدة. او هي القاعدة التي تنص على ان الأسماك في مناطق درجات الحرارة المنخفضة تميل إلى أن تكون فقراتها اكثر من تلك الموجودة في المياه الدافئة
Joule (J) جول: وحدة قياس الطاقة
journal مجلة: منشور علمي
jungle الغابة: الغابات الاستوائية المطيرة
J-shaped growth curve نموذج نمو السكان بشكل حرف J والذي يحدث عندما تزداد كثافة السكان بشكل أسي
jug مقياس الهزات

يُحدد من خلال التوازن بين إستيطان أنواع جديدة وإنقراض أنواع موجودة اصلا
iso- يساوي(سابقة)
isoalleles نظير، صنو
isobar تساوي الضغط الجوي
isogametes امشاج متشابهة
isohyet كفاف المطر:خط يرسم على الخريطة يربط بين النقاط التي تستلم كميات متساوية من الأمطار
isolate يعزل
isolation عزل
isolation , ecological انعزال بيئي
isolation of microorganisms عزل الكائنات الدقيقة
isomers نظائر
isometric growth النمو متساوي القياس: نمط النمو بمعدل متساوي لنمو أجزاء أخرى من الجسم أو الجسم ككل
isopach متساوية السمك: خط على الخريطة يربط بين نقاط معينة وهي طبقة الصخور التي لها نفس السمك (علم الارض)
Isopoda متشابهة الاقدام
Isoptera متساوية الاجنحة
isos متساوي
isostacy توازن القشرة الارضية ،التضاغطية
isotach خط على الخريطة يربط نقطة تهب فيها الرياح في نفس السرعة
isotherms مساوي حراري، ذو حرارة متساوية في وقت او فترة معينة
isotonic سوي التركيز
isotope نظير مشع : شكل من أشكال العنصر الكيميائي الذي لديه نفس الخصائص الكيميائية وكتلة ذرية مختلفة
isotropic خواص موحدة : يشير إلى شيء له خواص فيزيائية لا تختلف وفقا للاتجاه
isthmus البرزخ: قطعة ضيقة من الأرض تربط بين مناطق أوسع من الأرض
iterative adaptation تكيف متكرر
ivory عاج

jugal وجني
jugular vein حبل الوريد: الوريد الوداجي
jugum اصبع- مشبك الجناح: تركيب اصبعي عند قاعدة الجناح الامامي يمتد على الجناح الخلفي حين الطيران وهو من اعضاء الشبك في رتبة حرشفية الاجنحة
jumping leg رجل القفز
junction ملتقى ، اتحاد
juvenile hormone (JH) هرمون اليافعة:واحد من الهرمونين الرئيسيين لنمو الحشرات (والآخر هرمون الانسلاخ) وينتج تحت سيطرة الدماغ من غدة corpora allata
juvenile hormone esterase الانزيم الذي يثبط نشاط هرمون اليافعة
juvenile شاب ،حديث السن، يافع

K

Kangaroo الكنغر:من الثدييات الكيسية، التي تعود لعائلة Macropodidae جنس *Macropus*
K cells الخلايا القاتلة
K selection عملية الانتخاب الطبيعي التي تؤدي إلى انخفاض في عدد المواليد عندما يقترب سكان نوع ما من الحد الأقصى الذي يمكن للبيئة من المحافظة عليه.الانواع التي تتصف بهذا الانتخاب تسود المراحل الناضجة في التعاقب البيئي
K strategy شكل من التكاثر حيث تنتج الأم ذرية كبيرة قليلة تحتاج إلى رعاية واهتمام مستمر لمدة طويلة من الزمن
K رمز البوتاسيوم
kairomones كايرومونات:كيميائيات التي ينتجها كائن حي واحد توصل معلومات للكائن حي آخر من نوع مختلف ، وهو مفيد للمستلم ولكن ضار بمنتج المادة الكيميائية
kalium بوتاسيوم
kaolin الكاولين:طين أبيض ناعم يستخدم في صنع الصيني
karyokinesis انقسام النواة
karyolysis تحلل النواة
karyon (= nucleus) نواة
katabatic wind رياح باردة تهب الى ألاسفل عندما يبرد سطح الأرض ليلا
katabolism(catabolism) هدم، انتقاض
katytid الجراد الاخضر
keel تويجتا الفراشية ، عارضة رئيسية
keeled منقلب
kelp forest غابات عشب البحر:مساحة كبيرة من عشب البحر يوجد في مياه البحر الباردة والمعتدلة
kelp عشب البحر البني
kelvin(k) كلفن: وحدة قياس درجة الحرارة الحرارية
keratin كيراتين
keriotheca غلاف منخلي
kermes قرمزية (حشرة من رتبة نصفية الاجنحة
kernel نواة ، بذرة
kerosene,kerosine =jet fuel الكيروسين والكاز المصنوع من النفط
ketose كيتوز: سكر بسيط
key مفتاح ،دليل
key-factor analysis تحليل العامل المفتاحي: إجراء تحليلي لتحديد الأسباب الرئيسية للتقلبات الملحوظة في الكثافة السكانية
keystone predator مفترس حجرالزاوية: مفترس يحدد نشاطه تكوين الأنواع في مجتمع بأكمله
keystone species الأنواع الرئيسية:الأنواع التي لها تاثير سائد على تركيب ووظيفة المجتمع وتلعب دورا هاما في المساعدة على الحفاظ على النظم البيئية (مثل مفترس)
khamsin ريح الخمسين: الرياح الساخنة التي تجلب العواصف الترابية شمال أفريقيا
kid طفل، جدي
kidney كلية
kill يقتل
kill off يقتل: قتل جميع أفراد الأنواع
kiln فرن، تنور
kilogram(kg) وحدة قياس الكتلة
kilogray وحدة قياس امتصاص الإشعاع
kilojoule كيلو جول، وحدة قياس الطاقة أو الحرارة

klinokinesis حركات عشوائية راجعة: حركة ناتجة عن حافز تتضمن تغيير اتجاه عشرائي

klinotaxis حركات متراجعة موجهة:حركة كائن حي استجابة لمصدر التحفيز ،والناجمة عن رد الفعل متبادل من المستقبلات الحسية على جانبي الجسم

knapweed عفص

knee ركبة

knob عقدة

knock طرق

knot عقدة (بحرية)

koinobiont نمط حياة سمح فيه الطفيل لمضيفه على مواصلة التغذية والنمو بعد وضع البيض،وبهذا تتغذى اليرقات على المضيف النشط الذي ستقتله في مرحلة لاحقة

Köppen classification تصنيف كوبن: تصنيف مستوى المناخ (وجه تصنيف أنواع المناخ من قبل فلاديمير كوبن في عام 1900ثم تم تعديله، التصنيف يقسم الأرض إلى خمسة أنواع من المناخ وفقا لدرجة الحرارة وهطول الأمطار

Kr رمز الكريبتون

krebs cycle=citric acid cycle دورة كريبس :سلسلة من التفاعلات يتحطم فيها حمض البيروفيك بوجودالأكسجين إلى ثاني أوكسيد الكربون.وهي خطوة نهائية في أكسدة الدهون والكربوهيدرات، ويحدث في الميتوكوندريا

krill الكريل: كتلة من الروبيان الصغيرة تعيش في البحار الباردة في القطب الجنوبي وتشكل النظام الغذائي الأساسي للعديد من الحيوانات البحرية بما في ذلك العديد من الحيتان

krypton(Kr) غازالكريبتون: غاز خامل يوجد بكميات صغيرة جدا بالغلاف الجوي

kymograph مخطاط الحركة

Kyoto Protocol بروتوكول كيوتو: اتفاق دولي بشأن استراتيجيات التعامل مع تغير المناخ وقعت في ديسمبر عام 1997 بموجب اتفاقية الأمم المتحدة بشأن تغير المناخ

L

lab مختبر

kilowatt (kw) كيلو وات: وحدة قياس تساوي الطاقة الكهربائية

kilo- الف (سابقة)

kin selection انتخاب الاقارب، اختيار ذوي القربى: مبدأ أن التكاثر عن طريق أقارب الفرد يمكن أن يزيد التمثيل الوراثي لهذا الفرد في الأجيال القادمة ،لذلك يمكن أن تتطورالتكيفات بحيث تفضل ألاقارب لصالح البقاء والتكاثر ،وكذلك اللياقة البدنية

kindred اقارب

kinematic viscosity اللزوجة الحركية :مقياس لمقاومة تدفق المائع ، أي ما يساوي اللزوجة المطلقة مقسوما على كثافته

Kinematic الكينماتيك ، علم الحركة: وهي فرع من فروع علم الميكانيك التي تصف حركة نقطة او جسم (شيء) وانظمة الجسم (مجموعة الاشياء) دون النظر في أسباب الحركة

kinesis حركات عشوائية: ردود الافعال غير الموجهة

kinetic energy الطاقة الحركية: الطاقة الناشئة عن الحركة

Kinetics علم القوة المحركة:علم يدرس اثر القوى في حركات الاجسام

king fishers الرفراف: طائر يعيش قرب الانهار ويقتات على الاسماك

kingdom 1.اقليم، دولة، مملكة تحكم من قبل ملك على الملك أو الملكة2. احد المجموعات الثلاث التي يمكن ان تقسم اليها الاشياء الطبيعية (الحيوان، والنبات ،والمعادن)3.عالم، ممالك الكائنات الحية (ابتدائيات، طحالب، ....)

kink انحناء الانهر،ليَّة، فتلة ،فكرة غير عادية أو غريبة الأطوار.،التواء او التفات ضيق

kitten, kitten هريرة ،هرة صغيرة

klepto-, klept- سرقة (سابقة)

kleptoparasite فرد أو الأنواع التي تسرق الموارد الغذائية من اخر وقد يكون عن طريق اخذ الغذاء بعيدا ، كما في بعض الزنابير التي تدخل عش بدون حراسة وتاخذ فريسة فرد آخر خزنها هناك، أو قد تقوم بزرع بويضةعلى الطعام في عش زنابير آخر

label التسمية ،الملصق
labella شفيات
labellum شُفية: الجزء الطرفي الممتد من الشفة السفلى
labia شفاه
labial شفوي
labial palpus(pl.labial palpi) ملمس شفوي
labial suture درز الشفة السفلى (حشرات) يقع بين مقدم الذقن وخلف الذقن
labio- شفوي (سابقة)
labium شفة سفلى:تركيب من اجزاء فم الحشرات
laboratory مختبر
laboratory technique تقنية المختبرات
labrum شفة عليا: تقع تحت او امام الدرقة مباشرة في الحشرات
labrum epipharynx الشفة العليا واللهاة (من اجزاء فم الحشرات)
lace wing عائلة اسد المن من رتبة شبكية الاجنحة
Lacerta viridis سحلية الأوروبية الخضراء
laceration تمزيق
Lacertilia رتيبة العظايا
lacinia(pl.,Laciniae) الشريحة، المشرشر: الجزء الداخلي للفك المساعد، فوق قطعة الساق (في الحشرات)
lack نقص
lackey moth عث مزركش
lactation رضاعة
lacto- لبني (سابقة)
lactose سكر اللبن
lacuna حيز، فجوة
lacustrine بحيرية: اشارة الى البحيرة أو البركة
ladybird beetles دعاسيق
lady-bird or lady-bug coccinella دعسوقة
lag تغطية شيء بمواد عازلة للحماية من البرد أو لايقاف تسرب الحرارة،او تاخر، تباطؤ
lagging تلكؤ
lagoon بحيرة ضحلة او شاطئية، بركة
lagooning إنشاء بحيرات صناعية لتنقية مياه الصرف الصحي
Lagopus lagopus الترجمان السيبيري
Lagopus scoticus الطيهوج الاحمر- طير
lake بحيرة
lake bloom ازدهار البحيرة: كتلة من الطحالب تنمو بسرعة في بحيرة بسبب الوفرة الغذائية
Lamarck عالم فرنسي صاحب نظرية انتقال الصفات المكتسبة وراثيا
Lamarckism (or Lamarckian inheritance) نظرية اقترحها جان بابتيست لامارك (1744-1829) تصف قدرة الكائن الحي على ان يمرر الخصائص التي اكتسبها خلال فترة حياته نتيجة لتأثير البيئة للأجيال القادمة تعرف ايضا (heritability of acquired characteristics or soft inheritance
lamb خروف، حمل
lame أعرج
lamella (pl. lamellae) صفيحة او شكل الورقة
lamellate صفيحي، ورقي
lamellicornia خنافس ورقية القرون:مجموعةمن اربعة عوائل من خنافس تكون فيها الصفائح المؤلفة لهراوة الراس مسطحة وقادرة على الانضمام الى بعضها عن قرب وهي: Passlidae, Trogidae Lucanidae , Scarabaeidae
lamina صفيحة
laminate صفائحي
lanceolate رمحي
lanceolate cell خلية رمحية
land ارض، بَر، مردم
land burial= land disposal الدفن في الارض
land drainage بزل الاراضي
land erosion control السيطرة على تعرية الارض
landfill = landfill site مدفن النفايات ،مرادم
land management إدارة الأراضي
land reclamation, land restoration استصلاح الأراضي الزراعية
land use استعمال الارض
landfill gas غاز مدافن القمامة: غاز ينتج عن تحلل النفايات المدفونة مثل الميثان

lateral جانبي
lateral conjuctive ملتحمة جانبية
lateral view منظر جانبي
laterite soil التربة الحمراء:تربة حمراء حاوية على الحديد
latero- جانبي (سابقة)
latex المطاط :السائل الأبيض من النباتات مثل شجرة الخشخاش أو المطاط
latitude خط العرض
lattice شبكة
launched يبدأ
launch يقذف، يطلق
lava الطفوح البركانية ،الحمم
law of diminishing returns كلما اصبح النظام البيئي اكبر واكثر تعقيدا فان النسبة بين اجمالي الانتاجية التي يجب ان تذهب في التنفس الى النمو المستدام تزداد (او بمعنى ان نسبة الانتاجية التي يمكن ان تذهب الى نمو اكثر ستقل)
law of periodic cycle قانون الدائرة الدورية
law of rational indices قانون الادلة النسبية
law of super position قانون تعاقب الطبقات
lawrencium(lr) اللورنسيوم: عنصر كيميائي
layer طبقة
layering الترقيد الهوائي: عملية تجذير الفروع، الأغصان، أو السيقان والتي لا تزال متصلة بالنبات الأم، وذلك بوضع الجزء النباتي في التربة الرطبة بطريقة خاصة
leach يصفي، يرشح، يصول
leaching تصويل: عملية غسل مادة من التربة بوساطة المياه التي تمر من خلالها
lead(Pb) رصاص :عنصر معدني ثقيل
leaded petrol بنزين مرصص :محتوٍ على رصاص
lead-free خالي من الرصاص
leaf ورقة نبات
leaf beetles خنافس الاوراق
leaf hopper نطاط الورق
leaf litter نثار:أوراق الاشجار الميتة ملقاة على أرضية الغابات

landfilling ردم النفايات
landlocked غير ساحلي، محوط بالارض
landmass مساحة: مساحة كبيرة من الأراضي
Landrace مجموع متنوعة محلية من النباتات أو الحيوانات طورت من قبل المزارعين على مدى آلاف السنين لاختيارخصائص ملائمة ضمن الأنواع
landscape منظر طبيعي: مشهد، ريف
landscape ecology علم البيئة الطبيعية: دراسة البيئة لمنطقة وكيفية تاثيرها على المناظر الطبيعة
landslide,landslip مور الارض، انهيار الارض ،انزلاقات
lap يلعق، لعق
lapping لعق
lapping mouth فم لعق
lapping type نمط لعق
lapse انقضاء:فترة قصيرة من الزمن تفصل بين حدثين
lapse rate معدل الهبوط
lard شحم- دهن الخنزير
large intestines الامعاء الغليظة
larva(pl. larvae) يرقة: دورالحشرة غير الكامل بين البيضة والعذراء في الحشرات ذات التحول الكامل
larval stage الدور اليرقي
larviform يرقي الشكل
larviparous مولدات اليرقات
larynx حنجرة
laser ليزر
laser profilometer مقداد ليزر
lash جلد، ضربة السوط
Lasiocampa quercus عثة البلوط
late successional plant التعاقب النباتي المتأخر : النبات الذي ينمو ببطء إلى حجم كبير ، ويتنافس مع النباتات الأخرى
latency كمون
latent كامن
latent life الحياة الكامنة
latent period فترة الكمون: الفاصل الزمني بين اخذ الناقل الممرض وبين قدرة الناقل على نقل الممرض إلى المضيف الحساسة للاصابة

leaf miner حفار الاوراق:حشرات تعيش وتتغذى على نسيج الورقة بين البشرتين العليا والسفلى
leaf mould عفن الورقة
leaf-cutter bees النحل قاطع الاوراق
leak تسرب: دخول أو هرب من خلال فتحة تحدث عادة عن طريق الخطأ أو نتيجة خطأ
leakage تسرب
leaping leg رجل قفز
learning تعلم
learning time زمن التعلم
least significant difference اقل فرق معنوي
leather جلد
leathery جلدي
Lecanora جنس من الاشنات
ledge رف، حيد: وهو ما نتأ من الجبل
leech (Class Hirudinea) علق: ديدان ماصة للدم من الحلقيات التي تعيش عادة في المياه العذبة
leeward باتجاه الريح
lee محجوب عن الريح، مأوى
leg رجل
legal شرعي، قانوني
leg muscle عضلة الرجل
legionnaires' disease مرض بكتيري على غرار التهاب رئوي
legislation تشريع
legitionately شرعي – صحيح
legume البقول
leguminosae عائلة البقوليات
leguminous plant نبات بقولي
lek منطقة صغيرة أنشئت من قبل الذكور لأغراض التكاثر
lek behavior سلوك التزاوج وفيه تجمعات من الذكور تدافع عن الأقاليم التي تنجذب اليها الإناث فقط لغرض التزاوج
Lemmus الليموس: جنس من اللبائن ،يعود لرتبة القوارض
Lemur ليمور
Lemuridae,F. عائلة الليمور
lens عدسة
lentic يشير الى أنظمة بيئية لمياه راكدة مثل البحيرات والبرك
lentic water مياه راكدة مثل بحيرة او بركة
lenticular عدسي
lentigo نمش
leopard (*Panthera pardus*) النمر: يعود لعائلة Felidae، ينتشر في بعض أجزاء أفريقيا وآسيا الاستوائية، وسيبيريا وجنوب وغرب آسيا وفي معظم أنحاء أفريقيا جنوب الصحراء الكبرى
lepido حرشفة
lepidoptera حرشفية الاجنحة
lepism السمكة العضية:جنس حشرة من رتبة *Thysanura* يعود لعائلة Lepismatidae
Leptinotarsa decemlineata خنفساء بطاطا كلورادو، من أهم الآفات على محاصيل البطاطس
Leptocoris trivittatus بق البلسان
Leptonychotes weddellii فقمة ويدل
leptus يرقة الحلم: يرقات حلم معينة تمتاز بستة اقدام، او هو اسم جنس للحلم الذي يعود لعائلة Erythraeidae
Lepus americanus الارنب البري(يسمى ارنب حذاء الثلج)
Lepus timidus ارنب الجبلي،أو الارنب الازرق او الارنب الايرلندي
lerp تشكيلات سكرية وشمعية تصنعها يرقات psyllids لحمايتهم
lesion قرح
lessen يقلل
lethal concentration 50% التركيز اللازم لقتل 50% من الكائنات المختبرة
lethal dose 50% (L.D% 50) جرعة المادة جرعة المادة التي تقتل نصف الكائنات التي امتصتها
lethal influence تاثير مميت
lethal mutation طفرة مميتة
lethal مميت
leuco-,leuko- ابيض (سابقة)
leucocytes كرات دم بيضاء
leukemia لوكيميا (سرطان الدم)
levator muscle عضلة رافعة

levee سد لمنع الفيضان، حاجز

level منسوب ، مستوى

levels of organization مستويات التنظيم: ترتيب هرمي للنظام يمتد من البيئة الحياتية (او خارجها) حتى الخلايا (او خارجها) يوضح كل مستوى الصفات التي تمثل ذلك المستوى من التنظيم

liable عرضة، حساس، او مسؤول: مسؤول قانونيا عن إلحاق ضرر أو إصابة، وبذلك يجب ان يعاقب او يدفع شيء

lichen الأشنة: كائن معقد يتألف من كائنين تنمو تكافلياً، يوفر الفطر الغلاف الخارجي والطحالب او البكتريا الخضراء المزرقة تجهز الغذاء بالتركيب الضوئي وغالبا توجد الأشنات على سطح الحجارة أو جذوع الأشجار

lid جفن

lidar الليدار:جهاز يستخدم نبضات من ضوء الليزر لقياس المسافة بين طائرة والأرض، وتستخدم لإنتاج العديد من النقاط المرجعية على مساحة من الأراضي، والسماح برسم خرائط لمناطق واسعة تمثل مستنقعات وأنهار الشبكات التي قد تكون صعبة الوصول

Liebig law of the minimum قانون ليبيج: مفهوم وضعه لاول مرة B.J.Von Liebigفي عام 1840 وينص على أن التحكم بالنمو لا يتم من قبل مجموعة الموارد المتاحة، ولكن من الموارد النادرة. تم تطبيق هذا المفهوم في الأصل للنبات أو لنمو المحاصيل، حيث وجد أن زيادة كمية المغذيات الوفيرة لا يزيد من نمو النبات. لكن فقط عن طريق زيادة كمية المغذيات المحددة

life حياة

life cycle دورة الحياة

life cycle analysis تحليل دورة الحياة

life cycle, insect دورة حياة حشرة: تسلسل الأحداث في حياة حشرة من الفقس،نمو الادوار غير الناضجة حتى ظهور البالغات

life span فترة حياة: طول المدة التي يعيش فيها الكائن الحي أو يكون المنتج مفيد

life system نظام الحياة: جزء من النظام البيئي الذي يتكون من كائن حي وأجزاء البيئة الداعمة

life table جدول الحياة: ملخص لمعدل بقاء افراد في السكان على قيد الحياة لكل مرحلة الحياة أو فئة عمرية (يعطي معلومات كاملة عن وفيات السكان)

life table, cohort جدول حياة جماعة (افقي): تظهر احتمال وفاة شخص من بين أترابه (خصوصا سنة الميلاد)خلال مدى حياته،وهي جداول تلي البقاء والتكاثر لجميع ألافراد من أتراب معينة من الولادة وحتى الموت

life table, static جدول حياة ثابت

life zone منطقة الحياة

life zone concept مفهوم منطقة الحياة: تصنيف مبكر لانواع النباتات الرئيسةطرحه C.H.Merriam عام 1894 يعتمد على العلاقة بين المناخ والنباتات

lifetime طول العمر

ligament رباط

ligation ربط

light الضوء

light attenuation توهين الضوء

light pollution التلوث الضوئي: تأثير الإضاءة الاصطناعية

light saturating level مستوى الاشباع الضوئي: مستوى (كمية) الإشعاع الشمسي التي اذا ازدادت لا تؤدي إلى زيادة معدل التركيب الضوئي

light water reactor مفاعل الماء الخفيف: مفاعل نووي يستخدم الماء العادي كمبرد

lightning البرق

lightning bug firefly فرد من عائلة Lampyridae تستخدم بالغاتها ومضات ، توهج وغيرها من الانبعاثات للتزاوج

Ligia جنس من متساويات الاقدام تعرف بقمل الصخور. ومعظم الأنواع تعيش في مناطق المد والجزر والشواطئ الصخرية

lignicolous آكل الخشب

lignin اللكنين: مادة في جدران الخلايا النباتية وتعطيها صلابة وقوة

lignite الليغنايت :ضرب من الفحم الحجري

ligula الفص او الفصان النهائيان للشفة السفلى، اللسينان وجارا اللسينين

likelihood ترجيح

Limax جنس من البزاق ذو صدفة اثرية في الجبة وتتنفس الهواء

limb طرف

lime الجير

limestone الحجر الجيري،حجر الكلس

limit حد

limiting factor principle: مبدأالعامل المحدد: قاعدة عامة أن الكثير أو القليل جدا من أي عامل لاحياتي يمكن أن يحد أو يمنع نمو السكان

limiting similarity تشابه محدد:المدى المتمايز من النوخ الذي يتطلبه النوع من اجل الاستمرار

limiting factor عامل محدد: الموارد التي تحدد الوفرة،النمو وتوزيع كائن او نوع

limits of tolerance حدود التحمل: حدود عليا ودنيا لمدى عوامل بيئية معينة (مثل الضوء او الحرارة) يمكن ان يعيش بها كائن او نوع

limn- ماء عذب (سابقة)

Limnanthaceae عائلة صغيرة من الأعشاب الحولية التي توجد في جميع أنحاء أمريكا الشمالية

limnetic zone منطقة اللجة:منطقة الماء المفتوح في بحيرة تقع وراء المنطقة الساحلية حيث P/R>1

limnic يشير الى رواسب في المياه العذبة

Limnology علم المياه العذبة: دراسة الانظمة البيئية للمياه العذبة مثل بحيرة

Limonius ديدان سلكية تعد يرقاتهاآفات اقتصادية

limpet البطلينيوس - حيوان رخوي

Lincoln index دليل لينكولن:مقياس إحصائي وهي طريقة وضع العلامات والاستعادة تستعمل لتقدير كثافة السكان الكلية،وضعها **F.C. Lincoln**

line يبطن: يغطي من الداخل لمنع التسرب، سطر ،خط، اتجاه

line of latitude خط العرض

line squall سلسلة من العواصف الرعدية تتقدم في خط

lineage (=clade) نسب، سلالة: مجموعة احادية السلف وتعرف هذه المجموعة على أساس الصفات المشتقة النهائية

linear طولي، خطي

linear arrangement(الخطي)الترتيب الطولي

linear function دالة خطية

linear interpolation استيفاء خطي

linear regression ارتداد خطي

liner مبطن

lining تبطين

link رابط، وصلة

linkage الربط،الارتباط ،عملية الربط

Linnaean system نظام لينيوس:نظام التسمية العلمية للكائنات التي وضعهاالعالم السويدي كارلوس لينيوس (1707 -1778)

linolenic acid حمض اللينولينيك: واحد من اثنين من الأحماض الدهنية الأساسية التي لا يمكن تصنيعها في جسم الانسان ويجب أن تؤخذ من المواد الغذائية

linseed بذرالكتان

lion (*Panthera leo*) الأسد

Lionfish *Pterois* أسماك بحريةسامة تعود لجنس توجدفي الغالب في المحيطين الهندي والهادي، تتميز باشرطة حمراء وبيضاء وسوداء وزعانف صدرية لامعة وسامة وأشعة الزعانف شائكة

lip شفة

lipid دهن، شحم:مجموعة متنوعة من جزيئات كيميائية غير قابلة للذوبان في الماء والمذيبات القطبية الأخرى

lipoprotein بروتين دهني

lipoptena القمل القارض:جنس من عائلة القمل الذبابي Hippoboscidae ،تكون الأنواع مجنحة في البداية وتعيش على الطيور واللبائن بعد ذلك تفقد أجنحتها لذلك تسمى فاقدة الجناح

lipoptena depressa نوع من عائلة القمل الذبابي Hippoboscidae ، وهي طفيليات خارجية على الطيور واللبائن .بعض انواعها مجنحة والاخرى عديمة الأجنحة . او تكون مجنحة لبعض الوقت ثم تفقد اجنحتها.والنوع اعلاه يتطفل على الغزلان ومن التي تفقد أجنحتها

liposoluble ذَوَّاب في الشحوم او الدهون

liquefaction عملية التسييل

liquefied natural gas الغاز الطبيعي المسال

liquefy تسييل

liquid سائل

liquid limit حد السيولة
liquid fertiliser سماد سائل
list قائمة
listeria الليستريا: نوع من البكتيريا الموجودة في براز الإنسان والحيوان يمكن ان تسبب التهاب السحايا
liter = litre لتر
lith- حجر (سابقة)
lithium(Li) الليثيوم: عنصر فلزي فضي ناعم أخف المعادن المعروفة ، ويستخدم في صناعة البطاريات
lithosere تعاقب مجتمعات تنمو على الصخور
Lithology علم الصخور
lithosol التربة التي تشكل على سطح من الصخر: مجموعة من التربة الضحل التي تفتقر إلى آفقيات واضحة المعالم، وتتألف من كسارات الصخور متجوية جزئيا، عادة على المنحدرات الشديدة
lithosphere القشرة الأرضية : سطح الأرض الصلبة ، مع الداخل المنصهر فوق نواة الارض
litmus paper ورق اللتموس:شريط من الورق المشرب بصبغة اللتموس، وتستخدم كمؤشر كيميائي على الحامضية
litmus خليط يذوب في الماء من صبغات متعددة تستخلص من الأشنات لاسيما *Roccella tinctoria*
litre وحدة قياس السعة
litter القمامة:1.القمامة المتروكة من قبل الناس 2. مجموعة الجراء الصغيرة المولودة لإحدى الأمهات دفعة واحدة 3.مهاد: قش يفرش للحيوانات، نثار: اوراق ميتة تكسو ارض الغابة
litter basket سلة قمامة
littoral ساحلي
littoral deposits الرواسب الساحلية
littoral zone منطقة ساحلية: منطقة تحوي جذور طافية ونباتات بارزة على طول ساحل البحيرة او البركة، حيث P/R>1
Littorina littorea حلزون بحري ساحلي
Littorina neritoides حلزون بحري ساحلي
live حي ، يعيش
live off يعيش على
livestock الثروة الحيوانية ،مواشي
livid زرق، شاحب
living environment جزءالبيئة الذي يتكون من الكائنات الحية
lizard عظاية
llama=lama جمل امريكي
lliquefied petroleum gas غاز البترول المسال: البروبان أو البوتان أو مزيج من الاثنين معا تنتج من تكرير النفط الخام
load up = load تحميل ، حمل
loam, loam soil التربة المزيجية، مزيجة: التربة التي تتكون من خليط من نسب متفاوتة من الطين والطمي ،والرمل والمواد العضوية وخصبة جدا
lobar فصي
lobate مفصص
lobe فص
Lobodon carcinophagus فقمةاكلةابو الجنيب
lobster سرطان البحر
lobule فصيص
local محلي،موضعي
location موقع
loch بحيرة (في اسكتلندا)
locks خلجان
locomotion تنقل ،حركة
locomotor تحركي
locomotory centre مركز تحركي
locomotory organ عضو حركي
locus موقع ،مكان:موقع على الكروموسوم،أحيانا يستخدم المصطلح أيضا للإشارة إلى الجينات نفسها
locust plague طاعون جراد
Locusta جنس جراد
Locusta migratoria الجراد الافريقي
Locustana pardalina الجراد البني
locusts جراد
loess رواسب ناعمة ،الراسب الطفالي
loess soil التربة الغرينية
logging تحطيب: قطع الاشجار
logging operation عملية التحطيب: عمليات قطع الاشجار
logistic curve منحني لوجستي

logistic equation المعادلة اللوجستية: نموذج لنمو السكان بشكل حرف S

logistic لوجستي (سيني)

logistic growth النمو اللوجستي: نمط النمو السكاني الذي يتأثر بسعة الحمل(القدرة الاستيعابية) للبيئة، ويكون منحني سيني(بشكل حرف S)

log سجل، قطع الاشجار ، لوغاريتم

logos دراسة ،علم

long horned طويلة القرون

long tongued طويلة اللسان

long-day plant نبات طويل-النهار:نبات يحتاج الى فترة ضوء تزيد عن 12 ساعة حتى يزهر

longevity طول العمر

longevity , ecological طول العمر البيئي: هو متوسط طول العمر الملاحظ لافراد سكان تحت ظروف بيئية معينة

longevity ,physiologicalطول العمر الوظيفي :هو متوسط طول عمر افراد سكان تعيش تحت ظروف مثلى ومن اصل وراثي متجانس

long-grass prairie مروج او براري طويلة العشب

log-normal distribution توزيع طبيعي لوغارتمي:1. هو التوزيع الاحتمالي المستمر لمتغير عشوائي،2. توزيع متكرر لوفرة الانواع وفيه يمثل المحور السيني عدد (لوغارتم) الافراد الممثلة في العينة، والمحور الصادي هو عدد الانواع

longhorn beetle (Cerambicidae) عائلة خنافس طويله القرون

longitude خط الطول

longitudinal muscles عضلات طولية

longitudinal septum حاجز طولي

long-lived معمر : نبات او حيوان يعيش طويلا

long-range طويل المدى

long-term طويل المدى

loon السامك،غطاس: طيور تأكل الأسماك تعود لجنس *Gavia* في المناطق الشمالية

loop طية

loop , full طية كاملة

loop , half نصف طية

loop of henle طية هنلي

looper يرقة قياسة :يرقات من حرشفية الاجنحة فقدت بعض ارجلها البطنية الاولية من وسط جسمها لذلك فهي تطوي جسمها الى اعلى عند المشي ثم تمده

looping تحلق

loops حلقات، طيات

lorum (pl., Lora) صفيحة متقرنة على جانب الراس (في نصفية الاجنحة ومتشابهة الاجنحة)

loss ضائع ،خسارة ، فقدان

loss, absorption ضائع الامتصاص

loss rate معدل الفقد: مصطلح عام يصف معدل ازالة الكائن الحي من السكان بالموت او الهجرة

lost river النهر الميت

lotic جاري، انظمة مياه جارية مثل جدول او نهر

Lotka-Volterra predator-prey model نموذج لوتكا- فولتيير لتفاعل المفترس الفريسة: نموذج رياضي بسيط يمثل التفاعل بين الحيوانات المفترسة وفرائسها، انموذج طور عام 1920 من قبل Alfred Lotkaوهو عالم رياضيات امريكي وعالم رياضيات ايطالي Vito Volterra

lough بحيرة (في أيرلندا)

loudness علو (الصوت)

louse (pl.,lice) قمل

lousicide مبيد القمل

low منخفض، واطئ

low water منسوب واطئ

lower plants النباتات الدنيا:النباتات التي ليس لها نظام اوعية ، مثل الطحالب

lower termites مصطلح وصفي لعائلات من متساوية الاجنحة تمتلك ابتدائيات متعايشة في القناة الهضمية وهي: Mastotermitidae, Kalotermitidae, Termopsidae, Hodotermitidae,Rhinotermitidae, Serritermitidae

low-grade منخفض الدرجة

lowland الأراضي المنخفضة

low-waste technology تقنية قليلة النفايات

Loxostege Crambidae جنس عث يعود لعائلة

Lr رمز اللورنسيوم

lucerne برسيم، جت

lubricative مزيت
lucid صافي، رائق
luciferase لوسفراز، وضاء :انزيم يوجد في جميع الكائنات المضيئة ذاتياً
luciferin حامل ضوء :مادة خارج او داخل الخلايا عندما تتاكسد تعطي ضوءا او وميض
Lucilia تعود لعائلة ذبابة سروء(لحم) Calliphoridae
Lucilia cuprina نوع من ذباب اللحم
Lucilia sericata نوع من ذبابة اللحم
Luffia ferchaultella العثةالصغيرةحاملةالكيس تعود لعائلة Psychidae
Lumbricus agricola دودة الارض
Lumbricus terrestris دودة الارض
luminescence تألق:انبعاث طاقة ضوئية ، توهج
luminous يضيئ
luminous organs اعضاء مضيئة
lunar قمري
lunar eclipse خسوف القمر
lunar phase طور القمر: تغير في مظهر القمر
lung رئة
lung fishes اسماك رئوية
lunula هلال
lush المورقة: يشير الى الغطاء النباتي الاخضر السميك
lux (lx) لوكس = وحدة سطوع الضوء 0.01 قدم -شمعة تقريبا
Lycaenidae,F. عائلة الفراش رقيق الاجنحه
Lymantria جنس يعود لعائلة عث الغجر
Lymantriidae,F. عائلة عث الغجر او عث توسوك
lymph لمف
lynx (*Lynx lynx*) وشق أوروبي
lyophilize= freeze-dry الحفاظ على المواد الغذائية من خلال التجميد بسرعة والتجفيف في الفراغ
lysimeter جهاز يستخدم لقياس كمية التبخر والنتح الفعلي التي يتم تحريرها من قبل النباتات ، وعادة المحاصيل أو الأشجار
lysin حال
lysine (K,Lys) لايسين: من الاحماض الامينية الاساسية
lysis تحلل الخلايا
lysogeny تحلل، حلّ
lytic response استجابة انحلالية
lytic virus حمة الانحلال
M
maceration الحل بالنقع
Mach cones مخارط ماخ
macherel الاسقمري - سمك بحري
macro- ضخم، كبير(سابقة)
macrobiota مجموعة الاحياء الكبيرة
macroclimate المناخ على مساحة واسعة مثل منطقة أو دولة
macroconsumers مستهلكون كبار
macrocosm نظام بيئي طبيعي او تجريبي كبير الحجم
macroevolution تطور كبير:تطور تغييرات سريعة ورئيسة بالطراز المظهري مما يؤدي الى تغيير سلالة الأحفاد الى اصناف جديدة متميزة
macrohabitat موطن كبير
macroinvertebrate مصطلح يجمع الحشرات المائية واللافقريات الأخرى المرئية بالعين المجردة
macronutrients مغذيات كبيرة :المغذيات التي يحتاجها الكائن بكميات كبيرة جدا كالأوكسجين والكربون والهيدروجين والنيتروجين والفسفور والبوتاسيوم
macroparasite طفيل كبير يعيش على أو داخل جسم المضيف ولكن لا يتكاثر
macrophage بلعم كبير، خلية كبيرة = ملتهمة
macrophyte نباتات كبيرة او جذور تنمو في او بالقرب من الماء وقد تكون بارزة او عائمة
macroplankton العوالق الكبيرة
macropterous كبيرة الاجنحة
macroscopic ظاهر للعين المجردة ،عيني
macrosis تضخم: زيادة في الطول أو الحجم
macrotrichia شعيرات كبيرة
maggot therapy العلاج باليرقات:إدخال يرقات ذباب حية في الجروح لعلاجها

Malariology علم البرداء
male ذكر
male accessory glands: الغددالذكرية الملحقة: الغدد الإفرازية المرتبطة بالجهاز التناسلي للذكر ، وتنتج السائل المنوي والمكونات التركيبية هيكلية للمحفظة منوية
male genitalia سؤة ذكرية:اعضاء تناسلية ذكرية
male organ عضو ذكري
malentities اخطار
malignancy ورم خبيث
Mallophaga رتبة القمل القارض
malnutrition سوء التغذية
malpighian tube انبوبة ماليبجي
malpighian tubules انيبيات ماليبجي: انابيب دقيقة اخراجية ترتبط في مقدمة القناة الهضمية الخلفية واطرافها سائبة في تجويف الجسم ويحيطها دم الحشرة
Mammalogy علم الثدييات
Mammals لبائن، ثدييات
mammoth الماموث: فيل منقرض
manage يدير
management ادارة
mandible فك علوي في اللافقريات
mandibles, jaws الفكوك: الزوج الاول من اجزاء الفم
mandibular فكي
mandibular sclerite صفيحة فكية عليا
mandibulate فكية ذات فكوك مهيأة للقضم
Manduca quinquemaculata دودة الطماطة المقرنة
Manduca sexta دودة التبغ المقرنة
manganese (Mn) عنصر المنغنيز
mangrove المنغروف : شجيرة تتحمل الملوحة الاستوائية وتنمو في مناطق مثل مصبات الأنهار أو مستنقعات المد والجزر التي يغطيها البحر في المد العالي
mangrove forest غابات المنغروف

maggot يرقة دودية الشكل عديمة الارجل (في ثنائية الاجنحة)
magma صهير: هو خليط من الصخور المنصهرة أو شبه المنصهرة والمواد الصلبة المتطايرة الموجودة تحت سطح الأرض، والمتوقع أن توجد على الكواكب اليابسة الأخرى
magnatic containment احتواء مغناطيسي
magot قرد ابتر:قرد عديم الذيل في شمال افريقيا وجبل طارق اسمه *Macaca sylvanus*
magnesium (Mg) مغنيسيوم
magnet المغناطيس
magnetic المغناطيسية
magnetic field المجال المغناطيسي
magnetic pole القطب المغناطيسي: واحد من قطبي الأرض غير متطابق وبالقرب من القطبين الجغرافي، وهي مراكز للمجال المغناطيسي للأرض والتي تكون نقطة البوصلة
magnetosphere الغلاف المغناطيسي: المنطقة المحيطة بالأرض ، وتمتد من حوالي 500 الى عدة ألاف من الكيلومتر فوق السطح ،والتي يتم التحكم بالجسيمات المشحونة من قبل المجال المغناطيسي للأرض
magnification التكبير وزيادة الحجم
main قناة رئيسة ،رئيس،الاهم
maintenance صيانة
maintenance energy حفظ الطاقة: يشير إلى الأيض الغذائي المطلوبة للحفاظ على الكائن الحي في حالة صحية،او هو معدل الايض الغذائي المتبقي والطاقة الضرورية لتغطية النشاطات الاقل تحت ظروف حقلية
maize ذرة
Malacosoma جنس من العث، يعود لعائلة Lasiocampidae
Malacosoma disstria عث خيمة الغابة، يعود لعائلة Lasiocampidae
maladaptation سوء التكيف
maladaptive سوء تكيف
maladie داء
malaria البرداء
malariacidal مبيد البرداء

marine environment البيئة البحرية: تشمل البحار والمحيطات ومصبات الأنهار ، والسواحل والشواطئ
marine fauna حيوانات البحر: الحيوانات التي تعيش في البحر
marine flora النباتات البحرية: النباتات التي تعيش في البحر
marine pollution التلوث البحري
maritime climate مناخ البحرية :المناخ الذي يعدل بتأثير البحر ، مسببا شتاء معتدل وصيف حار مع هطول الأمطار عالية
marking –recapture methods طرق التعليم- اعادة الصيد
marrow نخاع
mars المريخ
marsh مستنقع، هور: هي أرض رطبة منخفضة تنبت فيها بعض النباتات العشبية كالقصب والحشائش أو نبات البردي، يوجد عادة المستنقع في أماكن تعمل طبيعة الأرض ونوع التربة على إيجاد بيئة رطبة
marsh plants نباتات المستنقعات
marsh, tidal هور مدي
marsupialia الكيسيات
marsupials حيوانات كيسية
mash جريش
mask قناع
mass كتلة
mass curve منحني تراكمي
mass exodus هيجان جماعي
mass extinction الانقراض الجماعي: اختفاء أنواع عديدة في فترة قصيرة من قبل قوى الطبيعة مثل تغير المناخ أو انفجار بركاني
massive هائل، ضخم
master-slave concept مفهوم السيد والمسود
mastication مضغ
masticatory mouth parts اجزاء فم ماضغة
Mastology علم الاثدية: دراسة الغدة اللبنية
mate 1.رفيق، الاليف، المساعد 2.احد زوجين لاسيما الزوج ،الزوجة،يزاوج، يتعشق، يتزاوج

mangrove swamp مستنقع المانغروف:المنطقة التي يغطيها البحر في المد العالي حيث تنمو أشجار المانغروف
manhole فتحة مجاري
manhood رجولة
manifest واضح، ظاهر
manifestation إيضاح، إظهار
man-made من صنع الانسان
manometer مقياس الضغط
Mantidae,F. عائلة فرس النبي
Mantispidae,F. عائلة شبيهة بفرس النبي
mantle 1.عباءة ،2. الشيء الذي يغطي، يطوى. 3.جبة: طبقة داخل الأرض بين القشرة الصلبة واللب (النواة المركزية) تشكلت من مواد منصهرة
mantle rock صخر الغلاف
manual دليل ، مختصر
manubrium مقبض
manufacture تصنيع
manufacturing التصنيع
manure دمن
maple الاسفندان ، القيقب
maple-basswood forest غابات القيقب- الزيزفون الامريكي
marble رخام
margin هامش ، حافة
marginal هامشي ، حافي
marginal vein عرق حافي :عرق يقع عند حافة الجناح او الى الخلف بقليل وهو العرق الذي يكون الجزء الخلفي لخلية الحافة (في غشائية الاجنحة)
mariculture زراعة بحرية: مزارع اسماك او اغذية اخرى مرفقة بالخلجان او المصبات
marine بحري
marine biocoenosis مجتمع بحري : مجتمع متنوع من الكائنات الحية في البحر
marine biology علم الأحياء البحرية: الدراسة العلمية للحياة البحر
marine disposal إيداع النفايات في البحر
marine ecology علم بيئة البحر: دراسة العلاقة بين الكائنات الحية التي تعيش في البحر وبيئتها

material مادة
material, bed مادة القاع
maternal care رعاية الامومة او الامهات
maternity الأمومة
mathematical models نماذج رياضية
mating تزاوج
mating disruption اضطراب التزاوج:معاملة محصول بفرمون من أجل التداخل مع الحقيقي على ايجاد رفيق للتزاوج في الافات
mating type نمط التزاوج
matrix منبت،المادة العائلة التي ينمو فيها او فوقها الفطر او الاشن
matrix algebra مصفوفة جبرية
matter , suspended المادة العالقة
mattress تكسية
maturation نضج
mature ناضج
maturity النضج
maxilla (pl., Maxillae) فك سفلي مساعد (حشرات) : زوج من الفكوك المساعدة تأتي مباشرة بعد الفكوك
maxillary فكي او يخص الفك المساعد
maxillary lobe فص فكي
maxillary palpus(pl.,maxillary palpi) ملمس فكي ، ينشا على الفك المساعد
maxillary sclerite صفيحة فكية سفلية
maxilliped القدم الفكي : لاحق يقع الى الخلف من الفك المساعد الثاني في القشريات
maxillulae زوائد لسانية
maximise, maximize تعظيم
maximum الحدالاقصى ،النهاية القصوى- العظمى
maximum allowable concentration التركيز الأقصى المسموح به: أكبر كمية من الملوثات التي يسمح للبشر بان يكونوا على اتصال معها في بيئة عملهم
maximum carrying capacity(K_m) سعة الحمل العظمى: اعظم كثافة التي يمكن ان تدعمها الموارد في موطن معين

maximum–minimum thermometer مقياس درجة الحرارة العظمى والصغرى : ميزان حرارة يظهر أعلى وأدنى درجات الحرارة
maximum permissible dose الحد الأقصى من الاشعاع المسموح به: اعلى كمية من الإشعاع التي تكون أمينة على شخص أن يتعرض لها
maximum permissible level الحد الأقصى المسموح به:أعلى كمية الإشعاع التي يسمح أن تكون موجودة في بيئة
maximum residue level الحد الأقصى للمبيدات التي يمكن أن تبقى في المواد الغذائية أو المحاصيل بموجب لوائح الاتحاد الأوروبي
maximum sustained yield اقصى غلة مستدامة: أقصى مستوى يمكن عنده استغلال مورد طبيعي دون استنزاف طويلة الأمد (لاسيما في الغابات ومصائد الأسماك)، يهدف إلى الحفاظ على حجم السكان عند نقطة أقصى معدل النمو عن طريق حصاد الأفراد التي يتم إضافتها إلى السكان عادة ، والسماح للسكان بأن يبقى منتج إلى أجل غير مسمى
may fly ذبابة مايو
maze متاهة
meadow مرج
meadow grass كليئة مرجية :عشبة الكلا
meal worm دودة الدقيق
mealy bug البق الدقيقي
mean متوسط
mean generating time معدل زمن الجيل
mean lethal dose متوسط الجرعة المميتة: جرعة المادة التي تقتل نصف الكائنات الحية التي تمتصها
mean sea level متوسط مستوى سطح البحر
meander تعرج
means وسائل
measure قياس
meat processin معاملة اللحوم
mechanism الآلية
meconium 1. براز او تراكم الفضلات من المرحلة اليرقية2. العِقي: مادة داكنة تخرج من بطن المولود بُعيد ولادته

melanism السفع، قتام البشرة:اسوداد الجلد غير الطبيعي
melanism industrial السفع الصناعي
melanoma - malignant melanoma سرطان الجلد
Melanoplus differentialis نوع من النطاط
Melanoplus femurrubrum النطاط أحمر الارجل
melt يذوب
meltwater مياه ذائبة
member عضو
membrane غشاء: نسيج رقيق غالباً يكون شفافاً كما في اجزاء الجناح بين العروق او الجزء الطرفي في نصفية الاجنحة
membrane cell خلية غشائية
Mendelism المندلية
Mendel مندل عالم نباتي وضع اسس علم الوراثة الحديث
meniscus 1.هلالة او الغضروف المفصلي (في التشريح) :هو غضروف ليفي على شكل هلال 2. السطح المحدب:هو منحنى في السطح العلوي لعمود من المياه في انبوب ضيق والناجم عن التوتر السطحي يمكن أن يكون محدب او مقعر
menstruation الحيض، الطمث
mental عقلي، ذقني
mental seta شوكة ذقنية
mentum الذقن: جزء الشفة السفلى الذي يحمل الملامس الشفوية واللسينين
mercury (Hg) الزئبق
mere مجرد ، تماما كما هو محدد ،فقط
Mergus albellus بَلَقْشَة بيضاء: طائر ينتمي إلى رتبة الإوزيات عائلة Anatidae
Mergus serrator بَلَقْشَة حمراء الصدر
Mergus merganser البَلَقْشَة الشائعة: بط كبير في أنهار وبحيرات مناطق الغابات في أوروبا وشمال ووسط آسيا، وأمريكا الشمالية
meridian خط الطول: دائرة وهمية على سطح الأرض تمر عبر القطب الشمالي والجنوبي الجغرافي

Mecoptera رتبة الذباب طويل الاجنحة- الذباب العقربي
media (solid) اوساط صلبة
media(culture) اوساط
medial cell الخلية الوسطية:خلية تقع بين العرقين الطوليين تحت الضلعي والوسط عند قاعدة الجناح في متشابهة الاجنحة
medial cross vein عرق وسطي مستعرض يوصل بين فرعين من فروع العرق الوسطي
median الوسط، في الوسط، يقع حوالي الخط الوسطي للجسم
median cell خلية وسطية
median line خط وسطي
median lobe فص وسطي
media العرق الوسطي:العرق الطولي بين العرق الكعبري والعرق الزندي
medical طبي
medicinal دوائي
medicinally بشكل طبي
medicine الطب، دواء
medio-cubital وسطي زندي
mediterranean fruit fly ذبابة فاكهة البحر المتوسط
medulla نخاع
medusa الطور الجنسي لبعض افراد شعبة جوفية المعي
mega- كبير، ضخم ،او مليون 10^6(سابقة)
Megaceryle alcyon الرفراف- طير
megadose جرعة كبيرة
megalo- كبير بشكل غير عادي(سابقة)
megalopolis المدن الكبرى: مجموعة من المدن الصغيرة التي تنمو لتصبح منطقة حضرية واحدة ضخمة
megaplankton عوالق كبيرة أكثرمن 20 سم في الطول
meiosis الأنقسام المنصف (= الأنقسام اختزالي)
mel شكل نقي من العسل (في الصيدلة)
melanin ميلانين، القتامين:الصبغ السافع ،صبغة سوداء

meridional الزوالي: اشارة الى الزوال

meridionality ظاهرة هبوب الهواء من الشمال إلى الجنوب أو من الجنوب إلى الشمال

meristem النسيج المرستيمي: نسيج مولد وهي أنسجة غير المتميزة القادرة على الانقسام والتمايز إلى أنسجة متخصصة

merit استحقاق

meroblastic جزئي الانقسام

merological يشير الى الدراسات التي تحقق في اجزاء المكونات في محاولة لفهم النظام باكمله

merological approach مفهوم الجزء

meromectic lakes بحيرات جزئية المزج

meroplankton عوالق جزئيا (وقتية)

merospermy اندماج بويضة مع حيوان منوي عديم النواة

Mertensian mimics تقليد ميرتنز:(يحمل اسم ميرتنز روبرت1894-1975)يعد غالبا نوع فرعي من محاكاة مولر ،اذ تحاكي الأنواع غير المؤذية الأنواع الخطيرة ولكن غير قاتلة عادة (إذا مات المفترس فإنه لن يتمكن من تعلم كيفية التعرف مثل التلوين التحذيري). وهو نادر الحدوث مع المثال الأكثر شهرة وهو ثعبان الحليب غير الضار،وأفاعي المرجان المزيفة معتدلة السمية والأفاعي المرجانية القاتلة

mesa هضبة مستوية السطح منحدرة الجوانب

mesarch(sere) يتعلق بتسلسل المجتمعات النباتية أو الحيوانية التي تنشأ في بيئة طبيعية رطبة

mesenteron المعي المتوسط، القناة الهضمية الوسطى

mesh شبكة، فتحات شبكة (عين)

mesic 1.يشير الى كائن حي ينمو في بيئة رطبة معتدلة 2 . أو موطن أو بيئة تتصف بالرطوبة

meso متوسط

meso- الاوسط (سابقة)

mesobenthos الحيوانات أو النباتات التي تعيش على قاع البحر تحت عمق 250-1000 متر

mesobiota الوسطية: مجموعة الاحياء الوسطية

mesocarp لب الثمرة

mesoclimate المناخ فوق منطقة معينة مثل تلة أو وادي ، وتمتد في دائرة نصف قطرها لا يزيد عن بضعة كيلومترات

mesocosm نظام بيئي تجريبي متوسط الحجم

mesohaline متوسطة الملوحة

Mesology علم البيئة:مصطلح سابق لعلم البيئة أو هو دراسة العلاقات المتبادلة بين الكائنات الحية وبين بيئتها وبين بعضها البعض

mesonotum ظهرالصدر المتوسط او ظهر الحلقة الصدرية الثانية

mesopause فاصلة الجو الوسط:طبقة رقيقة باردة من الغلاف الجوي للأرض بين طبقة الجو الوسط mesosphere وبين طبقة الجو الحراري thermosphere

mesophyll نسيج الورقة المتوسط: النسيج داخل الورقة حيث يحدث التركيب الضوئي

mesophyte نباتات الرطوبة: نباتات تعيش تحت ظروف رطوبة متوسطة

mesoplankton عوالق وسطية: الكائنات الحية التي تأخذ شكل العوالق لجزء من دورة حياتها

mesopleuron (pl.mesopleura) الصفيحة المتقرنة الجانبية للحلقة الصدرية الثانية

mesosaprobic عفني متوسط: يشير الى كائن حي يمكن أن يعيش في مياه ملوثة بدرجة متوسطة

mesoscutellum دريع الصدر المتوسط

mesoscutum درع الصدر المتوسط

mesosphere الجو الوسط

mesosternum القص الثاني: الصفيحة البطنية الثانية في الصدر

mesothermal متوسطة الحرارة

mesothorax الحلقة الصدرية الثانية، او صدر متوسط

mesotrophic يشير الى مياه تحتوي على كمية معتدلة من المواد المغذية

mesozoa حيوانات وسطية: مجموعة حيوانات صغيرة دودية الشكل تعد احياء متوسطة بين الاوالي والمتعددة الخلايا

meta- = beyond ما بعد او ما وراء (سابقة)

metabola الحشرات ذات التحول

metabolic processes عمليات ايضية

metabolic rate معدل الأيض: معدل تحويل

الكائن الحي للطاقة الكيميائية إلى حرارة وترتبط زيادة معدل الأيض مع زيادة استهلاك الأكسجين وزيادة إنتاج ثاني أوكسيد الكربون والماء والحرارة وإنتاج أكبر

metabolism الايض، التحول الغذائي

metabolite ناتج الايض

metabolites, secondary ايض ثانوي

metacommunity منحني سيادة التنوع في النظرية التعادل للتنوع والتي تصف تنوع الانواع بانه في توازن بين معدل ظهور الانواع الجديدة وانقراض الانواع

metagenesis = alternation of generation تناوب الاجيال: تكاثر يتميز بتعاقب جيل يتكاثر جنسيا وجيل يتكاثر لا جنسيا

metal معدن

metalimnion الطبقة الوسطى من المياه في البحيرة

metallic معدني

metamere عقلة اولية: قطع متماثلة مرتبة بسلسلة طولية تشكل جسم بعض الحيوانات مثل دودة الارض

metamorphic المتحولة

metamorphism التحول:عملية تشكيل الصخور المتحولة

metamorphosis التحول، الاستحالة: التغييرات المتتابعة في الشكل خلال مراحل النمو

metanotum ظهرالحلقة الصدرية الثالثة، ظهر الصدر الخلفي

metapleuron(pl.metapleura) جنب الصدر الخلفي

metapneustic system جهاز تنفسي الزوج الاخير من الفتحات التنفسية مفتوح

metapopulation ما بعد السكان: مجموعة من السكان تعيش في مكان منفصل عن بقية افراد نفس النوع وتتفاعل بصورة نشطة فيما بينها. وقد صاغ هذا المصطلح في عام Richard Levins 1970 لوصف نموذج لحركيات السكان من الآفات الحشرية في الحقول الزراعية، ولكن تم تطبيق الفكرة على نطاق واسع لمعظم الأنواع في مواطن مجزأة طبيعيا أو اصطناعيا

metascutellum دريع الصدر الخلفي

metascutum درع الصدر الخلفي

metasternum قص الصدر الخلفي

metatarsus (pl.,metatarsi) مشط القدم- رسغ خلفي

metathetely أختزال وتأخير في تكوين وسادة الجناح مما قد يؤدي الى ظهور بالغات قصيرة الاجنحة او تبدو الحشرة البالغة كأنها عذراء

metathorax صدر خلفي

metazoa الحيوانات متعددة الخلايا: قسم من المملكة الحيوانية يشمل جميع الحيوانات متعددة الخلايا التي تتمايز خلاياها لتشكيل الأنسجة والاعضاء ،أي جميع الحيوانات عدا الأبتدائيات

meteorite نيزك ،شهاب

Meteorology علم الانواء (الارصاد) الجوية: علم يبحث في الجو وظواهره لاسيما في الاحوال الجوية والتنبؤ بها

meteor النيزك: جسم صلب يدخل الغلاف الجوي للأرض من الفضاء الخارجي

metepimeron(pl.,metepimera) المنطقة الخلفية من الصفيحة الجانبية للصدر الثالث وخلف الدرز الجانبي (حشرات)

metepisternum(pl.,metepsterna) فوق الصفيحة البطنية للحلقة الصدرية الثالثة (حشرات)

meter جهاز لقياس خاصية فيزيائية مثل الحرارة وسرعة تدفق الهواء

methemoglobinemia وجود متهيموكلوبين (هيموغلوبين متبدل) في الدم

method طريقة

Methodology علم الطرق

metre , meter متر : وحدة طول

metric system نظام متري

-metry قياس (لاحقة)

mica الميكا: معدن سيليكات الذي يقسم إلى رقائق شفافة رقيقة، يتم استخدامه بمثابة عازل في الأجهزة الكهربائية

micro- دقيق جدا ،مجهري (سابقة)

microarthropods المفصليات الدقيقة

microbe جرثوم

microbenthos نباتات أو حيوانات القاع الدقيقة

microsection مقطع دقيق
microtherm plant النبات الذي ينمو في مناطق باردة
microtrichia شعيرات صغيرة
Microtus agrestis فأر الحقل (قصير الذيل)
microwasp زنبور طوله من 4 الى 5 ملم او اقل
middle leg رجل وسطية
mid-oceanic ridges حافات منتصف المحيطات: منطقة تحت البحر وفيها يُحدث انتشار الصفائح التكتونية فتحات، ينابيع كبريتية حارة ومرتشحات
midgut القناة الهضمية الوسطى،المعي المتوسط: منطقة الامعاء التي تقع بين المعى الأمامي والمعي الخلفي ،مشتق من الأديم الباطن الجنيني،وهو موقع هضم الطعام وامتصاص العناصر الغذائية في الحشرات
migrant selection انتخاب المهاجر
migrant مهاجر
migrate يهاجر
migration هجرة: ذهاب واياب دوري منتظم لنفس الافراد في السكان
migration , dynamic هجرة حركية
migration ,periodic seasonal هجرة فصلية دورية
migration , vertical هجرة عمودية
migratory phase الطور الرحال(المهاجر)
milieu وسط فيزيائي
mill طاحونة ، مطحنة
millet دخن
milliard ملليراد، مليرونكتين = 1/1000 راد
millicurie مليكيوري = 10^{-3}
milligauss وحدة كثافة التدفق المغناطيسي
milligram (mg) وحدة قياس الوزن
millilitre , milliliter وحدة قياس حجم السوائل
millimetre, millimeter وحدة قياس للطول
milling طحن
millipedes الالفية
millisievert (mSv) وحدة قياس الإشعاع
mimetic مقلد ،محاكي
mimic مُحاك

microbial decomposition التحلل الجرثومي
microbial ecology علم بيئة الجراثيم
Microbiology علم الاحياء المجهرية
microbiota مجموعة الاحياء الدقيقة
microclimate المناخ الدقيق: مناخ منطقة صغيرة كما في الكهوف أوالمنازل والتي قد تكون مختلفة عن تلك التي في المنطقة عموما
microcosm عالم دقيق:نظام بيئي تجريبي صغير وبسيط
microecosystem نظام بيئي دقيق
microenvironment البيئة الدقيقة
microevolution تطور دقيق: تطور يُحدث بمرور الزمن تغييرات صغيرة ضمن السكان بالانتخاب الطبيعي
microfauna مجموعة الحيوانات الدقيقة: حيوانات صغيرة جدا يمكن رؤيتها تحت المجهر فقط
microflagellates سوطيات دقيقة
microhabitat موطن دقيق
micrometer ميكرومتر: أداة لأخذ قياسات صغيرة جدا مثل عرض أو سمك قطعة رقيقة جدا من الأنسجة
micrometre(µm) ميكرومتر: وحدة تعادل واحد بالالف من المليمتر
micron ميكرون(جزء من الف من المليمتر)
micronutrient المغذيات الدقيقة: مغذيات يحتاجها الكائن بكميات صغيرة جدا
microorganisms الكائنات الحية الدقيقة: الكائنات التي لا يمكن رؤيتها إلا تحت المجهر
Micropaleontology علم الحفريات الدقيقة
microparasite طفيل دقيق: طفيل يتكاثر داخل جسم مضيفه، كالفيروس
microplankton العوالق الدقيقة: عوالق بحجم 20-200 ميكرون
micropollutants ملوثات دقيقة: تحدث تلوث بكميات صغيرة جدا
micropyle النقير
microscope مجهر
microscopic مجهري
microscopy مجهر:علم استخدام المجاهر

mining التعدين
minor ثانوي
minute دقيق للغاية
Miocene epoch العصر الميوسيني:منذ 24 – 5 مليون سنة وظهرت فيه الفيلة والحصان والكلاب والدببة والطيور المعاصرة والقردة، وظهر البترول في رسوبياته
mirage سراب
mire وحل ، مستنقع
Miridae,F. عائلة بق الأوراق من رتبة نصفية الجناح
miscarry = abort يجهض(للحامل)
mist سديم، ضباب رقيق
mistura مزيج
misty سديمي
misuse سوء استخدام
mite حلم
mitochondria مايتوكوندريا: عضيات خلوية وظيفتها إنتاج أدينوسين ثلاثي الفوسفات المصدر الرئيسي لطاقة الخلية
mitosis انقسام خيطي
mixed cropping زراعة مختلطة
mixed fertiliser=compound fertiliser السماد المركب
mixed مختلط
mixture مزيج
Mn رمز المنغنيز
Mo رمز الموليبدينوم
mobile متحرك
mobility تحرك ،حراك
modal temperature الحرارة المثال
mode of action طريقة العمل: الآلية التي يؤثر مبيد حشري على حشرة
mode نسق: القيمة التي تحدث بشكل متكرر في سلسلة من الملاحظات والبيانات الاحصائية
model building (modeling) بناء النموذج (النمذجة)
model أنموذج: صيغة تحاكي ظاهرة في العالم الحقيقي، تمثيل مبسط للعالم الحقيقي يساهم في الفهم

mimicry المحاكاة: تشابه نوع واحد الى نوع آخر كآلية متطورة لزيادة الحماية الناتجة من عدم تمييزها كان تشبه شيء خطير، غير مستساغ او سام
mimicry ring حلقة المحاكاة: مجموعة من الأنواع المتعايشة التي تستخدم الإشارة نفسها مثل، مجموعة من الفراشات لا علاقة بينها تحمل نفس التلوين التحذيري
mind عقل
minamata disease مرض ميناماتا: شكل من اشكال التسمم بالزئبق من تناول الأسماك الملوثة ، شخص في اليابان اول مرة
mine منجم، لغم
mineral deposit رواسب معدنية
mineral nutrient مغذيات معدنية
mineral oil الزيوت المعدنية
mineral particles الدقائق المعدنية
mineral water ماء معدني
mineral معدن ، معدني
mineralization, mineralisation معدنة، ترسيب املاح معدنية
Mineralogy علم المعادن
mineraloids اشباه المعادن
minimal الحد الأدنى
minimise, minimize تقليل
minimum الحد الأدنى
minimum known alive (MKA) الحد الادنى المعروف حياً: طريقة التعليم (وضع العلامات) والاستعادة التي تستخدم لتقدير النسبة المئوية للسكان الكلي المعروف على قيد الحياة في وقت معين، تعتمد على تاريخ الأسر لنوع معين
minimum lethal dose الجرعة المميتة الادنى :اقل كمية من مادة تقتل الكائن الحي:الجرعة المميتة الحد الأدنى
minimum temperature درجة الحرارة الصغرى
minimum viable population سكان الحد الادنى للحياة : أقل عدد من السكان يسمح للأنواع بالاستمرار في البقاء،تؤخذ عادة حوالي300 شخص
mining subsidence area منطقة التعدين الخاسفة (الهابطة)

modification تحوير

modified Mercalli scale مقياس من 1حتى 12 يستخدم لقياس الأضرار الناجمة عن زلزال

module معيار او وحدة قياس، وحدة مختارة من القياس تتراوح في حجمها من بضع بوصات إلى عدة أقدام، وتستخدم كأساس للتخطيط وتوحيد مواد البناء

modulus of elasticity مُعامل المرونة

moiety نصف، جزء، حصة،أي من مجموعتي القرابة المعتمدة على نسب واحد والتي تشكل معا قبيلة أو مجتمع (في علم الإنسان)

Moina marcocopa برغوث ماء

Moina micrura برغوث ماء

moist رطب

moist adiabatic lapse rate معدل هبوط ثابت الحرارة الرطب

moist tropical forest الغابات الاستوائية الرطبة: تستلم مطر اقل من الغابات الأستوائية

moisture الرطوبة

moisture ,influence تاثير الرطوبة

moisture holding capacity القدرةعلى التشبع بالماء

molar طاحن،ضرس،مولي: اشارة الى محلول يحتوي على مول واحد من المذاب في لتر الواحد

mold = mould عفن

molecular biology علم الحياة الجزيئي

molecular ecology علم البيئة الجزيئية: دراسة المشاكل البيئية باستخدام تقنيات الحياة الجزيئية

molecular جزيئي

molecule جزيء:أصغر الجسيمات التي يمكن ان تنقسم اليها مادة دون تغيير في الصفات الكيميائية والفيزيائية

molested تحرش

mole الخلد: 1.حيوان صغيرمن الثدييات يعمل انفاق تحت الأرض ويأكل الديدان والحشرات 2. وحدة للقياس كمية من مادة

mollicute فرد من بكتيريا تفتقر إلى جدار الخلية

mollusks نواعم ،رخويات

molten المنصهر

molting hormone هرمون الانسلاخ

molting(ecdysis) الانسلاخ: عملية طرح جلد الحيوان المفصلي

molt انسلاخ: الفترة بين صناعة الحشرة لجليد جديد وملاءمة بقية التركيب للمرحلة اليرقية الجديدة

molybdenum الموليبدينوم:عنصر الاثري معدني

momentary متكرر

monarch butterfly (*Danaus plexippus*) الفراشة الملكية أو فراشة الملك:هي نوع من الفراشات الكبيرة، تتميز بلونها البرتقالي والأسود، تعود الى عائلة Nymphalidae

monera بدائية النواة

moniliform مسبحي او قلادي، ذو قطع تشبه الخرز

monitoring مراقبة

mono- واحد او احادي (سابقة)

monocerous وحيد القرن: كوكبة تقع جنوب الجوزاء وشرق أوريون (علم الفلك)

monoclimax ذروة مناخية احادية: حالة يكون فيها مجتمع واحد موجود في منطقة جغرافية

monocline الطية الاحادية: تشكيل الصخور اذ تنحدر الصخور الرسوبية بشدة على جانب واحد

monocotyledenous ذو فلقة واحدة

monocotyledons ذوات الفلقة الواحدة

monocultural system نظام الزراعة الاحادية

monoculture زراعة المحصول الواحد، نظام المحصول الواحد، نظام الزراعة الأحادية

monoecious احادي المسكن:حيوان او نبات فيه اعضاء التكاثر الانثوية والذكرية معاً(خنثى)

monoecy احادية المسكن

monogamy زواج أحادي:زواج الحيوان مع فرد واحد من الجنس الاخر طوال الحياة

monogenea مجموعة من الطفيليات الخارجية التي تعود الى شعبة الديدان المسطحة

monogyny أحادي الزوجة: وجود ملكة وظيفية واحدة في العش الملكة

monomer وحدة بناء:هو جزيء قديربط كيميائيا بجزيئات أخرى لتشكيل البوليمر، مثل الكلوكوز

monomeric protein بروتين احادي : يصف واحد من البروتينات التي تشكل معقد متعدد البروتين

morbidity rate معدل الأمراض: عدد حالات مرض لكل 100000 من السكان
morbidity اعتلال،المرضية:كون الشيء مريضا
Mormoniella vitripennis زنبور- شبيه طفيل
-morph,morpho- شكل،مظهر(سابقة او لاحقة) -
morphogenesis نمو مظهري،التشكل:مرحلة من التطور الجنيني وفيه تنمو أنسجة معينة والاعضاء والهيكل
Morphology علم الشكل الخارجي:علم التركيب او التكوين العام
mortal مميت
mortality هلاك: موت افراد في السكان
mortality , ecological هلاك بيئي
mortality , minimum هلاك ادنى
mortality , realized هلاك متحقق
mortality rate= death rate معدل الهلاكات
mortuary المشرحة
Morus bassanus الأطيش الشمالي: نوع من الطيور البحرية الغطاسة التي تتغذى على الأسماك الصغيرة ورأسيات الأرجل، وهو يعيش في شمال المحيط الأطلسي فقط
mosaic فسيفساء: مرض فايروسي على النباتات يسبب اصفرار الأوراق
mosquitocide مبيد البعوض
mosquitoe بعوضة
moss نبات صغير جدا بدون جذور، ينمو في الاماكن الرطبة ويشكل حصيرة حضراء
mosses,musci حزازيات: اي من النباتات التي تعود لصنف او أي من النباتات المختلفة التي تشبه الحزازيات في المظهر أو طبيعة النمو
moth عث
motile متحرك
motility تحرك
motion حركة
motor محرك
motor and sensory fibres الياف حركية وحسية
motor fibres الياف حركية
motor neurone خلية عصبية حركية
mottled مرقش او مبقع بالوان وظلال مختلفة

monomorphic population سكان احادي الهيئة
monophagous يشير الى كائن حي يتغذى على نوع واحد من الغذاء
monophagy تغذية احادية
monophyletic احادية السلف:يشير إلى مجموعة تصنيفية والتي تحوي كل ألاحفاد المشتقة من سلف واحدوتعرف من خلال وجودميزةمشتركة(aclade)
monophyly تصنيف او حالة احادية السلف
monothetic احادي الصفة، وفي التصنيف تعرف المجاميع تبعا لصفة مفردة اساسية
monothetic group مجموعة مشتركة الصفات
monotonous رتيب، ممل
Monotremata وحيدة المسلك
monotreme وحيدة السبيل او المسلك، لبون بيوض
monsoon forest الغابات الموسمية : الغابات الاستوائية المطيرة
monsoon الرياح الموسمية
montane ecology البيئة الجبلية: هي فرع من علم البيئة تدرس انظمة الحياة على الجبال وغيرها من المناطق عالية الارتفاع على الأرض
montane جبلي
Montreal Protocol بروتوكول مونتريال: اتفاق دولي لمراقبة إنتاج واستخدام المواد الكيميائية التي تحتوي على البروم والكلور، مثل مركبات الكلوروفلوروكربون، التي تضر بطبقة الأوزون في الغلاف الجوي وتم التوقيع عليه في عام 1987 وتحديثها في وقت لاحق
moon قمر
moor مستنقع، مور: مساحة من الأرض عالية في كثير من الأحيان غير مزروعة ، وتتكون من تربة حامضية مغطاة بعشب وشجيرات منخفضة
moose الموط: غزال أمريكي ضخم
mor مور: نوع من الدبال يوجد في الغابات الصنوبرية وهو حامضي ويحتوي على مواد غذائية قليلة
moraine ركام:ترسبات من حصى ورمل يخلفه نهر جليدي
moratorium وقف اختياري، توقيف النشاط

آخر ضار او خطر وبالتالي يتجنب المفترسات الطبيعية، سميت باسم فريتز مولر(1821-1897)

mullet البوري ، ابو ذقن – سمك

multi- متعدد(سابقة)

multicellular عديد الخلايا

multicropping زراعة أكثرمن محصول على نفس قطعة الأرض في عام واحد

multinucleated عديد الانوية

multiparasitism تطفل متعدد

multiparity تكرر او تعدد الولادة

multiple مضاعف

multiple allelism تعدد الصنوان

multiple division انقسام عديد(مضاعف)

multiple use strategy استراتيجية متعددة الاستعمال

multipolar cell خلية عديدة الاقطاب

multiply يضاعف

multisegmented عديدة الحلقات

multivoltine عديد الاجيال: وصف الأنواع التي لديها جيلين أو أكثر من الأجيال في السنة

mummification تحنط ،تحنيط

mummify يحنط

municipal البلدية

municipal refuse, municipal waste نفايات البلدية

municipal wastewater مياه الصرف الصحي البلدية

Muridae,F. عائلة الجرذان والفئران، تعد أكبر عائلة في رتبة اللبائن

Musca domestica ذبابة البيت

muscacide مبيد الذباب

Muscidae,F عائلة الذباب

muscle عضلة

muscular fibres الياف عضلية

muscular layer طبقة عضلية

muscular system جهاز عضلي

muscular tissue نسيج عضلي

mushroom عش الغراب(فطر)

musk مسك: إفراز دهني مع رائحة قوية

mould matter مادة ترابية

mould, mold فطريات لاسيما تلك التي تنتج طبقة رقيقة من مسحوق على سطح الكائن الحي

moult انسلاخ، انسلخ

moulting انسلاخ

moulting fluid سائل الانسلاخ

mount , mountain جبل

mouse فأر

mouth مصب نهر

mouthpart اجزاء الفم

movable bed قاع متحول

movement حركة

mucilage مخاط ،لعاب، الصمغ، الهلام النباتي: يفرز من قبل بعض الكائنات الحية مثل الأعشاب البحرية

mucin الميوسين: أي مجموعة من البروتينات السكرية والتي توجد لاسيما في إفرازات الأغشية المخاطية

muck حمأ، سماد حيواني

mucoid مخاطي

mucopolysacharides متعدد السكريات المخاطي

mucous مخاطي

mucus مخاط

mud وحل

mud flat مسطح طيني

Mudskipper سمك نطاط الطين: أسماك برمائية تستطيع استخدام زعانفها الصدرية في المشي على الأرض،متأقلمة مع حركة المد والجزر،وهي نشيطة جدا خارج الماء، تعود لرتبة Perciformes

muddy موحلة ، طينية

mulch المهاد،فرشة: مواد عضوية تستخدم للنشر فوق سطح التربة لمنع تبخر أو تآكل ، مثل الأوراق الميتة أو القش

mull نوع من الدبال يوجد في الغابات النفضية، الذي يشكل خليط من طبقة من المواد العضوية ومعادن التربة وتندمج تدريجيا في التربة الاسفل

Müllerian mimicry محاكاة مولر:شكل من أشكال محاكاة الدفاع ،وفيه يحاكي حيوان شكل نوع

musk cat حيوان يفرز المسك مثل قطط الزباد، أو غزلان المسك
mussel بلح البحر: رخويات ثنائية المصراع
mustard plant نبات الخردل والتي تستخدم بذوره كبهار
Mustela vison حيوان المنتن (المنك)، من اللبائن
mutagen مطفر، حاث الطفرات
mutant طافر
mutation طفرة:أي تغيير في المادة الوراثية، على الرغم من أن المصطلح عادة يستخدم للإشارة إلى وجود خطأ في النسخ المتماثل لتسلسل النوكليوتيدات
mute ابكم
muton وحدة الطفرة: أصغرعنصر من عناصر المادة الوراثية قادرة على ان تخضع لطفرة متميزة، عادة تعرف بزوج واحد من النيوكليوتيدات
mutualism تكافل: علاقة بين نوعين وفيها المنفعة متبادلة لكلا النوعين في النمو والبقاء
mutualistic تكافلية
mutual تكافلي
mya الملايين من السنين الماضية
Myc-,myco- عائد للفطريات (سابقة)
mycelium خويط فطري
mycetophagous كائن يتغذى على فطر
Mycetophilidae ,F. عائلة الذباب الفطري
myco-, myc- فطر ، فطري (سابقة)
Mycology علم الفطريات
mycorrhiza فطريات جذرية:علاقة مصاحبة اجبارية بين الفطريات وجذور النباتات الوعائية
mycosis فطار
mycotoxin سموم فطرية
myelin نخاع
myelinated fibre ليفة نخاعية
myelinated نخاعي
myiasis تدويد: مرض يتسبب من تواجد يرقات ثنائية الاجنحة في انسجة الحيوان الحي
myo عضلي
Myology علم العضلات
myomere قطعة عضلية
myosepta حواجز عضلية
myoseptum حاجز عضلي
Myriapoda عديدات الارجل
myrmecocoles or termitocoles الكائنات الحية التي تحتل او تشغل عش النمل او الارضة
myxoid يشبه المخاط
Myrmecology علم النمل: الدراسة العلمية للنمل
myxobacteria بكتريا مخاطية
myrmecophiles الكائنات والحشرات عموماغير النمل، التي تعيش في أو حول أعشاش النمل وتستغل الموارد من النمل عن طريق المسح او الكنس، أو الافتراس
myxoma virus حمة الوَرم المخاطي
myxomatosis virus حُمة الوُرام المخاطي
Myzus persicae مَن الخوخ

N

N رمز النتروجين ،نيوتن
Na رمز الصوديوم
nacreous clouds غيوم صدفية: غيوم رقيقة ، محتمل ان تكون من بلورات الثلج ، والتي تشكل طبقة فوق الارض حوالي 25 كم وتبدو وكأنها من اللؤلؤ
nag فرس، مهر، تذمر
naiad حورية مائية: تتنفس بالخياشيم
nail ظفر
naja or cobra كوبرا: حية ملونة لدغتها والقبر
nanism القزامة
nanoplankton عوالق دقيقة
nanocurie (nCi) 10^{-9} كيوري = mμ c
nanogram نانوغرام:واحد من المليارمن الجرام
nanoid قزمي
nanometer نانوميتر:واحد من المليون من المليمتر
nanoplankton العوالق القزمة: العوالق بحجم 50-10μm
nappe الصخور المغتربة:مجموعة صخور كبيرة نُقلت اكثر من 2 او 5 كم من موقعها الاصلي
narcotics مسكنات
narcotized تخدر
narrows مضايق

natural ecosystem النظام البيئي الطبيعي: هي البيئة الحياتية التي توجدبصورة طبيعة(مثل الغابات) بدلا من تكوينها أو تعديلها من قبل الانسان(مزرعة)
natural enemies اعداء طبيعية
natural environment البيئة الطبيعية:1. المواطن الطبيعية2.جزء الأرض التي لم يتم تشكيلها من قبل البشر
natural forest غابة طبيعية: غابة لم يتم زرعها من قبل الانسان او المحافظة عليها
natural gas الغاز الطبيعي:هوغاز غالبا ما يوجد بالقرب من الرواسب النفطية، ويستخدم كوقود
natural habitat الموطن الطبيعي: المحيط المعتاد الذي يعيش فيه كائن حي في البرية كما يدعى البيئة الطبيعية
natural historian= naturalist مؤرخ طبيعي، الطبيعة
natural history التاريخ الطبيعي: دراسة الكائنات الحية في بيئاتها الطبيعية وخصائص الأرض
natural immunity مناعة طبيعية
natural levee سد جرفي طبيعي
natural pollutant ملوث طبيعي: مادة ملوثة تحدث بشكل طبيعي، مثل رماد بركان
natural resources المواردالطبيعية: مواد توجد بصورة طبيعية مثل الخشب أو النفط
natural populations مجاميع سكانية طبيعية
natural sciences العلوم الطبيعية: العلم الذي يتعامل مع نواحي العالم المادي، مثل علم الحياة ، والكيمياء ، وعلم الارض أو الفيزياء
natural selection الانتخاب الطبيعي: عملية التغيير التطوري ،وفيه ذرية الكائنات التي تحمل خصائص معينة هي أكثر قدرة على البقاء والتكاثر من ذرية الكائنات الحية الأخرى وبالتالي يتغير تدريجيا تكوين السكان
natural vegetation الغطاء النباتي الطبيعي: مجموعة من المجموعات النباتية الموجودة في البيئة طبيعيا دون ان يزرعها أو تدار من قبل أشخاص
naturalise تطبيع: إدخال أنواع إلى منطقة لم توجد فيها سابقا وتصبح جزء من النظام البيئي

nasal أنفي
nastic response استجابة النباتات والزهور إلى التحفيز الذي لا صلة له بالاتجاه، مثل إغلاق الزهور ليلا
nasute soldier ذو البوز جندي في عائلة النمل الابيض
nasutus (pl., nasuti) احد افراد مستعمرة الارضة يكون فيه الراس مدبب من الامام بشكل الخرطوم
natality ولادة: قدرة السكان على الازدياد عن طريق التكاثر وانتاج افراد جديدة
natality , ecological ولادة بيئية
natality , maximum ولادة عظمى
natality , potential ولادة وسعية
natality , realized ولادة متحققة
natality rate معدل الولادة
natant طاف
natatorial leg رجل عوم
national nature reserve المحميات الطبيعية الوطنية
national park حديقة وطنية
national وطني
native محلي ، متوطن
native manure سماد بلدي،محلي
native species الأنواع المحلية: الأنواع التي توجد بشكل طبيعي في منطقة
natural طبيعة، طبيعي
natural capital رأس المال الطبيعي:الفائدة والنفع المقدمة لمجتمعات الانسان من الانظمة الطبيعية
natural classification التصنيف الطبيعي
natural area المنطقة الطبيعية: منطقة في المملكة المتحدة هي منطقة جغرافية حياتية مع خصائص تشترك في الحياة البرية ومظاهر الطبيعية
natural background الخلفية الطبيعية: مستوى ما يحيط من الإشعاع أو مواد اخرى
natural control المكافحة الطبيعية: المكافحة بالاعداء الطبيعية التي تحدث بصورة طبيعية دون تدخل الانسان
natural disaster الكوارث الطبيعية

الحيوانات هي الحشرات والطيور، وبعض اللبائن مثل الخفاش

nectary الرحيقية:جزء النبات الذي ينتج الرحيق، يوجد غالبا في قاعدة الزهرة

need حاجة

needle ابرة

-needled مع ابر (لاحقة)

negation انكار، رفض

negative سلبي

negative feedback تغذية استرجاعية سالبة: معلومات تثبط نمو او انتاج النظام

negative interference التداخل السلبي

negative tropism انتحاء عكسي

neighborhood stability القدرة على تحمل الاضطرابات الصغيرة دون أن تتأثر

nekton السوابح:حيوانات تسبح بحرية مثل الأسماك

Nemathelminthes ديدان خيطية

nematicide قاتل او مبيد الديدان الخيطية

Nematocera الذباب طويل القرون

nematocide مبيد الخيطيات

nematocyste كيس خيطي

nematode الديدان الخيطية: نوع من الديدان المستديرة ، بعضها مثل الديدان الخطافية والديدان الخيطية الكيسية ، تعد طفيليات على الحيوانات في حين تعيش غيرها في جذور أو سيقان النباتات مثل العقد الجذرية

neo- جديد (سابقة)

neobiogenesis خلق احيائي جديد

neo-Darwinism الداروينيةالجديدة:نموذج منقح من نظرية التطور لداروين التي تمثل علم الوراثة الحديثة والاكتشافات الحديثة الأخرى

Neodiprion sertifer ذبابة الصنوبر المنشارية الاوربية،تعودلغشائية الاجنحة،عائلة Diprionidae

neogea واحدة من المناطق الرئيسية البيوجغرافية على الأرض، تضم أمريكا الوسطى والجنوبية إلى جانب جزر في البحر الكاريبي. كما تدعى المنطقة الأستوائية الجديدة

neolithic العصر الحجري الاخير

nature الطبيعة:جميع الكائنات الحية والبيئات التي تعيش فيها

nature conservation حفظ الطبيعة: الإدارة النشطة لموارد الأرض الطبيعية من النباتات والحيوانات والبيئة ،لضمان بقاءها على قيد الحياة أو استخدامها على النحو الملائم

nature management ادارةالطبيعة:إدارة البيئة الطبيعية لتشجيع الحياة النباتية والحيوانية كما تدعى ادارة المواطن

nature reserve المحميات الطبيعية: منطقة فيها يتم حماية النباتات والحيوانات وبيئتها

nature trail ممرطبيعي:طريق من خلال الريف

nauseous مقرف

nautical mile ميل بحري

navigation ملاحة ، ابحار

neap tide جزر المحاق: جزر تام يحدث في الربع الاول والثالث من عمر القمر

neap= neap tide جزريمحاقي: أقل من متوسط المد ويحدث مرتين في الشهر في الربع الأول والثالث للقمر

nearactic العالم الجديد

nearctic region منطقة جغرافية حياتية تضم أمريكا الشمالية وغرينلاند

nebula سحابة سديمية

neck عنق

necklace قلادة

necrophagous جيفي ،مترمم ،آكلة الجيف

necrophyte آكل الجيف

necrosis نخر، تنخر

necrotroph كائن حي يتغذى على الخلايا او الأنسجة الميتة او هو أي كائن طفيل يقتل الخلايا الحية لمضيفه ثم يتغذى على المادة الميتة

nectar الرحيق:السائل السكري الذي تنتجه الزهور ،والتي تجذب الطيور أو الحشرات التي تلقح الزهور

nectar food chain سلسلة غذائية رحيقية: سلسلة غذائية تبدأ من رحيق النباتات الزهرية وتعتمد غالبا على حشرات وحيوانات اخرى للتلقيح

nectaries غدد الرحيق

nectarivore رحيقي التغذية: حيوانات تتغذى على رحيق النباتات الزهرية الغني بالسكر، معظم هذه

neon (Ne) نيون: غازخامل يوجد بكميات صغيرة جدا في الغلاف الجوي
neonates صغير حديث الفقس
Neontology علم الاحياء الموجودة : الدراسة العلمية للنباتات والحيوانات الحية في الاونة الاخيرة ،عكس علم دراسة المتحجرات
neosomy القابلية على انتاج جليد جديد دون انسلاخ
neotenic الفرد الذي يحتفظ بالشكل المظهري لليافعة بعد ان يصل مرحلة النضج الجنسي
neoteny 1.الإبقاءعلى صفات الأحداث في الحيوان البالغ وتدعى ايضا paedomorphosis 2.النضج الجنسي لحيوان ما زال في الطور اليرقي أساسا ويسمى أيضا paedogenesis
neotropical region= neogea المنطقة الأستوائي الجديدة
neotropical الأستوائي الجديد
nephric كلوي
nephridia كُليات
nephrocyte خلية كلوية
neptunium (Np) النبتونيوم:عنصر مشع طبيعي
neretic يشير الى منطقة في البيئات البحرية وفيها تمتد كتل اليابسة نحو الخارج كجرف قاري
neritic zone منطقة قرب الساحل
neritic صفة تشير إلى حيوان أو نبات يعيش في البحار الضحلة فوق الجرف القاري
nervous system الجهاز العصبي: شبكة من الخلايا المتخصصة التي تنقل النبضات العصبية في معظم الحيوانات
nerve cell خلية عصبية
nerve chain سلسلة عصبية
nerve cord حبل عصبي
nervous system جهاز عصبي
nervous عصبي
nest عش
nest-brooding حضنة او فقسة العش
nestling فرخ (للطيور): طائر صغير جدا على ترك عشه
net شبكة
net community productivity صافي انتاجية المجتمع: معدل خزن المواد العضوية في نظام بيئي والتي لا تستخدم من قبل مختلفة التغذية اثناء فترة القياس (فصل النمو عادة او السنة)
net energy صافي الطاقة: الطاقة المتبقية بعد فقدان الطاقة بالتمثيل الغذائي والمتوفرة للنمو والتكاثر
net plankton صافي العوالق
net primary productivity(NPP) صافي الانتاجية الاولية: مجموع الطاقة المتاحة في نظام بيئي بشكل كتلة حياتية نباتية جافة،او هو معدل خزن المواد العضوية في انسجة النبات الزائدة عن التنفس المستخدم من النبات اثناء فترة القياس (NPP= GPP-R)
net production الانتاج الصافي: الانتاج بعد طرح ما يستنفذه التنفس
net reproductive rate معدل صافي الانتاج
nettles قريص نبته عشبية برية
network شبكة: مجموعة مترابطة معقدة أو نظام من الناس أو الأشياء
neural عصبي
neural lamella صفيحة عصبية
neuration تعريق
neuroglia غراء عصبي
neurohormone هرمون عصبي
neurolemma غلاف عصبي
neuromere قطعة عصبية
neuron خلية عصبية ،عصب
neuropile شعره (اسطوانة) عصبية
Neuroptera رتبة شبكية الاجنحة
neurospongium اسفنج عصبي
neurotoxicity السمية العصبية: القدرة على منع النبضات العصبية من العمل
neurotoxin سم عصبي: مادة تمنع النبضات العصبية من العمل، مثل سم ثعبان أو الحشرات
neuston السواطح: كائنات تطفو كالعوالق او تسبح في المياه السطحية
neustonic طافية
neutral متعادل، محايد

niche ,ecological النوخ البيئي: اما يصف الدور الذي يلعبه نوع في مجتمع حياتي او مجموعة العوامل البيئية التي تحدد توزيع الانواع

niche overlap تداخل النوخ: تداخل او مشاركة في مكان النوخ من قبل نوعين او اكثر

niche width عرض النوخ: مدى ابعاد النوخ الذي يحتله السكان او النوع

nickel (Ni) النيكل: عنصر معدني

Nicotiana rustica نبات التبغ:وهو نبات عشبي معمر يعود الى عائلة Solanaceae

Nicotiana tabacum نوع من نبات التبغ

nicotine النيكوتين

nid- عش (سابقة)

nidicolous يشير الى طائر صغير جدا غير نامي بصورة جيدة عندما يخرج من البيضة ويبقى في العش لبعض الوقت

nidifugous يشير الى طائر صغير جدا النامي بشكل جيدعندما يترك البيضة ويمكن أن تترك العش مباشرة

night soil تربة الليل:الفضلات البشريةالتي تجمع وتستخدم لإنتاج الأسمدة في بعض أجزاء من العالم

night adder افعى الليل

nightingales العندليب، البلبل

nimbo-status دجنة،خسيف: كتلة رمادية من السحب المنخفضة (حوالي 1000 متر فوق سطح الأرض)،تسقط أمطار أو ثلوج

nipple حلمة

nitrate(NO3) نترات اومركب كيميائي يحتوي على أيون النترات

nitrate-sensitive area, nitrate-vulnerable zone منطقة حساسة للنترات: منطقة محتمل فيها تلوث نترات ويتم التحكم باستخدام اسمدة النترات بدقة

nitric صفة مركب يحتوي على النيتروجين

nitric oxide(NO) أوكسيد النيتريك او اول اوكسيد الكربون : غاز يتم انتاجه عن طريق الحرق في درجات حرارة عالية ، كما في حرائق الغابات ومحركات الاحتراق الداخلي

nitric acid(HNO3) حامض النيتريك: وهو حامض مؤكسد فعال جدا،ويستخدم في صنع الأسمدة

neutral theory نظرية التعادل او المحايد: توسيع لنظرية الجغرافية الحياتية للجزر، اقترحها Stephen Hubbell في عام 2001 وفيها تعامل كل الانواع كما لو انها تملك نفس معدل الافراد في الولادة، الهلاك، الانتشار وظهور الانواع الجديدة

neutralisation, neutralization تحييد، معادلة: عملية كيميائية فيها يتفاعل الحامض مع قاعدة لتشكيل الملح والماء

neutralise, neutralize يعادل، يحايد:1. جعل حامض متعادل .2. جعل السم البكتيري غير ضار باضافة الكمية الصحيحة من الترياق 3. لمواجهة تأثير شيء

neutralising, neutralizing تحييد: يشير إلى مادة تعمل ضد تأثير شي

neutralism حيادية ، التعادل: علاقة بين نوعين وفيها لا يتاثر اي السكانين من الاشتراك بهذه العلاقة

neutrons نيوترونات

névé الثلج الحبيبي:ثلج حبيبي مضغوط جزئيا يشكل الجزء السطحي في اعلى الجبال الجليدية العالية في الربيع

new chemicals مواد كيميائية جديدة: المواد الكيميائية التي لم تكن مدرجة في القائمة الأوروبية التجارية بين يناير1971 وايلول 1981

newt سمندل الماء: برمائي

Newton (N) نيوتن: وحدة قياس القوة (ملاحظة:1 نيوتن هو القوة المطلوبة لتحريك 1 كيلوغرام في سرعة 1 متر في الثانية)

Ni رمز النيكل

nibble قرض

niche 1.مشكاة، محراب،2. نوخ: الدور الوظيفي للنوع في المجتمع الحياتي او النظام البيئي، او هو مكان يستقر فيه فرد معين او افراد نوع معين ويؤدي وظائفه فيه

niche assembly theory نظرية تجميع النوخ: فرضية بان المجتمعات البيئية هي تجمعات متوازنة من انواع منافسة تتعايش مع بعضها لان كل نوع هو المنافس الاكثر فاعلية في نوخه الخاص. تفترض النظرية أن عدم التجانس البيئي والتفاعلات الحياتية هي المسؤولة عن العيش المشترك للأنواع وتركيب المجتمع

nitrogenous منترج او نتروجيني: مركب يحتوي على النيتروجين

nitrous oxide(HNO_2) أوكسيد النيتروز: غاز ذورائحةحلوة وهو واحد من غازات الدفيئة الرئيسية (ملاحظة:ينتج من قبل الزراعةوالتسميد وعن طريق حرق الوقود الأحفوري والكتلة الحياتية)

nival نموا في أو تحت الثلوج

NOAEL(no-observed-adverse-effect - level) أعلى تركيز من مادة لا تسبب أي ضرر والتي يمكن الكشف عنها بوساطة طرق الاختبار الموجودة

noble gas الغاز النبيل:غاز لا يتفاعل كيميائيا مع مواد أخرى كما يدعى غاز نادر او خامل (ملاحظة: الغازات النبيلة تشمل الهيليوم والنيون والأرجون، الكريبتون، الزينون والرادون)

noble metal معادن نبيلة : معدن مثل الذهب أو الفضة تقاوم التآكل ولا تكون مركبات مع اللافلزات

Noctuidae,F عائلة العث البويمي او بوم الليل ، وهي اكبر عائلة في رتبة حرشفية الاجنحة وتعد يرقاتها من الديدان القارضة

nocturnal ليلي النشاط

nocturnal animal حيوان ينشط ليلا وينام نهاراً

node انتفاخ ،عقدة: نقطة على ساق النبات حيث ترتبط الورقة

nodiform معقد-عقدي

nodule عقيدة: إنتفاخ صغير يوجدعلى جذور النباتات البقولية مثل البازلاء والتي تحتوي على بكتيريا تحول النيتروجين من الهواء إلى مركبات النيتروجين

nodus عقدة

noise ضوضاء: صوت غير مرغوب فيه، لاسيما الصوت غير السار أو صوت عال

noise abatement الحد من الضوضاء: التدابير المتخذة للحد من الضوضاء غير المقبولة أو الاهتزازات أو لحماية الناس من التعرض له

noise and number index(NNI) طريقة قياس الضوضاء من الطائرات

noise criteria معايير الضوضاء: مستويات الضوضاء التي يقبلها الناس الذين يسمعون لهم

nitrification النترجة ،النترتة: عملية تكسير مركبات النيتروجين مثل الامونيوم او الامونيا من قبل البكتيريا في التربة وتكون نترات الذي يمكن أن تمتصه النباتات (ملاحظة : هي جزء من دورة النيتروجين)

nitrifier منترتة :الكائنات الدقيقة التي تشارك في عملية النترجة

nitrifying منترج

nitrifying bacteria بكتريا التازت (النترتة)

nitrite (NO_2) نتريت

nitrogen (N) النيتروجين:عنصر كيميائي رئيسي في الهواء وجزء أساسي من البروتين

nitrogen cycle دورة النيتروجين: مجموعة من العمليات يتم فيها تحويل النيتروجين من الغاز في الغلاف الجوي الى مواد تحوي نيتروجين في التربة والكائنات الحية، ثم تحويلها إلى غاز مرة اخرى

nitrogen deficiency نقص النيتروجين: نقص النيتروجين في التربةتوجدحيث تكون المادةالعضوية منخفضة وينتج نمو ضعيف من النباتات

nitrogen dioxide(NO_2) ثاني أوكسيد النيتروجين :غاز بني مهيج سام

nitrogen fertiliser الأسمدة النيتروجينية : الأسمدة التي تحتوي على النيتروجين أساسا ، مثل نترات الأمونيوم

nitrogen fixation تثبيت النيتروجين: العملية التي يتم تحويل النيتروجين في الهواء من البكتيريا في بعض جذور النباتات إلى مركبات النيتروجين

nitrogen monoxide = nitric oxide

nitrogen oxide(No_x) أوكسيد النيتروجين: تتكون عند تاكسد النيتروجين ، مثل أوكسيد النيتريك أو ثاني أوكسيد النيتروجين

nitrogen-fixing bacteria البكتيريا المثبتة للنيتروجين: بكتيريا في التربة تحول النيتروجين في الهواء إلى مركبات النيتروجين عن طريق عملية تثبيت النيتروجين في النباتات

nitrogen-fixing plant نبات مثبت للنيتروجين : نبات بقلي يشترك بالتعاون مع البكتيريا التي تحول النيتروجين من الهواء إلى مركبات النيتروجين في التربة، مثل نبات البازلاء

noise level مستوى الضوضاء ، ودرجة ارتفاع الصوت من الضوضاء

noise pollution level مستوى التلوث بالضوضاء : درجة ارتفاع الصوت من الضوضاء المزعجة أو الخطير جسديا في بيئة الشخص

noise pollution التلوث الضوضائي: الضوضاء المزعجة أو الخطرة جسديا للناس المتعرضين لها في العمل أو المنزل

noise standards معايير الضوضاء

noisy صاخب ، ضوضاء عالية

nomad البدوي: الحيوان الذي ينتقل من مكان إلى آخر دون وجود مكان ثابت

nomadic مترحل ، بعض نباتات من مناطق السهوب تنقلها الرياح من مواقعها الاصلية

nomadism بداوة: عادة بعض الحيوانات التي تتحرك من مكان إلى آخر دون وجود مدى ثابت

nomenclature تسمية: نظام لتسمية الكائنات الحية

non- لا (سابقة)

non conformaty عدم التوافق

non- darwinian evolution تطور لا داررويني

non freezing لامجمدة

non medullated لا نخاعي

non specific غير متخصصة

non-aggregated غير متجمعة

non-biodegradable,non-degradabl غير القابلة للتحلل،غير قابلة للتحلل حياتيا: يشير إلى مادة لا تتحلل حياتيا

non-diapaused غير المتهياة

non-disposable غير نبيذ:اشارة الى المنتج الذي لا يرمى بعد الاستخدام ولكن يمكن إعادة تدويره

nonevaporation cooling towers ابراج تبريد غير تبخيرية

non-ferrous لا تحتوي على الحديد

non-flammable غير قابلة للاشتعال

nonfunctioning عاطل –بدون وظيفة

non-genetically modified(non-GM)
غير معدلة وراثيا : اشارة الى كائن حي له تكوين جيني لم يتم تعديله وراثيا

non-indigenous غير أصلي

non-metal غير معدني: عنصر كيميائي يفتقد الخواص الفيزيائية والكيميائية للمعدن

nonmyelinated لا نخاعي

non-native غير الأصلية تدعى ايضا alien, exotic

non-organic غير عضوي

nonparametric statistics الإحصاءات اللامعلمية: اختبارات احصائية لا تتطلب طراز توزيع طبيعي او عشوائي لكن يمكن ان تنفذ على معلومات نوعية او مرتبة

nonpermissive المضايف غير المتساهلة : الأنواع أو السلالات المضيفة التي تحبط نمو الكائنات الممرضة او الطفيلية بسبب الدفاعات المناعية فلا تستطيع ان تسبب اصابة ناجحة

non-persistent غير ثابت، متحلل

non-point source مصدر لا نقطة: مصدر للتلوث غير مرتبط بنقطة تفريغ محددة

nonpredators لامفترسون

nonprotein لابروتيني

non-reducible properties خصائص غير اختزالية: الخصائص الكاملة التي لا تختزل إلى مجموع خصائص الأجزاء

non-renewable energy الطاقة غير المتجددة: الطاقة المولدة من الموارد مثل النفط أو الفحم التي لا يمكن تعويضها عندما تستخدم

non-renewable resource الموارد غير المتجددة: مورد طبيعي لايمكن تعويضه عندما يستخدم مثل الفحم أو النفط

non-renewable غير المتجددة

non-resistant غير مقاوم

nonreturnable containers اوعية غير مسترجعة

non-selective غير انتخابي

nontarget impact الهلاكات او الاصابات التي يمكن ان تحدث الى الانواع النافعة نتيجة استعمال الاعداء الطبيعية في برامج المكافحة الحياتية او استعمال المبيدات

non-toxic غير سامة

non-woody غير خشبي
noosphere البيئة العقلية، مجال الوعي البشري، مجال نو:النظام الذي يسوده او يديره عقل الانسان اقترحه العالم الروسي Vladimir Vernadsky عام 1945
norm معيار
normal environmental lapse rate معدل هبوط البيئة الطبيعي:معدل هبوط درجة الحرارة مع الارتفاع في الغلاف الجوي الثابت في مكان ووقت معين(حوالي6.4 درجة مئوية لكل ألف متر، في ظروف عدم وجود تيارات هواء صاعد أو رياح)
normal room temperature درجة حرارة الغرفة العادية:درجة الحرارة التي تعد مريحة لنشاط الانسان اليومي
normality الاستواء: بيانات تطابق منحني على شكل جرس للاحتمالية التوزيع الطبيعي
North Atlantic Conveyor نقال شمال الأطلسي:نظام تيار المحيط اذ تحمل المياه السطحية الدافئة إلى شمال المحيط الأطلسي حيث يبرد وينخفض إلى مستوى أعمق، قبل ان يصب الجنوب مرة أخرى .كما يدعى حزام نقال الأطلسي
North Atlantic drift الانجراف شمال الأطلسي: تيار من الماء الدافئ يتدفق شمالا على طول الساحل الشرقي للولايات المتحدة الأمريكية من خليج المكسيك ثم عبور المحيط الأطلسي إلى شمال أوروبا
northern hemisphere نصف الكرة الشمالي : النصف العلوي من الأرض
northern lights الشفق القطبي الشمالي
nose انف
nostril منخر
not hydrolysable لايتحلل مائيا
notch ثلمة
notched مشقوق
notify يبلغ ، يخطر
no-till agriculture, no-till farming زراعة بدون حرث
notochord حبل ظهري
noto-coxal ظهر حرقفي
notogea واحدة من المناطق الرئيسية الجغرافية الحياتية على الأرض،والتي تضم أستراليا ونيوزيلندا وجزر جنوب غرب المحيط الهادئ
Notomys alexis الفأر القافز الاسترالي
noto-pedal ظهر قدمي
noto-pleural ظهر جانبي
notopleuron ظهر جنب
noto-trochanteric ظهر مدوري
notum الظهر: السطح الظهري لحلقة جسمية (والتسمية عادة تستعمل حين الكلام عن المنطقة الصدرية)
novel جديد ، غريب
noxious مؤذ، ضار بصحة الانسان او الحيوان
noy نوي: وحدة قياس الضوضاء الملاحظة
nuclear نووي
nuclear contamination التلوث النووي
nuclear energy طاقة نووية
nuclear explosive متفجرات الطاقة النووية
nuclear fallout سقط نووية: مواد مشعة تقع من الغلاف الجوي بعد انفجار نووي
nuclear fission انشطار نووي
nuclear fuel cycle دورة وقود الطاقة النووية
nuclear fusion انصهار نووي
nuclear membrane غشاء نووي
nuclear parks الساحات النووية
nuclear power plants محطات الطاقة النووية
nuclear sap عصير نووي
nuclear waste النفايات النووية
nuclear weapons اسلحة نووية
nuclear winter الشتاء النووي: فترة متوقع ان تتبع انفجار نووي، اذ لن يكون هناك أي الدفء وضوء بسبب حجب جزيئات الغبار للشمس وستتأثر معظم الحياة من الإشعاع
nuclear-free zone منطقة خالية من المفاعلات او الأسلحة النووية
nucleating agent مادة مثل ثاني أوكسيد الكربون الصلبة تنشر على السحب لاطلاق المطر

nucleic acid الحمض النووي: وهو حمض عضوي معقد إما RNA أو DNA
nucleolus(pl.nucleoli) نوية
nucleus نواة
nué ardente سحابة من الغاز الحارق الذي تدفق إلى أسفل اثناء الانفجار البركاني
nuisance مصدر ازعاج
nuisance threshold عتبة الازعاج:النقطة التي فيها شيئا مثل الضوضاء أو رائحة كريهة تصبح مزعجة
null hypothesis(H_0) فرضية العدم:فرضية بان عينة من الافراد مستمدة من سكان في الطبيعة تأتي من سكان له صفة او معيار معلوم (علم الاحصاء)
Numenius Arquata كروان الماء أو الكروان الأوراسي : من الطيور البحرية المهاجرة المتوسطة الحجم
Numenius phaeopus كروان الماء الصغير
numerator بسط
numerical عددي
numerical response استجابة عددية: تغيير في حجم سكان المفترسات او اشباه الطفيليات استجابة الى التغيير في كثافة الفرائس
nuptial flight طيران الزفاف
nursery مشتل
nut مكسرات: جوز، لوز، بندق
nutrient المغذيات: المواد التي يحتاجها الكائن الحي لينمو ويتكاثر مثل الهيدروجين، والأكسجين الكربون، والنيتروجين والفوسفور ، والبوتاسيوم ، والكالسيوم، والمغنيسيوم أو الكبريت
nutrient exporter مُصدِر مادة مغذية
nutrient cycling دورة المغذيات:مسار حياتي كيميائي جيولوجي وفيه تتحرك العناصر والمغذيات خلال النظام البيئي من التمثيل الغذائي من قبل الكائنات الحية ومن ثم تحريرها بالمحللات (البكتريا والفطريات) لتاخذها المنتجات وتعاد الدورة خلال المستويات الغذائية مرة اخرى
nutrient leaching تصويل المغذيات: فقدان المغذيات من التربة بسبب المياه المتدفقة من خلالها
nutrient material مادة غذائية مهضومة
nutrient regeneration تجديداو توليد المغذي
nutrient sink سحب المغذيات
nutrient solution محلول مغذي
nutrient spiraling لولبية المغذيات:انموذج من حركة المغذيات في جدول او نهر اذ بسبب حركة المياه نحو المصب يتم تدوير وازاحة الكائنات الحية والمواد بشكل حلزوني
nutrient trap مصيدة مغذ
nutrient= nutritive مغذ
nutrition تغذية
nutrition , holophytic تغذية نباتية
nutrition ,holozoic تغذذية حيوانية
nutritionally induced diapause تهيؤ مُستحث بالغذاء
nutritious مغذي
nutritive غذائية، مغذ
nutritive value قيمة غذائية
nyct- ليلة (سابقة)
Nyctea nyctea البومة الثلجية
Nycteridae,F. عائلة من الخفافيش توجدفي شرق ماليزيا وإندونيسيا وأجزاء كثيرة من أفريقيا، تحوي جنس واحد *Nycteris*
nyctinasty تفتح وغلق الزهور والاوراق ليلا استجابة الى الظلام وانخفاض درجة الحرارة
nymphal instar الدور الحوري
nymph الحورية: دور غير ناضج يلي دور البيضة في الحشرات ذات التحول المتباين

O

O رمز الاوكسجين
oak البلوط : شجرة دائمة الخضرة
oak – chestnut forest غابة بلوط – كستناء
oak – hikory forest غابةبلوط –جوز امريكي
oak – pine forest غابة بلوط – صنوبر
oak moth عث البلوط
oakwood عدد من أشجار البلوط النامية معا
oasis واحة: مكان في الصحراء القاحلة حيث تكون المياه الجوفية بالقرب من سطح الارض وحيث تنمو النباتات

occidental غربي: صفة تشير الى الغرب
occipital قفوي
occipital foramen ثقب مؤخري
occipital suture الدرز المؤخري: درز مستعرض يوجد في نهاية الراس والذي يفصل الهامة عن المؤخرة من الناحية الظهرية والخدعن خلف الخد جانبياً
occiput مؤخر الراس ،المؤخرة: الجزء الظهري الخلفي من الراس الواقع بين الدرز المؤخري والدرز خلف المؤخري
occluding apparatus جهاز قفل
occlusion إطباق:إجبار الهواء للتحرك الى الاعلى من سطح الأرض ،كما في وجود جبهة هوائية باردة تتدفق اسفل الجبهة الدافئة
occlusor muscle عضلة قافلة
occupational asthma الربو المهني: ربو سببه المواد التي تلامس الناس في العمل ، مثل الربو في عمال المزارع والناجم عن القش
occupational exposure التعرض المهني: وجود مخاطر صحية أثناء العمل
ocean المحيط: جسم من المياه المالحة التي تغطي الأرض
ocean dumping الردم في المحيط: تصريف النفايات الصلبة والسائلة أو المشعة ، في المحيط محظور الآن
ocean incineration الحرق في المحيط: حرق النفايات السامة في سفن لاسيما في البحر وحظرت الآن
Ocean Thermal Energy Conversion
تحويل الطاقة الحرارية البحرية: عملية استخدام الفرق في درجات الحرارة بين الطبقتين العليا والسفلى من المياه في البحار الاستوائية لتوليد الكهرباء والمياه العذبة
oceanarium المتحف المائي: حوض كبير للمياه المالحة حيث يتم الاحتفاظ الحيوانات البحرية للعرض
oceanic محيطي او يعيش في المحيط
oceanic region منطقة محيطية
Oceanography علم دراسة المحيطات او علم المحيطات:فرع من علم البيئة يهتم بدراسة جميع

oat الشوفان: من محاصيل الحبوب التي تزرع في معظم أنواع التربة (يعد الشوفان صديق للبيئة لأنه يحتاج متطلبات أقل من الحبوب الأخرى)
object موضوع، هدف، شيء
objective شيئي ،موضوعي ،هدف
objective(lens) العدسة الشيئية
oblate مُفلطح
obligate الزامي، اجباري، ضروري
obligate anaerobe لا هوائي اجباري
obligate diapause تهيؤ اجباري: شكل من أشكال التهيؤ والتي هي مبرمجة وراثيا لتحدث في مرحلة نمو محددة بغض النظر عن الظروف البيئية السائدة
obligate hyperparasitoid شبيه طفيل فوقي اجباري: شبيه طفيل فوقي دائما وتنمو ذريته فقط في او على الطفيل الاولي (المضيف)
obligate parasite طفيل اجباري: الطفيلي الذي لا يمكن إكمال نموه أوان يتكاثر دون ان يتطفل على حيوان مضيف
obligate predator(or parasite) مفترس محدد بأكل نوع مفرد من الفرائس
obligatory اجباري
oblique مائل ،منحني
oblique septum حاجز منحرف
oblique vein عرق مائل
obliterate يطمس ، يمحو، يزيل
obliteration طمس،محو، ازالة كاملة (مثل حالة انطباق الخلايا وفقدها شكلها)
oblong مستطيل
oblong plate صفيحة مستطيلة
obscure غامض ، مبهم
obsecured باهت ، قاتم
obsequent stream مجرى عكسي
observation ملاحظة
observe يلاحظ
obstruction إعاقة، عرقلة
obtect pupa عذراء مكبلة:عذراء تلتحم بها لواحق الجسم بالجسم نفسه كعذاري حرشفية الاجنحة
obtuse منفرجة، غير حاد

official control السيطرة الرسمية: مصطلح لقمع واحتواء، أو القضاء على الآفات من السكان من قبل منظمة وقاية النباتات
offpeak يشير الى فترة يحدث فيها استهلاك منخفض لشيء ما
offset تغييرمفاجئ
offshoot راكوب: برعم ينشأ من النخلة ولا يمس الارض
offshore البحرية: 1.في مياه البحر بالقرب من الساحل 2.على مسافة من الساحل
offshore island الجزيرة البحرية: جزيرة تقع على مسافة 12.5 كم أو 20 ميلا من الساحل
offshore windfarm مزرعة رياح بحرية: مجموعة من توربينات الرياح لإنتاج الكهرباء تقع في البحرعلى مسافة من الساحل
offspring نسل ،ذرية
offtake مأخذ
ohm أوم: وحدة قياس المقاومة الكهربائية
oikos مصطلح أغريقي بمعنى مكان للعيش
oil زيت، نفط
oil crop محاصيل زيتية: محصول يزرع لاستخراج الزيت في بذوره
oil pollution التلوث النفطي:الأضرار الناجمة عن النفط مثل تلوث البحر بالنفط من ناقلة نفط محطمة
oil sand الرمال النفطية: تكوين جيولوجي من الرمال أو الحجر الرملي تحتوي على القار، يمكن استخراجها ومعالجتها لتعطي النفط .كما تدعى رمال القار ورمال القطران bituminous sand, , tar sand
oil slick بقعة نفطية: نفط يتسرب إلى المياه ويطفو على السطح
oil spill تسرب النفط: تسرب النفط الى البيئة
oil well بئر نفط
oil-bearing الحاوية للنفط: اشارة الى الصخر، الرمل او الصخر الزيتي الذي يحتوي على النفط
oilfield حقول النفط
oil-fired استخدام النفط كوقود
oilseed rape زيت بذور اللفت: نبات من عائلة الخردليات يزرع للحصول على زيت الطعام

الجوانب المادية للمحيطات، بما في ذلك الحيوانات والنباتات التي تعيش فيه
Oceanology علم المحيطات: دراسة التوزيع الجغرافي للموارد المحيطات الاقتصادية
ocellar bristle شعيرة العين البسيطة
ocellar lobe فص العين البسيطة
ocellar nerve عصب العين البسيطة
ocellar triangle مثلث العين البسيطة: مثلث مرتفع قليلاً عن الراس فيه العيون البسيطة الثلاث في ثنائية الاجنحة
ocellar عويني
ocelli عيون بسيطة
ocellus (pl.ocelli) العين البسيطة في الحشرات او في مفصلية الارجل
Ocnerogyia amanda عثة اوراق شجيرة التين
octane اوكتان: من المواد الهيدروكربونية السائلة
octopus أخطبوط
ocular عيني
ocular sclerite صفيحة عينية
ocular spot البقعة العينية
odd فردي(مثل العدد5،3..)، مفرد،غريب، شاذ
Odocoileus hemionus الأيل الاذاني
Odonata رتبة الرعاشات(حشرات)
odour(odor) رائحة
odour nuisance رائحة مزعجة أو غير سارة
odynometer مقياس الألم
odyno- آلم (سابقة)
Oecophoridae,F. عائلة العث النساج اوالمخفي
Oekologie علم البيئة
Oenanthe oenanthe أبلق أوروبي: طائر يعود الى عائلة Muscicapidae
oesophageal مريئي
oesophageal valve صمام مريئي
oesophagus مريء
oestrogen,estrogen هرمون الاستروجين:وهو هرمون ستيرويدي ينتمي إلى مجموعة الهرمونات التي تتحكم في دورة التكاثر ونمو الصفات الجنسية الثانوية في الإناث
oestrus , period of الدورة النزوية

oligotrophic lakes بحيرات نزرة الغذاء
oligotrophy قلة، نزرة التغذية:حالة تكون التغذية قليلة
olive زيتون
ombrogenous يشيرالى مساحة من الأرض مثل مستنقع يعتمد على الأمطار لتشكيله ، أو نبات يتلقى المياه من الأمطار فقط، وبالتالي يحوي القليل من المغذيات
ommatidium (pl.ommatidia) العوينة: وحدة تركيب العيون المركبة في الحشرات
Ommatissus binotatus lybicus حشرة الدوباس
Ommatophoca rossii فقمة روس: تعود لعائلة Phocidae
omnivorous قارت: كائن حي يستهلك كلا من المواد النباتية والحيوانية
onager (*Equus hemionus*) أخدر:حمار بري آسيوي
oncogene مورث سرطاني: هو الجين الذي لديه القدرة على التسبب في الإصابة بالسرطان
Oncology علم الاورام
Oncopeltus fasciatus حشرة حشيشة اللبن او الصقلاب، تعود لرتبة نصفية الاجنحة من عائلة Lygaeidae
Ondatra zibethicus فأرة المسك
Oneirology علم الاحلام: يختص بتفسير الاحلام
onisciform larva يرقة مفلطحة
onisciform مفلطح
Onomatology علم التسمية
onshore على الشاطئ
ontogeny تاريخ الفرد: تاريخ نمو العضو الفرد او البيضة
onycho- ظفري (سابقة)
Onycophora المخلبيات
oocyte خلية البيضة:أمشاج الإناث اوالبيض النامي
oogenesis تشكيل ونمو البيض في الأنثى ، بضمنها نضج البيض وتكون المح
oogonium (pl.oogonia) الخلية التي تنشأ من الخلايا الجرثومية البدائية وتتمايز الى بويضة في المبيض

والعلف الحيواني من البذور المصنعة(غالبا ما يسمى الزيت المنتج من الحبوب الزيتية "الزيوت النباتية")
oilseeds البذورالزيتية: المحاصيل المزروعة لحصول على الزيت المستخرج من بذورها
oily زيتي
ointments مرهم، دهان
okta, octa ثمان
old growth النمو القديم: غابة منشأة منذ فترة طويلة أو غابات بأشجار كبيرة قديمة تدعم مجتمع مستقر نسبيا ومتنوع من النباتات والحيوانات
old-growth forest غابة قديمة النمو: غابة لم تتأثر بدرجة كبيرة بالنشاط البشري
oleander دفلة
olefin, olefine أولفين:الهيدروكربونات الأليفاتية
olfaction الشم
olfactometer مقياس الشم
olfactory شمي
olfactory organ عضو الشم
oligo- نزر، قليل او صغير(سابقة)
Oligocene epoch العصر الأوليجوسيني او الحديث اللاحق: منذ 38-24 مليون سنة. وظهرت فيه ثدييات جديدة كالخنازير البرية ذات الأرجل الطويلة.والقطط والكركدن الضخم والنسور
Oligochaetes الديدان الحلقية قليلة الاشواك: أي من الديدان التي تعود الى صنيف Oligochaeta شعبة الديدان الحلقية والتي تضم العديد من الديدان البرية والمائية مثل دودة الارض
oligohaline نزر الملوحة:يحوي نسبة املاح قليلة
oligomictic lakes بحيرات نزرة المزج
oligomictic تتعلق ببحيرات مستقرةحراريا تقريبا والاختلاط فيها نادر وهي صفة البحيرات الاستوائية ذات درجة حرارة سطحية عالية جدا (20-30)م
oligophagous قليلة المآكل: يشير الى الحيوانات التي تتغذى على أنواع قليلة
oligophagy نزرة التغذية:تتغذى على انواع قليلة
oligopod قليلة الاقدام
oligosaprobic اشارةالى كائن حي غير قادرعلى البقاء حياً في المياه الملوثة
oligotrophic نزرة الغذاء: اشارة الى المياه منخفضة العناصر الغذائية والأنتاجية

opportunist, opportunistic الانتهازية: صفة تشير إلى الكائن الحي الذي يستوطن بسرعة المواطن المتاحة

opportunistic species نوع انتهازي

opportunistic weed اعشاب انتهازية : الاعشاب التي تنمو في مدى واسعة من الظروف

optic, optical بصري:اشارة الى العين أو البصر

optical density كثافة بصرية

optical isomers نظائر ضوئية او بصرية

optimal foraging theory نظرية البحث عن الطعام الأمثل: هي فكرة في علم البيئة تستند الى دراسة سلوك البحث عن الطعام وتنص على أن الكائنات الحية تبحث بطريقة لتعظيم صافي كمية الطاقة لكل وحدة زمنية. بعبارة أخرى، فإنها تتصرف بطريقة لأيجاد وأستهلاك الغذاء الذي يحتوي على سعرات حرارية أكثر فيما يتم إنفاق أقل قدر ممكن من الوقت في القيام بذلك

optimal temperature درجة الحرارة التي يكون فيها اداء الجسم أو النشاط هو الأكثر فعالية

optimal مثلى

optimise, optimize تحسين جعل شيء فعال قدر الإمكان

optimum امثل

optimum carrying capacity(K_0) سعة الحمل المثلى: مستوى من كثافة السكان أوطأ من سعة الحمل القصوى (K_m) والذي يمكن إدامته في موطن معين دون "العيش على الحافة" نسبة الى الموارد مثل الغذاء والمكان

optimum degree درجة امثل

optimum humidity درجة الرطوبة الأمثل

optimum sustainable population السكان المستدام الأمثل : عدد الأفراد المطلوبة للحفاظ على وجود النوع

optimum temperature درجة الحرارة الأمثل

optimum sustained yield الانتاج الامثل: مستوى او كمية المادة او الحصاد التي يمكن ازالتها من السكان والتي ستزيد الكتلة الحية الى اقصى حد (او العدد ،الربح،او اي نوع اخر) بصورة مستدامة او مستمرة

ootheca (pl.,oothecae) كيس البيض:غطاء او محفظة لمجموعة من البيوض في مستقيمة الاجنحة

ooze, ooze mud 1. الردغة: رواسب طينية دقيقة لاسيما في قعر بحيرة او بحر،2. النضح، النز 3. الطين اللين : لاسيما في الجزء السفلي من بحيرة أو البحر

oozing نضح السوائل

opacity عتامة

opaque معتم

open burner المحارق المفتوحة: موقع خارجي في الهواء الطلق حيث تحرق النفايات بالنار، ويسبب تلوث الغلاف الجوي

open burning الحرق المفتوح: حرق الفضلات او النفايات في الهواء الطلق مما يسبب التلوث بالدخان

open cell خلية مفتوحة تمتد الى حافة الجناح وليست محاطة بالعروق من جميع الجهات

open coxal cavity تجويف حرقفي مفتوح: محجر الحرقفة المفتوح في غمدية الاجنحة

open dump الردم المفتوح: مكان تترك النفايات فيه على الأرض غير مدفونة في حفرة

open ocean, open sea المحيط المفتوح، البحر المفتوح: المحيط أو البحر بعيدا عن الساحل

open water zone منطقة اللجة (عرض الماء)

open-air الهواء الطلق: يشير إلى البيئة خارج المباني

operation عملية

operculate مغطى، ذو غطاء

operculum (pl.,opercula) غطاء، أغطية

Operophtera brumata عثة الشتاء، تعود لعائلة Geometridae

Ophidia رتيبة الحيات

ophioid ثعباني

ophiophagous آكل الثعابين

Ophiuroidea, class صنف نجوم البحر الهشة (الثعبانية)

ophthalm- عيني (سابقة)

opistho- ظهري

opportunism الانتهازية

Order Mecoptera رتبة الذباب طويل الاجنحة - الذباب العقربي
Order Neuroptera رتبة الحشرات شبكية الاجنحة
Order Odonata رتبة الرعاشات
Order Orthoptera رتبة الحشرات مستقيمة الاجنحة
Order Plecoptera رتبة الحشرات صفائحية الاجنحة
Order Psocoptera رتبة قمل الكتب والقلف، الاسم المرادف Corrodentia
Order Thysanptera رتبة الحشرات هدبية الاجنحة
Order Thysanura رتبة الحشرات ذات الذنب الشعري
Order Trichoptera رتبة الحشرات شعرية الاجنحة
ordinary عادي
ordination or gradient analysis تنسيق أو تحليل الانحدار:ترتيب سكان الأنواع والمجتمعات على طول مدرج، وهي عملية ترتيب المجتمعات بيانيا من أجل الحصول على مسافات بين الأنواع تعكس تركيب المجتمع
ore خام
ore-bearing الحاملة للمعدن الخام : يشيرالى الصخور التي تحوي خام
organ عضو
organ culture زرع الاعضاء
organelle عُضي
organic عضوي، مركب يحوي كربون ،او يشير الى عضو في الجسم عضوي طبيعي بدون اسمدة
organic carbon الكربون العضوي: الكربون الذي يأتي من حيوان أو نبات
organic conversion التحويل العضوي:عملية التحويل من الزراعة التقليدية إلى الإنتاج العضوي
organic evolution تطور عضوي
organic farming الزراعة العضوية: طريقة الزراعة التي لا تشمل استخدام الأسمدة الصناعية أو مبيدات الآفات

optometer مقياس البصر
oral فمي: اشارة الى الفم، أو إلى الكلام
oral cirri ذؤابات فمية
oral vibrissae زوج من الاشواك القوية تقع في اسفل الوجه واحدة منها على كل جانب من فتحة الفم وهي متميزة عن بقية الاشواك الفمية القصيرة في ثنائية الاجنحة
orbit مدار، فلك
orbital مداري: إشارة الى حركة الجسم حول شيء
orbital motion الحركة المدارية:حركة كائن في مدار حول نقطة ثابتة
orbital road طريق مداري
Order الرتبة: تصنيف الحيوانات أو النباتات، وتتكون من عدة عائلات، او بمعنى أمر، تعليمات، او ترتيب
Order Acarina رتبة القراد والاكاروس والحلم
Order Anoplura رتبة القمل الحقيقي
Order Aphaniptera رتبة مخفية الاجنحة (البراغيث)
Order Blattidae رتبة الصراصير
Order Coleoptera رتبة الحشرات غمدية الاجنحة
Order Corrodentia رتبة قمل الكتب والقلف
Order Dermaptera رتبة الحشرات جلدية الاجنحة
Order Diptera رتبة الحشرات ذات الجناحين
Order Ephemeridia رتبة ذباب مايو
Order Ephemeroptera رتبة ذباب مايو
Order Hemiptera رتبة الحشرات نصفية الاجنحة
Order Homoptera رتبة الحشرات متشابهة الاجنحة
Order Hymenoptera رتبة الحشرات غشائية الاجنحة
Order Isoptera رتبة الحشرات متساوية الاجنحة
Order Lepidoptera رتبة الحشرات حرشفية الاجنحة
Order Mallophaga رتبة القمل القارض

orphan site الموقع اليتيم:مساحة من الأرض الملوثة والتي على حد سواء الملوث والمالك يرفض المسؤولية
Orthodontology علم تقويم الاسنان
orthogenesis 1.التكون القديم: نظرية تقول بأن تطور الانواع في الاجيال المتعاقبة يتأثر بشدة بالعوامل الداخلية ولا يخضع للعوامل الخارجية كالانتخاب الطبيعي(علم الحياة)2.النظرية القائلة بأن جميع الثقافات تمرعبر فترات متتابعة بنفس الترتيب
orthogonal متعامد
orthokinesis حركات عشوائية
orthos مستقيم
orthoselection انتخاب مستمر
orthotropism النمو مباشرة نحو أو بعيدا عن حافز
oryx المارية : نوع من بقر الوحش الافريقي
Oryzaephilus surinamensis خنفساء الحبوب المنشارية
os عظم
oscillation ذبذبة ،تذبذب:اختلاف او تغيير منتظم ودوري في حجم السكان ولا يعتمد على الظروف البيئية
oscillation , classical تذبذب كلاسيكي
oscillation , relaxation تذبذب ارتخائي
oscillator مذبذب
oscillometer مقياس الذبذبة
oscillometry قياس الذبذبة
osmatic شمي
osmesis الشم
osmeterium (pl.,osmeteria) غدة الرائحة: غدة انبوبية وسادية قابلة للانقلاب خارجاً توجدعلى قطعة الصدر الأولى في العديد من اليرقات،عادة تنتج مواد ذات رائحة كريهة لطرد الحيوانات المفترسة
osmoceptor مستقبل الشم
osmometer مقياس الشم
osmoregulation تنظيم تناضحي للتحكم بكمية الماء والاملاح في الجسم
osmosis تنافذ،الانتشار الغشائي ، التناضح: حركة الجزيئات من التركيز الواطئ الى التركيز العالي عبر غشاء شبه منفذ حتى يتوازن التركيزين

organic fertiliser الأسمدة العضوية : الأسمدة المصنوعة من المواد النباتية الميتة أو المتحللة أو فضلات الحيوانات، مثل ورقة متعفنة ،سماد مزرعة أو مسحوق العظام
organic material, organic matter المواد العضوية: مواد كربونية مشتقة من الكائنات الحية، مثل مواد نباتية متحللة أو روث الحيوانات
organically عضويا
organism كائن حي
organizer منظم
organochlorine الكلورية العضوية: مركب كيميائي يحوي على الكلور ويستخدم كمبيد للحشرات
organophosphate الفوسفات العضوي: وهو مبيد صنعي يهاجم الجهاز العصبي
organophosphorus compound مركب فوسفوري عضوي:وهومركب عضوي يحتوي على الفسفور
organum عضو
oriental شرقي
oriental housefly الذبابة الشرقية
orientation ترتيب ،تنظيم
orifice فتحة
origin اصل ، سبب
original اصيل
ornamental زيني ، للزينة فقط ،زخرفي
ornamentation زخرفة
ornis طيور(كلمة غير شائعة)
Ornithodorus moubata قراد الطيور: يعود الى القراد اللين
Ornithodoros savignyi قراد الطيور
Ornithology علم الطيور
ornithophily التلقيح بالطيور
orogenic movement حركة نشوء الجبال
orogeny تكوين الجبال
orographic effect تأثير الجبلية: الاضطراب في الغلاف الجوي الذي يحدث بسبب او يعود الى وجود الجبال أو الأرض العالية ألاخرى
oro- فمي (سابقة)

osmotic pressure ضغط تنافذي، اسموزي: الضغط الناتج عن اختلاف درجتي تركيز محلولين يفصلهما غشاء شبه منفذ اوالضغط اللازم لمنع تدفق مذيب إلى المحلول من خلال غشاء شبه منفذ

osmotic regulation تنظيم تنافذي: السيطرة على الضغط التنافذي داخل الخلايا والكائنات الحية البسيطة ،التي يحفظ من خلالها التوازن بين السوائل داخلها وخارجها في البيئة

osmotrophs متغذيات المواد الناضحة (النافذة)

OSPAR (Oil Spill Preparedness and Response) اتفاق دولي لمنع تلوث شمال شرق المحيط الأطلسي وسواحله عن طريق الحد من عمليات التصريف والانبعاثات والخسائر من المواد الخطرة بشكل مستمر ، بهدف تحقيق تركيزات منخفضة للغاية او صفر في النهاية

ossa العظام

ossification تعظم

osteal عظمي

osteoblast of bone خلية مولدة للعظم

osteosis تعظم

Osterhaut وسط غذائي باسم اوسترهاوت

ostium (pl.,ostia) فتحات القلب الجانبية التي تكون بشكل شقوق يدخل منها الدم من تجويف الجسم الى القلب

ostrich نعامة

otherwise بطريقه اخرى ، والأ

Otology علم الاذن

Otorhinology علم الاذن والانف

oura ذيل

outback المناطق النائية: مساحة كبيرة من الأراضي البرية أو شبه البرية في وسط قارة أستراليا

outbreak وباء او تفشي او اندلاع او انفجار (سكاني)

outbreak areas مناطق انفجار،بالنسبة للجراد هي المنطقة التي يمكن ان تنتج اسراب تنتقل الى اماكن اخرى، وهذه المناطق يمكن ان تستوطن بصورة دائمية من قبل الجراد

outbreak centers مراكز انفجار

outbreeding = out cross تزاوج الاباعد، تضريب خلطي ، الإخصاب بين نباتين منفصلين ، بدلا من الاخصاب في الزهرة نفسها أوبين الزهور من نفس النبات

outcompete متفوق: يكون أكثر نجاحا من الكائنات الاخرى من النوع نفسه او من انواع مختلفة في الحصول على نفس الموارد المحدودة مثل الضوء أو الطعام أو تزاوج

outcrop نتوء او بروز:مساحة الصخورالتي تبرز فوق سطح التربة

outer خارجي

outer fork فرع خارجي

outer suburbs الضواحي الخارجية: جزء من مدينة سكنية، بعيدا عن المركز، ولكن لا يزال داخل المنطقة المبنية

outer valve صمام خارجي

outer vertical bristle شعيرةعمودية خارجية

outfall 1.مصب نهر او جداول او قناة 2. أنبوب مياه الصرف الصحي الذي تتدفق منه المياه الخام أو المعالجة الى نهر او بحيرة أو البحر كما يدعى مجاري المصبات (outfall sewer)

outflow دفق خارج: تدفق باتجاه الخارج

outlet مخرج،منفذ

outlier غير النموذجية:1.الكائن الحي الذي يوجد بشكل طبيعي بعيد المسافة عن المنطقة الرئيسية التي يوجد فيها نوعه2.مساحة فيها الصخور الاصغر محاطة بالكامل من قبل الصخور الاكبر

outline الخطوط العريضة:ملخص،الخط الذي يبين الشكل الخارجي للشيء ، شكل أو رسم اولي ، خط محيطي ،يضع الخطوط الاولى

outdoor في الهواء الطلق، في العراء

out-of-doors العيش في الخارج

output مقدار المنتوج ،الحاصل

outwash جفاء السيل :الماء الذي يتدفق من ذوبان الأنهار الجليدية ويكون رواسب من الغرين

outwash deposit,outwash fan ترسبات الغرين التي شكلها نهر جليدي ذائب

outwelling دفق خارج

ova (pl. of ovum) بيض

ovariole انبوبة مبيض

ovary المبيض: العضو المنتج للبيض في الانثى

over functioning زيادة العمل

over- فوق ، او بافراط (سابقة)

overcompensation فرط التعويض

overcropping عملية زراعة محاصيل كثيرة جدا على التربة الفقيرة ، مما يسبب انخفاض كبير في خصوبة التربة

overcrowding ازدحام

overcultivated صفةتشير الى الاراضي التي يتم زراعتها بشكل مكثف جدا وتنخفض خصوبة التربة

overdominance سيادة متفوقة

overexertion فرط الاجهاد

overexploit استنزاف:1.استخدام المواردبطريقة غير مسيطر عليها

overexploitation الاستغلال المفرط:الاستعمال غير المسيطر للموارد الطبيعية حتى لا يتبقى الا القليل

overfertilisation فرط التسميد: معاملة الارض بالكثير من الأسمدة

overfish فرط صيد السمك:صيد كثير من الأسماك بحيث لا تستطيع التكاثر بسرعة كافية وتصبح نادرة

overfishing الصيد الجائر او المفرط للاسماك

overflow طفح،تدفق السائل الزائد

overgraze رعي المراعي بكثرة بحيث يفقد العناصر الغذائية ولايعد قادرا لتوفير الغذاء للمواشي

overgrazing الرعي الجائر: ممارسة الرعي في المراعي بكثرة بحيث يفقد مغذيات ولم يعد قادرا على توفير الغذاء

overhaul اصلح ، ادرك

overland flow تدفق بري:حركة مياه الأمطارأو ذوبان مياه من الثلج أو الجليد على سطح الأرض في طبقة رقيقة واسعة

overlap تداخل، تراكب

overlapping code رمز متراكب

overnutrition فرط التغذية: الأكل أكثر من اللازم،أو الأغذية التي تحتوي على كثير من السعرات الحرارية ، او مثل الوفرة الغذائية

overpopulate مكتظ بالسكان: يشير إلى زيادة السكان في مكان لدرجةأن المساحة المتوفرة والغذاء والمياه والموارد الأخرى غير كافية لدعمها

overproduction الإفراط في الإنتاج:إنتاج شيء اكثر مما هو مطلوب

override يلغي ، يبطل ، تجاوز، تخطي

overrun يتجاوز، يكتسح

overstory طبقة الغطاء النباتي الأعلى في الغابة التي شكلتهاالأشجارالطويلة وتدعى overwood

overstory الطبقة العليا

overt attack هجوم صريح او علني

overtop يغمر

overturn يقلب

overturning moment عزم التدوير

overuse الإفراط: الاستخدام المفرط

overventilation فرط التهوية

overwinter خلال الشتاء :1.قضاء فصل الشتاء في مكان معين2.البقاءعلى قيدالحياة في فصل الشتاء

ovicide مبيد البيض: مادة تقتل البيض

oviod بيضي

oviduct قناة البيض:الانبوبة التي يمرفيها البيض من المبيض الى المهبل

Ovine عائلة الاغنام

oviparity بيوضة: تضع بيض كوسيلة طبيعية للتكاثر

oviparous insects حشرات بيوضة

oviparous(oviparae) بيوضة (حيوانات بيوضة)

oviposit تبيض

oviposition البيض (عملية وضع البيض)

ovipositor مبياض :آلة وضع البيض

Ovis canadensis غنم الجبل ذو القرون الكبيرة

Ovis dali نوع من غنم الجبل

ovoviviparous بيوضة ولودة

ovulation الاباضة، تبويض البيض: مرور البيضة من انبوب المبيض في قناة البيض

ovule بويضة

ovum بيضة

owl بومة

ox ثور

oxbow منعطف النهر

oxidant مؤكسد

oxidation الأكسدة: تفاعل كيميائي الذي يجمع الأكسجين مع مادة مع فقدان الإلكترونات

oxidation ditch,oxidation pond خندق الأكسدة، بركة الأكسدة: حفرة أو بركة تنقى فيها مياه الصرف الصحي من خلال السماح للتفاعلات الكيميائية الحياتية أن تجري فيه على مدى فترة من الزمن

oxidation–reduction الأكسدة والاختزال: تفاعل كيميائي عكسي بين مادتين اذ يتأكسد واحد والآخر يختزل

oxide اوكسيد

oxidise, oxidize يؤكسد: تشكيل أوكسيد عن طريق تفاعل الأكسجين مع مادة كيميائية أخرى

oxidising atmosphere الغلاف الجوي المؤكسد: خليط من الغازات التي تحتوي على الأوكسجين وتحول العناصر إلى أكاسيد من خلال التفاعلات الكيميائية

oxidization اكسدة ، تاكسد

oximeter مقياس الاوكسجين

oxygen deficiency نقص الاوكسجين

oxygen sag انخفاض الاوكسجين

oxygen(O) الاوكسجين:غاز عديم اللون والرائحة وضروري للحياة

oxygenate اكسجة: لتصبح مليئة بالاوكسجين

oxygenation الاكسجة:عملية جعلها مليئة بالاوكسجين

ozone (O_3) الأوزون :شكل سام من الأوكسجين توجد طبيعيا في الغلاف الجوي ، وهو سام للإنسان بتركيز يزيد عن0.1جزء لكل مليون

ozone depletion استنفاذ طبقة الأوزون: فقدان الأوزون من الغلاف الجوي

ozone hole ثقب الأوزون: جزء رقيق في طبقة الأوزون في الغلاف الجوي فوق القارة القطبية الجنوبية

ozone layer =ozonosphere طبقة الأوزون: طبقة في الغلاف الجوي مابين 20و50كم فوق سطح الأرض في طبقة الجو الأعلى stratosphere وهي تمثل حماية ضد الآثار الضارة لأشعة الشمس،واختزال وتدمير هذه الطبقة يسمح للمزيد من الأشعة بالمرور عبر الغلاف الجوي مسببا نتائج ضارة مثل سرطان الجلد لدى البشر

ozone monitoring device جهاز مراقبة الأوزون : الجهاز الذي يقيس مستويات الأوزون في الغلاف الجوي

ozone precursor مادة كيميائية تساهم في تكوين الأوزون مثل اوكسيد النيتروجين

ozone-depleting substance المواد المستنفذة للأوزون: مادة معروف أن لها آثار سلبية على طبقة الأوزون في الغلاف الجوي

ozone-depletion potential, ozone depleting potential استنفاد الأوزون الوسعي: قياس تأثيرمادة على تقليل كمية الأوزون في الغلاف الجوي

ozone-friendly صديق للأوزون:لا يضر طبقة الأوزون في الغلاف الجوي

P

P رمز الفسفور

¾ power law (Kleiber's law) يميل معدل الايض في حيوان مفرد الى الزيادة للقوة ¾ من وزنه

P/R [Production / Reduction)rate نسبة الانتاج الى التنفس

pacemaker ناظم: ضابطة النبض

pachy- ثخن (سابقة)

pack حزمة، علبة: مجموعة من الحيوانات المفترسة التي تعيش وتطارد معا(مثل الحيوانات من عائلة الكلاب كالذئاب، وكذلك الحيتان القاتلة)

packaged معلبة: ملفوفة بغطاء

package حزمة:1.شيء أو مجموعة من اشياء ملفوفة .2 مجموعة من عناصر مختلفة معا

packaging التعبئة والتغليف

packaging material مواد التعبئة والتغليف

packaging waste نفايات التغليف

pad وسادة

paddy field حقل الارز:حقل مليءبالمياه الضحلة ،يزرع فيها الأرز

paedogenesis تكاثر الاطوار غير الكاملة: انتاج البيض اوالصغار بوساطة يرقة او حيوان غير كامل النمو،او هو تكاثر من قبل كائن حي لم يصل للنضج

تكرر نظريا التاريخ التطوري للمجموعة التصنيفية التي ينتمي إليها

palisade trachea قصبة هوائية عمادية

palliate يلطف

pallid شاحب

pallidum شاحب

palm oil زيت النخيل: زيت طعام مستخرج من بذور النخيل او التمر

palm نخيل

palm weevil سوسة النخيل

palmate خوصية: يشير الى الأوراق التي انفصلت عن جزء مركزي مثل الأصابع على اليد كما تدعى digitate

palp لامسة

palpate يجس، يلمس

palpifer حامل الملمس الفكي:الفص الذي يقع على ساق الفك المساعد والذي يحمل الملمس الفكي

palpiger حامل الملمس الشفوي: فص الذقن في الشفة السفلى والذي يحمل الملمس الشفوي

palpus (pl, palpi) ملمس:لاحقة مقسمة الى قطع تقع على الفك المساعد او الشفة السفلى

paludal مستنقعي: صفة تشير الى الذين يعيشون في مستنقعات الاهوار

Palynology علم دراسة حبوب اللقاح: الدراسة العلمية لحبوب اللقاح، لاسيما الموجودة في رواسب الفحم ، كما تدعى تحليل حبوب اللقاح

pampa مساحة واسعة من السهول العشبية المنخفضة الخصبة الموجودة في أمريكا الجنوبية

pan- جميع، عموم ،كلي، تماما (سابقة)

pan جنس من القرود يضم الشمبانزي

Pancreas البنكرياس

pandemic وباء شامل: مرض يصيب سكان في دول متعددة

panel ندوة

pang ألم مفاجئ، انقباض، وخز، ذبحة

Pangaea بانغايا: كتلة اليابسة الافتراضية التي كانت موجودة وتضم كل القارات معامن حوالي300 إلى 200 مليون سنة مضت

pangolin حيوان ام قرفه وآكلات النمل

panorpatae الذباب طويل الاجنحة

Pagellus اسم جنس لسمك يعود لعائلة الشبوط Sparidae وهو من الأسماك الغذائية الشائعة في بلدان البحر الأبيض المتوسط

pain ألم

pair زوج

palaearctic region منطقة بيوجغرافية: تغطي أوروبا وآسيا الشمالية وشمال أفريقيا

palaeo-,paleo-,pale- أقدم أو قديمة،لاسيما فيما يتعلق بعلم الارض الماضي ، باحث في الاشكال القديمة (سابقة)

Palaeobotany علم الحفريات النباتية

palaeomagnetism دراسة المغناطيسية القديمة للصخور

Palaeontology علم الحفريات

palatable مستساغ تناوله

pale شاحب، باهت

palearctic العالم القديم

Paleobotany علم المتحجرات النباتية

Paleocene epoch العصر الباليوسيني:منذ 54- 65 مليون سنة.وفيه ظهرت الثدييات الكبيرة الكيسية المشيمة ،كما ظهرت الفئران الصغيرة وقنافذ بلا أشواك

Paleoclimatology علم المناخ القديم: دراسة الظروف المناخية ، وأسبابها وآثارها ، في الماضي، باستخدام الادلة التي عثر عليها في الترسبات الجليدية ،الحفريات، والرواسب

Paleoecology علم بيئة الماضي: دراسة العلاقات بين النباتات والحيوانات القديمة وبين بيئاتها من خلال سجل المتحجرات

Paleontology علم الاحاثة:علم يبحث في اشكال الحياة في العصورالجيولوجية السالفة كما تمثلها المتحجرات الحيوانية والنباتية

paleosymbiosis أدلة المتحجرات لتجمعات بين اثنين من انواع مختلفة وتشمل:
paleoinquilinism, paleomutalism paleocommensalism,and aleoparasitism

Paleozology علم الحيوان الآحاثي: فرع من علم الاحاثة يبحث في الحيوانات القديمة

palingenesis 1.تناسخ: معتقد تناسخ الأرواح او التقمص2.مرحلة في نمو الحيوان او النبات والتي

pant لهث، لهاث
panther الفهد(ذو اللون الاسود غير المرقط)
Papilionidae,F. عائلة سنونية الذنب
papilla (pl. papillae) حلمة
para- بجانب (سابقة)
paradox متناقض
paraffin برافين: من الهيدروكربونية الأليفاتية المشبعة
paraglossa (pl.,paraglossae) جار اللسين: احد الفصين الواقعين في مقدمة الشفة السفلى
parallel نفس خط العرض ،او خط مواز
parallel of latitude خط العرض
paralysis شلل
paralyze يشل
Paramecium aurelia براميسيوم
Paramecium bursaria براميسيوم
Paramecium caudatum براميسيوم مذنب
parameter معيار
parametric statics احصائيات معلمية: أختبارات احصائية تتطلب بيانات كمية او ملاحظات مبنية على نمط توزيع طبيعي او عشوائي
paramorph شكل مغاير
Paraneoptera مجموعة فوق رتب حشرات تعود الى ذات التحول التدريجي وتشمل: Hemiptera, Thysanoptera,Psocoptera, and Phthiraptera
paranoia ذهان ،جنون
paranotal theory نظرية النتواءت الصدرية: احد النظريات الثلاث الرئيسية حول أصل طيران الحشرات، وهي ان الاجنحة نشأت من فصوص جنب صدرية عملت هذه الفصوص كمظلة هبوط للحشرة، امتدت تدريجيا في مرحلة لاحقة الى الصفيحة الظهرية الصدرية بعدها ظهرت عضلات لتحريك هذه الاجنحة.ينطوي هذا النموذج على زيادة تدريجية في فاعلية الأجنحة ولكن عدم وجود أدلة أحفورية جوهرية لتطور مفاصل وعضلات الجناح والتعرق يشكل صعوبة كبيرة على النظرية، وقد رفضت إلى حد كبير من قبل الخبراء
para-oesophageal جار مريئي
parapatric speciation تطوير أنواع جديدة في المناطق المتجاورة وغير معزولة تماما
paraphyletic يشير إلى مجموعة تصنيفية تشترك في سلف اخير واحد ولكن لا تحتوي كل المتحدرين من نسله
paraproct جار شرج: احد الفصين المحيطين بالمخرج من الناحية البطنية الجانبية
parapsidal suture درز الظهر الوسطي (في غشائية الاجنحة)
parapsis لوح الظهر الوسطي
paraquat مبيد أعشاب يقتل مجموعة واسعة من النباتات عن طريق قتل أوراق الشجر ويصبح خامل على اتصال مع التربة
parasite طفيل: كائن حي يعيش على أو داخل كائن حي آخر (المضيف) ويستمد منه الغذاء وغيره من الاحتياجات
parasite , primary طفيل اولي
parasite , secondary طفيل ثانوي
parasite , tertiary طفيل ثالثي
parasitic متطفل - طفيلي
parasitic bacteria بكتريا طفيلية
parasitical طفيلي
parasiticide مبيد طفيليات
parasitise, parasitize يتطفل
parasitism تطفل:علاقة بين نوعين وفيها احد النوعين (الطفيل) يعيش على أو داخل النوع الاخر (المضيف) ويستمد منه الغذاء والاحتياجات، فيما يتضرر المضيف
parasitoids اشباه طفيليات: شكل خاص من الطفيليات عبارة عن يرقة حشرة تنمو في او على مضيف وتقتله والذي يكون عادة حشرة اخرى اذ تقوم باستهلاك الانسجة الرخوة للمضيف قبل ان تتحول الى بالغة ،وتتطلب يرقة اشباه الطفيل مضيف واحد للنمو ومعظمها يعود لرتبة Hymenoptera و Diptera
Parasitology علم الطفيليات: العلم الذي يتعامل مع الكائنات الحية الصغيرة (الطفيليات) التي تعيش في او على كائنات حية اخرى (المضايف)، بغض النظر عن كون تأثير الطفيلي على المضيف ايجابي او سلبي او متعادل

parts per million (ppm) جزء في المليون: مقياس تركيز مادة
parturition الوضع، الولادة
partus ولادة
partus caesarius ولادة قيصرية
partus difficilis ولادة عسرة
pass ممر
passage ممر او مرور:1. قناة ضيقة أو ممر طويل 2. حركة من مكان لآخر
Passer domesticus العصفور الدوري
passerine طائر من العصفوريات
passive سلبي
passive immunity مناعة منفعلة (سلبية): المناعة المكتسبة عن طريق نقل الأجسام المضادة من فرد آخر،مثل الحقن أوعن طريق المشيمة إلى الجنين
passive smoking التدخين السلبي: حالة يكون فيها شخص ما يتنفس دخان التبغ من الجو حوله مما قد يسبب سرطان الرئة
pastoral رعوية
pastoralist رعاة
pastureland المراعي: الأراضي المغطاة بالعشب أو النباتات الصغيرة التي يستخدمها المزارعون كمكان تغذية الحيوانات
pasture المنتجع،المراعي: الأراضي المغطاة بالعشب أو النباتات الصغيرة يستخدمها المزارعون كمكان تغذية الحيوانات ، او وضع الحيوانات في المراعي
patagia اغشية الطيران(كما في الخفاش)
patch 1. في علم البيئة هو موطن الجزيرة والذي هو متجانس داخليا ولكنه يختلف في بعض النواحي المهمة عن المناطق المحيطة بها (في بعض مجالات البيئة، يمكن ان يكون مرادفا تقريبا مع الموطن ويشير إلى عدم التجانس البيئي على أي نطاق)2 .في علم البيئة السلوكية،هو جزء من موطن الكائن الحي محدد ،نسبيا ومتجانس او موطن دقيق يختلف ،لاسيما في توافر الموارد عن بقية الموطن3. رقعة
patch dynamics حركيات موقعية: عملية يحدث فيها الاضطراب لمجتمع فجوة تستوطن فيما بعد من النوع نفسه او غيره،او هو نهج لتحليل النظم

parasymbiosis علاقة تصاحب تحدث بين أنواع معينة من الفطريات والأشنات (وهي في حد ذاتها تجمعات تكافلية بين الفطريات والطحالب)
paratransgenesis تقنية تحاول القضاءعلى مسببات المرض من السكان الناقل لها من خلال عملية التعديل الوراثي الهدف هو السيطرة على الأمراض المنقولة بالنواقل
Parazoa الكائنات متعددة الخلايا والتي تكون خلاياها أقل تخصصا من Metazoa ،وتضم شعبة واحدة هي الإسفنجيات
parcel حزمة،او قطعة أرض، او كمية من الخشب
paremere قطعة جانبية
parent الوالد ، ذكر او انثى
parent rock الصخور الام نفس معنى mother rock
parietal جداري
parental care الرعاية الأبوية: سلوك يقوم به الاب او الام يعود بالنفع على الذرية
parental material المادة الام
parietal layer طبقة جدارية
paries جدار منزل أو غرفة، او أي تجويف في الجسم
park منتزه ،حديقة
parrot ببغاء
part جزء
part per billion (ppb) جزء من البليون: مقياس تركيز مادة
parthenocarpy إثمار عذري: إنتاج الفواكه الخالية من البذور بدون تخصيب
parthogensis ,parthenogenesis التكاثر العذري: شكل من أشكال التكاثر وفيها تنمو البويضة غير المخصبة الى فرد جديد دون تخصيب من مشيج ذكري
parthenogenetic عذري
partial migrants مهاجرين جزيئا
particle جسيم، جزيئة، دقيقة
particulate جسيمات، دقائقية
parting انفصال
partridges الحجل- طائر

peat bog مساحة من الأرض الحمضية الرطبة، المنخفضة في المواد الغذائية
peatland الخثية: مساحة من الأرض مغطاة بمستنقع الخث
peat الجفت او الخث: الحزازيات المتراكمة المتحللة جزئيا وغيرها من النباتات التي تشكل تربة المستنقع وتشكل طبقة عميقة في كثير من الأحيان (استخدام الخث كوقود في بعض المناطق ، وكان يستخدم على نطاق واسع في الحدائق لتحسين نسيج التربة أو يخلط مع التربة أو غيرها من المواد لتنمية النباتات حاليا لا تشجع هذه الممارسات من أجل منع الإستخدام المفرط في الخث
pebble حصاة: قطعة صغيرة مدورة غالبا من الصخر
peck order (pecking order) امر النقر: التسلسل الهرمي للسلطة في مجموعة اجتماعية منظمة في سلسلة من المستويات ذات أهمية أو مكانة مختلفة، وهو النمط الأساسي للتنظيم الاجتماعي ضمن قطيع من الدواجن وفيه ينقر الطير طيرا آخر ادنى مرتبة دون خوف من الانتقام كما يتعرض بدوره للنقر من طير اخر أعلى رتبة منه . يحدد امر النقر حالة ودور الطيور الفردية ضمن القطيع وله تاثير على العديد من الأنشطة مثل التغذية ،الشرب ، وضع البيض، الصياح والتزاوج ويتم ترتيب الأعضاء ألاقوى من القطيع في ترتيب أعلى من الطيور ألاضعف جسديا
pecten مشط
pectinate مشطي: ذو نتوءات او تفرعات جانبية تشبه المشط كما لقرن الاستشعار المشطي او مخلب الرسغ المشطي
pectoralfins الزعانف الصدرية
pectus صدر
pediatry طب الأطفال
pedicel حامل: تركيب رفيع طويل نوعاً ما كما في الحلقة الثانية في قرن الاستشعار وكذلك في الانبوب الرفيع الموجود في قاعدة فرع البيض في اناث الحشرات، او ساق تحمل زهرة واحدة داخل رأس زهرة

البيئية والمواطن التي تؤكد حركيات عدم التجانس او التغاير ضمن النظام (اي مساحة من مجالات النظام البيئي تتكون من فسيفساء من النظم البيئية الفرعية الصغيرة)
patella رضفة: العظم المتحرك في رأس الركبة
path سبيل ،مدى
patho- مرض(سابقة)
pathogen ممرض:كائن يسبب مرض، مثل فايروس، بكتريا او فطر ممرض
pathogenesis اصل ،انتاج او نمو المرض
pathogenic organism كائن مسؤول عن احداث مرض
pathogenic قادر على ان يسبب مرض
pathogenicity امراضية: قدرة الممرض على أن يسبب المرض
pathological مرضية
Pathology علم الامراض: دراسة الأمراض والتغيرات في التركيب والوظيفة التي يمكن أن تسبب الأمراض
Pathology, surgical علم الجراحة
pathway مسلك
-pathy اعتلال (لاحقة)
pattern طراز، نمط
patterns diversity تنوع الطرز: تنوع حياتي اعتمادا على التمنطق، التطبق، الدورية او معايير اخرى
patterns in community الطرز في المجتمعات
paurometabola تحول تدريجي
paurometabolous تحول تدريجي ، تدريجي التحول:التحول من بيضة الى حورية ثم حشرة كاملة
Pb رمز الرصاص
peacock طاووس
peak ذروة ،قمة جبل
peak average معدل او متوسط ذروة
pearl لؤلؤة
peasouper نوع من الضباب الكثيف الأصفر الداكن الناجم عن جزيئات الكبريت من حرق الفحم ، شاع سابقا في شتاء لندن قبل 1960

peneplain السَّهب: بقعة جبلية حولتها التعرية الى شبه سهل
penetration نفوذ
penguin البطريق- طائر
peninsula شبه الجزيرة:أرض،تحيط بها المياه من ثلاث جهات
peninsular شبه جزيري
penis قضيب
pentad خماسة: لمدة خمسة أيام (يستخدم هذا المصطلح لاسيما في التنبؤ للأرصاد الجوية)
Pentatomidae,F. عائلة البق اللاسع
penultimate segment الحلقة قبل الاخيرة
pepered moth عثه فلفلية
pepper فلفل
peppermint نعناع
perceive يعي، يدرك
percentage نسبة ،او النسبة المئوية
perception ادراك - تمييز
perceptive ادراكي
perch الفرخ - ضرب من السمك
percipient مدرك
percolate ترشح: التحرك ببطء خلال الجزيئات الصلبة
percolation رشح
Perdix perdix الحجل الأوروبي أو الرمادي
peregrine طائر الباز الجوال يعود الى عائلة الصقور Falconidae
perennial نبات معمر : يعيش لسنوات طويلة
perfluorocarbons: الكربونية الفلورية المشبعة: مجموعة من المركبات الكيميائية الاصطناعية وهي من غازات الدفيئة الفعالة
perforated مثقب
perforating ثاقب
perform أداء: إجراء عمل أو دور
perfuse يرش، يشبع
per حرف جر بمعنى كل، لكل او الواحد
peri- حول او قرب او محيط (سابقة)
pericardial cells خلايا تامورية: خلايا عديدة توجد على طول جانبي قلب الحشرة
pericardial septum حاجز تاموري
pedicelloriae واحد من التراكيب الدقيقة التي تشبه الملقط الشائعة في قنافذ البحر ونجم البحر، تستخدم للتنظيف وللقبض على فريسة صغيرة
Pediculidae , F. عائلة قمل الانسان
Pediculus humanus قمل الانسان
Pediculus humanus humanus (=
Pediculus humanus corporis قمل الجسم
pedigree نسب، شجرة العائل
pedipalps قدم لامسة: الزوج الثاني من لواحق بعض العنكبوتيات
pedogensis تناسل الصغار، تناسل يرقي: تكاثر من مرحلة غير ناضجة تشريحيا ، او تكوين ابواغ في فطور غير ناضجة
Pedology علم التربة: دراسة التربة من جميع جوانبها
pedomorphosis الاحتفاظ بالخصائص الطفلية: تغير تطوري يحتفظ فيه البالغين للنوع اللاحق ببعض خصائص الأحداث من أشكال السلف
pedosphere الوسط الترابي – التربة
peduncle سويقة
peel قشر، يقشر
pelagic deposits الرواسب السطحية:المواد التي قد تهبط إلى قاع البحر او المحيط وتتألف إلى حد كبير من بقايا الكائنات البحرية والغبار البركاني ، والجسيمات النيزكية ، وتدعى الرواسب البحرية pelagic sediment
pelagic species الانواع السطحية: الأسماك التي تعيش في أو بالقرب من سطح البحر، مثل سمك أبو سيف، والتونة، والسردين
pelagic zone منطقة السطح :الجزء من البحر المتكون من الماء غير القريب من الشاطئ وفوق قاع البحر والكائنات الحية فيه
pelagic السطحية:1. يشير الى البحار المفتوحة والمحيطات 2. تعيش أو تنمو في أو بالقرب من سطح المحيط، بعيدا عن الأرض
pelicans swans البجع- الاوز
pellicle قشرة رقيقة
pelvis الحوض
pelvic حوضي
penalty عقوبة او جزاء

pericardial sinus جيب قلبي
pericarp غلاف الثمرة: الغلاف الخارجي للثمرة ويتكون من ثلاث طبقات
perigean tide مد الحضيض ، المد العالي
perigee الحضيض القمري
period دورة،مدة من الزمن، فترة من الزمن الجيولوجي
period (incubation) مدة الحضن
periodic دوري
periodicity دورية: التغيير الموسمي
Periophthalmus جنس من سمك نطاط الطين، تعود لعائلة Gobiidae
peripheral محيطي ،سطحي
peripheral nervous system جهاز عصبي محيطي
periphyton المتعلقات،الملتصقة على الاسطح: كائنات حية تتعلق على الاسطح الطبيعية مثل سيقان النبات في المناطق الساحلية او العميقة من بحيرة
peristigmatic حول ثغري
peristome,peristomium حول الفم
peritreme صفيحة حلقية
peritrophic حول غذائي
permaculture الزراعة المعمرة:نظام الزراعة الدائمة
permafrost الجمد السرمدي: تربة دائمة التجمد ، كما في مناطق القطب الشمالي، وعلى الرغم من أن الطبقة العليا من الثلج تذوب في فصل الصيف لكن التربة تحتها تبقى مجمدة
permanent دائمة، لابث: دائم أو تبقى بدون تغيير
permanent grassland, permanent pasture المراعي الدائمة : المراعي والأراضي العشبية التي تبقى لفترة طويلة ولا تحرث
permanent residents اوابد
permeability النفاذية:قدرةالصخور على السماح للماء بالمرور خلالها 2. قدرة غشاء للسماح بمرور السوائل اوالمواد الكيميائية خلاله
permeable منفذ
permeants النوافذ: تعبير يطلق على الحيوانات شديدة الحركة كالطيور واللبائن والحشرات الطائرة التي تتحرك بحرية بين الطبقات والتنظيمات
permeation تغلغل
permian lopingian العصر البريميني: احد العصور الجيولوجية
permissive host مضيف متساهل: أنواع الحشرات المضيفة وفيهاالطفيل أو الممرض يستطيع ان يسبب اصابة ناجحة .على العكس من المضايف غير المتساهلة التي تحبط نمو الكائنات الممرضة او الطفيلية بسبب الدفاعات المناعية
Perognathus intermedius فأر المقذوفات البركانية
peroxyacetyl nitrate (PAN) نترات البروكسي استيل: مادة موجودة في الضباب الدخاني الكيميو ضوئي ، وهي ضارة للنبات
persistant باقي ، مستمر،دائم ،ثابت
persistant periodicity الدورية الدائمة
persistence اصرار: القدرة على البقاء او الثبات
persistent insecticide مبيد الحشرات الثابت: مركب كيميائي يستخدم لقتل الآفات الحشرية والتي تبقى بدون تحلل في التربة أو في جسم حيوان وتنتقل من حيوان لاخر خلال السلسلة الغذائية
persistent مقاوم
personal شخصي
perturbation-dependent succession تعاقب معتمد على أضطراب: تعاقب مجتمعات في منطقة أضطراب متكرر مثل حرائق او عواصف
perversion انحراف، افساد
pervert منحرف، يفسد
pervious (= permeable) منفذ
pest آفة: كائن يحمل مرض او ضار للنبات او الحيوان
pesticide مبيد آفة: مركب كيميائي يستعمل لقتل الافات مثل الحشرات او الادغال او الفطريات او غيرها
pesticide residue متبقي المبيد: كمية المبيد الباقية في البيئة بعد المعاملة
pestis طاعون
pet حيوان مدلل

petal البتلة : جزء واحد من تويج الزهرة

petiolate ذو خصر

petiole خصر، او سويق: سويق صغير،الحلقة البطنية الثانية في غشائية الاجنحة التي استدقت واصبحت خصراً رفيعاً

petri مجتمعات الصخور الزاحفة

petrifaction تحجر: عملية تحويل مادة الى حجر

petrify يحجر: تحويل مادة الى حجر

petrochemical البتروكيماويات: كيميائيات مشتقة من البترول أو الغاز الطبيعي

Petrochemisty البتروكيمياء:1. الدراسة العلمية للتركيب الكيميائي للبترول ومشتقاته 2. الدراسة العلمية للتركيب الكيميائي للصخور

petroleum البترول:النفط المستخرج من الأرض

Petrology علم الصخور

-pexy تثبيت (لاحقة)

pH الرقم الهيدروجيني:مقياس لحموضة محلول

phage عاثية، فايروس بكتيري

-phage آكل او الملتهم (لاحقة)

Phaeophyceae طحالب بنية

phagein يأكل

phagocyte خلية ملتهمة ،بلعم

phagocytic organ عضو ملتهم

phagocytosis البلعمة:عملية التهام خلية كائن مجهري او جزيئات صغيرة

phagostimulant محفز تغذية: كيميائيات تحفز وتحافظ على التغذية

phagostimulate تعزيز(تحفيز) التغذية، وعادة من المواد الغذائية

phagotrophs ملتهمات: كائنات مختلفة التغذية تهضم كائنات اخرى او مواد عضوية معينة

phago- بلعمي (سابقة)

Phalacrocorax carbo الغاق الكبير- طير

phalange سلامية

phalanx السلامى:نوع من النباتات التي تغزو المجتمع ككتلة كثيفة

phanerophytes نباتات هوائية تعرض البراعم المتجددة على الافرع المتجددة

pharate الفترة المبكرة من العمر اليرقي الذي يتم فيه تشكيل جليد جديد ، وما زالت الحشرة في جليد الطور السابق

Pharmacology علم خصائص الأدوية، علم الصيدلة

pharmacy صيدلية

pharynx البلعوم:الجزءالامامي من القناة الهضمية بين الفم والمرئ

phase طور

phase diagrams مخططات الطور

phase theory نظرية الطور: تقترح هذه النظرية تفسير لماذا لا يسرب الجراد باستمرار،اذ ان فترة الاسراب قد تستمر لعدة سنوات لكن تكون مفصولة بزمن لا يسجل أي أسراب (أي فترات الركود) وضعها B. P. Uvarov في عام 1921 مقترحا بأن خلال فترات الركود توجد الحشرات في شكل يختلف ظاهريا وسلوكيا عن شكل حشرات سرب الجراد، وأشار إلى هذين الشكلين باسم "الانفرادي" solitary (بعدها سميت solitarious) والطور " التجمعي" gregarious

phasphyta (brown algae) الطحالب البنية

Phaulacridium vittatum النطاط عديم الأجنحة

Phenology الفينولوجيا: علم يبحث في العلاقة في تاثير الطقس والمناخ على التغييرات الموسمية في حياة النبات والحيوان مثل هجرة الحيوانات أو ازهار النباتات

pheasant التدرج، الدراج: طائر

phenomenon (pl. phenomena) الظاهرة

phenotype النمط المظهري: المظهر الخارجي للكائن الحي ويحددمن قبل النمط الوراثي وتأثيرالبيئة في التعبير عن هذا النمط الجيني

phenotypic متشابه ظاهريا، مجموعة من الافراد تشترك بصفات ظاهرية

phenotypic plasticity المطاوعة المظهرية: قدرة النمط المظهري على الاختلاف نتيجة للتأثيرات البيئية على التركيب الوراثي

pheromone الفرمون:مركب او مادة كيميائية تنتج وتطلق الى البيئة من قبل كائنات مفردة للتواصل مع بقية الافراد تعود النوع نفسه

-philia جذب نحو أو يحب شيء (لاحقة)

philoprogenitive ولود: يشير الى كائن حي ينتج ذرية عديدة

phloem اللحاء: النسيج الوعائي في النبات الذي يتكون من خلايا حية وينقل المواد العضوية من ألاوراق إلى باقي النبات

phobia رهاب

Phonology علم الظواهر

phon- صوت (سابقة)

phosphate الفوسفات: ملح حامض الفوسفوريك الذي يتكون بشكل طبيعي بتجوية الصخور وهو أحد المغذيات النباتية الأساسية. يتم توفير الفوسفات العضويةالطبيعيةمن ذرق الطائروالمساحيق السمكية وتستخدم الفوسفات المنتجة اصطناعيا في الزراعة وتعرف بسوبرفوسفات بسبب تركيزها العالي .تنتقل الفوسفات إلى المياه من مياه الصرف الصحي ، والنفايات ولاسيما المياه التي تحتوي على منظفات وتشجع نمو الطحالب والوفرة الغذائية

phosphorus (P) الفسفور: عنصر كيميائي ضروري للحياة

phosphorus cycle دورة الفوسفور: حركة الفسفور بين القشرة الارضية (المستودع الرئيس) والمياه والكائنات الحية فضلا عن تحولات اشكاله الكيميائية المختلفة

phot- , photo- ضوء (سابقة)

photic zone, euphotic zone منطقة ضوئية

photo interpretation التحليل الضوئي

photoautotrophic ذاتي التغذي:استخدام الطاقة الضوئية كمصدر للحصول على الغذاء

photocell = photoelectric cell الخلية الكهروضوئية

photochemical يشير الى التفاعل الكيميائي الذي ينتج عن الضوء

photochemical oxidant أكسدة كيميائية ضوئية: مادة ينتجها تفاعل كيميائي مع الضوء مثل الأوزون

photochemical pollution التلوث الكيميائي الضوئي: التلوث الناجم عن تفاعل الضوء مع المواد الكيميائية في الغلاف الجوي السفلي (عندما يكون الغلاف الجوي قرب سطح الأرض ملوث بأكاسيد النيتروجين الناتج من احتراق الوقود الأحفوري مع الهيدروكربونات ، وفي الأشعة فوق البنفسجية من ضوء الشمس تنطلق سلسلة من التفاعلات التي تؤدي إلى التلوث الضوئي، تحتوي الاوزون ومواد أخرى

photochemical reaction تفاعل ضوئي كيميائي: تفاعل كيميائي يبدا بامتصاص الضوء مثل التمثيل الضوئي والضباب الدخاني الكيمو ضوئي

photochemical smog: الضبخن الكيموضوئي: تلوث الهواء الناجم عن تأثير أشعة الشمس القوية (الاشعة فوق البنفسجية) على جزيئات أوكسيد النيتروجين والهيدروكربونات المنبعثة من السيارات ، مما ينتج جزيئات معقدة عضوية من نترات البروكسي استيل (PAN) مكونة ضباب دقيق ضار في الهواء

photochemistry الكيمياء الضوئية: دراسة التغيرات الكيميائيةالناجمةعن الضوء واشكال اخرى من الإشعاع

photoelectric cell الخلية الكهروضوئية: خلية يتم تحويل الضوء الساقط عليها الى كهرباء

photogenic,photogenetic اعضاء مولدة للضوء

photogrammetry التصوير المساحي الضوئي

photokinesis توجه ضوء

photolysis التحلل الضوئي:تحلل المواد الكيميائية بالضوء او غيره من الإشعاع الكهرومغناطيسي

photon فوتون،وحدة الكم الضوئي

photonasty استجابة النباتات للضوء دون التحرك نحو مصدر الضوء

photo-oxidant مركب كيميائي ينتج بفعل أشعة الشمس على أكاسيد النيتروجين والهيدروكربونات

photoperiod الفترة الضوئية، طول ساعات الأضاءة: فترة تعرض الكائن الحي لضوء النهار خلال 24 ساعة

photoperiodic فتريضوئي

photoperiodicity المدة الضوئية: الدرجة التي يتغير فيها النبات او الحيوان حسب طول النهار في الصيف الى الشتاء

phragma(pl.,phragmata) حاجز،وتد الظهر الصدري نمو لجدار الجسم الخارجي نحو الداخل بشكل وسادة

phreatic مصطلح يستخدم في مجال علم المياه للإشارة إلى المياه الجوفية، وفي علم دراسة الكهوف للإشارة إلى ممرات الكهوف، وفي علم البراكين للإشارة إلى نوع الثوران

phreatic surface= the water table سطح الماء الجوفي

phreatophyte نبات تنزل جذوره نحو المياه الجوفية

Phycology علم الطحالب : الدراسة العلمية للطحالب

phycosphere هالة من البكتريا تحيط الطحالب الحية في البيئة البحرية

Phyllotreta cruciferae خنفساء برغوثية

Phylloterata striolata الخنفساء البرغوثية المخططة

Phylogenesis,Phylogeny علم تطور السلالات ، تاريخ تطور السلالة : التاريخ التطوري للكائن أو مجموعة من الكائنات الحية

Phylogenetically تاريخ نشوء النوع (تطور السلالات)

phylogeny تاريخ تطور السلالة

Phylogeography دراسة طرز الأنتواع (ظهور الانواع الجديدة) كجزء لا يتجزأ من طبيعة الجغرافية الحياتية

Phylum (pl. Phyla) الشعبة: تقسيم فرعي رئيسي في تصنيف الكائنات الحية

physical فيزيائي

physics الفيزياء

physio- وظيفي (سابقة)

physiogenesis نمو وظيفي: عملية وظيفية في مرحلة التهيؤ تؤدي إلى انهاء فترة التهيؤ ؛ يطلق عليه احيانا diapause development

physiography الجغرافية الطبيعية

physiological ecology علم البيئة الوظيفي: دراسة علم وظائف الأعضاء للافراد واثاره على الوظيفة والسلوك في بيئتها

physiological longevity طول العمر

photoperiodism الفتريضوء،تواقت ضوئي: استجابة كائن من ناحية النمو اوالسلوك لكمية ضوء النهارالذي تستلمه كل 24ساعة

photophilic,photophilous محب للضوء : يشير الى كائن حي ينمو افضل في الضوء القوي

photophobous رهاب الضوء،يهرب من الضوء

photoreceptor مستقبل للضوء

photophores حاملات الضوء

photorespiration التنفس الضوئي:تفاعل يحدث في النباتات ، إلى جانب التمثيل الضوئي ، وفيه ياخذ النبات الأكسجين من الهواء ويفقد ثاني أوكسيد الكربون

photosensitive حساس للضوء

photosynthesise,photosynthesize تركيب ، بناء ضوئي: العملية التي تقوم النباتات الخضراء فيها بتحويل ثاني اوكسيد الكربون والماء الى كربوهيدرات(سكر) واوكسجين بوساطة الكلوروفيل واستعمال ضوء الشمس كطاقة

photosynthetic bacteria بكتريا البناء الضوئي

photosynthetic capacity سعة التركيب الضوئي: حساب كفاءة تحويل الطاقة الشمسية بوساطة التمثيل الضوئي

phototaxis انتحاء ضوئي، حركة عاملها الموجه الضوء

phototrophic ضوئي التغذية: الحصول على الطاقة من أشعة الشمس مثل النباتات

phototroph كائن حي يحصل على الطاقة من أشعة الشمس

phototropic sensitivity حساسية انتحاء ضوئية

phototropic متجه نحو الضوء

phototropism انتحاء ضوئي: استجابة النباتات أو الخلايا للضوء من خلال الاستدارة او النمو نحو أو بعيدا عنه (معظم سيقان النباتات تظهر انتحاء موجب للضوء)

photovoltaic الكهربائية الضوئية: تحويل الطاقة من الإشعاع الكهرومغناطيسي كالضوء إلى كهرباء

الوظيفي: اقصى طول عمر لافراد سكان تعيش تحت ظروف مثلى ومن اصل وراثي متجانس

physiological natality ولادة وظيفية: اقصى عدد من الصغار التي تستطيع انثى انتاجها وظيفيا خلال حياتها

physiological solution محلول وظيفي: يستخدم للحفاظ على حيوية الأنسجة. تحتوي هذه المحاليل على تراكيز معينة من مواد تعد حيوية لوظيفة الأنسجة الطبيعية

physiological specialisation التخصص الوظيفي: ظاهرة بموجبها بعض أفراد مجموعة من السكان تبدو متطابقة ولكنها تختلف كيميائيا

Physiology علم وظائف الاعضاء: الدراسة العلمية لوظائف الكائن الحي

phyto- نبات (سابقة)

phytobenthos نباتات الاعماق: النباتات التي تنموعلى قاع البحر، البحيرة او النهر

phytochemical مادة كيميائية توجد طبيعيا في النبات

phytochemistry الكيمياء النباتية: دراسة كيمياء المواد الموجودة في النباتات

phytochrome جزيء الصبغة في النباتات الحساسة لتغيرات طفيفة في طول النهار وتسيطر على الجدول الزمني لنمو النبات

phytoextraction امتصاص النباتات للملوثات المعدنية من جذورها وخزنها لاحقا في أجزاءها العليا ،مما يسمح بازالة التلوث من الاراضي ويدعى phytoaccumulation

phytogeography دراسة النباتات وتوزيعها الجغرافي

phytomastigina سوطيات نباتية

phytome مجتمع نباتي

phytometabolism الايض النباتي

phytonutrient مغذيات نباتية: مادة في النباتات مفيدة لصحة الإنسان، مثل الفيتامين أو مضادات الأكسدة

Phytophaga ,S.F. فوق عائلة الخنافس اكلة النباتات

phytophagous نباتي التغذية: تتغذى على نباتات

phytoplankter عالق نباتي: نباتات مجهرية تطفو في البحرات والبرك

phytoplankton العوالق النباتية: النباتات المجهرية التي تطفو في بحر أو في بحيرة

phytoplankton bloom إزهار العوالق النباتية :كتلة كبيرة من العوالق تنمو بانتظام في فترات مختلفة من السنة وتطفو على سطح البحر او بحيرة

phytoremediation علاج بالنبات: إزالة التلوث من الأراضي بزراعة نباتات تمتص المعادن الثقيلة أو الملوثات الأخرى التربة

phytosanitary regulations لوائح الصحة النباتية: قواعد رسمية لمنع دخول و/أو انتشار الآفات من خلال تنظيم الإنتاج، والحركة، أو وجود السلع أو المواد الأخرى، أو الأنشطة العادية من الأشخاص

Phytosociology علم مجتمع النبات: فرع من فروع علم البيئة يهتم بتحديد وتحليل وتصنيف تكوين الأنواع من المجتمعات النباتية أو تجمعات النبات

phytostabilisation,phytostabilization
استخدام النباتات لاعتراض الملوثات في التربة من خلال جذورها ومنعها من تلويث المياه الجوفية

phytotoxic سام للنبات

phytotoxin مادة سامة ينتجها نبات

pictured منقط ، مخطط

pied kingfishes الرفراف الابقع- طائر

piedmont واقع في سفوح الجبال

piercing ثاقب

piercing and suking ثاقب ماص

piercing mouth فم ثاقب

Pieris brassicae فراشة اللهانة الكبيرة

Pieris rapae فراشة اللهانة الصغيرة

pigeon حمامة

piggery زريبة الخنازير

piggy خنوص، صغير الخنزير ،كرنوص

pigment خضاب

pigmentation التلوين ،الصباغة

pike سمك الكراكي

pile زغب، وَبَر ، كومة

pilifer زائدة الشفة السفلى

piliform شعري

pilose اشعر، مشعر
pilo- شعر (سابقة)
pilus شعرة
pinching يقرص
pine صنوبر
pin frame جهاز يستعمل للحصول على تقدير كمي للغطاء النباتي
pinioned ريش القوادم: الريش الكبار في مقدم جناح الطائر
pink boll worm دودة اللوز القرنفلية
pinna أبلمة،خوصة:وريقة من ورقة (سعفة) النخل المركبة
pinnate ريشي الشكل
pinon– juniper forest غابة عرعر-صنوبر
Pinus ponderosa نوع من الصنوبر
pioneer رائد
pioneer community مجتمع رائد
pioneer stage مرحلة رائدة: مرحلة اولية متسلسلة في مجتمعات بيئية متعاقبة تتميز بتعاقب أولي لأنواع نباتية (عادة النباتات الحولية)
pioneer species الأنواع الرائدة:الأنواع التي هي اول من تبدأ في النمو في موقع غير مأهول من قبل
Piscatology فن أو علم الصيد (قليلة الاستعمال حاليا)
Pisces اسماك
pisciculture تربية الأسماك: تربية الأسماك الصالحة للأكل في برك خاصة للبيع كغذاء
piscivorous آكل الاسماك
pitch درجة الميل او الانحدار ،او يطلي بالقار
pith نخاع
pituitary gland الغدة النخامية
pit حفرة
pivot محور، ارتكاز
placental mammal =eutherian الثديات المشيمية (جميع الثدييات هي مشيمية ماعدا الكيسية واللبائن البيوضة)
plagioclimax مرحلة في تطور نظام بيئي نباتي اذ يحفظ النظام بصورة مستقرة نتيجة تدخل بشري ، كما في ادارة الغابات
plagiosere تعاقب نباتات والتي تأخذ دور(مسار) جديد بسبب تأثير عامل الحياتي
plague الطاعون:1.مرض معد ويحدث وباء يقتل العديد من الكائنات الحية 2.الاصابة على نطاق واسع من قبل الآفات
plain سهل
plane مستوى
planet الكوكب
planimeter مقياس السطح
plankter (pl. plankton) حيوان أو نبات مجهري واحد يعيش في الماء
planktivorous آكل او متغذي على العوالق
plankton عوالق مائية: الحيوانات والنباتات المجهرية التي تنجرف قرب سطح الماء ، وتقسم الى مجموعتين:العوالق الحيوانية، وهي من الحيوانات المجهرية ،والعوالق النباتية،وهي النباتات المجهرية القادرة على التركيب الضوئي
planosol التربة المستوية
plant breeding تربية النباتات: انتاج أشكال جديدة من النباتات عن طريق الانتخاب الاصطناعي
plant community المجتمع النباتي: مجموعة النباتات التي تنمو معا في منطقة
plant cover الغطاء النباتي: النسبة المئوية للمساحة التي تحتلها النباتات
plant ecology علم البيئة النباتية: دراسة العلاقة بين النباتات وبيئتها
plant formation تكوين النبات
plant genetic resources الموارد الوراثية النباتية: مجمع ورثات (جينات) النباتات، لاسيما من النباتات التي تعد ذات قيمة للبشر كالأغذية أو الأدوية
plant hormone هرمون النبات: هرمون يؤثرعلى نموالنبات
plant lice قمل النبات (المن)
plant plankton = phytoplankton العوالق النباتية
plant population سكان النبات:عدد النباتات الموجدة في منطقة معينة
plant residues مخلفات نباتية، بقايا نباتية

pleura اجزاء جانبية

pleural muscle عضلة جانبية

pleural suture الدرز الجانبي: درز على الصفيحة الجانبية يمتد من قاعدة الجناح الى قاعدة الحرقفة

pleural جنبي

pleurite صفيحة متقرنة جانبية

Pleurococcus جنس من الطحالب ، يعود لعائلة Chaetophoraceae

pleuron (pl.,pleura) المنطقة الجانبية لحلقة من حلقات جسم حيوان مفصلي

pleuropedal جنب قدمي

Pliocene epoch العصرالبليوسيني او العصر الحديث الاقرب :منذ 5 - 1.8 مليون سنة. ويعتقد ان فيه بدأ ظهور أشباه الإنسان متمثلين في الإنسان الأول البدائي والحيتان المعاصرة بالمحيطات

Plodia interpunctella عثة الدقيق الهندية

plover ringed الزقزاق المطوق:طائر صغير له شريط اسود حول رقبته

plug يسد، قابس كهرباء

plumbism التسمم بالرصاص:التسمم بالرصاص الناجم عن أخذ أملاح الرصاص

plume 1.ريشة كبيرة،مجموعة من الريش 2. الانبعاث العمودي للدخان أو الغاز من مدخنة

plume-moth عثة الحبوب

plumonic رئوي

plumose ريشي: يشبه الريشة

plumose hairs شعور متفرعة

Plutella maculipennis نوع من عائلة العث ماسي الظهر

Plutellidae,F. عائلة العث ماسي الظهر

plutonium (Pu) البلوتونيوم: عنصرمشع سام ومسرطن مستخلص من اليورانيوم

pluviometer المغياث: مقياس المطر

pneumo- الهواء، التنفس أو رئوي (سابقة)

pneumoconiosis الغبارية: مرض رئوي بسبب استنشاق المريض جزيئات من الحجر أو الغبار على مدى فترة طويلة

pneusis تنفس

plant sociolog علم اجتماع النبات: دراسة مجتمعات النباتات

planted corridor ممر زرعي: شريط من نباتات مزروعة من قبل الانسان لاغراض اقتصادية او بيئية

plaque 1.قطعة مسطحة رقيقة 2 .مساحة واضحة في المزرعة البكتيرية تنتج من تدمير الفايروس للخلايا البكتيرية3 .طبقة رقيقة لزجة عديمة اللون من البكتيريا تتكون عادة على الأسنان

plasm-,plasmo-,plast- متكون(سابقة اولاحقة)

plasma بلازما

plasmid البلازميد: قطعة من الحمض النووي DNA مستقلة وذاتية التكرار في الخلايا البكتيرية والتي لا تعد جزءا من مورثات الخلية الطبيعية. ويشيع استخدام البلازميدات للاستنساخ

Plasmodium جنس يحتوي على 100 نوع من طفيليات الدم تسبب الملاريا

Plasmodium malariae طفيلي مرض الملاريا

Plasmodium vivax طفيلي مرض الملاريا

plastic بلاستك، لدائن

plastron صدرية السلحفاة

-plasty الجراحة التجميلية (لاحقة)

plate صفيحة

plateau (pl. plateaux) هضبة، نجد: ارض مسطحة عالية

platform,continental الرصيف القاري

platinum(Pt) البلاتين: عنصر معدني نادر لا يصدأ

Platyhelminthes ديدان مفلطحة،او مسطحة

Plecoptera رتبة صفائحية الاجنحة: حشرات مجنحة تطوى الاجنحة عند الراحة في صفائح توضع فوق البطن، وتستخدم كطعم من قبل صيادي الاسماك

pleistocene, pleistocene epoch العصر الحديث الاقرب (البليستوسيني): منذ 1.8 مليون- 11000 سنة. وهو فترات جليدية متكررة وفيه العصر الجليدي الأخير حيث انقرضت الثدييات العظمية (الفقرية).وبهذا العصر ظهر الإنسان العاقل الصانع لأدواته وعاشت فيه فيلة الماستدون والماموث

pneustic تنفسي
Poaceae نجيلية: عائلة كبيرة جدا من النباتات والأعشاب كالخيزران والقمح والذرة،الاسم السابق النجيليات Gramineae
poacher صياد: لشخص يمسك الحيوانات أو الأسماك بشكل غير قانوني
poaching الصيد غيرالمشروع: نشاط غير قانوني لصيد الحيوانات والطيور أو الأسماك
pod جراب، قرنة تحوي بذور عديدة مثل قرنة البازلاء أو الفاصوليا، او مجموعة صغيرة من الحيتان والدلافين او الفقمة
podical شرجي
podical plate صفيحة شرجية
podsol, podzol نوع من التربة الحمضية
poikilo- مختلف او عدم منتظم (سابقة)
poikilosmotic اشارة الى الحيوانات المائية التي تغير سوائل الجسم عن طريق التناضح اعتمادا على تكوين المياه
poikilotherm = ectotherm
poikilothermous متغير درجة الحرارة: حيوانات تتغير درجة حرارتها مباشرة مع درجة حرارة بيئتها
point of inflection النقطة على منحني النمو السيني يكون فيها اعظم معدل النمو
point source مصدر النقطة: تصريف مادة ملوثة أو اشعاعا من مكان واحد، مثل أنبوب تصريف او سفينة
poised stream تيار مستقر: تيار لا يضعف ولا تترسب فيه الرواسب
poison سم
poison granules حبيبات سامة
poison sac كيس السم
poked ينخس
polar القطبية: يشير إلى القطب الشمالي أو القطب الجنوبي
polar ice cap الغطاء الجليدي القطبي: مساحة واسعة من الجليد السميك يغطي مناطق حول القطب الشمال أو الجنوبي، والتي تختفي ببطء مع ارتفاع درجة حرارة الأرض
polar lakes بحيرات قطبية
polarity القطبية
polarization استقطاب
polarize يستقطب
pole قطب
polecat ابن عرس، فأر الخيل
pollen حبوب اللقاح:كتلة من الحبوب الصغيرة في متك الازهار تحتوي على الأمشاج الذكور
pollen basket سلة حبوب اللقاح: منطقة على السطح الخارجي للساق الخلفي محاطة بشعيرات طويلة معقوفة تستعمل كسلال لجمع حبوب اللقاح (في النحل)
pollen brush فرشاة حبوب اللقاح: فرشاة ذات شعيرات قصيرة قوية تستعمل لجمع حبوب اللقاح
pollen grains حبوب اللقاح
pollen rake شوكة جمع حبوب اللقاح
pollinate يلقح
pollination التلقيح: عملية نقل حبوب اللقاح من متك زهرة الى الميسم
pollinators ملقحات:1. كائن حي يساعد في تلقح النبات،مثل النحل أوالطيور2.النبات الذي ينقل النحل حبوب لقاحه لتلقيح زهرة أخرى
pollutants ملوثات:مادة تسبب التلوث،ضوضاء رائحة او اي شيءغير مرغوب بوجوده ويؤثر على محيطه
pollution التلوث: وجود تراكيز عالية من المواد الضارة أو نشاط إشعاعي غير عادي في البيئة، نتيجة للنشاط البشري أو بصورة طبيعية مثل انفجار بركان ،أو وجود الضوضاء أو الضوء الاصطناعي غير المرغوب فيه
pollution abatement اختزال التلوث
pollution charges تكاليف اصلاح او ايقاف التلوث البيئي
polonium(Po) البولونيوم: عنصر طبيعي مشع
poly- كثير او متعدد الشيء (سابقة)
polyandry تعدد الأزواج: تزاوج الانثى الواحدة عدة ذكور خلال موسم التكاثر الواحد
polybrominated biphenyl ثنائي الفينيل متعددالبروم:مركب عطري شديد السميةيحتوي على البنزين والبروم يستخدم في المعدات والبلاستيك

polyphagous متعدد التغذية: يشير الى كائن ياكل اكثر من نوع من الغذاء

polyphenism حدوث العديد من الأنماط الظاهرية في السكان والتي لا تعود لانماط ورثية مختلفة .بل قد تحدث بسبب التأثيرات البيئية

polypod عديدة الارجل

polypod larva يرقة عديدة الارجل

polypropylene البولي بروبلين: نوع من البلاستيك يستخدم في صنع الألياف الاصطناعية ، والزجاجات، وألانابيب، وغيرها وهي غير قابلة للتحلل ويجب إعادة تدويرها او تدميرها عن طريق الحرق

polysaprobe كائن يستطيع البقاء على قيد الحياة في المياه الملوثة بشدة

polytene chromosomes الكروموسومات البوليتينية: كروموسومات عملاقة ناشئة من الانقسام دون تكرار

polythetic متعدد الخصائص ،مشاركة عدد من الخصائص مع افراد مجموعة أو صنف،ولكنها غير ضرورية لعضوية تلك المجموعة أو الصنف

polytrophic كثير الغذاء

polyzoa حيوانات طحلبية

pond بركة:1. منطقة صغيرة من الماء الراكد تشكلت طبيعيا او اصطنعيا 2. مساحة تخزين مفتوحة للسوائل المستخدمة في العمليات الصناعية

pond life بركة الحياة :مجتمع من الكائنات الحية التي تعيش في بركة

pond scum غثاء البركة: طبقة من الطحالب الخضراء على سطح المياه الراكدة

phoresy علاقة تكافلية لاسيما بين المفصليات وبعض الأسماك وفيها احداهما ينقل كائن اخر من نوع مختلف

ponded stream مجرى معوق

ponder تأمل

pondweeds اعشاب المستنقعات

pool غدير، مجمع ، بركة

pool zone منطقة المجمع

Popillia japonica الخنفساء اليابانية

population السكان:مجموعة من الأفراد تعود والمواد الكهربائية لاحتراق ومحظور أو مقيد جدا استخدامها في العديد من البلدان

polychaetes عديدات الاهلاب

polyclimax concept مفهوم ذروة متعددة: نظرية بان المرحلة النهائية من مراحل التعاقب البيئي تكون تحت سيطرة قوى بيئية محلية متعددة او ظروف مثل التربة، النار او المناخ

polyculture الاستزراع المختلط:تربيةأو زراعة أكثر من نوع واحد من النبات أو الحيوان على نفس المساحة من الأرض في نفس الوقت

polyembryony تعدد الاجنة:تنمو البيضة الواحدة وتنتج اكثر من فرد

polygamy تعددالزوجات:تزاوج الذكورعدة مرات

polygyny تعدد الزوجات:تزاوج ذكر واحد مع اكثر من انثى خلال موسم التكاثر الواحد

polyhaline ماء التي تحتوي على الملح تقريبا بقدر مياه البحر

polyhedral virus حمة متعدد الاوجه

polymerization البلمرة: عملية الجمع بين جزيئات صغيرة (مونوميرات) كيميائيا لإنتاج مجموعة واسعة من الجزيئات،أوالبوليمرات، واحدة من العمليات الرئيسية التي يصبح الراتنج فيه كهرمان او الكهرب

polymictic lakes بحيرات متعددة المزج

polymorphism تعدد الأشكال: 1.وجود أشكال مختلفة خلال دورة حياة الكائن الحي،كما في الفراشة (يرقة، ثم عذراء، قبل أن تصبح فراشة) 2. وجود أشكال مختلفة لكائن حي في النظام الاجتماعي ، كما في النحل والتي توجد كعاملات ، الملكات وذكور وجنود ان وجدت3.وجوداثنين أو أكثر من المورثات لسمة معينة ضمن السكان

polymorphous = polymorphic متعددة الأشكال

Polyneoptera مجموعةفوق رتبة من الحشرات تتضمن Embiidina, Zoraptera,Orthoptera, Phasmida, Plecoptera, Dermaptera ,Grylloblattodea, Isoptera,Mantodea ,and Blattaria.

polyp الطور اللاجنسي في شعبة Cnidaria وهو يمثل الشكل الجالس او المستقر

النمو السكاني: زيادة في **population growth** حجم السكان

زخم السكان: **population momentum** استمرار النمو السكاني لعدة أجيال بعد أن يتحقق للسكان القدرة على استبدال نفسه

الهرم السكاني: تمثيل **population pyramid** رسمي يبين توزيع السكان حسب الجنس والعمر وغيرها

تنظيم السكان: الآليات **population regulation** او العوامل ضمن السكان التي تسبب تناقص كثافته عندما يزداد (فوق سعة الحمل) وزيادته عندما تكون الكثافة واطئة (اقل من سعة الحمل)

نقل السكان:حركة الأفراد **population transfer** من مكان إلى آخر

القنفذ، النيص، **porcupine(*Hystrix indica*)** الشيهم : من القوارض ، يمتلك أشواك حادة تفيد في الدفاع والتمويه على الحيوانات المفترسة

مثقوب ، ذو مسام، مسام **pores**

لحم خنزير **pork**

مسامية **porosity**

خنزيرالبحر:هي لبائن بحرية(حيتانيات) **porpoise** تعود لعائلة Phocoenidae ،وترتبط بالحيتان والدلافين تحت رتبة Cetacea لكنها تختلف عن الدلافين بامتلاكها خطم مسطح وأقصر،وبأختلاف شكل الأسنان عن الدلافين. وتتغذى على القشريات والحبار والعديد من أنواع الأسماك الأخرى

ممتد **porrect**

بابي، بوابة **portal**

جزء **portion**

ردود فعل إيجابية: معلومات **positive feedback** تولد عمليات النمو في النظام، او هي ردود الفعل التي تميل إلى تضخيم عملية أو زيادة انتاجها

علم الجرعات **Posology**

التكيف اللاحق: هو التعزيز **postadaptation** اللاحق للتكيف في بيئة معينة غزيت من كائن ذي تكيف تمهيدي

مجتمع ما بعد الذروة الذي لا يزال **postclimax** موجود في مكان لم تعد الظروف البيئية مناسبة

نفايات بعد الاستهلاك: **post-consumer waste** أي مادة يستخدمها شخص ما ومن ثم يرميها

لنفس النوع تعيش وتتكاثر في منطقة معينة وفي زمن معين

التركيب العمري **population age structure** للسكان: أعداد الأفراد من كل عمر في السكان

التغير السكاني: التغيير في **population change** عدد السكان الناجم عن الولادات والوفيات

التركز السكاني: **population concentration** عدد الأفراد الموجودة في مكان واحد

التحكم في عدد السكان: **population control** عملية الحد من عدد الأفراد الذين يعيشون في منطقة معينة

دورة السكان: سلسلة من **population cycle** تغييرات منتظمة في عدد سكان الأنواع،وعادة دورة السكان تزداد تدريجيا ثم تنخفض مرة أخرى

انخفاض عدد السكان: **population decrease** انخفاض في عدد الأفراد الذين يعيشون في منطقة معينة

كثافة سكانية: عدد أفراد **population density** السكان التي تعيش في منطقة محددة

تشتت السكان: انتشار **population dispersion** خارجي لأفراد مجموعة من السكان على مساحة

توزيع السكان: **population distribution** نمط انتشار السكان عبر منطقة

ديناميكية السكان: **population dynamics** دراسة العوامل والآليات التي تسبب تغيير في عدد وكثافة السكان في منطقة وزمن معين

علم بيئة السكان: دراسة **population ecology** العلاقة بين سكان معين او نوع وبين بيئتها (العوامل التي تحدد الوفرة والتقلبات في الأنواع من السكان)

التوازن السكاني: **population equilibrium** الحالة التي يبقى فيها السكان على نفس المستوى ، ولأن عدد الوفيات هو نفس عدد المواليد

مكافئ السكان: كمية **population equivalent** الطاقة المستهلكة من قبل الحيوانات الأليفة والمكافئة لمتوسط كمية الطاقة المستهلكة من قبل الانسان

الانفجار السكاني: **population explosion** زيادة سريعة في عدد أفراد السكان

علم الوراثة السكانية: **population genetics** دراسة التغييرات في تكرار الجينات والطرز الجينية ضمن السكان

posterior خلفي
posterior end طرف خلفي
posterior sympathetic ganglion عقدة سمبتية خلفية
postgena (pl., postgenae) خلف خد:منطقة متقرنة على الجهة الخلفية الجانبية للراس تقع خلف منطقة الخد
postglacial مابعد العصر الجليدي
posthumeral خلف عضدي
postmentum تحت او خلف ذقن: الجزء القاعدي من الشفة السفلى
post-nodal cross vein عرق عابر تحت عقدي
postnotum خلف ظهر: صفيحة ظهرية خلف الدريع غالباً ما توجد في الحلقات التي تحوي اجنحة
postoccipital suture الدرز خلف المؤخري: درز مستعرض على الراس يقع مباشرة خلف الدرز المؤخري
postoccipital خلف مؤخري
postocciput خلف مؤخر الجمجمة: الحافة الطرفية البعيدة عن الراس الواقعة بين الدرز خلف المؤخري والفتحة القفوية للراس
postoviposition period مدة ما بعد البيض
postretinal خلف شبكي
postscutellum خلف دريع: جزء صغير مستعرض من الصفيحة الظهرية للصدر يلي الدرع مباشرة
postural وضعي
postures اوضاع
post- بعد (سابقة)
potable صالح للشرب: اشارة الى المياه الملائمة للشرب
potam-, potamic تتعلق بالأنهار أو الملاحة بالأنهار
Potamology الدراسة العلمية للأنهار
potamoplankton العوالق التي تعيش في الأنهار
potamous صفة تشير الى الحيوانات التي تعيش في الأنهار
potash fertiliser سماد البوتاس: سماد يعتمد على البوتاسيوم
potash البوتاس: أي ملح البوتاسيوم
potassium (K) البوتاسيوم: عنصر معدني ضروري للحياة
potency قدرة
potent فعال ، قوي
potential وسع
potential capacity قدرة وسعية
potential energy طاقة كامنة:الطاقة المتوفرة لأنجاز شغل بسبب الموقع او الآصرة الكيميائية
potentially interbreeding بين تكاثرية وسعيا
potentially renewable resources الموارد القابلة للتجديد وسعياً : الموارد التي يمكن تعويضها بالعمليات البيئية الطبيعية
potentiate تحفيز:(اثنين من المواد) لزيادة التاثير السام لكل منهما
potion جرعة
pouch جيب ،كيس
poultry دواجن، تربية الدجاج
pounce ينقض، يهجم
pounced تمسك بالمخالب
powder مسحوق
power قوة، طاقة
power of increase قوة زيادة
pox جدري
practical عملي
practice ممارسة
praecox مبكر: متعلق بشيء حدث في مرحلة مبكرة من الحياة أو النمو
prairie البراري،المروج: مساحة كبيرة من العشب المغطي للسهول ترعى به الدواب
prairie dog كلب البراري
pratal تنمو او تعيش في المروج
praying mantis فرس النبي
preadaptation تكيف تمهيدي:وهو امتلاك صفة تشريحية أو وظيفية أو سلوكية تمكن الكائن من التكيف عندما يتعرض لمجموعة ظروف جديدة ،

مثل امتلاك ورثه مقاومة للمرض في كائن لم يسبق له ان تعرض للمرض

preapical قبل قمي

precautionary principle المبدأ الوقائي: تشجيع البشر على أتخاذ الاجراءات اللازمة مسبقا

precession السبق: ميل محور الأرض في الفراغ على مدى 23000 سنة(السبق والأرض هوواحد من العوامل التي تؤثر في تلقي الارض كميات مختلفة من الطاقة الشمسية على مدى فترات طويلة)

prechilling ما قبل التبريد المفاجئ

precipitant مرسب: مادة تضاف إلى محلول لجعل الجزيئات الصلبة الذائبة منفصلة عنه

precipitate راسب: كتلة من الجسيمات الصلبة التي تفصل من محلول خلال تفاعل كيميائي

precipitation ترسيب، التساقط :1.الماء الذي يسقط من الغيوم كمطر ، او ثلج او برد 2. أوعملية تكوين جسيمات صلبة في محلول

precise دقيق

precision دقة

preclude يمنع

predacious مفترس، تتغذى كمفترس

predation افتراس:علاقة بين نوعين وفيها احد السكانين يكون مصدر الغذاء للآخر، علاقة قتل وأكل المفترس للفريسة

predator مفترس: حيوان يهاجم ويتغذى على حيوانات

predator insect حشرة مفترسة

predominant سائد

predecessor السلف

preface الفاتحة

preference تفضيل

preferendum , final المفضل النهائي

preferendum ,temperature المفضل الحراري

preferred temperature الحرارة المفضلة

preformation نظرية سابقة تعتقد بأن الفرد- بجميع أجزائه- موجود بصورة مصغرة في الخلايا الجرثومية وينمو من الشكل المجهري إلى الشكل الطبيعي خلال مراحل التطور الجنيني (هذه النظرية تعارض نظرية التخلق المتعاقب **epigenesis**)

pregenital قبل تناسلي: يسبق او قبل حلقات البطن الجنسية

prehensile organ عضو ماسك

prehensile ماسك

prehension الإمساك

prementum مقدم الذقن: التركيب الامامي للشفة السفلى يحمل في مقدمته اللسينين وجاري اللسينين

prenatal قبل الولادة

preoral قبل الفم

preoviposition period مدة ما قبل البيض

prepupae عذارى تمهيدية

presbycusis طرش الشيخوخة

prescribe يصف، يفرض، يوجب، يصف العلاج

prescribed burning حرائق موصوفة او محددة: حرائق يديرها الانسان لصالح كائنات معينة وأنظمة بيئية مثل المراعي، والصنوبر

preservation حفظ

preservative حافظ: إضافة مادة الى الغذاء للحفاظ عليه من التحلل الطبيعي بسبب الكائنات الدقيقة

pressure ضغط

presumable فرضي

presutural bristle شعيرة قبل درزية

presutural قبل درزي

pretarsus الرسغ الاقصى

prevailing سائدة

prevalence سيطرة، أنتشار

prevent يمنع

prevention medicine طب وقائي

prevernal مقتبل الربيع

prey فريسة

prey switching تغيير الفريسة

preying مفترس

preying larva يرقة مفترسة

preying nymph حورية مفترسة

pridominantly في الغالب

primary اساسي،اولي

primary colonies مستعمرات اولية

primary community مجتمع اولي

primitive ابتدائي ،بدائي
primitive character صفة بدائية
primordial germ cells خلايا جرثومية اولية
principle مبدأ
priority الاسبقية ، الاقدمية
priority effect تأثير الاسبقية:الحالة التي يكون فيها الفرد الذي يصل الى موقع لأول مرة يكون له أفضل فرصة لترسيخ مكانته
priority habitat الموطن الاولي: موطن في حاجة ماسة إلى الحماية نظرا لندرته أو لاهميته الوظيفية
priority species الأنواع الأولية: الأنواع التي تنخفض في عددهاوتحتاج الى الحمايةبصورة عاجلة
prior- سابق ،قبل
prisere تعاقب النباتات من الأرض الجرداء الى ذروة الغطاء النباتي
prism موشور
privet جنبة الرباط: أي من الشجيرات العديدة التي تعود لجنس *Ligustrum*
probability refuge ملجأ احتمالي: الحالة التي يكون فيها عدد الأنواع المتنافسة في بيئة هو محدد بالحالة السيئة للبيئة
probable محتمل
probability احتمالية:تقييم إحصائي لكيفية ترجيح شيء
probe مسبر: جهاز يدخل في شيء للتحقيق في الداخل أو للحصول على معلومات
probit analysis تحليل وحدة الاحتمال
proboscis خرطوم: امتداد الفم بشكل الخرطوم
procedure اجراء
process عملية، طريقة
proclinate موجه، يميل إلى الأمام كما في أسنان بعض الثدييات والشعيرات على جبهة العديد من الحشرات
proctodaeum معي خلفي:القناة الهضمية الخلفية
proctodeal هو انتقال الطعام أو السوائل الأخرى بين أفراد مجتمع من خلال فتحة الشرج الى الفم
procumbent مفترش،مسطح: في وصف نبات مداد ويختلف عن الزاحف كون اجزاءه الممتدة لا تضرب لها جذورا

primary consumer المستهلك الأولي: الحيوان الذي يأكل النباتات الحية او أجزاء النبات والتي هي المنتجات في السلسلة الغذائية
primary defence الدفاع الاولي
primary forest غابة اولية (بكر): الغابة التي تغطي المنطقة في الأصل قبل التغييرات البيئة الناتجة عن النشاط البشري
primary host مضيف اولي: المضيف الذي يستقر عليه الطفيل
primary iris cells خلايا قزحية اولية
primary particulates الجسيمات او الدقائقيات الأولية: جزيئات المادة ألمنبعثة في الهواء من الحرائق ،والعمليات الصناعية ،وانبعاثات المركبات،ولاسيما الديزل، والانفجارات البركانية والعواصف الرملية والظواهر المماثلة
primary producer المنتج الأولي: كائن حي يأخذ الطاقة من خارج النظام البيئي ويمرره في النظام مثل النباتات الخضراء التي تصنع غذائها من مواد لا عضوية بسيطة (المنتجين الأوليين يشكلون المستوى الأول في السلسلة الغذائية)
primary production الإنتاج الأولي: كمية المواد العضوية (الكتلة الحياتية) التي يكونها النبات بالتركيب الضوئي
primary productivity الإنتاجية الأولية:.1 معدل انتاج النباتات للمادة العضوية عن طريق التمثيل الضوئي 2. كمية المادة العضوية المنتجة في منطقة معينة خلال فترة محددة
primary sere اول مجتمع نباتي ينمو على أرض مثل حمم بركان حيث ما تنمو النباتات من قبل
primary sex ratio نسبة الجنس الأولية: نسبة الجنس في الإخصاب أو تشكيل البيضة الملقحة
primary succession تعاقب اولي: مجتمع بيئي ينمو في مكان لم يعش فيه شيء من قبل
primary treatment المعالجة الأولية:المرحلة الأولى في المعالجة (معالجة مياه الصرف الصحي، تتم إزالة المواد الصلبة العالقة)
primary treatment of waste معالجة الفضلات الاولية
Primate رتبة اللبائن المقدمة: تشمل الأنسان والقرود

procyon الراكون: جنس من الثدييات الليلية

producers منتجات: كائنات حية ذاتية التغذية مثل النباتات الخضراء التي تستطيع ان تصنع غذائها بنفسها خلال عملية التركيب الضوئي

producer organisms كائنات منتجة

product منتج، ناتج

production انتاج

production ecology علم بيئة الإنتاج: دراسة مجموعة الكائنات الحية من وجهةنظرالمواد الغذائية التي تنتجها

production efficiency كفاءة الإنتاج: كمية الطاقة التي تؤخذ ككتلة حياتية بعد الاستهلاك

production residue بقايا الإنتاج: النفايات المتروكة بعد عملية الإنتاج

productive soil تربة مغلة،ارض خصبة منتجة

productive منتج

productivity انتاجية : معدل إنتاج شيء

proepimeron الصفيحة الخلفية لجانب الصدر الامامي

proepisternum الصفيحة الامامية لجانب الصدر الامامي

profession مهنة

professional مهني

profilometer مِقداد:هو أداة تستخدم لقياس تشكيل السطح، من أجل تحديد خشونته

profundal zone منطقة الاعماق: منطقة الماء العميق في بحيرة والتي تقع تحت منطقة نفاذ الضوء الفعالة ، وفيها P/R>1

progeny نسل

prognathous افقية الراس، امامية اجزاء الفم: الراس متوازي مع الجسم واجزاءالفم تمتد نحوالامام

prognosis انذار: التكهن بالأتجاه المحتمل ان يتخذه مرض ما

prognostic انذاري

programme برنامج او مبرمج

progression تقدم

prohibit يحظر

project مشروع

projectile مقذوف :الانتقال إلى الأمام بقوة، قادر على الدفع فجأة إلى الأمام

projection بروز، إسقاط ، تقدير أو تقييم للأحتمالات المستقبلية

prokaryote كائن بسيط مثل البكتيريا يعود الى بدائية النواة

prokaryotic يشير الى بدائية النواة

proleg رجل بطنية اولية ليرقات حرشفية الاجنحة: هي رجل لحمية غير مفصلية تكون بشكل ازواج على بعض قطع البطن في بعض اليرقات

proleucocytes كريات بيضاء اولية

prolongation امتداد

prolonged المطول ، دائم لفترة طويلة

prominence بروز، نتوء

promiscuous لااخلاقي:نظام تزاوج وفيه الذكور والاناث غير مقيد بشريك جنسي واحد

promontory بروز، نتوء، الرَّعن:حافة عالية من الأرض أوالصخور الناتئة او قنة الجبل الخارجة من الجبل والداخلة في البحر

promote تعزيز: تشجيع أو تمكين

promoter محرض، يعزز، يشجع

pronotal comb مشط ظهري للصدر الامامي : صف من الاشواك القوية توجد عند الحافة الخلفية للحلقة الصدرية الثانية في البراغيث

pronotum ظهر الصدر الامامي او الاول

propagate ينشر،ينتشر:ينتج،لإنتاج نباتات جديدة عن طريق تقنية مثل أخذ العقل ، التطعيم،أو التبرعم

propagation إكثار: إنتاج نباتات جديدة

propagator المكثر: وعاء مغلق شفاف يمكن أن تزرع البذور أو العقل وتنمى في جو دافئ رطب

propene =propylene البروبين: نفس البروبيلين

propagule 1.جزء النبات،مثل برعم،الذي يصبح منفصل عن بقية النبات وينمو الى نبات جديد ويشمل ايضا البذوروالابواغ 2.المجموعة الأولى من الأفراد الموجودة في السكان المدخل

property الملكية: شيء يعود إلى شخص

prophase الدور التمهيدي

prophylactic الوقاية: اشارة الى النشاط الذي يساعد على منع تطور المرض أو الإصابة

prophylaxis الاتقاء،الوقاية: اتخاذ تدابير لمنع المرض أو الإصابة

Protheria, Prototheria صنيف يعود للبائن وحيدات المسلك، وهي ثدييات تتكاثر بوضع البيض وتسمى أيضاً بالثدييات البيضية
prothetely امتلاك يرقة حشرة كاملة التحول أربعة ازواج من وسائد جناحية خارجية حقيقية. وهو نمو غير طبيعي غالبا نتيجة لظروف غير طبيعية
prothoracic صدري امامي
prothoracotheca غلاف صدري امامي
prothorax الحلقة الصدرية الاولى، الحلقة الصدرية الامامية
Protista اوليات: مجموعة تصنيفية رئيسية تتألف من كائنات وحيدة الخلية حقيقية النواة تتميز عن النباتات والحيوانات المتعددة الخلايا وتشمل : الأبتدائيات، والعفن، والطحالب حقيقية النواة
proto-,prot- اول (سابقة)
protocerebrum مخ اولي
protocol البروتوكول
protocooperation تعاون أولي او بدائي: هي علاقة نوعين وفيها كلا السكانين ينتفع من هذه العلاقةلكن هذا التعاون غير اجباري لان من الممكن ان يحدث النمو والبقاء دون تفاعل بينهما. يطلق عليه غالبا facultative cooperation ويمكن ان يحدث التعاون بين ممالك مختلفة
protonymph الطور الثاني في الحلم
protoplasm بروتوبلازم، جبلة
protopod phase المظهر الاول من اطوار الجنين داخل البيضة
protos اولي، بدائي
Protozoa شعبة الابتدائيات
Protozoan الأوالي: اشارة الى الابتدائيات
Protozoology علم الحيوانات الأبتدائية
protracted يطيل، يمد
protractor عضلة ممددة
protruding ناتئ
protrusible قابل للتمدد
protuberances امتدادات
proventriculus القانصة:الجزء الخلفي من القناة الامامية

propleural bristle شعيرةجانبيةالصدر الامامي
propleuron=propleurom(pl.propleura الصفيحة الجانبية للحلقة الصدرية الاولى
propneustic system جهاز تنفسي به الزوج الاول من الفتحات التنفسية مفتوح
propodeum الجزء الخلفي من الصدر:هو الحلقة البطنية الاولى المتحدة مع الصدر في بعض غشائية الاجنحة رتيبة Apocrita
propolis البروبوليس: الراتنجات التي يتم جمعها من النباتات لتستخدم في العش من قبل نحل العسل
proportionality principle مبدأ التناسب: مفهوم أن تدابير السيطرة أو الاستجابة لحالة يجب أن تكون متناسبة مع المخاطر المحددة
proprioceptor مستقبل الحس
propupa عذراء تمهيدية (دور ما قبل العذراء): هو دور ساكن بين دوري اليرقة والعذراء اما في هدبية الاجنحة فهو الطور الحوري الثالث ويسمى ايضاً prepupa
prosoma مقدم الجسم
prosternum قص الصدر الاول
prosthesis الجراحة الترقيعية :اضافة عضو صنعي الى الجسم البشري مثل أحد الأطراف، والعين ، أو الأسنان
prostrate زاحف: نبات ينمو افقيا على سطح التربة
protean متلون، متغلب
protect يحمي
protection حماية
protective حامي
protective adaptations تكيفات وقائية
protective mimicry محاكاة وقائية
protective resemblance تشابه للحماية
proteinaceous بروتيني
protein بروتين: مركب نتروجيني يتكون من تكثيف الأحماض الأمينية الموجودة فيه وهي جزء أساسي من الخلايا الحية
proteolysis انحلال البروتين
proteolytic هاضم بروتيني
protest احتجاج

province مقاطعة، اقليم :منطقة جغرافية حياتية داخل منطقة تم تعريفها من قبل النباتات والحيوانات التي تعيش فيها

provision زود بالمؤن، احتياط

provisional مؤقت، شرطي

provocation اثارة

provocative محرض

provoke يغضب، يثير، يحرض

proximal اقرب ،مجاور ،داني

proximate factors من حيث التطور هي الآلية المسؤولة عن كيفية حدوث التكيف

proximity قرب (في الزمان والمكان) قرابة، تقاربية

pruinose مغطى بمسحوق شمعي، غباري

pruning تقليم ،تشذيب

psammolittoral habitat موطن رمل الساحل

psammon الرملية

pseudo- كاذب (سابقة)

pseudoarolium وسادة شعراء كاذبة

pseudocubitus عرق زندي كاذب

pseudomedia عرق وسطي كاذب

pseudomorphosis مسخ ،تشكل كاذب

pseudopod قدم كاذب

pseudopupa عذراء كاذبة

pseudoreplication تكرار كاذب: يحدث عند محاولة الباحثين زيادة حجم العينة عن طريق زيادة العينات او قياس نفس المعاملة التجريبية بدلاً من تكرار عدد وحدات المعاملة او التجربة

pseudo-trachea قصبة هوائية كاذبة

Psocoptera رتبة قمل الكتب والقلف

Psychidae,F. عائلة العث حامل الكيس

Psychodidae,F. عائلة ذباب العث والرمل (الحرمس)

Psychology علم النفس

psychosis ذهان، هوس

psychric مجتمعات الترب الباردة

psychrometer مرطاب ،مصرد

psychrophile محب للبرد

psychrophyte نبات التربة الباردة

Psyllidae ,F. عائلة قمل النبات القافز

ptarmigan الترمجان : طائر من رتبة الدجاجيات في الاصقاع الشمالية

pteridophyte لازهري وعائي:نبات لا ينتج زهور أو بذور ويتكاثر عن طريق الابواغ ، مثل السراخس أو بعض الطحالب . شعبة اللازهريات الوعائية

pteron جناح

pterostigma بقعة جناحية

Pterygogenea ذات الاجنحة

pterygoid جناحي

Pterygota ذات الاجنحة

Pterygote مجنحة: افراد صنيف الحشرات المجنحة

ptilinum مثانة جبهية: تركيب مؤقت مثاني الشكل ينتفخ ويندفع للامام خلال الدرز الجبهي فوق قاعدتي قرني الاستشعار فبذلك يساعد في شق غلاف العذراء وخروج الحشرة الكاملة كما في ثنائية الاجنحة

Ptinidae,F. عائلة الخنافس العنكبوتية

Ptinus tectus الخنفساء البرغوثية

ptosis انخفاض غير طبيعي أو تدلى عضو أو جزء منه، لاسيما تدلى الجفن العلوي للعين بسبب ضعف العضلات أو شلل

Pu رمز البلوتونيوم

pubescent 1.مشعر،ازغب:مغطى بشعر قصير ناعم2.محتلم، يافع

public عام او متاح للجميع

puddle 1. بركة صغيرة جداً من الماء موحلة، ولاسيما مياه الأمطار 2. يعمل عجينة سميكة من الطين أو الرمل

puffer السمكه الكروية

Puffinus puffinus جلم الماء (طير)

pugnacious insect حشرة مشاكسة

pulmonis الرئة

pulp لب

pulsatile organ عضو نابض

pulsatile نابض

pulsatory organ عضو نابض

pulsatory نابض
pulse نبض
pulse stability ثبوتية النبض:صفة النظام الذي تكيف مع كثافة معينة واضطرابات متكررة. او تذبذب السكان قرب سعة الحمل لمجموعة معينة من الظروف البيئية
pulverise, pulverize يطحن، يسحق
pulvilliform شبيه بالوسادة :الشوكة الوسطية تاخذ شكل الوسادة احياناً في بعض ثنائية الاجنحة
pulvillus (pl., pulvilli) وسادة او فص تحت كل مخلب من مخلبي الرسغ في ثنائية الاجنحة
puma(*Felis concolor*) 1.كوجر: ويسمى أيضا أسد الجبل او فهد او بوما، وهو قط أسمر مصفر كبير، يوجد في أمريكا الشمالية والجنوبية، وتقلص الآن إلى حد كبير ومهدد بالانقراض.2. فراء الكوجر
pumice, pumice stone الخفاف،حجر الخفاف: صخر بركاني زجاجي خفيف، مسامي تملؤه الثقوب ناتجة عن احتباس بعض فقاعات الغاز أثناء تصلبه من الطفح البركاني ، يستعمل كمادة ساحجة ويدخل في كثير من مستحضرات الطلاء
pump مضخة
punctate مثقب
punctuated speciation الأنتواع المؤكد: نظرية تطور يكون فيها تطور الأنواع في دفعات قصيرة من تبدل سريع مبكر ولكن ببطء شديد فيما بعد
puncture ثقب: ذو حفرة صغيرة
pup, puppy جرو
pupa(pl.pupae) عذراء: دور ياتي بعد دوراليرقة في الحشرة الكاملة ذات التحول الكامل وهو دور غير متغذي وعادة ساكن او غير فعال
pupal عذري
puparium(pl.,puparia) كيس او غلاف العذراء: غلاف يتكون بتصلب جلد اليرقة بعد اكمال نموها في الطور اليرقي الاخير وبداخله تتحول اليرقة الى العذراء
pupate تتعذر: الانتقال من اليرقات إلى مرحلة العذراء
puperia اكياس العذارى
pupil(of eye) بؤبؤ العين
pupiparous والدة العذراء: حشرات تلد يرقات تكمل نموها بداخل الام وتتحول الى عذراء بعد خروجها من الام بفترة وجيزة
puppet دمية، لعبة، العوبة بيد الاخرين
pure نقي
pure strain سلالة نقية : مجموعة من النباتات نميت بالإخصاب الذاتي وبذلك تبقى دائماالخصائص نفسها
purebred أصيل:يشير الى حيوان من نسل الآباء التي هي في حد ذاتها ذرية لاباء من نفس السلالة
purification تنقية
purify ينقي
purity نقاء
purse like محفظي الشكل
putrefaction التعفن:تحلل المواد العضوية الميتة من قبل البكتيريا
putrefy يتفسخ: يتحلل أو يتتعفن
putrescibility قدرة الفضلات على التحلل أو التعفن
putrescible معرضة للتدهور أو ان يفسد أو يصبح آسن
PVC(polyvinylchloride) نوع من البلاستيك غير قابلة للتحلل، تستخدم لتغطية الأرضيات، والملابس، والأحذية، والأنابيب، وما إلى ذلك شكل كامل البلاستيكية
pygidial ذيلي، ذنبي
pygidium العجز،مؤخر الجسم:الصفيحة الظهرية الاخيرة للبطن في الحشرات وبعض اللافقريات
pygmy قزم
pygmy elephant (*Loxodonta cyclotis*) الفيل القزم- غرب افريقيا
pygmy hippopotamus (*Choeropsis liberiensis*) فرس النهر القزم -غرب افريقيا
pylon برج الأسلاك: إنشاءات معدنية طويلة لتحمل كابلات كهرباء التوتر العالي
pyloric بوابي
pyloric end طرف بوابي
pyloric valve صمام بوابي
Pyralidae ,F. عائلة عث الحبوب المخزونة

quadrant رباعي:جهاز لقياس ارتفاع النجوم،كان يستخدم سابقا في حساب الاتجاه في عرض البحر
quadrantal ربعي: اشارة الى ربع دائرة
quadrat وحدة عينات أساسية:مساحة من الارض بقياس متر مربع واحد، تستخدم كعينة للبحوث عن سكان النباتات
quake الزلزال، هزة، رجفة
quadrate مربع ،رباعي: ذو اربعة جوانب
quadrate method طريقة المربع
quadrate sampling اخذ العينة بالمربع
quadricellular رباعي الخلايا
quadric- رباعي (سابقة)
quadricorn رباعي القرون
quadrifid رباعي الشقوق
quadriglandular رباعي الغدد
quadrilater رباعي، رباعي الأضلاع
quadrille ذو مربعات
quadruple اربعة أضعاف
qualitative وصفي ،نوعي
qualitative chemical defenses دفاعات كيماوية نوعية: مواد كيميائية سامة غير مكلفة تنتجها النباتات وتشكل حواجز فعالة لآكلات العشب
quality assurance ضمان الجودة: نظام الإجراءات المستخدمة في التحقق من جودة المنتج
quality نوعية، جودة
quango منظمة او وكالة غير حكومية: مجموعة تمولها الحكومة لكن تعمل بشكل مستقل عنها في التحقيق أو التعامل مع مشكلة معينة
quantifiable قابلة للقياس الكمي: قادرة على أن تظهر بشكل أرقام
quantify كمياً
quantitative كمي ،مقداري
quantitative chemical defenses دفاعات كيماوية كمية: مركبات كيميائية مكلفة في النباتات مثل التانين تشكل حواجز ضد آكلات العشب عن طريق تقليل نوعية النبات او الاستساغة للاكل
quantitative long-day plant نبات طويل اليوم كمياً
quantitative long-day plant نبات قصير اليوم كمياً

pyramid هرم
pyramid of biomass هرم الكتلة الحياتية: أنموذج او تمثيل رسمي يصور كمية الكتلة الحياتية في المستويات الغذائية المختلفة من النظام البيئي، يكون أعلى مستوى في الكائنات المنتجة
pyramid of energy هرم الطاقة: أنموذج او تمثيل رسمي يصور معدل تدفق الطاقة خلال المستويات الغذائية المختلفة في النظام البيئي
pyramid of numbers هرم الأعداد: أنموذج او تمثيل رسمي يصور عدد الكائنات الحية الموجودة في كل مستوى غذائي من النظام البيئي (تتكون القاعدة من الكائنات الحية المنتجة النباتات عادة،ثم الحيوانات العاشبة ثم الحيوانات آكلة اللحوم)
pyramidal هرمي
Pyrausta nubilalis ثاقبة الذرة الاوروبية
pyrethroid بايروثرويد: مبيد حشري عضوي مصطنع يشبه مبيد البايريثرم الطبيعي
pyrethrum بايريثرم طبيعي: مبيد حشري عضوي للافات من ألاقحوان،ليس ساما للغاية وغير ثابت
Pyretology علم الحميات
pyrheliometer or solarimeter مشماس: مقياس المكون الشمسي أو طاقة الشمس الاشعاعية
pyriform كمثري الشكل
pyriproxyfen مبيد مماثل لهرمونات الصبا
pyrite,pyrites(fe_2s) البايرايت، بيريت: شكل ذهبي اللون من كبريتيد الحديد
pyro-,pyr- حرارة عالية (سابقة)
pyroclastic flow تدفق الحمم البركانية
pyrolysis التحليل الحراري: التحليل او التحويل من مادة الى اخرى بالحرارة
pyrosphere الغلاف الناري
python الاصلة: ثعبان كبير جدا من العائلة Boidae

Q

Q (Van't Hoff equation) قاعدة او معادلة فانت هوف

quantity كمية
quantity factor عامل الكمية
quarantine pest الحجر الصحي للآفات: آفات ذات أهمية اقتصادية محتملة لمنطقة معينة وبالتالي تكون معرضة للخطر وهي غير موجودة سابقا، أو موجودة ولكن ليست موزعة على نطاق واسع وتخضع للمكافحة الرسمية
quarantine الحجر الصحي: فترة يتم الاحتفاظ بحيوان أو شخص أو نبات أو سفينة وصلت الى بلد منفصل للتاكد من انه لا يحمل مرض خطير ، وذلك لإتاحة الوقت لنمو المرض حتى يتم الكشف عنه
quarry المحجر: مكان إزالة الصخور من الأرض للاغراض التجارية
quartz الكوارتز:شكل معدني من السيليكا،غالبا ما توجد كبلورات في الصخورالنارية (الكوارتز النقي يعرف بالبلور الصخري)
quasi- تقريبا، في بعضها أو درجة (سابقة)
Quasi وجود بعض التشابه عادة عن طريق امتلاك صفات معينة
quaternary period الفترة الرباعية: الفترة الجيولوجية التي لا تزال حاليا موجودة
quaternary رباعية: يتألف من أربعة أجزاء
queen ملكة
quercivorous اكل البلوط
quicklime الكلس او الجير الحي
quiescent ساكن،خامل
quiescent center (in root apex) مركز الهمود او الكمون في قمة الجذر
quiescent period فترة سكون
quiescent seed بذرة هامدة ، او في سكون
quintuple خمسة أضعاف
quota حصة ،كمية ثابتة من شيء
quotient حاصل القسمة
quotient,respiratory حاصل تنفسي

R

R horizon الطبقة ر: الصخور الأصلية (الأبوية) اسفل الطبقة ج من التربة
R/K selection theory : R, K نظرية انتخاب في علم البيئة،نظرية الانتخاب تتعلق باختيار مجموعة او مزيج من صفات في الكائن الحي الذي تتم المفاضلة بين كمية ونوعية الذريةينصب التركيز اما على زيادة كمية الذرية على حساب الافراد الأبوية ،أواختزال كمية الذرية مع زيادة استثمار الأباء وهو يختلف على نطاق واسع لتعزيز النجاح في بيئات معينة وهذا السياق يجعل انتخاب ر الأنواع عرضة لتعدد التكاثر وبكلفة منخفضة لكل فرد من الذرية ، في حين انتخاب ك يختار الأنواع التي لها تكلفة عالية في التكاثر لعدد قليل وأكثر صعوبة لإنتاج ذرية
R / B (respiration/ biomass) ratio نسبة التنفس / الكتلة الحياتية
r-selection انتخاب ر: شكل من الانتخاب الذي يحدث في بيئة ذات موارد وفيرة ومنافسة قليلة، لصالح استراتيجية التكاثرية التي تنتج ذرية كثيرة. يميل هذا الأنتخاب لأن يسود في المراحل المبكرة من التعاقب البيئي
R strategy استراتيجية ر:شكل من أشكال التكاثر أذ تنتج الأم أعداد كبيرة من الذرية التي تحتاج إلى القليل من العناية
Ra رمز الراديوم
rabbit أرنب
rabies داء الكلب
race مجرى، سلالة، جنس، عرق: مجموعة من الأفراد داخل النوع تختلف لاسيما من الناحية الوظيفية أو البيئية عن الأعضاء الآخرين في النوع
raceme عنقود، عرجون
rachis 1.الجريدة:المحور الذي تستند عليه الأبلمة او الورقة المركبة، 2. اسم آخر للعمود الفقري
racial سلالي، عنصري
racialist عنصري
racist عنصرية
racoon, raccoon الراكون: من اللبائن آكلة اللحوم
rad راد: هي وحدة " قديمة " لقياس جرعة الأشعة المؤينة للجسم عرّفت عام 1953 بأنها جرعة الأشعة التي تتسبب في امتصاص 100 إرج من الطاقة في 1غرام من المادة، ثم أعيد تعريفها عام 1970 بأنها الجرعة التي تتسبب في امتصاص طاقة قدرها 0.01 جول في 1 كيلوجرام من المادة.أنتهى استخدام

يمكن أن يمر من خلال مواد أخرى (إن اكثر المواد المشعة طبيعيا الشائعة هي الراديوم واليورانيوم)

radioactivity نشاط اشعاعي: الطاقة بشكل إشعاع منبعث من مادة مشعة

Radiobiology علم الحياة الاشعاعي: الدراسة العلمية للإشعاع وآثاره على الكائنات الحية

radiodermatitis التهاب الجلد الشعاعي: التهاب الجلد الناجم عن التعرض لعامل المشعة

radioisotope نظير مشع

Radiology علم الاشعة

radiometer مشعاع، مقياس كثافة الطاقة الاشعاعية: مقياس مجموع تدفق الطاقة على جميع الأطوال الموجية

radionuclides tracers مستشف النويدات المشعة

radionuclides نويدات مشعة

radioresistant مقاوم للاشعة

radiosensitivity حساسية الاشعاع

radium (ra) الراديوم:عنصر مشع بشكل طبيعي لامع

radius 1.نصف القطر،2.الكعبرة،3.عرق كعبري: العرق الطولي بين العرق تحت الضلعي والعرق الوسطي

radon الرادون:غازخامل مشع طبيعيا يتكون من التحلل الإشعاعي للراديوم الذي يحدث بشكل طبيعي في التربة ، في مواد البناء والمياه الجوفية ويمكن أن يتسرب إلى المنازل ويسبب مرض الإشعاع

rain مطر، ودق

rain gauge مقياس كمية المطر

rainbow قوس قزح: ظاهرة طبيعية تحدث عندما يضرب الضوء قطرات الماء لاسيما عندما يضرب ضوء الشمس المطر او رذاذ شلال

rainbow trout (*Oncorhynchus mykiss*) سمك سلمون قوس قزح

rainfall سقوط المطر: كمية المياه التي تسقط على شكل أمطار على منطقة خلال فترة من الزمن

rainfall, orographic مطر الجبال

rain forests الغابات المطيرة: الغابات الكثيفة الاستوائية تنمو في المناطق التي تكون فيها الأمطار عالية جدا

"راد" كوحدة لقياس جرعة الأشعة عام 1978 واستعيض عنها بوحدة جراي (Gray)

radar الرادار: وسيلة لاكتشاف الأشياء البعيدة ومعرفة موقعها وسرعتها من خلال تحليل موجات الراديو المنعكسة من سطحها

radial نصف قطري ، كعبري

radial cell خلية كعبرية : خلية في جناح غشائية الاجنحة محاطة من الامام باحد فروع العرق الكعبري

radial sector قطاع كعبري: الجزء الخلفي لفرعي العرق الكعبري

radially شعاعي - نصف قطري

radiant اشعاع ،تشع

radiate يشع

radiation إشعاع : حالة الانتشار في جميع الاتجاهات من نقطة مركزية ، انتقال موجات من الطاقة عندما يتم نقل الحرارة، موجات من الطاقة المنبعثة من مادة مشعة

radiation ecology علم بيئة الأشعاع: فرع من علم البيئة يهتم بتأثيرات المواد المشعة على الأنظمة الحية وكذلك بمسار انتشار هذه المواد في الانظمة البيئية

radiation pollution التلوث الإشعاعي : تلوث البيئة عن طريق الإشعاع من عامل مشع

radiation sickness مرض الإشعاع : مرض ناجم عن التعرض لمشع

radiation zone منطقة الإشعاع: منطقة ملوثة بالإشعاع

radiation, attenuation تقليل الاشعاع

radical اساسي

radicle جذر

radio transmitter راديو ناقل

radio- الإشعاع ،اوالمواد المشعة (سابقة)

radioactive decay انحلال اشعاعي

radioactive isotopes نظائر اشعاعية النشاط

radioactive tracers مستشفات اشعاعيةالنشاط

radioactive wastes النفايات المشعة، الفضلات الاشعاعية

radioactive اشعاعي النشاط،مشع: صفة تشير إلى مادة تتحلل نواتها وتعطي طاقة بشكل إشعاع

range مدى، نطاق، تواجد جغرافي: المنطقة المحصورة بحدود جغرافية معينة او الاقليم الذي توجد فيه الانواع بشكل تلقائي

range extention امتدادات المديات

range management ادارة المراعي

rank سلسلة ،صف

rapid سريع

rapids منحدرات

rapids zone منطقة المنحدرات

raptorial قانص، كاسر، جارح: محور لقنص الفرائس

raptiorial leg رجل قنص

raptors جوارح

rare نادر

rarefaction تخلخل (صوت)

rarity ندرة

rash طائش، طفح، متهور

rasping بشر ، قشط، برد

rat فأر كبير (جرذ)

rate معدل

rate of natural increase معدل الزيادة الطبيعية :الفرق بين معدل المواليد ومعدل الوفيات

rate of population growth معدل النمو السكاني: الزيادة في عدد السكان في منطقة معينة مقسوما على عدد السكان الأولي

rating التقييم : تصنيف وفقا لجدول

Ratitae :(Struthioniformes) رتبة النعاميات رتبة من الطيور ذات اجنحة صغيرة

ratel آكل العسل: حيوان شبيه بالغُرَير

ratio نسبة

ration جراية، التموين:كمية المواد الغذائية التي تعطى لحيوان أو إنسان

Rattus جنس الجرذ الاسمر

Rattus norvegicus الجرذ البني (النرويجي)

Rattus rattus الجرذ الرمادي

raven غراب أسود

ravine وهد: واد صغير ضيق شديد الانحدار تكون من شدة تيار الماء

rainout غسيل المطر: عملية هطول الأمطار مما يسبب في إزالة الجسيمات في الغلاف الجوي على الأرض

rain shadow ظل المطر: مساحات جافة على الجانب المحجوب عن المطر من الجبال

rainstorm عاصفة مطيرة: فترة من الامطار الغزيرة مصحوبة بالرياح

rain-wash الجريف: تآكل التربة بسبب الأمطار

raise رفع ، او انبات النباتات ورعايتها ، او تربية الثروة الحيوانية وحفظها

rainy season موسم الأمطار:فترة سقوط المطر

ram pump جهاز ضخ المياه ويعمل بطاقة المياه الساقطة

ramet كائن واحد من سلالة خضرية كان يكون منتج من زراعة الأنسجة ،او هو عضو واحد من مجموعة من الخلايا المتطابقة وراثيا أو الكائنات التي نتجت بلا تزاوج بوساطة خلية أو كائن واحد

ramification تفرع

ramify تفرع، تشعب

ram نطح، كبش، برج الحمل

ramsar site موقع رامسار : موقع معين من قبل اتفاقية رامسار حول حفظ مواطن الأراضي الرطبة والأنواع

ramus فرع او شعبة من نبات او عظم

ranching تربية المواشي: تربية الماشية في المزارع الكبيرة والأراضي العشبية

rancid زنخ، فاسد

random distribution توزيع عشوائي: توزيع الافراد في طراز عشوائي مستقل عن جميع الافراد الآخرين

randomization العشوائية، التوزيع العشوائي: هو تتابع من متغيرات عشوائية تصف عملية انتاجها لا يتبع نمط محدد، لكن يتبع التطور التي يصفها التوزيع الاحتمالي وذلك لتقليل انحياز الباحث

random predator equation معادلة المفترس العشوائي

random variation تباين عشوائي: تقدير لقياس التشتت حول أهم المتغيرات العشوائية المحتملة

raw خام ، غير مطبوخ ، غير مكرر

raw material المواد الخام :مادة تستخدم لتصنيع شيء، مثل الخشب لصنع الأثاث

ray شعاع ،اشعة

reach يمتد الى الخارج ، يتوسع ، متناول اليد

react يتفاعل ، يستجيب

reactant مفاعل

reaction تفاعل ، رد فعل

reactivation تنشيط

reactors ,nuclear مفاعلات نووية

reagent كاشف،دليل:مادة كيميائية تتفاعل مع مادة أخرى

realised niche نوخ متحقق: نوخ محدد بوجود المكونات الحية وتفاعلاتها مثل المفترس، او هو ذلك الجزء الذي يُحتل فعليا من قبل الأنواع والناجم عن تقاسم الموارد في النظام البيئي

reasoning تسبيب

rebound ارتداد ،رجع

recapitulation تلخيص، إعادة، إختصار حياة الأصل في تاريخ حياة الفرد

recapitulation theory نظرية الإعادة

receiver مستقبل

receiving waters المياه المستقبلة: الأنهار والبحيرات والمحيطات ، والجداول أو غيرها من المسطحات المائية التي يتم تصريف مياه الصرف الصحي أو مياه الصرف المعالجة اليها

recent حديث

receptaculum 1.وعاء،حاوية2.الطرف المتوسع من ساق زهرة أو المحور الذي يحمل مجموعة من الازهار في الرأس (علم النبات)

receptor متقبل،مستلم،مستقبل: 1.نهاية العصب التي تتحسس التغيير مثل البرد أو الحرارة في البيئة المحيطة أو في الجسم ويتفاعل معه عن طريق إرسال نبضة إلى الجهاز العصبي المركزي2. موقع على سطح الخلية يرتبط به جزيء محدد مثل مستضد

receptor cell خلية مستقبلة

recessive متنحي: يصف أليل او طراز مظهري لا يتم التعبير عنه بسبب وجود الجين السائد الا في حالة تجانس الأقتران

recessive character صفة متنحية: يشير الى أليل لم يتم التعبير عنه ظاهريا ،عكس سائد

recessiveness الرجعية: سمة الجين التي تؤدي إلى عدم ألتعبير عنه في الفرد الذي يحملها عندما يوجد الجين المقابل السائد

recess ارتداد، تراجع، ركود اقتصادي، فجوة، تجويف

recharge إعادة شحن

recharging of ground water resevoirs اعادة شحن احتياطي الماء الجوفي

recipient آخذ

reciprocal متبادل ،متناوب

reciprocal cross تلقيح عكسي

reclamation استصلاح:استصلاح الأراضي

recluse ينعزل

recognition تعرف

recombination اعادة توحيد

recommendation التوصية

reconstitution اعادة بناء

record السجل

recording thermometer مقياس حرارة مسجل

recover يتعافى

recovery استعادة ،شفاء، انتعاش

recruitment تعبئة، تجنيد، زيادة طبيعية للسكان عادة من خلال من حيوانات صغيرة او نباتات التي تدخل مرحلة البلوغ

rectal مستقيمي

rectal gills خياشيم شرجية

rectal gland غدة شرجية

rectification تعديل،تصحيح، عملية تنقية السائل عن طريق التقطير

rectify يكرر التقطير

rectum المستقيم: الجزء الخلفي من القناة الهضمية

recurrent ناكص: راجع الى الخلف مباشرة

recurrent nerve عصب راجع، ناكص

recurrent vein عرق راجع: احد العرقين المستعرضين الواقعين خلف العرق الزندي مباشرة في غشائية الاجنحة

recurved مقوس

reef شعاب ،الحيد البحري
re-emerging يعاود الظهور
refine صقل: إزالة الشوائب
refinery مصفاة: منشأة معالجة حيث يتم إزالة الشوائب من المواد الخام مثل النفط، وخام أو السكر
reflection انعكاس
reflector عاكس
reflex انعكاس
reflex action فعل انعكاسي
reforest = reafforest اعادة تشجير
reformative مجدد
refract ينكسر: ضوء أو صوت يغير اتجاهه لانه يمر من وسط إلى آخر مختلف الكثافة
refraction انكسار
refrain يحجم ، يمسك
refrigerant مبرد:مادة تستخدم للتبريد أو التجميد
refrigeration التبريد
refugium(pl. refugia)= refuge ملجأ: مكان يوفر الحماية من الخطر او الضيق. موقع لحماية افراد سكان مُستغل ومستهدف من مفترسات او طفيليات وهي منطقة معزولة تجد فيها النباتات والحيوانات مأوى من الظروف البيئية غير الملاءمة ،او هو موقع كانت النباتات والحيوانات سابقا واسعة الانتشار فيه لكن تعد الان قليلة في المنطقة
refugee لاجئ
refuse فضلة
regenerated corridor ممر مُجدد: إعادة نمو النباتات الطبيعية على شريط او ممر
regeneration تجديد:عملية نمو الغطاء النباتي مرة أخرى على الأراضي التي كانت مزالة او محروقة
regenerative تجدد ، استعادة أو تجديد ، السماح لنمو جديد يحل محل الأنسجة التالفة
regime 1.نظام الحكم أو الإدارة2 . نمط منتظم لوجود أو عمل 3.سلوك أو إجراء منظم مميز لظاهرة او عملية طبيعية
regenerative مجدد
region منطقة
regionalism المناطقية

recycling إعادة التدوير: معالجة النفايات حتى تستخدام مرة أخرى
red data book كتاب البيانات الاحمر: فهرس نشر سابقا الأنواع النادرة أو المعرضة للانقراض ، المعلومات نشرت من قبل IUCN
red lead الرصاص الأحمر: أوكسيد الرصاص السام، المستخدم في الدهانات
red tide مد احمر: تلون مياه البحر الناتج عن النمو الكبير (الازدهار) في كثافة العوالق النباتية، والتي تكون سامة احيانا إلى الأسماك والى البشر من خلال تراكمه في المحار
redevelopment اعادة التنمية
redia (pl. rediae) اليرقة المنتجة في كيسة الأبواغ في العديد من الديدان المثقوبة، ولها ممص فمي وتنتج اما جيل آخر من الريديا أو السركاريا
redifferentiation إعادة التمايز
redistribution of land إعادة توزيع الأراضي :عملية أخذ الأرض من كبار ملاك الأراضي وتقسيمها الى قطع صغيرة لكثير من الناس لامتلاكها
redox= oxidation–reduction اكسدة- اختزال
redox potential وسع الاكسدة- الاختزال
reduce الحد من ، انخفاض ،او إضافة الإلكترونات أو الهيدروجين إلى مادة
reduced eyes عيون مختزلة
reducing atmosphere اختزال الغلاف الجوي :الجو الذي لا يحتوي على غاز الأكسجين الحر وفيه ترتبط المركبات كيميائيا مع الهيدروجين
reduction اختزال
reductionism الأختزالية: نظرية بأن الأنظمة المعقدة يمكن توضيحها عن طريق تحليلها او أختزالها إلى أجزاء أكثر بساطةً أو أكثر أساسيةً
redundant زائد: غير مفيد، مختزل
reduplication مضاعفة
Reduviidae,F. assassin bug عائلةالبق الفتاك ،تعود لرتبة Heteroptera
Reduvius personatus حشرة الصياد المتنكر: تعود الى عائلة البق الفتاك Reduviidae
reed قصب
reed warbler دخلة القصب: طائر مغرد

relative humidity الرطوبة النسبية: النسبة المئوية لبخار الماء الموجود في الهواء قياساً مع التشبع بالبخار تحت نفس ظروف درجة الحرارة والضغط
relaxation oscillation تذبذب ارتخائي
release يحرر، يطلق، يجعل شيء متوفر لاسيما لاول مرة
releaser (behavior) محرر
relevé مساحة او قطعة صغيرة والناتجة عن تقسيم مساحة أكبر، تستخدم كعينة لتحليل الغطاء النباتي
relic آثر، قطع اثرية، بقايا شيء كان يعيش في زمن سابق
relict الغابرة: الأنواع التي لا تزال موجودة (الباقية) من مجدوعة كانت منتشرة على نطاق واسع على الرغم من عدم وجود البيئة التي نمت فيها أصلا 2. الكلمة القديمة لكلمة ارملة او بقايا
relief بروز، تضاريس ارضية، اسعاف
relieve خفف، أراح، لطف، برز
reluctant راغب عن، معارض، مقاوم
rely on يعتمد على
remedy دواء، علاج
remnant corridor ممر باقي: شريط من نباتات اصلية تركت دون ان تقطع بعد ازالة النباتات حولها
remnants بقايا
remote sensing التحسس النائي(قصي):جمع المعلومات عن طريق الأقمار الصناعية والتصوير الجوي للأرض مثل مواقع الرواسب المعدنية ، أو حركة المياه أو الآفات
remote منعزل، ناءٍ، قصي
removal sampling أخذ العينات بالازالة
renaissance عصر النهضة الأوروبية
renal كلوي
renal artery شريان كلوي
renal system جهاز كلوي
reniform كلوي الشكل
render يجعل، يصير
rendering plants منشآت الاذابة: مصانع تحول النفايات المنزلية وشحوم المطبخ، وجثث الحيوانات

register تسجيل: إظهار أو عرض المعلومات أو البيانات او يجعل شيئ ما رسميا، تسجيل رسمي
regression ارتداد ، انحسار
regressive منحسر، متقهقر
regular منتظم
regular distribution توزيع منتظم: توزيع الافراد في طرز متباعدة بشكل متساوٍ أكثر مما هو متوقع عن طريق الصدفة، تباعد او أنتشار موحد
regulation تنظيم
regulator ناظم
regulatory apparatus جهاز منتظم
regurgitated متقيأ
regurgitating رجع
rehabilitation تاهيل
reindeer الرَّنة: أيل شمال أوروبي
reinfection عودة الإصابة بنفس المرض
reinforcement تحصين
reintroduce إعادة:مساعدة الأنواع للعيش مرة أخرى بنجاح في منطقة كانت سابقا تسكنها
rejuvenated stream مجرى متجدد
rejuvenate جدد، إستعاد شبابه، أعاد الشباب
rejuvenation تجديد، أعادة الشباب
relapse رجعة ، نكسة
relate يتصل، ينسب
-related متصل (لاحقة)
relationship العلاقة
relative نسبي
relative abundance الوفرة النسبية:عدد افراد العينات للحيوان أو النبات المتوفرة خلال فترة في مكان محدد
relative abundance indices ادلة الوفرة النسبية
relative biological effectiveness الفعالية الحياتية النسبية : مقياس لدرجات مختلفة من الفعالية لأنواع مختلفة من الإشعاع في إحداث آثار في النظم الحياتية
relative dominance سيادة نسبية: المساحة القاعدية لنوع معين مقسوم على المساحة القاعدية الكلية للانواع كلها، تستعمل هذه القيمة عادة لوصف سيادة انواع الاشجار في مجتمع غابات

عدد مختلف من الجنس الآخر فضلا عن نجاح الإخصاب (من الذكور) عند تزاوج الإناث وتخزن الحيوانات المنوية من عدة ذكور

required nutrients المغذيات المطلوبة: المغذيات، بما في ذلك المواد الغذائية الأساسية، التي تعزز أو تحسن النمو، والتطور، والتكاثر

reproductive system جهاز تناسلي

reproductive value القيمةالتكاثرية: عدد الذرية التي يمكن أن يتوقع أي فرد أن ينتجها خلال حياته

reptatorial زاحف

Reptilia رتبة الزواحف

repugnatorial دفاعية أو طاردة، كما موجود في غدد لافقريات معينة والتي تنتج إفرازات سامة أو مثيرة للاشمئزاز عندما تتعرض للتهديد مثل يرقة فراشة الحمضيات التي تفرز سائل ذو رائحة كريهة وطارد عند محاولة مسكها منosmeterium

repugnatorial glands غدد منفرة او طاردة

repulsion طرد ، تنافر

reractor عضلة مثل العضلة القابضة التي تُرجع او تسحب العضو او الجزء(التشريح)2. أداة جراحية تستخدم لابعاد عضو أو حواف الشق (الطب)

rescue effect تأثير الأنقاذ: مفهوم بان الانقراض يمنع بتدفق الاستيطان

research البحث: دراسة علمية تحقق شيئا جديدا

resect يقطع

resemblance تشابه

reserve احتياط، الاحتياطي:1. كمية مخزونة أو يحتفظ بها لحين استخدامها في المستقبل 2 . مساحة من الأرض لصالح الحفاظ على الحياة النباتية أو الحيوانية حيث لا يسمح الاستغلال التجاري

reservoir مخزن،خزان:منطقة طبيعية او مصنعة تستخدم لتخزين المياه 2. ثقب طبيعي في الصخور يحتوي على الميا ه، او النفط أو الغاز ،ناقل:مصطلح يدل على حيوان عادة فقري مصاب بعامل ممرض وقادر على الحفاظ عليه في انسجته لمدة طويلة، ويتم تغذية على واحد أو أكثر من النواقل الفعالة، ويكون مصدر لعدوى المفصليات

reservoir rock صخور خازنة : الصخور المسامية النفاذة والتي يمكن استخراج النفط أو الغاز الطبيعي

إلى دهون وزيوت صناعية(كشحم للصابون)وغيرها من المنتجات المختلفة كالسماد

rendering يذوب ،يستخلص عن طريق الذوبان: معاملة للتحويل إلى دهون وزيوت صناعية أو أسمدة

renew تجديد

renewable resources الموارد المتجددة:مورد طبيعي الذي يتجدد ما لم يبالغ في استعماله مثل المياه العذبة أو طاقة الرياح

renewable sources of energy مصادر الطاقة المتجددة:الطاقة من الشمس والرياح والأمواج والمد والجزر أو من حرارة الأرض

renewable متجدد

reniform كلوي الشكل

retention احتفاظ ، احتباس

repellents مواد طاردة

repetitive تكراري

replacement fertility استبدال الخصوبة:معدل الخصوبة اللازمة لضمان استمرار ثبات السكان اذ أن كل مجموعة من الآباء والأمهات تستبدل بذريتها

replacement احلال: شيء يحل محل آخر

replant إعادة زرع: نمو النباتات في منطقة مرة أخرى

replication تضاعف: عملية تضاعف الدنا خلال انقسام الخلية ، عملية التكاثر في الخلية او الاحياء الدقيقة، تكرار التجربة عدة مرات لتحقيق نتيجة موثوقة

repose يستكن، يريح

repression كبح

reprocessing إعادة المعالجة: معالجة شيئا مثل الوقود النووي المستهلك وإخضاعه لعمليات كيميائية

reproduce تكاثر ، انتاج ذرية

reproduction تكاثر

reproductive and behavior response الاستجابة التكاثرية والسلوكية

reproductive castes الطبقات التكاثرية

reproductive cloning الاستنساخ التكاثري: استخدام تقنيات الاستنساخ لإنتاج أفراد جديدة

reproductive success التكاثر الناجح: تقدير الملاءمة التطورية لقياس الانتخاب الجنسي قد يتضمن القياس النجاح في الحصول على التزاوج مع

resolution تصميم ، انحلال
resolve يحلل
resorption تشرب، امتصاص
resources الموارد: مصدر مفيد ،أي شيء في البيئة يمكن استخدامه
resources ,water مصادر المياه
resources conversation صيانة الموارد
resources depletion zone استنزاف موارد المنطقة: منطقة يتم استنفاذ مواردها
resources economics اقتصاديات الموارد: دراسة اقتصاديات النظام البيئي والتي تبين قيمة الخدمات التي يقدمها هذا النظام من الناحية المالية
resources management ادارة الموارد
resources partitioning تقسيم الموارد: الطريقة التي تنقسم فيها الموارد في النظام البيئي من قبل الأنواع الذين يحتاجون إليها،وكل نوع يستخدمها بطريقة مختلفة
resources recovery استعادة الموارد
resource-use competition منافسة لأستخدام الموارد: تنافس بين نوعين وفيه كل سكان يؤثر سلبا على الآخر بصورة غير مباشرة في الصراع على الموارد القليلة
respiration تنفس:عملية الأكسدة التي تحدث داخل الخلايا الحية وفيها يتم إطلاق الطاقة الكيميائية للجزيئات العضوية في سلسلة من الخطوات الأيضية تشمل استهلاك الأكسجين وتحرير ثاني أوكسيد الكربون والماء
respiration (aerobic) التنفس الهوائي
respiration (anaerobic) التنفس اللاهوائي
respiratory تنفسي
respiratory heat حرارة الجهاز التنفسي: الطاقة المفقودة إلى المجتمع في تنفس النبات
respiratory pigment صبغة تنفسية
respiratory system جهاز تنفسي
respiratory tract مجرى تنفسي
respire يتنفس
respond استجابة: الرد على شيء
response استجابة: رد فعل لحافز
responsibility مسؤولية:مسؤولا عن شيء، أو المسؤول عن شيء

residence time زمن البقاء: الزمن الذي يبقى شيء في نفس المكان أو في الحالة حتى يتم فقده أو تحويله إلى شيء آخر
resident مقيم: يشير الى كائن حي أو شخص يعيش في مكان ،لاسيما لفترة طويلة
residential environment البيئة السكنية : منطقة تتميز بوجود المنازل والعمارات السكنية
residual ماكث، باق
residual rain المطر الماكث
residue الفضلة، المتبقي
residuum فضلات
resilience المرونة:1.قدرة الكائن الحي على المقاومة أو على التعافي من الظروف المعاكسة.2. قدرة النظام البيئي على العودة إلى حالته المعتادة بعد اضطراب
resilience stability أستقرار المرونة: قدرة النظام على التعافي من الاضطراب عندما يختل النظام
resilin ريزيلين: بروتين مرن جدا موجود في الحشرات التي ترتبط لاسيما مع المفاصل.وهو يشبه المطاط ويمكن ان يخزن الطاقة
resin الراتنج:زيت لزج تفرزه بعض الصنوبريات أو الأشجار الأخرى ، لاسيما عند قطعها 2. مركب صلب او سائل عضوي يستخدم في صنع البلاستيك
resinous صمغي
resist يقاوم
resistance المقاومة:1. قدرة الكائن الحي على ان لا يتأثر بشيء مثل المرض، عامل الإجهاد، أو عملية العلاج، 2. قدرة النظام على المحافظة على تركيبه ووظيفته أثناء الأضطراب
resistance stability أستقرار المقاومة: قدرة النظام على مقاومة الأضطراب والمحافظة على تركيبه ووظيفته سليمة
resistance to antibiotics مقاومة المضادات الحياتية
resistance to insecticides المقاومة للمبيدات الحشرية
resistant crop varieties ضروب محاصيل مقاومة
-resistant مقاوم (لاحقة)

responsible مسئول: مسؤولة عن شيء
responsible care مسؤول الرعاية
resprouter أنواع نباتية تكون قادرة على البقاء بعد حدوث نار من خلال تنشيط البراعم الخضرية الكامنة لإعادة النمو (تخصص طاقة اكثر لأعضاء الخزن تحت الارض واقل لتراكيب التكاثر)
rest stage (dormancy) طور السكون
restitution إسترداد: عودة الى وضع سابق
restock إعادة تخزين
restoration إعادة ، استعادة، ترميم، شفاء
Restoration Ecology إستعادة البيئة: فرع من علم البيئة يتعامل مع استعادة موقع لمجتمع نباتي وحيواني او نظام بيئي مضطرب الى الظروف التي كانت موجودة قبل الاضطراب، او هو فرع من علم البيئة يركز على تطبيق النظرية البيئية لأستعادة موقع، نظام بيئي او الطبيعة من اضطراب كبير
restore إستعادة، رجوع
restrained يكبح
result نتيجة
retaliating aggressive defense دفاع عدائي بالمثل
retention إحتباس،احتفاظ ،حفظ
reticular شبكي
reticular gland غدة شبكية
reticulate شبكي
Reticulitermes flavipes نوع من الارضة
retina (reticulum) شبكية :جهاز الاستلام في العين
retinaculum مشبك ، قيد
retinula شبيكية
retiform شبكي الشكل
retire ينسحب
retract انقلب على عقبيه، ينسحب، يتراجع
retractile قابل للانكماش
retraction إنكماش، ارجاع
retractor muscle عضلة مكمشة
retrad الى الوراء،أخر، تأخير
retreat تراجع، تقهقر
retrograde تقهقر، تخلف، ناكص، متراجع
retrogression تقهقر، تراجع، انتكاس، نكوص
returnable إرجاع
returnable containers اوعية مسترجعة
reuse of solid wastes اعادة استعمال الفضلات الصلبة
reuse إعادة استعمال
revade يتجنب
reveal كشف،ظهر، إفشاء، إلهام
reversal تحول، عكس
reverse osmosis تنافذ عكسي
reverse عكسي ، عكس
reversion تحول ،ارتداد
revive ينشط، أحيا، يعيش، عاد الى الوعي،انتعش
reward feedback تغذية إسترجاعية مكافأة: ردود فعل أيجابية (نمو متزايد او بقاء) من قبل كائن حي او مستوى غذائي التي تديم بقاء مورد غذائه
rewewable resources موارد متجددة
rhabdome عمود، محور بصري:تركيب قضيبي يتكون من السطوح الداخلية للخلايا الحسية المجاورة في العوينة المكونة للعين
rheotaxis توجه تياري
rheotrophic يصف الاراضي الرطبة (مثل مستنقع) التي تحصل على معظم مغذياتها من الماء الجوفي
rheotropism عكس التيار: انحراف النمو إستجابة لتيار الماء او الهواء
rhinal أنفي
rhino(pl.rhinos)= rhinoceros وحيد القرن
rhinoceros (pl. rhinoceroses or rhinoceros) الكركدن،وحيد القرن:حيوان عاشب ضخم جدا مع جلد سميك وقرن واحد أو اثنين، واحد وراء الأخر
rhinoplor حامل انف
rhizobium نوع من البكتيريا التي تعيش في التربة وتكون عقد على جذور النباتات، وتاخذ النيتروجين من الغلاف الجوي وتثبته في التربة
rhizofiltration استخدام النباتات لامتصاص أو ترسيب المياه الجوفية الملوثة في جذورها
Rhizopertha dominica خنفساءالحبوب الصغيرة

Rio Declaration إعلان ريو:بيان وضع المبادئ العامة للتنمية السليمة بيئيا المعتمدة في قمة الأرض في ريودي جانيرو في عام 1992
riparian ضفافي، على طول ضفة النهر او الجدول
ripe يانع، ناضج
ripening نضج
ripple يتموج
riptide التيار الراد، ضد التيار:1. منطقة من المياه في البحر حيث يلتقي التيارات 2 . موجة تعارض آخرى مما يسبب اضطراب عنيف في البحر
risk assessment تقييم المخاطر
risk management إدارة المخاطر: نشاط السيطرة على العوامل التي تسبب مخاطر
risks مخاطر: مزيج من احتمال تلف أو الضرر أو الخسارة
ritualized طقوسي
rivalis جدولي ،غديري ،ما ينمو بجانب الغدير
river نهر
river authority هيئة النهر: هيئة رسمية تدير الأنهار في منطقة
river continuum concept مفهوم أستمرارية النهر: أنموذج يصور استمرارية التغيير في التركيب الفيزيائي، الكائنات السائدة والعمليات البيئية على أمتداد طول النهر
riverine نهرية
rivus 1. تيار صغير من الماء، جدول، تيار 2. مجرى مائي أصطناعي، قناة
Rn رمز الرادون
robberflies الذباب السارق
robin ابو الحناء- طير
robust قوي، متين، شاق
rock صخرة: مادة معدنية صلبة تشكل القشرة الخارجية للأرض
rock-dove حمام بري
rocking يتأرجح
Rodentia رتبة القوارض
rod عصى، عود، قضيب، صولجان، صنارة صيد
rodents قوارض
roe بطارخ، بيوض السمك، أنثى الظبي

rhizosphere منطقة نشاط التربة حول الجذور مباشرة
rhizospheric environment بيئة قبل الجذور
Rhodnius prolixus بقة فتاكة- ماصة الدم
Rhodophyta(red algae) الطحالب الحمراء: توجد أساسا في قاع البحر
Rhopalocera ,S.O. رتيبة ابي دقيق
rhythm تواتر، ايقاع
rib ضلع
ribbon شريط
ribbon like شريطي الشكل
ribonucleic acid (RNA) سلسلة الحمض النووي التي تأخذ المعلومات المشفرة من الدنا ويترجم ذلك إلى بروتينات معينة
rice weevil سوسة الارز
rich غني
-rich غنية (لاحقة)
richness غنى
Richter scale مقياس ريختر: مقياس لقياس قوة الزلازل من 0 حتى 10 ، والزلازل من 5 فأكثر تسبب الضرر
ridge سلسلة تلال او جبال، قمة جبل،رصيف، أوج
rift valley الوادي المتصدع: وادي طويل ذو جدران شديدة الانحدار تتشكل بين اثنين من خطوط صدع الارض أو عند تحرك صفائح القشرة الأرضية
rigid صلب
rigid appendage زائدة صلبة
rigidity صلابة
rigor تصلب، صرامة، قسوة
rill الغدير: تيار ضيق جدا
rim حافة
rima فتحة، شق
rime صقيع، كسا بصقيع او قشرة
ring finger بنصر
ring stage طور حلقي
rinse شطف، غسل

roentgen الوحدة الاقدم لجرعة الاشعاع
roentgen, röntgen (R) رونتغن: وحدة قياس كمية التعرض لأشعة جاما أو الاشعة السينيه
role دور
rolling friction احتكاك التدحرج
roost طيور القن ، طائر مجثم ،يجثم
root – shoot ratio نسب الجذور / التفرع
root crop المحاصيل الجذرية: النبات الذي يخزن المواد الغذائية في الجذر أو الدرنات وتزرع كغذاء
root system نظام الجذر: كل جذور التي تعود لنبات
rot تعفن، عفن، فساد، تسوس، نخر: تحلل للأنسجة العضوية
root اصل، جذر
root zone منطقة الجذور
Rosenzweig rule قانون روزنزويج: ينص بأن لوغاريتم صافي الانتاجية الأولية يرتبط خطيا مع لوغارتيم النتح البخاري
rosping بشر ، قشط
rostrum خرطوم. خطم ،منقار
rostral منقاري
rotate مدور، تدوير
rotation تناوب ، تدوير
rotation of crops = crop rotation الدورة الزراعية
rotator muscle عضلة مدورة
rotenticide مبيد قوارض
rotifer دولابي، دولاب: حيوان من شعبة الدولابيات
Rotifera شعبة الدولابيات
rotor دوار
roughage نخالة: المواد الليفية في الغذاء، والتي لا يمكن هضمها، كما تدعى الألياف الغذائية
round headed borer الحفار مستدير الراس
rove beetles الخنافس الجوالة من العائلة Staphylinidae
royal jelly الغذاء الملكي
rubber المطاط: مادة يمكن أن تمتد وتضغط، مصنوعة من سوائل بيضاء سميكة (لاتكس) من شجرة استوائية
rubbing احتكاك ، تمسيد
rubbish القمامة
ruby wasps الزنابير الياقوتية
rudimentary اثري، بدائي
rufous fly ckatcher صائد الذباب ضارب الى الحمرة
rumen المعدة الاولى
ruminant مجتر: حيوان له معدة تحتوي على عدة غرف مثل بقرة
rumination اجترار: العملية التي من خلالها يتم إرجاع الطعام من المعدة إلى الفم ، ويمضغ مرة أخرى ثم يبتلع
runoff rate معدل جريان المياه: كمية الأسمدة الزائدة أو المبيدات من الأراضي الزراعية التي تتدفق في الأنهار في فترة محددة
rural الريفية
runoff السيح، الجريان السطحي:1. إزالة المياه من نظام عن طريق فتح بوابات التحكم 2 .تدفق مياه الأمطارأو ذوبان الثلج من سطح الأرض إلى الجداول والأنهار 3. تدفق الأسمدة الزائدة أو المبيدات من الأراضي الزراعية الى الأنهار
runoff water ماء السيح
rupture تمزق، تصدع
ruptured متمزق، ممزق
rural affairs الشؤون الريفية: أنشطة واهتمامات المجتمعات الريفية
rural area منطقة ريفية
rural development التنمية الريفية: برنامج للأنشطة المقامة بها لضمان أن تظل المناطق الريفية مستدامة اقتصاديا واجتماعيا
rural economy الاقتصاد الريفي: الزراعة والأعمال التجارية الأخرى في المناطق الريفية
rural environment البيئة الريفية: الريف
rural migration الهجرة الريفية: حركة الناس بعيداعن الريف الى المدن للحصول على عمل
rural domestic wastes فضلات المنزل الريفية
rural tourism السياحة الريفية: العطل والأنشطة الترفيهية في المناطق الريفية

Salamander السمندر: هو نوع من البرمائيات، ضمن رتبة Caudata

Saldidae,F. عائلة بق الشاطئ من رتبة نصفية الاجنحة

salination التملح:عملية زيادة تركيز الملح في التربة أو الماء، لاسيما نتيجة للري في المناطق ذات المناخ الحار،تدعى ايضا **salinisation**

saline ملحي

saline lagoon البحيرة المالحة: مساحة من الماء مفصولة عن البحر جزئيا أو كليا بشاطئ رملي او حصى تحتوي على خليط من مياه البحر ومياه عذبة. قد يتكون من المد والجزر، ولكنه يحتوي ماء دائما حتى في المد المنخفض جدا

saline lake, salt lake بحيرة مالحة: بحيرة داخلية منخفضة مع ماء يحتوي على الكثيرمن الملح بسبب التبخر وعدم وجود مياه عذبة تتدفق إليه

salinisation,salinization ,salination تملح ،املاح

salinity الملوحة :تركيز الملح

salinometer مملاح ،مقياس الملوحة: أداة لقياس كمية الملح في محلول أو في مياه البحر

saliva لعاب

salivary duct قناة لعابية

salivary gland غدة لعابية

salivary reservoir مخزن لعابي

Salmo salar سمك سلمون الأطلسي

salmonid اي من الاسماك العظمية التي تعود لعائلة السلمون والتي تعد حساسة للتلوث في المياه ويشير وجودها إلى أن المياه نقية، مثل سمك السلمون المرقط والتراوت

salmon سمك السلمون: سمكة بحرية كبيرة تعود إلى المياه العذبة لتضع بيضها

salt الملح: مركب كيميائي (كلوريد الصوديوم)

salt dome قبة الملح: منطقة يرتفع الملح من تحت سطح التربة الى الاعلى لتشكيل تلة صغيرة

salt lakes, saline lake بحيرات ملحة

salt marsh هور ملح: مساحة من الأرض تتدفق مياه البحر اليها في المد العالي

salt water المياه المالحة: الماء الذي يحتوي على الملح، مثل مياه البحر

rurban ريفيمدني: يشير الى المناطق التي تجمع بين خصائص الأنشطة الزراعية الموجودة في المناطق الريفية مع الضواحي والمناطق الصناعية، او تشكل منطقة سكنية اساسا ولكن تحوي بعض الزراعة

rurbanisation جعل المناطق الريفية أكثر شبها بالمناطق الحضرية في نوع السكن والأنشطة

rust صدأ

rustling viper حفيف افعى سامه

Rutaceae العائلة السذابية أو عائلة الحمضيات

r-value وحدة قياس مقاومة تدفق الحرارة

rye جاودر، شيلم: من محاصيل الحبوب التي تزرع في المناطق المعتدلة

S

S رمز الكبريت

sabre toothed plenny هو نوع من الاسماك (*Aspidontus taeniatus*) التي تحاكي اسماك اخرى تقترب من الاسماك لغرض تنظيفها من الطفيليات لكن (*Labroides dimidiatus*) عوضا عن تنظيف الحراشف تقوم بعض السمكة ثم الهرب

sac كيس

sac brood مرض تكيس الحضنة

safety guidelines إرشادات السلامة: سلسلة من توصيات تشير إلى الممارسات والإجراءات المناسبة لضمان ظروف آمنة

safety سلامة، امان

safety zone منطقة امنة

safe آمن: من غير المرجح أن يضر أو يسبب ضررا

sahara الصحراء: منطقة صحراوية كبيرة في شمال أفريقيا

saharan الصحراء: يشير إلى الصحراء

sahel منطقة الساحل: منطقة شبه صحراوية جنوب الصحراء الكبرى حيث تنتشر ظروف الصحراء

Saissetia oleae حشرة القشرية السوداء، تعود لعائلة Coccidae

salt ملح

saltatoria الحشرات القافزة
saltatorial leg رجل القفز
salt-loving اليف الملح
salty يحتوي على ملح، مالح
sample (N) عينة: أنموذج جزئي من الافراد او الملاحظة الكلية في سكان او العينات الكلية
sampler معيان (جامع عينات)
sampling معيانية
sanctuary ملاذ: في معناها الأصلي،هو مكان مقدس، مثل مرقد وبسبب استخدام مثل هذه الأماكن كملاذ آمن، فقد اطلقت على أي مكان آمن مثل منطقة يتم حماية الحياة البرية فيها
sand رمل
sand beach شاطئ الرمال
sand drift جرف الرمل
sand dune كثيب رملي
sandhopper نطاط الرمل
sandstone الحجر الرملي
sandstorm عاصفة رملية: ريح عالية في الصحراء تحمل كميات كبيرة من الرمال معها
sandy beach الشاطئ الرملي: شاطئ يغطيه الرمال أو الحصى
sandy soil التربة الرملية: التربة التي تحتوي على نسبة عالية من حبيبات الرمل
sane عاقل
sanitary الصحية: يشير إلى النظافة أو الصحة
sanitary landfill, sanitary landfilling
مرادم صحية : طريقة للتخلص من النفايات الصلبة على الأرض بدفنها في حفر مبطنة لتجنب تلويث المياه الجوفية أو السطحية والصحة العامة والمخاطر البيئية الأخرى
sanitation تطهير
sanity سلامة العقل
sap نسغ،عصارة:سائل يحمل مغذيات داخل النبات
sap, nuclear عصارة نووية
sapiens العاقل، أو متعلق بالإنسان الحديث
sapling شجرة صغيرة
saponin سابونين (صابونين)
sappy كثير النسغ:اشارة الى جذوع الأشجار أو الفروع، أو الخشب المملوء بالنسغ

sapro- تسوس او تعفن (سابقة)
saprobe البكتيريا التي تعيش في المواد المتعفنة
saprobic يشيرالى تصنيف الكائنات الحية وفقا لطريقة تحملها التلوث (oligosaprobic, mesosaprobic, polysaprobic)
saprobiont, saprophages رميات التغذية (عوافن)
saprogenic, saprogenous صفة تشير الى الكائنات الحية التي تنمو على المواد العضوية المتحللة
sapropel الحمأ: طبقة من المواد العضوية المتحللة في الجزء السفلي من جسم الماء
saprophagous اشارة الى الكائنات التي تتغذى على المواد العضوية المتحللة
saprophyte رمام: كائن حي يعيش على امتصاص السوائل من المواد العضوية او المتحللة
saprophytic رمي
saproplankton العوالق التي تعيش وتتغذى على المواد العضوية المتحللة أو الميتة
saproxylic يشير الى الحيوانات اللافقرية والفطريات وغيرها من الكائنات التي تعيش في الخشب المتعفن للأشجار الميتة
saprozoic حيوان رمي
sapro- رمي (سابقة)
saprotroph رمي التغذية: كائن يتغذى على المواد العضوية الميتة او تمتص المغذيات العضوية من النباتات او الحيوانات الميتة
sapwood الطبقة الخارجية من الخشب على جذع شجرة ، والتي هي أصغر من الداخل (خشب القلب الصلب)
Sarcodina اللحميات: شعيبة من الأبتدائيات تعود لشعبة Sarcomastigophora التي تضم الأبتدائيات التي تشكل أقدام كاذبة التي تستخدم للحركة وأخذ الطعام
sarcogenic مولدة للعضلات
sarcolemma غلاف عضلي
sarcoma ساركوما: سرطان النسيج الضام كالعضلات والعظام أو الغضاريف
sarcomere قطعة عضلية
sarcoplasm بلازما عضلية

الواقعة مباشرة خلف الدرز المحاذي الجانبي في غشائية الاجنحة

Scarabaeidae,F. عائلة الجعلان : تتكون من أكثر من 30الف نوع من الخنافس في جميع أنحاء العالم، هذه الأنواع غالبا ما تسمى بخنافس الجعل

scarabaeiform larva يرقة جعالية الشكل: يرقة اسطوانية متثخنة الجسم ولها راس والارجل الصدرية جيدة التكوين وبدون ارجل بطنية وجسمها مقوس بشكل هلالي

scarabaeus جعل

scarabeiform larva اليرقة المقوسة

scarabs or scarab beetles خنافس الجعل

scarce نادر

scarcity ندرة

scarp انحدار شديد

scatter wind الناشرات: الرياح تنشر المطر

scattering تناثر، تشتت

scavenge يقرت: كائنات تتغذى على مادة ميتة ومتحللة 2. لإزالة الشوائب أو الملوثات من مادة

scavenger beetle خنفساء قارتة

scavenger قارت،رمي التغذية:حيوان يتغذى على حيوانات ونباتات ميتة او على مواد متحللة او على فضلات الحيوانات

scavenging تقرت: 1نشاط تناول المواد العضوية أو الحيوانات النافقة .2.إزالة الشوائب من الغاز

scenery المشهد: المناظر الطبيعية أو المناطق المحيطة بها، وخصوصا عندما تعتبر جذابة

scent رائحة، يشم

scent gland غدة رائحة: غدة تفرز مادة ذات رائحة

schematic خطي

scheme خطة

Schistocerca gregaria الجراد الصحراوي

schistomiasis(bilharziasis) مرض البلهارزيا، داء الشِّقِّيات

schizogamy تكاثر انشطاري

scientific method طريقةعلمية:طريقة منهجية تستخدم في تحقيقات العالم الطبيعي ،وتشمل تصميم التجارب والسيطرة عليها ، وجمع البيانات واختبار الفرضيات النامية

sarcosome جسم عضلي

Sarcophaga جنس من ذباب اللحم

sarcostyle عمود عضلي

sardines, or pilchards سمك السردين أو الرنكة ، اسماك صغيرة تعود لعائلة Clupeidae

satellite قمر صناعي،مذنب، تابع: 1. جسم فلكي يدور حول جسم أكبر في الفضاء 2. جهاز من صنع الإنسان أن يدور حول الأرض يتلقي ويعالج وينقل الإشارات

saturate يشبع

saturating functional response استجابة وظيفية مشبعة

saturation dispersal تشتيت التشبع: حركة الافراد بعيداً عن السكان الذي يبلغ او يزيد عن سعة الحمل

saturation point نقطة الشبع

Sauria رتيبة العظايا

Saturniidae,F. عائلة عث ديدان الحرير الضخمة

savage متوحش

savanna, savannah سفانا: أراضي عشبية استوائية ذات اشجار متناثرة او مجموعات من اشجار متناثرة، وهي نمط من مجتمع وسط بين الارض العشبية والغابة

saw like منشاري

sawflies الذباب المنشاري

scab قشرة، جرب

scabies مرض الجرب

scalar غير موجهة، مدرج

scale مقياس،صفيحة صغيرة من الأنسجة المتداخلة على جلد الزواحف (حرشفة) والأسماك (قشرة)3 طبقة كالسيوم بيضاء صلبة تتشكل في حاويات وأنابيب تحمل مياه ساخنة

scallop الإسكالوب: وهو الاسم الشائع للعديد من الأنواع البحرية من الرخويات ذوات المصراعين، التي تعود لعائلة Pectinidae

scape الاصل،القاعدة: اول قطعة في قرن الاستشعار للحشرة

scapula (pl., scapulae) لوح الظهر الوسطى: احد الجزئين المتقرنين في الحلقة الصدرية الثانية

scientific name الاسم العلمي اللاتيني للنوع ويبدا باسم الجنس ثم اسم النوع

Scincidae,F. عائلة من الزواحف

scion عسلوج: فرع صغير يستعمل في عملية التطعيم على الفرع الاصلي

Sciurus carolinensis السنجاب الرمادي

Sciurus vulgaris السنجاب الاحمر

sclera الصلبة العينية: الطبقة الليفية الكثيفة المعتمة البيضاء التي تحيط بمقلة العين ماعدا الجزء المغطى بالقرنية

sclerite قطعة،صفيحة متقرنة من جدار الجسم محاطة بدروز او مناطق غشائية

scleroid متصلب

sclerophyllpous يشير الى النباتات الخشبية ذات اوراق جلدية دائمة الخضرة تمنع فقدان الماء

sclerosis تصلد، تقرن

sclerotization تقرن: عملية كيميائية يصبح فيها جليد الحشرة وغيره من المواد الصلبة صلب وغير قابل للذوبان، مجفف، ومقاوم للتحلل

sclerotized متقرنة

scoli(o)- ملتوي، مجدول(سابقة)

scolophore organ عضو احساس جلدي في الحشرات يعتقد أن له وظيفة سمعية

Scolytidae,F. عائلة خنافس القلف

scolytoid يشير تحديدا الى الطور اليرقي السادس والاخير من الحشرات التي تمر بفرط التحول مثل عائلة Meloidae

scopa ترتيب يشبه فرشاة صلبة قصيرة على سطح جسم بعض الحشرات

-scope منظار: أداة فحص عن طريق البصر (لاحقة)

scope of inference نطاق الاستدلال: سكان مستهدف واتساع الأستنتاج

scopula خصلة من الشعر كالتي توجد في الارجل الكلابية في العناكب

scorpion عقرب

scorpion flies الذباب العقربي

scrap خردة: نفايات ،قطعة صغيرة من شيء ما

scrapie مرض فايروسي مميت عادة للأغنام والماعز يسبب تدهور الجهاز العصبي المركزي

scree ركام حجارة

scratch يخدش

screening كل ما يفصل بالغربلة

scrotum كيس الصفن

scrubber الغسل،الغسيل:جهاز لإزالة الملوثات مثل الغازات وبعض الجسيمات من الغازات العادمة

scrubland الاحراش: الأراضي المغطاة بالأشجار والشجيرات الصغيرة

scrubbers غاسلات

scrubbers, wet غاسلات رطبة

scrub 1.عيص-اعياص: جماعة نباتات شجرية قميئة كبيرة التفرع مؤلفة من شجيرات اي اشجار لا تزال صغيرة 2 .إزالة الكبريت وغيره من الملوثات من الغازات العادمة التي تنتجها محطات توليد الطاقة

scrubbera جهاز لإزالة الملوثات الكبريتية وغيرها من الغازات العادمة

scrub jays ابو زويق الاشجار- طير

scrubland الأرض مغطاة بالأشجارالصغيرة والشجيرات

scuta درقات

scutellum دريع:صفيحة ظهرية صدرية متقرنة

scutum درع: الجزء الوسطي للظهر الوسط

Se رمز السيلينيوم

sea fog ضباب البحر: الضباب الرقيق الذي يتشكل عندما يكون الهواء البارد فوق المياه ألاكثر دفئا

sea level مستوى سطح البحر: يؤخذ مستوى سطح البحر كأساس للإشارة إلى العلو وارتفاع مستويات البحار بشكل عام على مدى السنوات 100الماضية ومن المتوقع ارتفاع سريع أكثر نتيجة تاثير ظاهرة الاحتباس الحراري في ذوبان القمم الجليدية القطبية

sea loch بحيرة لوخ في اسكتلندا

sea mist سديم البحر: الضباب الذي يشكل فوق البحر عندما يكون الهواء أكثر برودة من المياه

sea urchin قنفذ البحر

sea wall جدار البحر: بناء جدار على امتداد الساحل لحمايته من التآكل بفعل الأمواج

seabed قاع البحار

seabird طائر يعيش بالقرب من البحر ويأكل الأسماك

seaboard الساحل: مساحة من الأرض على طول امتداد البحر

seagull طائر النورس

seam درز: طبقة من المعادن في صخور أسفل سطح الأرض

search efficiency كفاءة البحث

search imagery صور البحث: قدرة الحيوانات المفترسة على كشف فريسة متخفية أكثر كفاءة من خلال تعلم البحث عن فريسة محتملة من مظهر مرئي محدد على أساس اللون، والنمط والحجم والحركة، أو الموقع داخل البيئة،وغالبا التركيز على البحث المتزامن في مواطن المحددة وبذلك ينخفض معدل البحث

search time زمن البحث

season موسم ،فصل

seasonal موسمي

seasonal adaptation تكيف موسمي

seasonal boundary layer طبقة من الماء مباشرة فوق الأنحدار الحراري (thermocline)

seasonal periodicity الدوريات الفصلية

seasonal-host فصلية - مضيفية

seasonality الموسمية

seawater مياه البحر: الماء المالح في البحر

seaweed الأعشاب البحرية: طحالب كبيرة تنمو في البحر

sebacic acid حمض دهني

sebaceous glands الغدد الدهنية: غدد تفرز مادة دهنية او شحمية

sebacic دهني

sebacin دهنين

sebiferous دهني، زُهمي: تنتج او تفرز مواد دهنية ،شمعية ،أو زُهمية

sebific دهني

sebkha سبخة:منخفضات حاوية على ماء مملح خلال فترة المطر وعلى طبقة ملحية في الصيف

second الثاني:1.وحدة قياس الوقت 2.وحدة قياس محيط دائرة، يساوي واحد على ستين درجة

second law of thermodynamics قانون الديناميكا الحراري الثاني: أستحالة تحويل كمية من الحرارة بصورة كاملة الى شغل ميكانيكي ،أو من المستحيل على أي نظام أن يمر بعملية يمتص فيها حرارة ويحولها الى شغل ميكانيكي ينتهي به الى حالة التي بدأ فيها وعلى ذلك يُخلص القول بأنه لا توجد آلة حرارية تصل كفاءتها الى 100 %

secondaries ريش الخوافي

secondary ثانوي

secondary character صفات ثانوية

secondary compound مركب ثانوي: مركبات كيميائية سامة لا تستخدم في التمثيل الغذائي لكن تصنع بشكل اساسي لأغراض دفاعية او تتداخل مع المسارات الايضية او نجاح التكاثر في آكلات الاعشاب

secondary consumer مستهلك ثانوي: حيوانات أكلة اللحوم تأكل المستهلك الاولي في السلسلة الغذائية

secondary forests غابات ثانوية:النمو الطبيعي الذي يحدث في غابة بعد حريق أو تلف نتيجة نشاط قطع الأشجار

secondary host مضيف ثانوي: مضيف يستقر الطفيل فيه قبل الانتقال الى المضيف الرئيسي

secondary iris cells خلايا قزحية ثانوية

secondary metabolite أيض ثانوي: منتجات كيميائية نباتية غير ضرورية لعملية التمثيل الغذائي الأساسية للنبات، مثل جليكوسيدات الفينول، على النقيض من الأيض الأولي مثل الأحماض النووية، والدهون، والبروتينات، والكربوهيدرات

secondary particulates الدقائقيات الثانوية: جزيئات المادة التي تشكلت في الهواء بالتفاعلات الكيميائية كالضباب الدخاني (الضبخن)

secondary production انتاج ثانوي: معدل تحويل الكائنات المستهلكة (العاشبات، اللواحم والمحللات) للطاقة الكيميائية من الغذاء الى كتلة حيوية خاصة بهم

secondary productivity انتاجية ثانوية: معدل تحويل المواد العضوية إلى كتلة حياتية (أنسجة حيوانية) من قبل الحيوانات مختلفة التغذية (المستهلكات الاولية او الثانوية)

secondary sex ratio نسبة الجنس الثانوية: تغيير في نسبة الجنس لعائلة أو سكان والتي تحدث بعد الإخصاب ولكن قبل النضج الجنسي للأفراد المعنيين

secondary sexual traits الصفات الجنسية الثانوية :الاختلافات المظهرية والسلوكية التي تظهر لدى البشر في سن البلوغ وعند النضج الجنسي في الحيوانات والتي تميز بين الجنسين دون أن تكون لها وظيفة تكاثرية مباشرة

secondary substance مادة ثانوية: مادة كيميائية توجد في النبات،يعتقد انها وسيلة للدفاع ضد الحيوانات العاشبة

secondary succession التعاقب الثانوي: تعاقب مجتمع بيئي يحدث في مكان مجتمع سابق تمت إزالته نتيجة لحدوث حريق، فيضان، او قطع الأشجار وغيرها

secondary treatment of wastes معاملة الفضلات الثانوية

secrete يفرز:ينتج مادة (من غدة) مثل الهرمون او الانزيم

secretion افراز مادة من غدة

sect طائفة، فرقة

sectarian(s) طائفي، فئوي

sectarianism الطائفية، التشيع لطائفة

section مقطع، جزء، قطاع، قسم

sectorial قطاعي،على شكل قطاع دائرة، لتقسيم شيء إلى قطاعات، متكيف للقطع (الأسنان القاطعة في اكلات اللحوم)

sectorial cross veins عروق عابرة كعبرية

securiform فأسي الشكل

sedatives مسكنات، مهدئات

sedentary مستقرة :يشيرإلى اللافقريات البحرية التي لا تسبح وتتعلق على الصخور لمعظم حياتها2. يشيرإلى الحيوانات التي لا تهاجر 3. يشير الى الشخص الذي يجلس يبقى لفترات طويلة أو يمارس القليل من التمارين بطريقة تكون سيئة على الصحة

sediment راسب: كتلة من دقائق صلبة عادة غير ذائبة التي تسقط اسفل السائل

sediment flow تدفق الراسب

sediment profile مقد الراسب

sedimentary الرسوبية: يشير الى صخرة تشكلت من المواد التي ترسبها الرياح أو المياه أو الجليد ثم تتعرض الى ضغط

sedimentary cycle دورة رسوبية: اي دورة عالمية تحدث فيها العمليات الأرضية مثل تجوية الصخور، التعرية والترسيب، مثل دورة الكالسيوم والبوتاسيوم

sedimentary rocks صخور رسوبية

sedimentation(=settling) ترسب، ترسيب: 1.عملية تشكيل الصخور الرسوبية 2 .عملية تساقط الجزيئات الصلبة الى الجزء السفلي من السائل

seed البذور: البويضة المخصبة التي تكون نبات جديد عند إنبات البذور،الفعل:1.إنتاج ذرية من خلال إنبات البذور(النباتات)2.زرع بذور3.إسقاط بلورات ثاني أوكسيد الكربون، الملح، ومواد اخرى على السحب من خلال طائرة من أجل تشجيع سقوط المطر

seed bank بنك البذور:1.جميع البذور الموجودة في التربة 2 . تجميع البذور من النباتات، وحفظها لأغراض الحفظ او البحوث

seedcase غطاء خارجي صلب يحمي البذور في بعض النباتات

seedling الشتلات، البادرات: نباتات صغيرة نمت مؤخرا من البذور

seep يتسرب ، ينز

seedpods قرنات

seepage تشري،نضح،تسرب

segment قطعة ،حلقة،عقلة:احد تقسيمات الجسم او اللاحقة بين مفصلين او منطقتي اتصال

segmental حلقي

segmentation تكوين الحلقات

segregation انفصال ،عزل

seiche التذبذب الدوري لسطح جسم مائي مغلق أو شبه مغلق مثل بحيرة، بحر داخلي، خليج، الخ) بسبب التغيرات في الغلاف الجوي، الضغط، الرياح، تيارات المد والجزر والزلازل

seism زلزال

seismic زالزالي-رجفي

Seismology علم الزلازل: الدراسة العلمية للزلازل

التكنولوجيا الحديثة لتوفير ما يكفي من الغذاء والمواد الضرورية الأخرى فقط للأسرة

self-sufficient الاكتفاء الذاتي:1.قادر على توفير ما يكفي من الغذاء والمواد الضرورية الأخرى لأسرة ،غالبا عن طريق الطريقة التقليدية البسيطة للزراعة مع استخدام القليل من التقنية الحديثة.2. يشير إلى توفير الكمية المطلوبة من منتج محليا أو لنفسك، دون الحاجة إلى شراءه أو استيراده

self-thinning الترقيق الذاتي: هو شكل من هلاك النبات المعتمد على الكثافة في مجتمع نباتات أحادي النوع لها نفس العمر، او هي عملية بقاء عدد قليل فقط من النباتات على قيد الحياة في مجموعة نباتات لها نفس العمر، اذ لا يمكن للنباتات الهروب من المنافسة من خلال الابتعاد إلى مكان مختلف

self-thinning rule(-3/2 rule) قانون ينص بأن مخطط معدل الكتلة الكلية للنبات ضد الكثافة النباتية في سكان مزدحم من نباتات أحادية النوع لها نفس العمر ينتج غالبا خط مستقيم مع معدل ميل 3/2- تقريبا. وقد وصف القانون بأنه واحد من أكثر المبادئ العامة لعلم أحياء الكثافة النباتية، ولكن الأدلة الداعمة له وضعت مؤخرا

sell-by date البيع حسب التاريخ: التاريخ على أي منتج غذائي وهو التاريخ الأخير الذي يجب فيه بيع المنتجات من اجل ضمان نوعية جيدة

semelparity شكل من أشكال التكاثر اذ يتكاثر الحيوان أو النبات مرة واحدة فقط خلال حياته،مثل سمك السلمون،ويدعى big-bang reproduction

semi- نصف (سابقة)

semi-acquatic, semiaqautic شبه مائي: تعيش في منطقة مبتلة او شبه مائية

semi-transparent نصف شفاف

semiarid شبه جاف او قاحل

semicircular نصف دائري

semilunar هلالي

semiconductor شبه موصل: مادة ذات خصائص موصلة بين موصل مثل المعادن والعوازل

semi-desert شبه الصحراء: مساحة من الأرض سقط عليها القليل جدا من المطر

seismonasty استجابة النباتات لحافز فيزيائي مثل اللمس

seizing leg رجل قنص

select تحديد ، اختيار

selection الاختيار،الانتخاب، الانتقاء

selection, artificial انتخاب ،صنعي

selection, natural انتخاب ،طبيعي

selective herbicide,selective weedkiller مبيدات أعشاب انتخابية: تقتل الأعشاب الضارة دون غيرها من النباتات

selectivity انتخابية:خاصية التاثير الانتقائي في المبيدات للتاثير على أنواع الآفات المستهدفة ،وتجنب غيرها من الكائنات غير المستهدفة

selenium (Se) السيلينيوم:عنصر نزر غير معدني يستخدم في الخلايا الكهروضوئية

selenotropism انتحاء قمري

self نفس، نفسه، ذات

self- نفسه (سابقة)

self-antigens مضادات ذاتية :اجسام مضادة لنفسها

self-fertilisation,self-fertilization
الإخصاب الذاتي: إخصاب النبات أو اللافقريات بدون حبوب اللقاح أو الحيوانات المنوية

selfish behavior, selfishness أنانية السلوك، الأنانية

self-medicating behavior, self-medication التطبيب الذاتي

self-pollination تلقيح ذاتي:تلقيح النبات بحبوب لقاح من النبات نفسه

self-purification التنقية الذاتية: قدرة المياه على تنظيف نفسها من المواد الملوثة

self-regulating التنظيم الذاتي : السيطرة الذاتية دون تدخل خارجي

self-seeded يبذر ذاته: يشير إلى النبات الذي ينمو من البذور التي تسقط على الأرض بشكل طبيعي بدلا من أن تزرع عمدا

self-sterility العقم الذاتي:عدم قدرة نبات على تخصيب نفسه

self-sufficiency الاكتفاء الذاتي : طريقة بسيطة تقليدية في الزراعة مع استخدام القليل من

semi-fluid نصف سائل

seminal منوي

seminal vesicle حوصلة منوية: تركيب كيسي الشكل يخزن فيه السائل المنوي عادة في الذكر مؤقتا حتى موعد افرازه

semi-natural forest غابات شبه طبيعية: منطقة غابات الأشجار تحتوي اشجار اصلية أساسا وشجيرات لم يتم زرعها

semiochemical مادة كيميائية تتحرر من قبل كائن حي ، كوسيلة للاتصال ،مع فرد آخر من نفس النوع أو من الأنواع المختلفة مثل الفرمون

semiopaque نصف معتم

semi-parasitic شبه طفيلي: يشير الى كائن حي يعيش كطفيل ولكن أيضا يقوم بالتركيب الضوئي

semipermeability شبه نفاذية

semi-permeable شبه منفذ:صفة تشير إلى شيء كغشاء يسمح للسائل بالمرور ولكن ليس المواد الذائبة في السائل

semitransparent نصف شفاف

semivoltine وصف دورة حياة ذات جيل واحد كل سنتين

senescence شيخوخة ، تقدم العمر

senile stream مجرى هرم

senility شيخوخة

sensation احساس

sense حاسة، حس

sense cone مخروط حسي

sense hair شعرة حسية

sense organs اعضاء الحس =حواس

sense peg وتد حسي

sensible حساس

sensibility الحساسية

sensillum(pl.sensilla) عضو يستخدم للاستشعار عن بعد، حاسة الشم والذوق

sensing (remote sensing) احساس

sensitinogen مولد الحساسية

sensitise, sensitize تحسيس

sensitive حساس :القدرة على الاستجابة لمحفز ،او يشير الى جهاز قادر على تسجيل التغييرات البسيطة

sensitivity حساسية

sensitivity analysis تحليل الحساسية

sensors محساس: جهاز الاحساس

sensory حسي

sensory cells خلايا حسية

sensory neurone خلية عصبية حسية

sensory or sensorial system جهاز حسي

sensory setae اشواك حسية

sentinel organism الكائن الحي الذي يراكم الملوثات من محيطه ويستخدم في تحليل الأنسجة لتقديم تقدير غير مباشر من التركيزات البيئية السائدة من هذه المواد

sepal كأسية:جزء من كأس الزهرة، أخضر عادة

separate منفصل

separate collection, separated collection مجموعات منفصلة:جمع أنواع مختلفة من النفايات الصلبة بشكل منفصل ،غالبا في حاويات بألوان مختلفة، بحيث يمكن إعادة تدويرها، إعادة استخدامها أو التخلص منها

separation انفصال

separator فاصل

sepia الحبر البني الداكن أو الصبغ الذي أعد في الأصل من إفراز الحبار

sepsis تعفن الدم،إنتان،اصابة موضعية أو عامة في الجسم عن طريق الكائنات الحية الدقيقة المسببة للأمراض أو سمومها، أو هو وجود الكائنات المسببة للأمراض أو سمومها في الدم أو الأنسجة، كما في تسمم الدم

septa حواجز

septic التعفين،التفسخ :يشير الى عملية تحلل المادة العضوية

septic conditions ظروف عفنة

septic tank خزان التعفن: خزان تحت الأرض لمياه الصرف الصحي المنزلية وغير متصل بنظام الصرف الرئيسي وفيه تتحلل النفايات البشرية بفعل البكتيريا اللاهوائية

septicemic إنتان الدم: تتميز بوجود ونمو العوامل الممرضة المعدية في الدم

septum حاجز

sepulture قبر

sequence تتابع

seral متسلسل،سلسلة من المراحل تتبع احداها الاخرى في التعاقب البيئي

seral stage مرحلة متسلسلة: واحدة من مراحل التعاقب في سلسلة من مجتمعات بيئية متتالية

sere 1. ذابل، 2. سلسلة من مجتمعات بيئية متعاقبة في منطقة معينة تقود الى نضج ذروة المجتمع

serial homology تماثل تسلسلي: أوجه التشابه بين الهياكل المتكررة في اجزاء مختلفة من كائن حي ، والناجمة عن الأصل المشترك في مجال النمو

sericulture تربية دودة القز: الصناعة التي فيها تزرع نباتات التوت وتستخدم لتربية دودة القز، للحصول على الشرانق التي تستخدم لإنتاج الحرير

series سلسلة

serious خطير

Serology علم الأمصال

serosa مصلية

serosal cells خلايا مصلية

serotinal صيف متاخر

serotinous متأخر في النمو والتفتح، أو التزهير

serotinous cones مخاريط الصنوبر التي قد تبقى مغلقة بدون ان تتفتح على الشجرة لسنوات وتتطلب حريق حتى تنفتح وتحرر البذور

serous مصلي

serous gland غدة مصلية

serpent ثعبان

Serpulidae,F. عائلة متعددة الشوكيات البحرية

Serpulid دودة بحرية من الجنس*Serpula* من عائلة متعددة الشوكيات البحرية ، من رتبة Sedentariaوشعبة الديدان الحلقية . لها تاج من مجسات مهدبة، تبني وتعيش في أنبوب كلسي متعلق بالصخور أو الأعشاب البحرية

Serranidae,F. سرانيدا: عائلة كبيرة من الأسماك التي تعود لرتبة Perciformes. تحوي العائلة 450 نوعاً في 64 جنساً ، مثل أسماك الهامور

serrate منشاري:مسنن حول الحافةبشكل المنشار

serrations التسنين

serum مصل

service خدمة

sessile جالس :مرتبط بالفرع او بالجذع مباشرة دون وجود ساق او عنق غير قابل للحركة من مكان الى اخر،متعلق بشكل دائم على سطح،حيوان مرتبط او مثبت على مكان

set aside جانبا

seta (pl. setae) شعرة

setaceous شعري

setate شعري الشكل

settle يستقر:1. وقف التحرك والبقاء في مكان واحد 2. (الرواسب) أن يسقط إلى أسفل السائل

settlement استقرار،استيطان:1.مكان اسس الناس مجتمع فيه2.عملية سقوط الرواسب إلى أسفل السائل

settling basin, settling pond حوض الاستقرار، بركة الاستقرار او التصفية: الخزان الذي يسمح للجزيئات الصلبة في السائل أن تنزل الى القاع

Seveso سيفيزو:مدينة في إيطاليا شهدت كارثة عام 1976عندما تسرب من أحد المصانع الكيميائية غاز tetrachlorodibenzoparadioxin

sewage effluent دفق الصرف الصحي:النفايات السائلة أو الصلبة المنقولة في المجاري

settling speed سرعة الاستقرار

setulose ذو شعيرات او شويكات صغيرة

sewage ماء الصرف ،مجاري

sewage disposal طرح ماء الصرف

sewage lagoon بحيرة الصرف الصحي: بركة تستخدم في تنقية مياه الصرف الصحي من خلال السماح لضوء الشمس والأكسجين والبكتيريا بالعمل على خليط من مياه الصرف الصحي والمياه

sewage sludge حمأة الصرف الصحي: الجزء الصلب أو نصف الصلب من مياه الصرف الصحي

sewage treatment plant محطة معالجة مياه الصرف الصحي: هو المكان الذي يتم إحضار مياه الصرف من المنازل وغيرها من المباني للمعالجة كما يدعى بمزرعة الصرف الصحي، أعمال الصرف الصحي

sewage waste= sewage مخلفات الصرف الصحي

sewer مجاري

sewerage شبكات مجاري: نظام من الانابيب ومحطة المعاملة التي تجمع مياه الصرف الصحي للمدينة
sex جنس
sex attractans جاذبات الجنس
sex differentiation تمايز الجنس: المسار الوراثي الذي يؤدي إلى نمو الذكر أو الانثى،بما في ذلك تنظيم التمايز الجسدي والجنسي
sex ratio نسبة الجنس
sex role reversal عكس دور الجنس: حالة تحدث في الأنواع التي نسبة الجنس للأفراد المتوفرة للتكاثر تكون منحازة للاناث مما يؤدي إلى المنافسة بين الإناث على الذكور
sexual جنسي
sexual dimorphism ثنائي الشكل الجنسي: نمو مظهري مختلف جذريا في الذكور والإناث من الأنواع
sexual reproduction تكاثر جنسي
sexual selection Darwinian انتخاب جنسي داروينى: اختيار الصفات، بما في ذلك صفات السلوك التي تعزز النجاح في التنافس على التزاوج
sexual selection الانتخاب الجنسي:التنافس على التخصيب
sexually dimorphic ثنائي الشكل جنسيا: وجود اختلافات مظهرية بين الذكور والإناث من نفس النوع
shade plant نبات الظل: النبات الذي ينمو في الظل
shading التظليل
shaft رمح، عمود، محور
shale oil الزيت الحجري
Shannon-Weaver index دليل شانون- ويفر: قياس توزيع الأنواع في مجتمع بناءاً على معلومات نظرية، نُشر في عام 1949 من قبل Claude E. Shannon و Warren Weaver
shape شكل
sharp حاد
shallow ضحل
shark القرش – سمك
sheath غمد
sheath bulb انتفاخ الغمد
sheep غنم
sheep- nostril fly النغف:ذباب انف الغنم
sheer speed بمجرد السرعه
sheet صفحة
shelf الرف: طبقة من الصخور أو الجليد الناتئة
shelf-life الحياة على الرف: عدد الأيام أو الأسابيع التي يمكن أن يبقى منتج على الرف ويكون لا يزال جيدا للاستخدام
shelf, continental الرف القاري
shelford law of tolerance قانون شيلفورد للتحمل : قانون وضعه V. E. Shelford في عام 1911 وينص على أن وجود ونجاح أي كائن حي او نوع يعتمد على الحد الادنى والاقصى للموارد او مجموعة من الظروف
shell صدفة ، قشرة
shellfish poisoning تسمم المحار
shelter ملجأ
shield درع
shield bugs البق المدرع
shifting cultivation الزراعة المتنقلة: 1.ممارسة الزراعة باستخدام دورة الحقول بدلا من المحاصيل، فترات قصيرة لزراعة المحاصيل تليها مدة طويلة للحفاظ على الخصوبة 2. شكل من أشكال زراعة يمارس في بعض البلدان الاستوائية ، حيث تزرع الأرض حتى يتم استنفاذها ثم تترك وينتقل إلى منطقة أخرى
shipping pollution تلوث الشحن البحري (المائي)
shoal عدد كبير من السمك تسبح معا، مياه ضحلة
shock صدمة: تأثير مفاجئ عنيف
shoot نبت، فسيلة: برعم ينشأ من قاعدة النخلة
shooting flow جريان عرم
shorebird الطائر الذي يعشش على الشاطئ
shoreline الشاطئ:مساحة من الأرض على حافة البحر أو البحيرة
shore الشاطئ: الأرض على حافة بحر أو بحيرة ،ينقسم الشاطئ إلى مناطق مختلفة: الشاطئ العلوي هو المنطقة التي تغطيها إحيانا فقط مياه البحر في المد والجزر العالي جدا، الشاطئ الأوسط هو المجال

sievert(Sv) سيفرت:وحدة قياس الجرعة الممتصة من الإشعاع، وتحسب كمية الإشعاع من مليغرام من الراديوم على مسافة سنتيمتر واحد لمدة ساعة

sight البصر

sigmoid سيني الشكل

sigmoid curve منحني سيني(بشكل حرف S) مثل المنحني اللوجستي

sigmoid growth curve منحني نمو سيني: نمط من نمو السكان سيني الشكل اذ يأخذ حجم السكان بالأستقرار عند سعة الحمل لموطن معين

sign علامة، اشارة

signalling يشير

significant معنوي ،مهم ،ملاحظ

significantly معنويا

silage علف:غذاء للماشية مكون من الاعشاب والنباتات الخضراء التي تقطع وتخزن في السايلوات

silencer جهاز تخفيف الضوضاء

silhouette صورة ظلية، ظلية

silicate سيليكات:1.أي من المركبات العديدة التي تحتوي على السيليكون، والأكسجين، وواحد او اكثر من المعادن2.أي من مجموعة كبيرة من المعادن، التي تشكل أكثر من 90 % من القشرة الأرضية

silica السيليكا: المعدن الذي يشكل الرمل والكوارتز ويستخدم في صنع الزجاج . كما يدعى ثاني أوكسيد السيليكون

silicon(Si) السيليكون: عنصر ذو خصائص أشباه الموصلات

silicosis السحار الرملي: وهو نوع من تغبر الرئة الناجم عن استنشاق غبار السيليكا من التعدين أو عمليات سحق الحجارة مما يجعل التنفس صعبا ويمكن أن يؤدي إلى انتفاخ الرئة والتهاب الشعب الهوائية

silk moth عث الحرير

silk moth worm دودة عث الحرير

silk protein بروتين الحرير: صنف من البروتينات تشكل شرانق التي تنتجها عائلة حشرة دودة القز(Bombycidae)

silo صومعة: حاوية كبيرة لتخزين الحبوب أو الأعلاف

الرئيسي للشاطئ الذي يغطى او لا يغطى بمياه البحر في كل المد ، الشاطئ المنخفض هو المنطقة التي نادرا ما تكشفت وفقط عند أدنى جزر

short horned grasshopper النطاط قصير القرون

short horned قصير القرون

short tongued قصيرة اللسان

short-day plant نباتات قصيرة النهار: النباتات التي تزهر باقل من12ساعة ضوء،كما في الخريف، مثل ألاقحوان

shoulder كتف

shower زخاخ، سقوط قليل من المطر أو الثلج زخه، وابل من المطر لا يدوم طويلاً

shredders قاطعات،ممزقات: لافقريات عادة حشرات مائية تتغذى على مواد عضوية خشنة معينة

shrew الزبابة حيوان يشبه الفأر

shrimp الروبيان، برغوث البحر

shrink ينكمش

shrinkage انكماش

shrivel يذبل: تصبح جافة وجعدة

shrub شجيرة

SI (Système International) النظام الدولي للقياسات المترية

sib mating تزاوج اقارب

sibling شقيق

sibling species انواع مخفية: تتشابه مظهرياً وتختلف جنسياً، اي لا تتزاوج

sibs اقرباء

sick building syndrome متلازمة مرض المباني : مجموعة من الأعراض تؤثر على الناس عندما يكونون في مبنى لا تظهر خارج المبنى ، ولا يمكن أن تعزى إلى ملوثات معينة او مصادر داخل المبنى

sickle like منجلي الشكل

side effect الآثر الجانبي: تأثير ثانوي غير مرغوب فيه غالبا

-side جانب او حافة (لاحقة)

sidewinders جانبية المشي

sieve منخلة

sieve plate صفيحة منخلية

Silphidae,F. عائلة خنافس الجيف
silt غرين، طمى
siltation, silting طمر،ترسب الطمي، اطماء: عملية ترسب الطمي في قاع المياه، أو حالة وجود ترسبات الطمي
silver(Ag) الفضة:عنصر ابيض لامع
silvi-, selva اشجار او خشب (سابقة)
silvicide مبيد يقتل الاشجار
silvicolous تعيش أو تنمو في غابة
silvicultural زراعة الغابات:يشير إلى زراعة الأشجار
simian قردي، قرد
similarity coefficient معامل التشابه: درجة التشابه بين شيئين
similar مشابه، مماثل
similarity تشابه، تماثل
similitude الشَّبْه، الشبيه، صورة طبق الاصل، تشبيه
simple بسيط
simple eye عين بسيطة
simples البسطاء، عقار نباتي بسيط
Simulium جنس من الذباب الاسود، يعود لعائلة Simuliidae
singular مفرد
singular point النقطة المفردة
sink غور، بالوعة، مجرى مصرف
sink habitat موطن مصرف: موطن فيه الهلاكات المحلية لافراده تزيد عن التكاثر المحلي الناجح. لذا يعد مستورد صافي للأفراد وذلك لأن التكاثر المحلي غير كافي لتحقيق التوازن مع الهلاكات المحلية
sinuous ملتو، متعرج
sinus جيب
siphon مماص ، انبوبة
Siphonoptcra,O. رتبة البراغيث- سنتفية الاجنحة
siphunculi = cornicle قرين
sipping إرتشاف
Sirenia يشير عادة الى بقر البحر، وهي رتبة من ثدييات عاشبة مائية تعيش في المستنقعات والأنهار ومصبات الأنهار والأراضي الرطبة البحرية ، والمياه البحرية الساحلية
sirocco 1.رياح الشرقية (الخماسين):رياح حارة جافة تهب من شمال صحراء أفريقيا 2. الرياح الساخنة أو الحارة من منطقة قاحلة أو ساخنة
sister groups or sister taxa الأصناف او المجموعات الشقيقة:هي الأصناف المشتقة من أجداد مشتركة لمجموعة معينة من الأنواع ، وهو دائما الأصناف الأكثرارتباطا، مثل رتبة حرشفية الاجنحة ورتبة شعرية الاجنحة لانها تشترك بالسلف نفسه
site موقع
siting اختيار موقع
Sitotroga cerealella عثة الحبوب
size حجم
skeletal هيكلي
skeletal muscles عضلات هيكلية
skeletal system جهاز هيكلي
skeleton هيكل، هيكل عظمي
skewness انحراف، ميل
skiagraphy تصوير شعاعي أو بالاشعة
skin جلد
skinning قشط
skinniness النحافة
skull جمجمة
skunk الظربان:من الثدييات المعروفة بقدرتها على رش سائل ذو رائحة قوية
skyline افق او خط الافق
slag الخبث: مواد الفضلات التي تطفو على أعلى المعدن المنصهر أثناء الصهر
slash يجرح
slash and burn agriculture زراعة القطع والحرق : شكل من أشكال الزراعة يتم قطع الغابات وحرقها لخلق فضاء مفتوح لزراعة المحاصيل (يتم التخلي عن الارض بعد نمو عدة محاصيل وينتقل الى قطع الغابات أخرى)
slaughter ذبح: قتل عدد كبير من الحيوانات
sleet مطر متجمد
slice شريحة، حصة، قطعة
slick املس، بقعة من شيء رقيق على سطح زلق، لاسيما النفط الذي يطفو على الماء

slide شريحة، انزلق، انخفاض، انخفض
slime 1.مادة مخاطية يفرزها كائن مثل الحلزون 2. غطاء من الطحالب الخضراء على الصخور أو غيرها من الأسطح 3. مادة غير سارة زلقة
slimy مخاطي، غروي، لزج
sling معلقة
slip انزلاق
slit فتحة، شق
slope انحدار ،منحدر
sloth حيوان الكسلان
slough السلخ : النسيج الميت،لاسيما الجلد الميت الذي انفصل عن الأنسجة السليمة، او نزع والسماح للجلد الميت بالسقوط كجزء من عملية طبيعية في ثعبان،انسل، مستنقع
sloughing انسلاخ
sludge الحمأة: 1.مادة سميكة رطبة،لاسيما الطين الرطب أو الثلج.2. الجزء الصلب أو شبه الصلبة من مياه الصرف الصحي
sludge composting سماد الحمأة: تحلل مياه الصرف الصحي لاستخدامها كسماد
sludge digestion هضم الحمأة: المعاملة الاخيرة لمياه الصرف الصحي عند هضمها لا هوائيا من البكتيريا
sludge gas غاز الحمأة: غاز الميثان مختلط مع ثاني أوكسيد الكربون الذي ينبعث من الصرف الصحي
slug بزاق
small intestines أمعاء دقيقة
small pox الجدري
smear مسحة
smell رائحة
smelt صهر
smelting صهر: عملية استخراج المعادن عن طريق التسخين
smog ضبخن: شكل من أشكال تلوث الهواء في المدن
smoke دخان
smokestock مدخنة
smoking تدخين (تبغ)
smoky مدخن
smooth muscles عضلات غير مخططة اوملساء
smut 1.تفحم،قطعة سوداء صغيرة من الكربون المنبعث من حريق 2. مرض يصيب حبوب النباتات بسبب نوع من الفطريات،التي تؤثرعلى نمو الحبوب ويجعلها تبدو سوداء
Sn رمز القصدير
snail حلزون
snake حية
snapped يطقطق
sneeze يعطس
snipe طائر الشنقب ـقنص
snow ثلج
soar ترتفع: (للطيور) أن يطير عاليا أو ان يبقى محمولا جوا دون أي حركة من الأجنحة عن طريق الطفو على حركة الهواء الدافئ الصاعدة
social اجتماعي
social backlash ارتداد اجتماعي
social behaviour سلوك اجتماعي
social carnivore أكلة اللحوم الاجتماعية:حيوان يأكل اللحوم يعيش ويصيد في مجموعة ، مثل ألاسد أو الذئب
social hierarchy مرتبة اجتماعية
social indicators ادلة اجتماعية
social insect الحشرات الاجتماعية: حشرة مثل النمل أو النمل الأبيض تعيش في مجموعة كبيرة
social symbiosis مصاحبة اجتماعية:تشير إلى وجود علاقة بين افراد من أنواع مختلفة وفيه كلاهما يستمد شكل من أشكال المنفعة
sociation تجمع ، تزامل : تجمع بيئي صغير
society مجتمع – عشيرة
sociological affinity صلات اجتماعية
Sociology علم الإجتماع: دراسة المجتمعات البشرية أو مجتمعات اخرى
socket تجويف مفصلي
soda lake بحيرة الصودا: بحيرة ملحة بتراكيز عالية من الصوديوم في الماء
sodium (Na) عنصر كيميائي مكون للملح وضروري للحياة
soft water ماء يسر
softener مُيسر: مزيل العسرة
softening تلين

soil sterilants معقمات التربة:مواد كيميائية تمنع مؤقتا أو دائميا نمو جميع النباتات والحيوانات ،او تستخدم لإزالة الكائنات الحية الدقيقة من التربة، مثل مواد كيميائية أو البخار

soil structure تركيب التربة: ترتيب جزيئات التربة

soil texture بنية (نسجة) التربة: تركيب التربة على أساس النسبة التقريبية للجسيمات ذات ألاحجام المختلفة المكونة لها وهي الرمل، الغرين والبغاء

soiling توسيخ

sol محلول، سائل

Solanaceae العائلة الباذنجانية

Solanum tuberosum البطاطا

solar شمسي

solar constant الثابت الشمسي: معدل أشعة الشمس التي تصل الى جو الارض، وتساوي 1.94 غم سعرة. سم $^{-2}$.دقيقة$^{-1}$

solar energy الطاقة الشمسية: الطاقة المنتجة من أشعة الشمس (ينبعث من الشمس الإشعاع في شكل أشعة فوق البنفسجية، الضوء المرئي والأشعة تحت الحمراء الدافئة) وتدعى ايضا solargenerated

solar gain كمية الحرارة في مبنى مستمدة من الأشعة الشمسية خلال النوافذ أو الجدران الشفافة

solar-generated energy, solar-generated power الطاقة الشمسية

solar powered يشير الى نظام يعمل بالطاقة الشمسية

solar radiation الاشعاع الشمسي

solarimeter مشماس

solarisation, solarization التشميس:التعرض لأشعة الشمس، لاسيما لغرض قتل الآفات في التربة من خلال تغطية التربة بالأغطية البلاستيكية والسماح لها بالاحماء تحت أشعة الشمس

solid waste النفايات الصلبة

solidification التصلب: عملية جعل المادة صلبة

solidify يصلب، يصبح صلبا

solifluction حركة انحدار تدريجي من التربة الرطبة

solitary انعزالي،وحيد (عكس تجمعي)

solitary insect حشرة وحيدة

softening ,water تيسير، ازالة العسرة

softshell turtle(*Trionyx triunguis*) سلحفاة مائية مصرية من سلاحف الماء العذب

softwood الخشب اللين:1.الخشب مفتوح الحبيبات الذي تنتجه أشجار الصنوبر وغيرها من الأشجار 2.شجرة الصنوبر أو غيرها من الصنوبريات التي تنتج الخشب

soft fibers وبر: شعر الأبل

soil التربة: مزيج من الجسيمات المعدنية والمواد العضوية المتحللة والمياه. تحتوي التربة السطحية على مواد كيميائية تتسرب الى باطن الأرض حيث يتم الاحتفاظ بها

soil atmosphere جو التربة: الهواء الذي يتخلل التربة

soil conservation صيانة، او حفظ التربة: استخدام مجموعة من الأساليب لمنع تاكل التربة من خلال التعرية او الزراعة المفرطة

soil conservation ethic أخلاقيات حفظ التربة :ممارسات يستخدمها المزارعون والجهات المعنية لمنع فقدان التربة او تقليل نوعيتها

soil erosion تعرية التربة: إزالة جسيمات التربة نتيجة المطر والرياح والبحر أو الزراعة

soil fauna حيوانات التربة: الحيوانات اللافقرية التي تعيش في التربة، مثل ديدان التربة

soil fertility خصوبةالتربة:السعة المحتملة للتربة لدعم نمو النبات يعتمد على محتواه من النيتروجين والمواد المغذية الأخرى

soil field capacity السعة الحلقية للتربة: كمية الماء التي تستطيع التربة الاحتفاظ بها

soil flora نباتات التربة: الكائنات الحية الدقيقة مثل الفطريات والطحالب التي تعيش في التربة

soil horizon أفق التربة: طبقة من التربة التي لها لون مختلف أومادة من الطبقات الأخرى

soil profile مقد التربة: مقطع عمودي في التربة يظهر الطبقات المختلفة

soil salinity ملوحة التربة:كمية من الأملاح المعدنية الموجودة في التربة

soil sciences علوم التربة:الدراسة العلمية لجميع جوانب التربة، بما في ذلك توزيعها،وتشكيلها وبنيتها

solitary phase الطور الانفرادي
solitary wasp الزنبورالانعزالي:أي من الزنابير العديدة (مثل زنابير الطين او زنابير الرمال) التي لا تعيش في مستعمرات
solstice انقلاب الشمس:واحدة من المرتين من العام عندما تكون الشمس في أبعد نقطة، اما الشمال أو الجنوب، من خط الاستواء
solubility ذوبانية، قابلية الذوبان: قدرة مادة لتذوب في مادة أخرى أو المذيب في درجة حرارة وضغط معينة
soluble ذائب، ذؤوب
solum التربة،بما في ذلك التربة السطحية والتحتية
solute المذاب: مادة صلبة تذوب في المذيب لعمل المحلول
solution حل مشكلة اومسالة 2.محلول،3. تغيير المواد الصلبة أو الغازية الى سائل طريق الإذابة في الماء أو سوائل أخرى 4. سائل
solvent المذيب:سائل يمكن ان يذيب مادة صلبة
soma جسد
somatic جسدي، متعلق بالبدن
somatic cells الخلايا الجسمية: مصطلح يضم جميع الخلايا ما عدا الأمشاج
somatic sexual differentiation التمايز الجنسي الجسدي:مواصفات خلال نمو أجزاء الجسم، في الذكور والإناث
somatogastric فممعدي
sombre قاتم
somite قطعة جسمية
sonar السونار: طريقة ايجاد الأشياء تحت الماء عن طريق إرسال موجات الصوت وانعكاسها عن الجسم
sonde مسبار:جهازيعلق على البالون أو الصواريخ لقياس الأرتفاعات وأخذ عينات من الغلاف الجوي
sones وحدة تعبرعن الصخب =40 ديسيبل عند 1000 دورة بالدقيقة
song اغنية
sonic boom دوى صوتي
sonic صوتي، او يشير الى امواج صوتية
sooty mold عفن سخامي
soot سخام
sophisticated معقد
sore قرحة، قرح
Sorghum vulgare الذرة البيضاء
sound صوت، برزخ
sound attenuation اضعاف الصوت
sound insulation عزل الصوت
sour حامض، رائب
sour brood مرض حموضة الحضنة
source مصدر ،منشأ،منبع،اوالمكان الذي يبدا النهر في التدفق
source population مصدر السكان: موطن يجهز نجاح تكاثر سكانه افراد لمواطن مصرفة sink habitat
source reduction اختزال المصدر
southdown اسم لسلالة من النعاج
southern hemisphere نصف الكرة الجنوبي: النصف السفلي من الكرة الأرضية
southern lights أضواءالجنوب:الإضاءة الرائعة من السماء في نصف الكرة الجنوبي الناجمة عن ضرب الجزيئات المتأينة للغلاف الجوي وتدعى ايضا aurora australis
sow 1.زرع :وضع البذور في التربة حتى تنبت وتنمو2. خنزير
soya, soya bean, soybean فول الصويا:نبات له نسبة عالية من البروتين والدهون والنشا قليلا جدا
space cooling تبريد الفضاء
space heating تدفئة الفضاء
spacecraft سفينة فضاء
spaceship economy اقتصاد سفينة فضاء
spacial distribution التوزيع المكاني
spacing مباعدة
spadix الطلعة: جسم نورات التمر مغلف بالكم
spall شظية
spark شرارة
sparkling متألقه
sparse متناثر:وجود عدد قليل من العناصر أو الأفراد في منطقة معينة
spate فيضان مفاجئ، أندفاع أو السيل
spathe 1.الكافور،2.الكم: الغلاف العريض الذي يحيط بالطلعة قبل تفتحها

species pool مجمع الأنواع:جميع مجموعة أفراد الأنواع
species richness غنى الأنواع: عدد الأنواع المختلفة الموجودة في منطقة محددة
specific محدد، نوعي :1. واضح المعالم ومحدد 2 .يشير إلى الأنواع
specific energy الطاقة النوعية
specific gravity الجاذبية النسبية: النسبة بين كثافة أي مادة إلى كثافة مادة أخرى المتخذة كقياس. يعد الماء معيار للسوائل والمواد الصلبة والهيدروجين أو الهواء معيار للغازات
specific heat الحرارة النوعية
specification مواصفات
specificity تخصص
specimen عينة
spectral طيفي
spectroscope المطياف: أداة تستخدم لتحليل الطيف
spectrum طيف
speculation تأمل
speed انطلاق
Speleology علم دراسة الكهوف
spell,dry نوبة جفاف
sperm(pl.sperm) =spermatozoon الحيوانات المنوية
sperm whale حوت العنبر: حوت ذو أسنان كبيرة وراس ضخمة بداخله تجويف زيت المني والذي كانوا يصطادونه سابقا لاجله
spermary خصية
spermatheca (pl.,spermathecae) المستودع المنوي: عضو خزن الحيوانات المنوية الاتية من الذكر في اناث
spermatic منوي
spermatid خلية منوية
spermatocyte خلية ام المني
spermatogenesis تكوين الحيوانات المنوية: إنتاج الحيوانات المنوية من الخلايا الجرثومية
spermatogonia خلايا مولدة المني
spermatophora حامل المني

spatial حيزي، مكاني
spatial niche نوخ مكاني: الحالة الوظيفية لنوع في موطنه يعبر عنه بالبعد المكاني
spatium حيز
spattered 1.تناثر في قطرات أو رذاذ صغير (السائل) 2. يبقع، لطخة
spatulate ملعقي،شكل الملعقة: عريض عند الاعلى ورفيع من الاسفل ومسطح
spawn سرء،مفرخ،جرثومة،غزل فطري يستخدم في بدء مزرعة مشروم
special protection area: منطقة حماية خاصة: مساحة مصممة بموجب توجيهات معينة للحفاظ على الطيور البرية
specialisation, specialization التخصص
specialise, specialize يتخصص
specialist متخصص،اوكائن حي يعيش فقط على نوع واحد من الغذاء أو محدود الموطن
specialized متخصص
speciation أنتواع، تنويع: تشكل تطوري لنوع جديد، او عملية تكوين انواع جديدة
speciality (= speciality) التخصص
species النوع: مجموعة من الافراد قادرة على التكاثر وانتاج جيل خصب مشابه للابوين
species action plan خطة تهدف إلى حماية الأنواع المعرضة للخطر من خلال جمع كافة البيانات البيئية المتوفرة وإدراج الإجراءات المناسبة للحفظ
species apportionment قسمة الأنواع: توزيع نوع واحد في منطقة محددة قياسا بتوزيع (العدد، الكتلة الحياتية) بقية الأنواع في المنطقة نفسها
species barrier حاجز الأنواع:عدم قدرة أفراد من أنواع مختلفة على انتاج ذرية سليمة عند التزاوج او العبور
species diversity تنوع الانواع: مجموعة الانواع الموجودة في منطقة
species interaction تفاعل الانواع
species of conservation concern أنواع يهتم بصيانتها : الأنواع التي هي في انخفاض ،أو نادرة في البرية

spermatophore محفظة منوية : كبسولة او كتلة مندمجة من الحيوانات المنوية التي تُمرر خلال التزاوج الى الاجزاء التناسلية للأنثى
spermatozoon (pl. spermatozoa) حيوان منوي
Spermophilus سنجاب الارض
sphere كرة، ميدان
spheric كروي
spherical symmetry تناظر كروي
sphygmomanometer مقياس ضغط الدم
spicule شويكة
spider wasps الزنابير العنكبوتية
spiders عناكب
spike مسمار، سنبلة، ثبت، سمر
spill انسكب، اراق، لفافة ورقية
spillage انسكاب
spillway مفيض،قناة الصرف:قناة لتصريف المياه
spilting بصاق
spina شوكة
spinal شوكي
spinasternum صفحة استرنية بينية: جزء متقرن بين صفيحتين في الصدر تحمل نمو جدار الجسم الداخلي بشكل الشوكة تتصل او تكون ذات صلة بالقص
spindle محور، مغزل
spindle shaped مغزلي الشكل
spine شوكة: جزء مدبب صلب ينمو من سطح نبات او حيوان
spinneret مغزل، غازلة:تركيب لغزل الحرير، غالباً يكون شكله يشبه الاصبع
spinose ذو اشواك
spiny شوكي، شائك
spiny cotton boll worm دودة جوزة القطن الشوكية
spiracle فتحة التنفس الخارجية: فتحة القصبات التنفسية الخارجية في جليد الحشرات يربط بين النظام القصبي والهواء
spiracular تنفسي
spiracular bristle شعيرة الفتحة التنفسية
spiracular plate صفيحة الفتحة التنفسية: منطقة متقرنة بشكل الصفيحة تكون قريبة من فتحة التنفس او محيطة بها
spiral حلزوني، لولب
spiral spring نابض حلزوني
spirit روح
spitting spider العنكبوت البصاق
splanchnic layer طبقة حشوية
splanchnic muscle عضلة حشوية
Splanchnology علم الأحشاء
spleen طحال
splenic organ عضو طحالي
splitting انشطار
spoil يفسد
spoilage الفساد، التلف
sponge اسفنج
spongy اسفنجي
spongy and lapping mouth فم اسفنجي ولاعق
spongy and lapping اسفنجي ولاعق
spontaneous ذاتي
spontaneous combustion احتراق ذاتي
spontaneous generation التولد الذاتي
sporadic parthenogenesis تكاثر بكري مؤقت
spore بوغ: الجسم المجهرية التكاثري في الفطريات والبكتيريا وبعض النباتات غير المزهرة مثل سرخس
sporicidal قاتل الابواغ: قادر على قتل الابواغ
sporocyst كيسية الأبواغ
sporophyte طور البوغ المنتج غير الجنسي في دورة حياة بعض النباتات مثل السرخس
sporozoan طفيل بوغي
sporozoite حيوان بوغي:المرحلة المعدية لطفيل الملاريا لمضيفه الإنسان
sporozoon ألابتدائيات الطفيلية
spotted مبقع
sprawl الامتداد اوالزحف:المنطقة التي تم بناؤها بطريقة غير منضبطة
spray رذاذ

spray irrigation الري بالرش
sprayer الة الرش
spread ينشر
spreaders مواد ناشرة
spring ربيع ، زنبرك ، ينبوع
spring tide المد الربيعي: مد يحدث عندما يكون القمر جديد وكامل عندما يؤثر كل من الشمس والقمر معا والفرق بين ارتفاع وانخفاض المياه أكثر من المعتاد
springtails حشرات ذات الذنب القافز
springwood خشب الربيع:الخشب الذي ينموتحت لحاء الأشجار في فصل الربيع فقط
sprinkle رذاذ
sprout ينبت: نمو نبات جديد اما من البذور او من اجزاء اخرى
spruce شجرة التنوب
spur 1.مهماز: شوكة متحركة، تكون على الرجل في طرف الساق .2. سلسلة من التلال من الأراضي التي تنحدر نحو قاع الوادي من ألاعلى3. فرع قصيرة من شجرة مع الزهور أو الفواكه
spurious claw مخلب كاذب، شوكة متضخمة تشبه المخلب
spurious vein عرق كاذب، تثخن يشبه العرق بين عرقين اصليين هما الكعبري والوسطي في ثنائية الاجنحة
squall حاصبا: عاصفة حادة من الرياح
squama (pl.,squamae) calypter قشرة ، تركيب وسادي او حرشفي تحت الجناح
squeak صرير
squid حبار: حيوان رخوي بحري
squirrels سناجب: تنتمي إلى عائلة كبيرة من قوارض صغيرةأو متوسطةالحجم تسمى Sciuridae
squirting الحقن، انبجاس
Sr رمز السترونتيوم
stabilisation lagoon بحيرة مستقرة: بركة تستخدم لتخزين النفايات السائلة 2 .بركة تستخدم في تنقية مياه الصرف الصحي من خلال السماح بسقوط أشعة الشمس على مزيج من مياه الصرف الصحي والمياه
stabiliser, stabilizer استقرار

stability ثبات،استقرار،غياب التذبذب في السكان،
stabilization تثبيت
stable ثابت
stable climax ذروة مستقرة: مجتمع من النباتات والحيوانات في حالة توازن مع بيئتها، المرحلة الأخيرة من التعاقب البيئي
stable fly ذبابة الاسطبل
stable-age distribution توزيع عمر ثابت
stablilisers مواد موازنة
stab يطعن
stadium (pl. stadia) مرحلة:الفترة الزمنية بين انسلاخين، مدرج
stage مرحلة، طور، مسرح
stain صبغة ، لطخة ، بقعة
stakeholder صاحب الشأن
stalk ساق ،طاف خلسة ، يترنح ، يتمايل
stalked معنق او ذات ساق
stalked body جسم معنق
stalking cat القط المطارد
stamen سداة: العضو الذكري في الزهرة
stamina قدرة احتمال، مقاومه
stamps ختم، طوابع
standard معيار، قياسي
standard deviation الانحراف القياسي
standardization معايرة
standardized ثابت ، موحد
standing crop المحصول الثابت
standing crop biomass الكتلة الحياتية للمحصول الثابت: وزن المواد الحياتية الحية في منطقة معينة وفي زمن معين
standstill توقف
Staphylinidae,F. عائلة الخنافس الجوالة
Staphylococcus المكورات العنقودية: نوع من البكتيريا
staple commodity السلع الأساسية: المواد الغذائية الأساسية أو المواد الخام
star نجم
starch النشا: مادة تتكون من سلسلة من وحدات الجلوكوز، يوجد في النباتات الخضراء لاسيما الأرز والبطاطا

star-fish نجم البحر
starlight ضوء النجوم
starling زرزور:طائر صغير الى متوسط الحجم يعود لعائلة Sturnidae
starter display عروض
starvation جوع ، مجاعة
starve يجوع
stasis ركود: حالة ليس فيها تغيير او نمو او حركة
state variables متغيرات الحالة: مجموعة الاعداد المستخدمة لتمثيل الحالة او ظروف النظام في زمن معين
static ساكن، وفي بيئة السكان هو دراسة اسباب التوازن
station محطة
statistics إحصائيات
statistical inference إستدلال إحصائي: استنتاج يعتمد على ملخص رياضي للبيانات
stator الجزء الثابت
steady ثابت
steady densities الكثافات الثابتة
steady state الحالة الثابتة
steam بخار الماء
stearic acid حمض الستياريك:حامض دهني عديم اللون غير قابل للذوبان ويوجد في الدهون الحيوانية والنباتية يستخدم لصنع شموع وصابون
stelate cell خلية نجمية
stellate نجمي
stem ساق
stem mother = fundatrix الامهات الاساسية
stem saw flies ذباب الساق المنشاري
steno- ضيق او محدد التحمل (سابقة)
stenoecious ضيق التحمل لانتخاب الموطن
stenohaline ضيق التحمل للملوحة
stenohydric ضيقة التحمل المائي
stenophagous ضيق التحمل الغذائي،ياكل انواع قليلة من الطعام
stenoplastic اظهار كائن حي قدرة محدودة على التكيف مع بيئة جديدة
Stipa صمعة- عشب حولي او معمر، يعود للعائلة النجيلية

stenothermal ضيق التحمل الحراري
stenoxenic phoresy علاقة تقتصرعلى جنس او نوع واحد فقط من المضيف
step خطوة، تدرج
steppe السهوب: مساحات واسعة مستوية عادة تحوي اعشاب وبدون أشجار في جنوب شرق أوروبا أو آسيا، يطلق عليها البراري في امريكا الشمالية
stereoscan electron microscopy المجهر الالكتروني المجسم
sterile عقيم ،غير مثمر،معقم :خالي من الاحياء المجهرية
sterile castes طبقات عقيمة
sterile insect technique تقنية الحشرة العقيمة:عملية تربية الحشرات بأعداد هائلة ، وتعقيمها،وأطلاقها لمنع التزاوج الطبيعي في السكان المستهدف
sterilisation, sterilization تعقيم
sterilise, sterilize يعقم من الاحياءالمجهرية او يجعل شيء ما عقيما لا ينتج ذرية
sterility العقم: 1. حالة الخلو من الكائنات الحية الدقيقة 2.عدم القدرة على إنتاج ذرية
subsistence الكفاف: ظروف إدارة للعيش على أقل قدر من الموارد بما يضمن للبقاء على قيد الحياة
sterilization of insect تعقيم الحشرات
sternal قصي
sternal muscle عضلة قصية
sternauli اخدود قصة الصدر المتوسط
sternellum الفصيص: جزء من الصفيحة البطنية الرئيسة الواقع الى خلف الدرز الضلعي القصي
sternites صفائح بطنية متقرنة
sternollum قصية خلفية
sterno-pedal قصية قدمية
sterno-pleural قصية جانبية
sternopleuron(pl.sternopleura) صفيحة متقرنة في الجدار الجانبي للصدر فوق قاعدة الرجل الوسطى في ثنائية الاجنحة
sternum قص - جزء بطني
sterol اي من مجموعة من الكحول الصلب متعدد الحلقات غير مشبع غالبا من مجموعة الستيرويد،

مثل الكوليسترول وإرغوستيرول، توجد في الأنسجة الدهنية للنباتات والحيوانات

sterric يتعلق بترتيب الذرات في الفضاء

Stevenson screen(=instrument shelter) شاشة ستيفنسون : مأوى او ملجأ يحوي أدوات الأرصاد الجوية ضد هطول الأمطار والإشعاع الحراري المباشر من مصادر خارجية، لإعطاء قراءات قياسية

stewardship 1.حماية البيئة لصالح الأجيال المقبلة من البشر من خلال التطوير المناسب للمؤسسات والاستراتيجيات المناسبة 2. ادارة واشراف حذرة ومسؤولة

stickers مواد لاصقة

sticky لزج، دبق

stickleback ابو شوكة : سمك شائك الظهر

stiff صلب ، متيبس

stigma بقعة جناحية، او الميسم :وهو الجزء العريض في نهاية القلم الذي يستلم حبوب اللقاح

stigma – eye spot بقعة عينية

stigma (pl.,stigmata) تثخن لغشاءالجناح قرب حافة العرق الضلعي النهائي

stigmal vein عرق بقعة الجناح

stigmata فتحات تنفسية

stilett-like horns قرون تشبه الخنجر

stimulants محفزات

stimulate تحفيز:جعل كائن حي أو عضو يتفاعل أو يستجيب

stimulus (pl. stimuli) منبه، محفز: شيء ما يجعل الكائن الحي أو العضو يرد أو يستجيب ، مثل الضوء والحرارة أو الضوضاء

sting الة وخز، لسع: الاسم:1. جهاز مع نقطة حادة ،تستخدمه الحشرة أوالعقرب على جلد الضحية لثقب وحقن مادة سامة في مجرى دم الضحية 2. عملية اللسع 3.منطقة مثارة حول الجلد بسبب لدغة،الفعل: 1.لدغ او لسع(من حشرة أو العقرب)2.تكوين انتفاخ صغيرعلى الجلد من النباتات المهيجة

stinger الواخز

stipes (pl.stipes) ساق: القطعة الثانية من تركيب الفكوك المساعدة في الحشرات والتي تحمل المشرشر والقلنسوة والملمس الفكي

stippled مرقط ، منقط

stochastic عشوائية: يشير الى نمط ينشأ من عوامل او تأثيرات عشوائية

stochastic model النمذجة العشوائية: نموذج رياضي مبني على تقدير احتمالات النتائج ضمن .توقعات التنبؤ بما قد يحدث في ظل ظروف مختلفة وتكون المتغيرات العشوائية مقيدة عادة بالمعلومات السابقة

stock مخزون، متوفر،يخزن، عادي، شائع، الحيوانات أو النباتات التي لها سلف مشترك

stocking تعبئة، تخزين: بمعنى اضافة

stockpile المخزونات: كميات كبيرة مخزونة للاستخدام في المستقبل

stolon مداد:ساق ينمو ويمتد على الأرض ويؤدي إلى نمو نبات جديد عندما يجذر2 .هيكل يوجد في بعض الحيوانات بسيطة،يستخدم احيانا لتثبيت الكائن الحي على سطح

stoma الثغر:المسام في النباتات،لاسيما في الأوراق والتي من خلالها يتم أخذ ثاني أوكسيد الكربون وإرسال الأوكسجين .ويحيط كل ثغر زوج من الخلايا الحارسة ، التي تغلق الثغور إذا كان النبات يحتاج الى خزن الماء

stomach معدة

stomach ganglion عقدة معدية

stomach poison سم معدي

stomatology طب الفم

stomatopod فمي الارجل

stomodaeum معي امامي،القناة الهضمية الامامية

stomodeal التبادل الفمي للسوائل الهضمية: هو انتقال الطعام أو السوائل الأخرى بين أفراد مجتمع من خلال الفم الى الفم مثل أعضاء مستعمرة من الحشرات الاجتماعية كالارضة اذ تقوم العاملات بتغذية الحوريات الصغيرة والتكاثريات من الفم الى الفم

-stomy فمي (لاحقة)

stone حجر

stonechat القَليّعي المطوق: طائر مغرد

storage خزن

store يخزن

stork طائر اللقلق: طير ذو عنق وأرجل طويل ،تعود لعائلة Ciconiidae والتي تعد العائلة الوحيدة لرتبة Ciconiiformes

storm عاصفة

storm cloud سحاب العاصفة:سحابة داكنة اللون التي تنتج الأمطار الغزيرة أو الثلوج

storm drain مبزل مياه الامطار

storm sewage مياه الصرف العاصفة: مياه الصرف مختلطة مع مياه الأمطاربعد سقوط الأمطار الغزيرة

storm surge اندفاع العواصف: ارتفاع في مستوى سطح البحر كإعصار أو عاصفة شديدةعلى المياه ، مما يسبب فيضانات عند وصول العاصفة للشاطئ

storm water مياه العواصف

storm,dust عاصفة ترابية

straight fertilizer سماد صرف: الأسمدة التي تجهز بواحد فقط من المغذيات مثل النتروجين قياسا بالسماد المركب

strain سلالة:مجموعة ضمن الأنواع ذات خصائص متميزة

strainer مصفاة

strait مضيق

strand ساحل ، شاطئ

strata طبقات

strategic environmental assessment
التقييم البيئي الاستراتيجي: تقييم رسمي للتأثير البيئي السياسات والخطط والمشاريع

stratification تطبق،التكوين الطبقي: تشكيل عدة طبقات في مواد مثل ترتيب الصخور في طبقات الصخور الرسوبية ،أو الماء في بحيرة أو الهواء في الغلاف الجوي

stratified مطبق، طباقي منضد في طبقات

Stratigraphy علم الطبقات: علم يدرس طبقات الصخور

stratocumulus طبقة من السحب الركامية الصغيرة أدنى من 3000م

stratopause فاصلة الجو الاعلى: طبقة الجو العليا الخفيفة بين الجو الاعلى والجو الاوسط

stratosphere الجو الاعلى: طبقة جو الارض العليا فوق الجو الأدنى وفاصلة الجو الدنيا ويفصل عن الجو الاوسط بفاصلة الجو العليا (الجو الاعلى يرتفع 18-50كم فوق سطح الارض)

stratum (pl.strata) طبقة افقية من الصخور

stratum,water bearing الطبقةالحاملة للمياه

straw تِبْن:الساق والاوراق الجافة للمحاصيل كالقمح بعد ازالة الحبوب

streak خط

streaked tenrec التنريق المخطط:حيوان ثديي صغير آكل الحشرات ذو خطم طويل يوجد في مدغشقر وأفريقيا

streaked مخطط ، مقلم

stream مجرى مائي، تيار ،جدول

stream erosion تعرية التربة او الصخور بتاثير جدول ماء

stream flow جداول

stream order نظام المجرى: تصنيف عددي لمجرى تصريف يعتمد على تركيب ووظيفة المجرى من منبع المياه الى مصب المجرى

stream spiraling تيار لولبي: حركة ودوران العناصر الأساسية (مثل الكربون، النتروجين، والفسفور) بين الكائنات الحية وتجمعات العناصر المتوفرة عند تحركها مع اتجاه التيار

streamlined إنسيابي

streamlined body جسم انسابي

strength شدة، مقاومة

Strepsiptera رتبة منثنية الاجنحة

strepsis منثني

stress اجهاد

stress-tolerant تحمل الإجهاد: تشير إلى النبات الذي يمكن أن يتحمل قدر من الإجهاد

stria خط

striae خطوط

striate محزز ، مخطط

striated مخطط

striated muscles عضلات مخططة

striation تخطط

stridulate صرير:ينتج صوت نتيجة حك عضوين او سطحين سوية

striking distance مسافة لافته للنظر
strings خيوط
strip شريط، خط، مقلم : مساحة طويلة ضيقة من الارض
strip – mine reforestration اعادة تحريج شريطي لمنجم
strip cropping الزراعة الشريطية: زراعة قطعة رقيقة طويلة من الأراضي بمختلف المحاصيل وذلك لتقليل تعرية التربة
stripe خط، شريط، قلم، خطط
striped مخطط
stroke السكتة الدماغية، ضربة
strontium (Sr) السترونتيوم:عنصرمعدني مشع
structural تركيبي ،هيكلي
structure تركيب ،بنية، هيكل
struggle for existence تنازع البقاء
stubble جذامة: ما يبقى من الزرع بعد الحصاد
stuffed محشو ،متخم، يتكون داخلة من مادة مخالفة للطبقة الخارجية
stunning مذهل ، خلاب، يدهش
stunt يعوق: يحد من نمو شيء
stupor غيبوبة
stupor , cold غيبوبة البرودة
stupor , heat غيبوبة الحرارة
stylate رمحي، مخرازي، ذو تركيب شوكي في نهاية اللاحقة
style القلم: تركيب اسطواني يربط بين المبيض والميسم ،او نتوء شوكي او اصبعي الشكل قصير
stylet رمح، تركيب ابري رفيع متطاول في الحشرات ذات فم ثاقب ماص الذي يخترق ويمتص الغذاء
stylet sheath غمد الرمح
styli اقلام
styliform ابري الشكل
styliform قلمي الشكل
stylo- ابري (سابقة)
stylus (pl.,styli) نتوء اصبعي قصير
sub- تحت او اسفل ،اقل اهمية من (سابقة)
sub anal style قلم تحت شرجي

subantennal suture درز تحت قرن الاستشعار يمتد من قاعدة قرن الاستشعار نحو الاسفل
subapical تحت قمي، يقع قريباً من النهاية
subaqueous تحت الماء
subatomic particle جسيمات تحت الذرية: نفس الجسيمات الأولية
subbasal تحت قاعدي
subclass صنيف،تحت صنف:قسم رئيسي للصنف يشمل مجموعة من الرتب المتشابهة
subclimax تحت الذروة: تعاقب بيئي قد يتوقف بفعل عوامل اخرى غير عامل المناخ ولن يصل الذروة
subcontinent شبه قارة
subcosta تحت الضلعي: عرق طولي بين العرق الضلعي والعرق الكعبري
subcoxa تحت حرقفة
subdiscal(or subdscoidal)vein عرق تحت قرصي : العرق الذي يكون الحافة الخلفية للخلية القاعدية الثالثة في غشائية الاجنحة
subdivision تشعُّب، تفرُّع، تقسيم، مجموعة في التصنيف العلمي للكائنات
subdominant يشيرالى أنواع ليست بنفس أهمية الأنواع السائدة
subduction الاندساس: عملية سحب بطيئة لصفيحة تكتونية من القشرة الأرضية تحت صفيحة اخرى
subduct يستخفض:سحب شيء تحت شيء اخر
subequal تقريباً او مقاربة بالطول والحجم
subesophageal ganglion العقدة العصبية تحت البلعوم
subfamily عويلة، تحت عائلة:قسم رئيس للعائلة
subfossil متحجرة جزئيا
subgalea تحت قلنسوة
subgenal تحت خدي
subgenal suture درز تحت خدي: درز مستعرض تحت الخد يقع مباشرة فوق قاعدة الفكوك والفكوك المساعدة
subgenital صفيحة تناسلية

Suborder Brachycera رتيبة الذباب قصير القرون
Suborder Chalastogastra رتيبة الحشرات غشائية الاجنحة لينة البطن
Suborder Cursoria رتيبة الحشرات الجارية
Suborder Cyclorrapha رتيبة الذباب ذو الدرز الدائري
Suborder Heterocera رتيبة الفراشات
Suborder Polyphaga رتيبة الخنافس متنوعة الغذاء
Suborder Rhopalocera رتيبة ابي دقيق
Suborder Saltatoria رتيبة الحشرات القافزة
Suborder Zygoptera رتيبة الرعاشات الصغيرة
subordinate ثانوي ،خاضع، تابع
Subphylum(pl.Subphyla) شعيبة: قسم من الشعبة يضم عدد من الاصناف
sub-saharan جنوب الصحراء الكبرى
subseguently لاحق، تالي
subsere مجتمع ثانوي: تطوير مجتمع النبات والحيوان بعد تدمير مجتمع قائم بالفيضانات والحرائق أو بنشاط الانسان
subside يهدأ، ينحسر: يصبح أقل عنفا
subsidence انخساف ، خمود ، هبوط
subsidence inversion انقلاب هبوطي
subsidy-stress gradient: تدرج الشدة-الهبوط: تدرج إستجابة نظام لأضطراب ما وذلك اما بصورة ايجابية (زيادة الانتاجية) او سلبية (تأخر النمو او التكاثر) خلال الزمن
subsistence farming زراعة الكفاف: زراعة المحاصيل لإطعام ما يكفي أسرة المزارع دون وجود أي متبقي للبيع
subsocial وصف نظام اجتماعي يحمي ويطعم فيه البالغين ذريتهم لفترة من الوقت بعد الولادة
subsoil التربة التحتية: طبقة من التربة تحت السطحية (تحتوي على مواد عضوية قليلة وتترشح اليها المواد الكيميائية من التربة السطحية
subspecies نويع: مجموعة من الكائنات الحية التي هي جزء من الأنواع ولكن تظهر اختلافات طفيفة عن المجموعة الرئيسية

subgenital plate صفيحة بطنية تحدد اعضاء التناسل
subgenus (pl. subgenera) جنيس:قسم رئيس للجنس
subhabitat مويطن
subhumid شبه رطب
sub-imago حشرة قبل البلوغ، المجنحة الاولى لذبابة مايس بعد خروجها من الماء مباشرة
subject species نوع خاضع (النوع الهدف)
sublimate يتسامى
sublimation تسامي: تحويل مباشرة من الحالة الصلبة إلى الغازية دون المرور بالحالة السائلة
sublime سامي
sublittoral قريب من الساحل، تحت ساحلية ،من عمق 40-200 متر تحت المنطقة الساحلية
submarginal cell خلية تحت حافية تقع بالضبط خلف خلية الحافة (في غشائية الاجنحة)
submarginal vein عرق تحت حافي:عرق يقع مباشرة خلف وموازي للحافة
submarine تحت الماء، لاسيما تحت البحر
submarine plant نبات تحتبحري
submedian تحت وسطي
submentum تحت الذقن: الجزء القاعدي من الشفة السفلى
submerged plants نباتات تحت الماء،مغمورة بالماء
submerged مغمور
submicroscopic صغير جدا ليرى بالمجهر الضوئي
submissive خاضع ،خضوع ، مذعن
subocular suture الدرز تحت عيني: درز يمتد من العيون المركبة نحو الاسفل
subocular تحت عيني
suboptimal دون الأفضل
Suborder رتيبة، تحت رتبة:تضم مجموعة من العوائل المتشابهة
Suborder Adephaga رتيبة الخنافس المفترسة
Suborder Anisoptera رتيبة الرعاشات الكبيرة

substance مادة
substantial جوهري
substitute البديل: شيء يحل محل اخر
substitute community مجتمع بديل
substitution استبدال
substrate مادة خاضعة:مادة متاثرة بانزيم معين او الخاضعة لفعل خميرة،وسط التثبيت ،قاعدة يرتكز عليها الكائن
subterranean تحارضي(تحت أرضي)
subterranean nest عش تحت سطح الارض
subtropical شبه الاستوائية
subtropics شبه الاستوائية: منطقة تقع بين المناطق الاستوائية والمعتدلة
suburb ضاحية: جزء من مدينة سكنية، بعيدا عن المركز،ولكن لا يزال داخل المنطقة المبنية
succession تعاقب: سلسلة من المراحل واحدة بعد الاخرى تصل فيها مجموعة الاحياء التي تعيش في مجتمع الى حالة مستقرة نهائية او الذروة، او هو استبدال مجتمع محل آخر
succession , ecological تعاقب بيئي
successive متعاقب :يشير إلى أحداث أو أشياء تاتي واحدا تلو الآخر
succulent النضرة: النبات له اوراق لحمية أو السيقان التي تخزن المياه، مثل صبار
suck يمتص
sucking مص
suckle يرضع
suckling woman أمراة مرضعة
sucrose سكر القصب-سكروز
suction مص، امتصاص
suctoria هدبيات ماصة:هي هدبيات جالسة تتغذي بوساطة الهضم خارج الخلية فيما تفتقد البالغات لوجود أهداب(كان يعتقد سابقاً أنها تتغذى عن طريق المص ومنها جاءت التسمية)
suctorial ماص
sudden oak death موت البلوط المفاجئ: مرض خطير يسببه فطر يؤثرعلى انواع من الاشجار
sufficiency كافي
suffocant خانق
suffocation اختناق
suffrutescent, suffruticose خشبية ومعمرة في القاعدة ولكن تبقى عشبية في الاعلى
suggestibility ايحائية
suicide إنتحار
suitability ملاءمة
suking lice قمل ماص
sulcus اخدود، ثلم
sulfate كبريتات: ملح حامض الكبريتيك
sulfide, sulphide كبريتيد:ايون الكبريت في المركبات الكيميائية
sulfonator, sulphonator جهاز لإضافة ثاني أوكسيد الكبريت في الماء لإزالة الكلور الزائد
sulforaphane مركبات مضادة للاكسدة
sulfur, sulphur(S) الكبريت: عنصركيميائي غير معدني اساسي للحياة
sulfur cycle, sulphur cycle دورة الكبريت: حركة الكبريت بين القشرة الارضية (المستودع الرئيس) والجو والمياه والكائنات الحية فضلا عن تحولات اشكاله الكيميائية المختلفة
summer الصيف
summer residents مصطافون
summerwood خشب الصيف: اشجار كثيفة شكلتها الاشجارخلال الجزء الأخير من موسم النمو
summit القمة
sun الشمس
sun compass بوصلة الشمس: قدرة الكائن الحي على استخدام أشعة الشمس للحفاظ على اتجاه ثابت
Sminthurus viridis قافز ذنب ، برغوث الجت
sun fish سمك الشمس
sun stroke ضربة شمس
sunburn حروق الشمس:الأضرارالتي لحقت الجلد عن طريق التعرض المفرط لأشعة الشمس
sunlight اشعة الشمس او ضوء الشمس
sunset غروب الشمس
sunshine أشعة الشمس: الضوء الساطع من الشمس
sunspot بقعة مظلمة على سطح الشمس سببها انطلاق دفق من الغازات الى الخارج
super- فائق (سابقة)

supplementary تكميلي
supplies مؤن
supply إمداد ، تجهيز
support يؤيد،يدعم: توفير ما هو ضروري لنشاط أو طريقة حياة
suppressed خامد
suppression خمد ، كبت
supra- فوق ،او اعلى (سابقة)
supra-alar فوق جناحي
supra- alar bristle شعيرة فوق جناحية
supraneural فوق عصبي
supra-oesophageal فوق مريئي
suranal فوق شرجي
surface سطح: الغطاء الخارجي أو الطبقة العليا
surface air temperature درجة الحرارة المسجلة في الظل فوق مستوى الارض
surface area السطح الكلي الخارجي للشيء
surface fires نيران السطح
surface heating تدفئة السطح: تسخين الأرض من قبل الشمس
surface runoff الجريان السطحي: تدفق مياه الأمطار والثلوج الذائبة أو الأسمدة الزائدة من سطح الأرض إلى الجداول والأنهار
surface soil= topsoil التربة السطحية
surface tension توتر او شد سطحي
surface water الماء السطحي: الماء الذي يجري فوق سطح التربة كجدول بعد سقوط المطر ويصرف الى الانهار
surface-active agent خافضات التوتر السطحي
surfactans خافضات التوتر السطحي
surge زيادة: زيادة مفاجئة في تدفق شيئا مثل المياه أو الطاقة الكهربائية، يتدفق
surplus فائض
surplus yield العائد الفائض: عائد أكثر من الضروري بالنسبة لعدد السكان
survey مسح: الدراسة الاستقصائية للتحقق عن شيء ما
survival البقاء، البقاء على قيد الحياة
survival of the fittest البقاء للأصلح

superbug كائنات دقيقة ممرضة ولاسيما البكتيريا التي طورت مقاومة لمعظم الادوية التي يمكن أن تستخدم ضدها عادة
supercell مركز اعصار كبير جدا أو عاصفة رعدية
supercool التبريد الفائق: خفض درجة حرارة مادة دون نقطة التجمد
supercooled التبريد المفرط
superfamily فوق عائلة : مجموعة من العوائل ذات الصلة القريبة
superficial سطحي
supergene مجموعة من المورثات المرتبطة بإحكام على كروموسوم ، تعمل كوحدة متكاملة ومعزولة مثل ورثة واحد. او هو جزء من كروموسوم يتكون من مورثات مرتبطة تعمل كوحدة وراثية واحدة
superheated فائقة السخونة : يشير الى البخار الذي يسخن إلى درجة حرارة عالية
superheating فرط التسخين
superinsulate تجهيز المبنى مع عزل فعال تماما
superior اعلى ، علوي، متفوق
superiority تفوق، افضلية
superlingua فوق لسان
supernatant طاف، عائم
Superorder فوق رتبة
superorganism مجموعة أو مجتمع من الكائنات الحية الفردية التي تعمل كوحدة واحدة (مثل مستعمرة النمل الأبيض او حتى مجتمع البشر)
superparasites فرط طفيليات
superparasitism فرط تطفل
superphosphate السوبرفوسفات: مركب كيميائي يتكون من حامض الكبريتيك وفوسفات الكالسيوم ، ويستخدم كسماد
supersalted water ماء مفرط الملوحة
supersaturated فوق إشباع: يشير الى الهواء الذي يحتوي رطوبة أكثر من المطلوب لتشبعه
supersaturation فوق الاشباع
supersonic transport نقل فوق صوتي
superweed عشب او دغل مقاوم لمبيد الاعشاب
supplemental مكمل

suture الدرز،تدريز:اخدود في جدار الجسم يظهر بشكل الخط او منطقة غشائية ضيقة بين الصفائح المتقرنة
Sv رمز السيفرت
swallow يبلع
swallow hole ثقب الابتلاع: ثقب يتكون في الحجر الجيري عند مرور مياه الأمطار عليه مذيبا للمعادن في الصخور وأحيانا تشكيل كهوف تحت الأرض
swampland المستنقعات: مساحة من الأرض مغطاة بمستنقع
swampy مستنقعي: يشير الى الأرض التي هي رطبة بشكل دائم

swamp مستنقع: مساحة رطبة بصورة دائمية تنمو فيه النباتات
swarm طرد، او سرب، ثـَوْل: عدد كبير من الحشرات مثل النحل أو الجراد تطير في مجموعة كبيرة، او تجمهر ، تجمع
swarming انثيال: تطريد النحل، هجرة تجمعية
swash إندفاع الماء نحو الشاطئ
swaying يتمايل
sweep يكنس، يجرف
swidden farming الزراعة السويدية: زراعة الأرض بعد حرقها
swollen متورم، منتفخ، او يحوي ماء اكثر من المعتاد
swift سريع، خطاف
swimmeret لاحقة بطنية تستعمل كعضو للسباحة في القشريات
swimming leg رجل عوم
swine خنزير
swirled يدوم (من دوامة)
swooning اغماء
swordtail سمك السيف: من اسماك الأحواض الأكثر شهرة، وهي سهلة التفقيس، متوفرة وتنمو بسرعة وتسبح في تجمعات
sycamore الجميز: شجرة كبيرة من الخشب الصلب

survival potential وسع البقاء: طاقة كامنة في الكائن لتمكنه من البقاء مقاوما ظروف المحيط
survivor ناجي
survivorship البقاء: عدد الأفراد من السكان الباقين على قيد الحياة في وقت محدد
survivorship curves منحنيات البقاء:مخطط وصفي لانماط بقاء الافراد في السكان من الولادة الى اعظم عمر متحقق لكل فرد
susceptibility قابلية الاصابة ،استعداد
susceptible مستعد
suspend تعليق، يعلق
suspension تعليق، توقيف،مزيج او مذيب معلق
suspensor معلق
suspensory ligament رباط معلق
sustain يديم، يتحمل، محافظ، حفاظ او توفير الظروف الضرورية لشيء
sustainability الاستدامة: القدرة على تلبية احتياجات الانسان او الجيل الحالي دون الاخلال بقدرة الاجيال اللاحقة على تلبية حاجاتها والحفاظ على رأس المال الطبيعي والموارد الطبيعية وترك البيئة في حالة جيدة للأجيال القادمة
sustainable مستدامة: اشارة الى النشاط الذي لا يضر ولا يتستنزف الموارد الطبيعية
sustainable energy الطاقة المستدامة: الطاقة المنتجة من مصادر الطاقة المتجددة التي لا تستنزف الموارد الطبيعية
sustainable existence وجود مستدام: طريقة للحياة تضمن أن لا يتم استنزاف موارد النظام البيئي
sustainable society مجتمع مستدام: مجتمع يعيش دون استنفاذ الموارد الطبيعية للموطن
sustainable yield العائد او الانتاج او الغلة المستدامة: اكثر إنتاج يمكن يستمد من الموارد المتجددة دون استنزاف الإمدادات في منطقة معينة
sustainable agriculture الزراعة المستدامة: أساليب زراعية صديقة للبيئة تسمح بانتاج المحاصيل أو الماشية دون ضرر على النظام البيئي
sustainable development التنمية المستدامة: التنمية التي تحقق التوازن بين تلبية مصالح الناس المباشرة وحماية مصالح الأجيال القادمة
sustained مستدام

والتغيرات في وظائف الكائن الحي ، تظهر وجود مرض معين أو اضطراب ما إذا ما حدثت معا

Synecology علم بيئة المجموع: فرع من علم البيئة يتعامل مع العلاقات بين المجتمعات الطبيعية وبيئاتها (بضمنها السكان، المجتمع وبيئة الانظمة البيئية)

synergic مؤازر

synergism التآزر: ظاهرة زيادة عمل او قوة مادتين معا اكثر من عمل كل مادة لوحدها بصورة مستقلة

synergist مؤازر: مادة تزيد من تأثير آخر

synfuel وقود مماثل لذلك الذي ينتج من النفط الخام لكن تنتج من موارد اكثر وفرة، مثل الفحم، أو القطران

synkinesis حركة مشاركة

synodic اقتراني

synonym مرادف، اسم مرادف: اسمان او اكثر للشئ نفسه

synovigenic شكل من أشكال التكاثروفيه تستمر ألانثى البالغة بانتاج البيض طيلة حياتها

synroc مركب معدني صناعي يتكون من انصهار النفايات النووية

synthesis التوليف او التركيب :1 .عملية الجمع بين الأشياء لتشكيل شيء 2. عملية إنتاج مركب من تفاعل كيميائي

synthesise, synthesize يركب، يؤلف، يُنتج بالطرائق الصنعية

synthetic تركيبي او مصنع: مصنع في عملية صناعية وليس طبيعيا

synthetically صناعي

synusia مجموعة من النباتات التي تعيش في الموطن نفسه

syringe محقنة

syrphid ذبابة الأزهار التي تفترس المن

Syrphus rebessi ذباب حوام

Syrphus torvus ذباب حوام

Syrphus vitripennis ذباب حوام

Syrrhaptes القطا- أسم جنس لطير

syrup شراب، عصير فاكهة

system نظام، جهاز

symbiont مصاحب: كائن حي يعيش مع كائن حي آخر بصورة تعايشية ، يمكن أن تكون متبادلة المنفعة او محايدة او غيرها من نماذج المصاحبة

symbiosis مصاحبة: المعيشة سوية، كائنان حيان من نوعين مختلفين يعيشان سوية بصورة تكافل او معايشة او غيرها من انواع المصاحبة

symbiotic تصاحب

symbiotic relationship علاقة تصاحب: علاقة بين اثنين أو أكثر من الكائنات الحية

symbiotically تصاحبي

symbols رموز

symmetrical متماثل، متناظر

symmetry تماثل ،تناظر: نظام معين لجسم كائن حي

sympatric وصف اثنين أو أكثر من الأنواع التي تسكن المناطق الجغرافية نفسها أو المتداخلة

sympatric speciation تنويع متصل الموطن: تطوير أنواع جديدة في نفس المنطقة كأنواع جديدة أخرى، او هو انتواع يحدث بدون عزل جغرافي

sympatric species انواع متصلة الموطن

sympatrically اتصال موطني

sympatry المواطنة المتصلة

Sympherobius californicus حشرة من رتبة شبكية الاجنحة

symphile حشرة او كائن حي اخر يعيش في أعشاش الحشرات الاجتماعية مثل النمل أو النمل الأبيض ويتم تغذيتها من قبلهم

symptom أعراض: تغيير في أداء أومظهر كائن حي، مما يدل على وجود مرض أو اضطراب

syn- مشترك، سوية (سابقة)

synanthropic المرتبطين مع البشرأو مع مساكنهم،او الذين يعيشون في ارتباط وثيق مع البشر

synapse اشتباك، تشابك الوصلات العصبية

synaptic junction اتصال شبكي

Synchitrium endobioticum نوع من الفطريات التي تسبب مرض الثاليل أو جرب أسود

synchronism تزامن

synchronize تزامن

syncytium مدمج خلوي

syndrome متلازمة: مجموعة من الأعراض

system ecology علم بيئة النظم: فرع من علم البيئة يركز على نظرية الانظمة العامة وتطبيقها
system variables متغيرات النظام
systematic منهجي، نظامي، منتظم
systematics مصنف، النظاميات: الدراسة العلمية للنظم، ولاسيما لنظام تصنيف الكائنات الحية
systemic fungicide مبيدات جهازية للفطريات :مبيدات فطريات تنتقل مع العصير النباتي الى كل اجزاء النبات وتحمي النبات من الاصابة دون قتل النبات
systemic herbicide مبيدات الاعشاب الجهازية :مبيدات اعشاب تمتص وتنتقل مع العصير النباتي ليقتل الجذور وتدعى المبيدات الجهازية
systemic pesticide
systemic poisons سموم جهازية
systemic weedkiller, systemic herbic مبيدات الادغال الجهازية
systole انقباض

T
T رمز تيرا
Tabanidae, F. عائلة ذباب الخيل
tabes هزال
table جدول ، سطح
Tachinidae,F. عائلة من الذباب
tachometer مقياس السرعة
taconite mining تعدين الصخر الصواني
tactile لمسي
tadpole دعموص: ضفدع صغير
Taenia الدودة الشريطية
taenidium(pl.taenidia) تغلظ حلزوني: تثخنات دائرية او حلزونية في الجدار الداخلي للقصبات
taiga غابة صنوبر: تعرف أيضا باسم الغابات الشمالية، هي منطقة حياتية تتميز بوجود الغابات الصنوبرية التي تتكون غالبا من أشجار الصنوبر، التنوب واللاريس
tail ذيل
tailings(mining waste) نفايات (فضلات تعدين)
tailless أبتر: مقطوع الذنب
tall stocks مداخن طويلة
talon مخلب
tandem (or in tandem) ترادف : هو ترتيب الاشياء والحيوانات أو الناس الواحد وراء الأخر، او العمل أو حدوث اشياء بالتزامن مع بعضها البعض
tangential ملامس،مماس
tangentially مماسي
tangled معقد، متشابكة
tanglefoot قدم صائدة
tank حوض لخزن السوائل
tankers ناقلات (نفط)
tannery wastes فضلات المدابغ
tannin تانين
tantalum(Ta) معدن نادر لا يصدأ
tap صنبور
tap water ماء الحنفية
tape- worm دودة شريطية
tapering مستدق الطرف
tapering keel عارضة مستدقة
taproot الجذر الرئيسي الوتدي
tar قار
Tardigrade بطيء الخطو: لافقريات مجهرية عاشبةتعرف ايضا waterbears وmoss piglets تعيش في الماء،وعلى الطحالب والأشنات.تعودلشعبة بطيئات الخطو Tardigrada ،وهي جزء من فوق شعبة Ecdysozoa
target هدف
tarn بحيرة صغيرة في غور بمنحدر الجبل
tarsal رسغي
tarsal claw مخلب رسغي: مخلب في نهاية الرسغ
tarsal formula معادلة رسغية: عدد قطع الرسغ الامامي والوسطي والخلفي على التوالي
tarsus (pl.,tarsi) رسغ: الجزء الاخير للرجل بعد الساق يتكون من قطعة واحدة او عدة قطع
taste ذوق، طعم
taste bud برعم ذوقي

tegmen (pl.,Tegmina) جناح جلدي: الزوج الاول من اجنحة رتبة الحشرات مستقيمة الاجنحة جلدي او متثخن
tegminal جلدي
tegula (pl.,tegulae) تركيب صغير يشبه الحرشفة عند قاعدة الجناح الامامي
tegument جلد
tegumentary جلدي
tegumentary nerve عصب جلدي
tele- بعد، بعيد (سابقة)
Teleology الغائية:الاعتقاد بان كل شي في الطبيعة مقصود به تحقيق غاية معينة
telo- انتهائي (سابقة)
telson دبر، الدفة: الحقة البطنية الاخيرة في القشريات
temperate region منطقة معتدلة ليست حارة جدا في الصيف ولا باردة جدا بالشتاء
temperate معتدل
temperate grasslands أراض عشبية معتدلة: اقاليم تسودها اعشاب،ويكون معدل سقوط المطر بين 10 و30 أنج (25-75سم) في السنة
temperature درجة الحرارة
temperature(optimum) درجةالحرارةالمثلى
temperature inversion انقلاب درجة الحرارة
temperature threshold عتبة درجة الحرارة: الحد (الأدنى أو الأقصى) لدرجة الحرارة التي يحدث فيها النمو،او هو ذلك الجزء من المنحنى الذي يتغير فيه اتجاه الميل مما يدل على أن حدوث تبادل الحرارة في العينة
temple صدغ، معبد، هيكل، كنيسة
temporary وقتي، مؤقت
temporary aggregations حشرات ذات تجمع مؤقت: حشرات تعيش اعتياديا بصورة منفردة ولكنها تتجمع مؤقتا في ظروف معينة كالهجرة مثل الجراد المتجمع
temporary threshold shift تحول عتبة وقتي
tenacity صلابة ، تماسك

tasteless عديم المذاق، لا طعم له
taxation ,reorientation of اعادة توجيه الاجراءات الضريبية
taxidermy تحنيط الحيوانات
taxes حركات موجهة
taxis انتحاء، توجه،انجذاب ،استجابة موجهة
-taxis استجابة الكائن الحي نحو او باتجاه المحفز (لاحقة)
taxis , chemo انتحاء كيميائي
taxis , geo انتحاء ارضي
taxis , klino حركات متراجعة موجهة
taxis , photo انتحاء ضوئي
taxis , rheo انتحاء تيار
taxis , thermo انتحاء حراري
taxis , thigmo انتحاء لمس
taxon(taxa) صنف،مجموعة في تصنيف علمي مثل العائلة او الجنس
taxonomic التصنيف: تصنيف وتسمية الكائنات الحية
taxonomic division شعبة تصنيفية
taxonomic rank مرتبة تصنيفية: مستوى تصنيفي في التسلسل الهرمي للتصنيف ، مثل نوع ، جنس،عائلة ،والرتبة
Taxonomy علم تصنيف الكائنات الحية
tear gas الغاز المسيل للدموع
technoecosystem نظام بيئي تقني: نظام من صنع الانسان مثل مدينة، ضاحية
technological quick – fix التثبيت التقني السريع
technosphere بيئة مبنية او محورة من الانسان
tectonic plate مناطق واسعة من الصخور الصلبة في قشرة الارض والتي تطفو فوق وتتحرك شديد ببطء
tectonic حركي ،تركيبي
tectum قشرة
teetering يتأرجح، حركة متأرجحة؛ تمايل
teeth اسنان
teeth, milk الأسنان اللبنية
teeth, temporary الأسنان المؤقتة (اللبنية)
teething التسنين

tenaculum ماسك:تركيب صغيريقع في الناحية البطنية للحلقة البطنية الثالثة يستعمل كماسك للتركيب المشطور في حشرات قافزة الذنب
tender 1- ناعم او قابل للضرر 2- نبات لا يحتمل الجليد
tending عناية زراعية
tendon وتر
Tenebrio molitor دودة الطحين
Tenebrionidae,F. عائلة خنافس الطحين السوداء
teniasis داء الشريطيات
tension توتر ، شد
tension zone منطقة توتر
tensor شاد
tensor muscle عضلة شادة
tentacle لامسة
tentorial خيمي
tentorial pits ندبة في مقدمة الراس، وبين الندبتين يوجد الدرز فوق الفمي
tentorium هيكل داخلي للراس – الهيكل الخيمي
tera- تريليون10^{12} (سابقة)
teratogen مادة او عامل تسبب عيب ولادي
teratogenic مشوه خلقياً
tergal muscle عضلة ترجية (ظهرية)
tergite الصفيحة الظهرية لاي لاحقة في جسم المفصلي
tergo- sternal ظهري -بطني
tergum (pl. terga) صفيحة ظهرية (ترجة)
terminal اخير،نهائي ، طرفي
terminal filament خيط طرفي
termination انهاء
terminus نهاية
termitarium مأرضة ،عش تصنعه الارضة
termites النمل الابيض
terns خراشف- طيور مائية
terpenes التربينات
terra تربة
terrace مصطبة، مدرجات زراعية
terrain تضاريس الارض
terrapin سلحفاة المستنقعات
terrestrial اليابسة، بَر، بري، ساكن الارض
terrestrial animals حيوانات اليابسة:حيوانات تعيش في ارض جافة
terrestrial ecosystems انظمة بيئة اليابسة
terrestrial radiation اشعاع يابسي
terricolous صفة الحيوان الذي يعيش في او على التربة ينمو على البر
territorial species نوع اقليمي: نوع يشغل (يحتل) ويدافع عن الاقليم
territorial اقليمي
territorialism, territoriality الأقليمية:نمط السلوك الذي يتضمن السكن والدفاع عن الاقليم من قبل فرد او مجموعة اجتماعية
territory إقليم : مساحة ضمن الموطن
tertial ثلاثي
tertiary ثالثي
tertiary treatment of wastes معالجة الفضلات الثالثية
test اختبار
testa قشر
Testacea الحيوانات الصدفية: حيوانات لافقرية مغطاة بالأصداف، لاسيما الرخويات والمحار
testes خصيات
testicle خصية
testicular خصوي
testicular tube انبوبة خصوية
testis (pl., Testes) الخصية:العضو التناسلي في الذكر الذي ينتج الحيامن
tetanus الكزاز
tetherel يطول
tetrad رباعي
Tettigoniidae ,F. عائلة النطاط طويل القرون
textile industry صناعة النسيج
texture قوام ، نسج، تركيب
Tineola bisselliella عثة الملابس
Th رمز ثوريوم
thanatosis التظاهر بالموت،اوهي حالة تشبه في بعض جوانبها الصدمة،من خلال وقف جميع النشاط الطوعي وافتراض وضعية توحي بالموت، ويحدث في حشرات مختلفة مثل الخنافس عندما تضطرب

thermonasty إستجابة النبات للحرارة
thermonuclear energy طاقة تنتج من انصهار النوى الذرية
thermonuclear fusion اندماج نووي حراري
thermonuclear weapons اسلحة نووية حرارية
thermoperiod فتريحراري:التقلبات اليومية في درجات الحرارة
thermoperiodicity,thermoperiodism
الفترة الحرارية: تاثير التغييرات المنتظمة على الكائن بالحرارة
thermoperiodic فتري حراري: صفة الكائن الذي يتفاعل مع التغييرات الحرارية المنتظمة
thermophile كائن حراري: كائن ينمو عند درجات حرارة عالية
thermophilic محب الحرارة:ينشط ويزداد نموه في درجات الحرارة العالية
thermophobic ممقت الحرارة:يكره ارتفاع درجة الحرارة
thermopile عمود الحرارة:جهازلقياس التغيرات الطفيفة في الحرارة
thermoplastic لدن بالحرارة:يمكن ان يعاد يعاد تدويره بالحرارة والبرودة
thermoregulation التنظيم الحراري: السيطرة على حرارة الجسم عن طريق عمليات مثل التعرق
thermoresistant مقاوم الحرارة
thermosensitivity الحساسية الحرارية: انخفاض في تحمل درجة الحرارة العالية الناتجة عن التعرض المسبق لدرجات الحرارة العالية
thermosphere الجو الحراري: منطقة من الغلاف الجوي فوق 80 كلم من سطح الارض
thermostable يتحمل الحرارة
thermostable respiration تنفس ثابت الحرارة
thermostat منظم الحرارة
thermotaxis الانتحاء الحراري: منجذب نحو الحرارة
thermotolerance تحمل الحرارة : زيادة في تحمل درجات الحرارة العالية،عادة تتحقق عن طريق التعرض لدرجة حرارة مرتفعة نسبيا

thaw water ماء الجليد: الماء الناتج من انصهار الثلج او الجليد
thawing ذوبان الثلج
theca غلاف
thelytoky توالد بكري أنثوي: نوع من التوالد العذري الذي ينتج إناث فقط من بويضة غيرمخصبة
therapeutic drugs ادوية علاجية
Theridiidae عائلة العناكب مشطية القدم: تتضمن جنس *Latrodectus* وتضم عنكبوت الأرملة السوداء التي تدور شبكة وعادة ما يكون لها جسم صغير كروي الشكل ونحيلة السيقان
therm حرارة، وحدة مقدار الحرارة
thermal حراري
thermal balance اتزان حراري
thermal death موت حراري
thermal death point درجة الموت الحراري
thermal equilibrium توازن حراري
thermal inversion انقلاب حراري
thermal pollution تلوث حراري
thermal scanners in remote sensing
باحث حراري في التحسس النائي
thermal stratification تطبق حراري
thermionic ايوني حراري
thermistors المقاومات الحرارية
thermo tropism انتحاء حراري
thermocline الانحدار الحراري: طبقة في الماء في بحيرة متطبقة حراريا تقع بين epilimnion وhypolimnion
thermocouple junction مزدوج حراري
thermocouple psychrometer مرطاب بمزدوجة حرارية
Thermodynamics ديناميكاحرارية ،علم الحركة الحرارية
thermodynamics equilibrium توازن حراري حركي
thermoelectricity كهرباء حراري
thermograph اداة تسجل التغيير على الورق
thermolysis اختزال حرارة الجسم بالتعرق مثلا
thermometer محرار:أداة لقياس درجة الحرارة
Thermometry علم قياس الحرارة

thermotolerant متحمل الحرارة:يتحمل ارتفاع درجات الحرارة اثناء نموه
thermotropism انتحاء حراري: انجذاب سلبي او ايجابي متعلق بتاثير درجة الحرارة على عضو النبات
thermo- حرارة (سابقة)
therophytes نباتات حولية
thiamine, thiamin, vitamin B1 ثيامين أو فيتامين ب1ويدعى thio-vitamine وهو فيتامين يذوب في الماء
thick oil (=heavy oil) زيت ثقيل
thickness سمك
thigh فخذ
thigmotaxis توجه او انتحاء لمسي: الاستجابة باللمس
thigmotropism انتحاء لمسي: ميل اجزاء النبات مثل المحاليق للاستجابة لعملية اللمس
thin خفيف
thirst ظمأ، عطش
thirsty camel الهيم: الإبل العطشى
thistles اشواك
thoracic صدري
thoracic ganglion عقدة صدرية
thoracic leg رجل صدرية
thoracic muscle عضلة صدرية
thoracic spiracle فتحة تنفسية صدرية
thorax صدر
thorium ثوريوم: عنصر مشع طبيعي
thorn شوكة خشبية حادة تنمو على ساق النبات
thorn like شوكي الشكل
thornless مخضود: لا شوك فيه
thorny شوكي
thorny process زائدة شوكية
thread خيط
thread like خيطي الشكل
threat displays عروض تهديد
threaten مهدد بخطر او اذى
threatened مهدد، معرضة لخطر ان تتعرض للاذى، الضرراو يقل عددها
threatened species نوع مهدد:يشيرإلى الأنواع التي تواجه خطر الانقراض في المستقبل القريب ما لم تتخذ إجراءات لحمايتهم ؛التسمية مستخدمة من قبل الولايات المتحدة للأسماك والأحياء البرية والاتحاد الدولي لحفظ الطبيعة والموارد الطبيعية
threshold عتبة:نقطة أو الحد الذي عنده يتغير شيئ
threshold,developmental hatching عتبة نمو - فقس
threshold , developmental عتبة - نمو
threshold , hatching عتبة - فقس
threshold , hatching-survival عتبة- فقس بقاء
threshold of development عتبة النمو
thrips الثربس
Thrips imaginis نوع من الثربس
thrive يزدهر، ينمو بقوة
throat حنجرة
thrombin الثرومبين- خثرين
thrombosis تجلط ، تخثر
throughput المدخول، سعة المعالجة، الطاقة الانتاجية
thrush السمنة - طائر
thrusts اندفاعات
thumb إبهام اليد
thunderstorm عاصفة رعدية
thunder رعد
thymus gland غدة التوتة أو الغدة الزعترية : هي غدة صماء تقع على القصبة الهوائية أعلى القلب
thyroid الغدة الدرقية
thyroxine الدرقين، الثيروكسين
Thysanoptera,O. رتبة الحشرات مهدبة الاجنحة
thysanos= fringe سجاف
Thysanura,O. رتبة الحشرات ذات الذنب الشعري
Ti رمز التيتانيوم
tibia (pl., tibiae) ساق: القطعة الرابعة من الرجل بين الفخذ والرسغ
tibial ساقي

tibial spur مهمازالساق: شوكة الساق المتحركة، تقع في طرف الساق

tick-borne منقول بالقراد

ticks قراد

tidal energy, tidal power الكهربائية المنتجة من قوة المد

tidal power قدرة المد والجزر

tides المد والجزر

tie ربط، رباط

tiger (*Panthera tigris*) النمر

tiger beetles الخنافس النمرية

tight محكم

Tiliqua جنس من العظايا

till طين قاسي ، مخلفات نهر جليدي، يحرث

tillage تحضير التربة للزراعة

tilth فلاحة:تعبير عام يستعمل من قبل علماء التربة لوصف الحالة الفيزيائية للتربة نسبة الى نمو النبات لاسيما المحاصيل

timid جبان، رعديد

Tineidae عائلة عث الملابس

tinge صبغة ، لون

tinged ملون

tip 1.الجزءالنهائي او الطرفي من ساق النبات حيث يحدث النمو 2- مكان رمى النفايات

tipping البقشيش، او عملية التخلص مع القمامة

Tipula oleracea ذبابة من عائلة ذباب طويل الارجل Tipulidae

tissue نسيج(مجموعة من الخلاياالها الوظيفة نفسها)

titanium تيتانيوم

titer عيارية او عيار حجمي

titmice القراقف

titration معايرة (طريقة قياس تركيز المحلول)

tits القراقف الكبرى

toad علجوم، برمائي

toe إصبع القدم او الحافر

token stimulus حافز مميز

tolerable daily intake كمية المادة المسموح اخذها يوميا دون خطر على للصحة

tolerance تحمل

tolerance model نموذج تحمل:نموذج تعاقب والذي يقترح بان التعاقب يؤدي الى تكون مجتمع من انواع النبات الاكثر كفاءة في استغلال الموارد

toleration قابلية التحمل

tone نغمة، توتر

tongue لسان

tono- توتري (سابقة)

tonsil لوزة الحلق

tool اداة

top-down control (=top-down regulation) نظام تنظيم المستوى الغذائي في مجتمع او نظام بيئي وفيه تتحدد وفرة اكلات الاعشاب في اسفل السلسلة بعوامل مثل المفترسات في المستويات الاعلى،او تنظيم التركيب الغذائي من خلال زيادة الأفتراس،التاثير على المستهلك الثانوي

topical موضعي

Topography تضاريس،علم التضاريس: دراسة المظاهر الفيزيائية لمنطقة جغرافية

topotype سكان اصبح مختلفا عن بقية سكان النوع بسبب التكيف للظروف الجغرافية المحلية، او هي عينة من كائن حي (نبات أو حيوان) مأخوذة من منطقة تعد موطن نموذجي له

topset bed طبقة من ثفل ناعم في دلتا النهر

topsoil الطبقة العليا من التربة

tornado إعصار قمعي:عاصفة عنيفة مع انبوب هوائي يدور بسرعة في المركز لمنطقة ذات ضغط منخفض جدا مسببا رياح عالية جدا ودمار

torrent سيل:تيار سريع ضخم، أوعنيف مع الماء وسوائل أخرى او حمم بركانية

torrential مطر غزير جدا، مدرار

torsion التواء

tortoises سلاحف برية

Tortricidae,F. عائلة لافات الاوراق:عائلة عث تعود لرتبة حرشفية الاجنحة وتعد من اهم عائلات آفات الفواكه

total allowable catch الكمية العظمى من الاسماك المسموح اصطيادها

total fertility rate معدل عدد الاطفال المتوقع ولادتهم لانثى خلال حياتها

touch لمس

tough صلب
toughness متانة ، صلابة
tour دورة، رحلة
tox-, toxi- سام (سابقة)
toxic سام ،سمي
toxicity سمية
toxico- سام (سابقة)
toxicogenic مولد السم
Toxicology علم دراسة السموم وتاثيرها على جسم الانسان
toxicosis تسمم
toxin سم
Toxoptera graminium مَن الحنطة
trabecula (pl. trabeculae) حويجز: حاجز صغير
trace elements عناصر اثرية:عناصر كيميائية اساسية للنمو العضوي لكن بمقدار ضئيل للتفاعلات الحياتية او للتغذية في النبات
trace gas غازات اثرية توجد في الغلاف الجوي بكميات قليلة جدا مثل هليوم
tracers,radioactive مستشفات اشعاعية النشاط
tracer عنصراستشفافي:مادة تُدخل في الكائن لتعقب حركته من خلال اللون، التالق ،وغيرها
trachea(pl.Tracheae) قصبة هوائية: ألانبوب الهوائي الذي ينقل الغازات بين الأنسجة والبيئة
tracheal قصبي
tracheal gill خيشوم قصبي
tracheal gill theory نظرية الخياشيم القصبية: تقترح هذه النظرية أن الأصل الممكن لأجنحة الحشرات قد يكون خياشيم البطن المتحركة الموجودة في العديد من الحشرات المائية مثل الحورية المائية لذبابة مايس . وفقا لهذه النظرية فان الخياشيم القصبية بدأت كمخارج للجهاز التنفسي وبمرور الوقت تم تحويرها لأغراض حركية ثم تطورت إلى الأجنحة في نهاية المطاف. جُهزت الخياشيم القصبية بجنيحات صغيرة تهتز ولها عضلات صغيرة مستقيمة
tracheal trunk قصبة تنفسية رئيسية
tracheole قصيبة هوائية
tracing استشفاف
tracing paper ورق الاستشفاف
tract مجرى، مسار
tracts جدد: جمع جادة وهي الطريق في الجبل
tragedy of the common ماساة الشيوع
trait صفات مسيطر عليها بالوراثة
trampling يدوس، يطأ
trans- خلال او عبر (سابقة)
transboundary pollution التلوث العابر للحدود:هو التلوث الذي ينشأ في بلد واحد،ولكن يعبر الحدود من خلال ممرات الهواء أوالماء وقادرعلى أن يسبب الضرر للبيئة في البلد آلاخر وتسمى ايضا transfrontier pol.
transduction نقل وراثي
transect مقطع عرضي، او القطع بالعرض: تخطيط يستعمل في الفحص البيئي لتجهيز طريقة لقياس وعرض توزيع الكائنات الحية
transfer functions دالات التحول
transformation تحول، تغيير في التركيب او المظهر، او العملية التي يتم تبديل التركيب الجيني للكائن الحي
transfusion نقل الدم
transgenic 1. المعدلة وراثيا: كائن نقلت له مادة وراثية من نوع مختلف بتقنية التعديل الوراثي2. تقنية نقل المادة الوراثية من كائن الى اخر (كائن منتج بالتعديل الوراثي)
transient visitants زوار عابرون
transient عابر
transition انتقال
transition cell خلية انتقالية
transition zone منطقة انتقالية :منطقة فيها انقسام خلوي نشط متكون من مجموعة من الخلايا
transitional waters مياه انتقالية:مساحة من سطح الماء عند مصب النهر وهو مالح جزئيا
translocate نقل مادة خلال نسيج النبات
translocation انتقال
translucent نصف شفاف
transmigration هجر
transmissible disease مرض قابل للانتقال
transmission انتقال

transmission of acquire characters انتقال الصفات المكتسبة
transmit يرسل
transmutation طفر
transovarial transmission الانتقال بالمبيض :انتقال مسبب المرض الحيواني من اناث المفصليات المصابة إلى ذريتها خلال مرحلة البيض
transparency in fesh water شفافية في الماء العذب
transparent شفاف
transpiration النتح – بالنبات: مرور الماء من جذور النبات خلال نظام الأوعية الى الغلاف الجوي، او هو فقدان النبات للماء خلال الثغور
transpiration efficiency كفاءة النتح: نسبة صافي الانتاج الاولي الى ماء النتح
transplant شتل، نقل الغراس
transplantation نقل الشتل، الاغراس
transplanting ازدراع
transposition عكس الوضع
transportation = transport نقل
transstadial transmission نقل مسبب المرض من مرحلة حياة مفصلي مصاب الى المرحلة التالية خلال الانسلاخ
transudation رشح:1.مرور مادة عبر غشاء نتيجة لاختلاف في الضغط الهيدروليكي ،2.مرور السوائل من خلال غشاء مع جميع المواد المذابة تقريبا في السوائل3. مرور السوائل في الجسم من خلال غشاء او سطح الأنسجة
transuranic element عنصر ما بعد اليورانيوم: عنصر اصطناعي مشع بعد اليورانيوم في الجدول الدوري
transverse مستعرض
transverse corrugations تموجات مستعرضة
transverse costal vein عرق ضلعي مستعرض
transverse cubital vein عرق زندي مستعرض
transverse marginal vein عرق حافي مستعرض
transverse median vein عرق وسطي مستعرض
transverse radial vein عرق كعبري مستعرض
transverse suture درز مستعرض
trash قمامة
trash-carriers حاملة بقايا
traverse orientation توجهات عرضية
trawl, trawl net شباك الجر: شبكة طويلة جدا مع فم واسع مستدق إلى نهاية مدببة
treading يدوس، يطأ
treat علاج، معاملة
treatment العلاج ، المعاملة، تصميم تجريبي لاحداث تأثير ما
tree شجرة
tree cover نسبة الارض المشغولة من الاشجار
tree ring (=annual ring) الحلقة السنوية:أي من حلقات المتحدة المركز في المقطع العرضي لجذع شجرة ،وتمثل النمو السنوي،أو طبقة الخشب نتيجة النمو لمدة سنة في النباتات الخشبية
treeware الورق والمنتجات الورقية
Trematoda المثقوبات،الديدان المثقوبة:هي صف من شعبة الديدان المسطحة يضم مجموعتين من الديدان الطفيلية
tremor 1. رج خفيف2. زلزال ثانوي3. رعاش
trench اخدود،خندق ،ثقب ضيق طويل في الارض
trend اتجاه
Trialeurodes vaporariorum حشرة الذبابة البيضاء
trial and error التجربة والخطا
triangular plate صفيحة مثلثة
triangular مثلث
Triassic العصر الثلاثي: اقدم عصور الدهر الوسيط وفيه سادت الزواحف الأرض وبدأت الثدييات بالظهور
tribal cattle system نظام ماشية قبلي
tribe قبيلة،عشيرة: قسم من عويلة يحوي على مجموعة من الاجناس المتقاربة
Tribolium castaneum خنفساء الطحين الصدئة

troglobite هو حيوان متكيف اجباريا للعيش كليا في الأجزاء المظلمة من الكهوف اوالمياه، ويمكن ان تقسم الى troglofauna للانواع التي تعيش في الارض و stygofauna للأنواع الموجودة في المياه. عادة يتم تحديدها من خلال الصفات التطورية التي تناسبهم للحياة في الكهوف مثل فقدان البصر وصبغة الجلد أو بطء الأيض. وعادة ما تكون غير قادرة على الحياة خارج الكهوف.(لا تعد الخفافيش التي تعيش في الكهوف منها لأنها تغادر الكهوف للحصول على الغذاء)

Troglodytes aedon parkmani نمنمة المنزل الضئيلة- طير

troglomorphic يتعلق بالتكيفات المظهرية والفسيولوجية والسلوكية

troglophile أنواع قادرة على العيش والتكاثر في الكهوف ولكن أيضا قادرة على البقاء على قيد الحياة في المواطن السطحية

trogloxene أنواع تزور الكهوف بصورة منتظمة من اجل الغذاء او المأوى ولكن غير قادرة على إكمال دورة حياتها تحت الأرض

Tropaeolaceae عائلة اللاتيني

Tropaeolum majus اللاتيني: نبات زهري

Trophallaxis تبادل أغذية أو إفرازات أخرى بين أعضاء مستعمرة (في الحشرات الاجتماعية) ويتم من خلال الفم الى الفم stomodeal أو فتحة الشرج الى الفم proctodeal

trophe غذاء

trophic غذائي

trophic cascade تعاقب (تتالي) التغذية : الاضطرابات الثانوية المتتالية التي تمرخلال النظام البيئي الذي تمت إزالة الأنواع الرئيسية فيه، او هو ظاهرة بيئية تنجم عن إضافة أو إزالة الحيوانات المفترسة العلياوالتي تنطوي على تغييرات متبادلة في السكان النسبي للمفترس والفريسة من خلال السلسلة الغذائية، مما يؤدي غالبا الى تغييرات جذرية في تركيب النظام البيئي وتدوير المغذيات

trophic cells الخلايا الغذائية: خلايا متخصصة تحتوي على احتياطي من الدهون وغيرها من المواد الغذائية

trophic chain (=food chain) سلسلة غذائية

Tribolium confusum خنفساءالطحين المحيرة

tributary رافد

tributyltin ثلاثي بوتيل القصدير:مركب عضوي سام جدا يحتوي على قصدير وهو أحد مكونات الطلاء المستخدمة على أجسام السفن والهياكل لمنع نمو الكائنات عليها

trichogenous cell الخلية المكونة للشعرة

Trichogramma evanescens طفيل بيض على حرشفية الاجنحة

trichoid شعري

trichomes خصلات من الشعر

Trichoptera رتبة الحشرات شعرية الاجنحة

trichos شعرة

Triclad اي من رتبة **Tricladida** التي تتميز وجود ثلاثة فروع للقناة الهضمية، فرع امامي وفرعين خلفية ، مثل البلاناريا

trickling filter (waste management system) المرشح الوشيل

trigger زناد

trigger fish سمك القادوح

trimera ثلاثية الارساغ (حشرات)

trimodal ثلاثة مثل او ثلاثي المثل

trimodal distribution توزيع ثلاثي المثال

tripectinate مشطي ثلاثي

triploid ثلاثي

Triticum durum الحنطة الصلدة

Triticum vulgare الحنطة العادية

tritium نظير مشع نادر للهيدروجين

Triton cristatus سمندل الماء، يعود لعائلة Salamandridae

triungulin larva اليرقة النشطة في الطور الاول في الحشرات التي فيها تحول مفرط

trivial names الاسماء الثلاثية: اسماء مجاميع الاحياء الخاصة التي تقع تحت النوع في التسمية العلمية

trochanter مدور:القطعة الثانية من الرجل بين الحرقفة والفخذ

trochantin صفيحة فكية :جزء متقرن صغير في المنطقة الصدرية يقع مباشرة الى امام قاعدة الحرقفة

trophic dynamic ديناميكية الغذاء:انتقال الطاقة من مستوى غذائي واحد او من جزء من النظام البيئي الى آخر

trophic factor عامل التغذية

trophic level المستوى الغذائي: احد المستويات في السلسلة الغذائية وهو تصنيف وظيفي للكائنات في مجتمع او نظام بيئي تبعا للعلاقات الغذائية، يتكون المستوى الغذائي الأول من المنتجات الأولية، ومعظمها من النباتات الخضراء التي تحصل على الطاقة من الشمس والمستوى الثاني يتكون من حيوانات عاشبة (الكائنات التي تتغذى على النباتات) والمستوى الغذائي الثالث يتكون من الحيوانات آكلة اللحوم التي تتغذى على الحيوانات العاشبة،وهلم جرا

trophic niche الحالة الوظيفية للنوع اعتمادا على المستوى الغذائي او علاقات الطاقة

trophic pyramid هرم غذائي

trophic structures تراكيب غذائية

tropho-, troph- غاذي (سابقة)

trophocytes الخلايا المغذية للبيض

Trophology علم التغذية

tropia حول

-tropic يتجه نحو (لاحقة)

tropic استوائي

tropical أستوائي، مداري

tropical agriculture زراعة استوائية

tropical desert= hot desert الصحراء الأستوائية نفس الصحراء الساخنة

tropical forests غابات استوائية

tropics المنطقة بين مدار السرطان ومدار الجدي حيث المناخ حار ورطب غالبا

tropism استجابة ، انتحاء:حركة عضو النبات باتجاه المحفز

tropism , geo توجه ارضي

tropism , helio توجه حراري

tropism , photo توجه ضوء

tropopause فاصلة الجو الادنى: طبقة الغلاف الجوي بين الجو الادنى والجو الاعلى

troposphere الجو الادنى :المنطقة السفلية من الغلاف الجوي تمتد نحو 12 كم فوق مستوى سطح البحر

tropospheric ozone الاوزون الموجود في الجو الادنى والذي له دور مهم في الاحتباس الحراري والضباب الدخاني في المدن (الضبخن)

trough قاع ، غور

true حقيقي

true aquatic beetles الخنافس المائية الحقيقية

true flies الذباب الحقيقي

true legs ارجل حقيقية

true to type طبق الاصل (الخواص الاصلية)

truncate ناقص: مقطوع عند النهاية

truncus (pl. trunci) جذوع

trunk جذع

Trychodectes canis قمل عاض على الكلاب

Trypanosome المثقبيات: نوع من الابتدائيات

Trypanosomiasis,trypanosomosis داء المثقبيات: هو اسم لعدة أمراض تصيب الحيوانات الفقرية، تسببها المثقبيات الطفيلية

trypsin انزيم التربسين

tse-tse fly ذبابة النوم: ذبابة تمتص الدم من جنس *Glossina*موطنها الاصلي أفريقيا، تتغذى على دم الإنسان والحيوان، وتعد الناقل الرئيس للمثقبيات الطفيلية *Trypanosoma*

tube أنبوبة

tuber (pl. tubera) 1.درنة، تورم، مدور، 2. الحدبة

tubercle 1.درينة،2.حديبة او امتداد دائري، 3.السل

tubercular درني

tuberculosis السل: مرض معد قد يؤثر على أي نوع من الأنسجة تقريبا في الجسم،ولاسيما الرئتين يتميز بوجود درينات ويسببه بكتريا *Mycobacterium tuberculosis*

tuberculum درينة

tubular gland غدة أنبوبية

tubular انبوني

tubule أنبوب صغير، نُبيب

tubus أنبوب أو قناة

tufa حجر مسامي

tuft حِزمة ،خصلة شعر

tympanic organ عضو طبلي
tympanic طبلي
tympanum (pl., tympana) غشاء الطبلة
type نمط
typhoid fever حمى التيفوئيد
typhoon اعصار استوائي
typhus حمى التيفوس
Tyto alba partincola بومة مخازن الحبوب: نوع من البوم يعد أكثر الأنواع انتشاراً

U

U رمز اليورانيوم
udder ضرع: ثدي الحيوان لاسيما البقرة
ulna عظم الزند
ultimate نهائي
ultimate factors من حيث التطور هي الأسباب التطورية لحدوث التكيف
ultra- فوق، ما وراء (سابقة)
ultrabasic صفة الصخور التي تحوي سليكا اقل ومغنيسيوم اكثر من الصخور الاعتيادية
ultramicroscope مجهر دقيق
ultramicroscopic صغير جدا ليرى بالمجهر الضوئي
ultrananoplankton عوالق اقل من 2µm بالحجم
ultraplanktons عوالق فائقة الدقة طافية او سابحة ببطء (بحجم يتراوح من0.5–10 µm)
ultrasonic ترددات بمدى 20000Hz
ultrasonic waves امواج صوتية بمدى 20000Hz
ultraviolet اشعة غير مرئية ذات اطول موجية اعلى من الطيف المرئي
ultraviolet radiation(UV) اشعة كهرو-مغناطيسية بطول موجي بين100-400 نانوميتر تقع فوق البنفسجية ذات الطاقة العالية في نهاية حزمة الضوء المرئي من الاشعاع الشمسي
Umbelliferae العائلة الخيمية
umbelliferous خيمي

Tuckfield maxim معلومات جُمعت لاغراض عامة او غير محددة يمكن ان تعطي اجابات قليلة
Tumour, tumor ورم
tundra التندرا: منطقة جغرافية بدون اشجار وقد تغطى بشجيرات قصيرة، اعشاب، طحالب واشنات. هناك ثلاثة أنواع من التندرا: تندرا القطب الشمالي ، التندرا الألبية، وتندرا القطب الجنوبي، او هي المنطقة بين حد الأشجار وبين الجمد السرمدي او الجليد الدائم
tunica طبقة ، غلاف
tunicate ذو طبقات
tunnel نفق، قمع ،انبوب
turbid عَكِر
turbidity عَكَر
turbidostat مثبت الكثافة: الجهاز الذي يحافظ على المزرعة البكتيرية في حجم ثابت وكثافة الخلية (تعكر) ثابتة عن طريق ضبط معدل تدفق الوسط الطازج في أنبوب النمو بوساطة خلية ضوئية وتوصيلات كهربائية مناسبة
turbulence اضطراب
turgidity انتفاخ، احتقان، تورم
turnover تحول
turnover rate معدل التحول
turnover time زمن التحول: مقدار الوقت اللازم لاستبدال كمية المادة او المورد مساوي لكمية ذلك المكون الموجودة في النظام
turtle سلحفاة:زاحف يعود لرتبة Chelonia أوTestudinata
tusk ناب
twilight الشفق: حمرة الأفق عند الغروب. الفجر الكاذب: ضوء ضئيل يكون قبيل الشروق
twin تؤام
twisting لي
twos ثنائي او الثاني في مجموعة أو تسلسل،او هو شيء يتالف من جزئين، وحدتين أو فردين
tychoparthenogenesis إنتاج نادر أو احيانا لبيض ينمو دون أن يخصب
Tylopeutes conurus المدرع
tymbal طبلة
tympan طبلة

uni- واحدا او احاديا (سابقة)
uniaxial وحيد المحور
unicellular وحيد الخلية
unifollicular وحيد الحويصلة
uniform منتظم ، متجانس
uninuclear وحيد النواة
union اتحاد
unioval وحيد البيضة
unipolar وحيد القطب
unipolar cell خلية وحيدة القطب
uniramous وحيد الفرع
unisexual وحيد الجنس
unit وحدة ، فرد
uniting اتحاد
universal عام ، شامل
universal solvent مذيب عالمي
univoltine احادية الجيل :يشير الى الكائنات الحية او الأنواع التي لها جيل واحد في السنة
unlawful غير قانوني
unpolluted غير ملوث
unprofitability عديم الفائدة: صفة الفريسة التي لا تعطي أي فائدة صافية للمفترس عند استهلاكها ، مما يؤدي إلى تطور او تعلم التجنب مثل السمية
unsettled مضطرب: الجو المتغير من الممطر الى الصحو ثم يعود مرة اخرى
unspoilt غير مدمر: مناطق لم يدمرها التطور
unstable غير مستقر
unsterilised, unsterilized غير معقم
unsymmetric غير متماثل، غير متناظر
untapped غير مستعمل لحد الان، موارد غير مستغلة
untouched غير ملموس، محظور لمسه
untreated غير معامل
updraft تيار الهواء الصاعد
updraught ارتفاع تيارالهواء (عادة الهواء الدافئ)
uplift يرفع
upper asymptote الخط العلوي التقريبي
uppermost الاعلى
upstream باتجاه مصدر(منبع) النهر،ضد التيار

Umbellularia californica نوع من اشجار محبة للرطوبة
umbrella مظلة
un- غير (سابقة)
unambiguous غامضة
unbarred غير مخطط- غير مقلم
unconfined غير محجور: الماء الجوفي او مستودع الماء الجوفي الذي يكون سطحه العلوي بمستوى الارض
uncommon غير مألوف
uncontaminated غير مشوب
uncontrollable غير مسيطر
uncus على شكل خطاف
undefined غير محدد او غير معروف
under- اسفل ،تحت (سابقة)
under population قلة السكان
undercooling point نقطة تحت التبريد
underflow جريان جوفي
underground تحت سطح الارض
undergrowth شجيرات ونباتات تنمو تحت الاشجار الكبيرة
understory طبقة من الاشجار تحت ظل اشجار الغابة
undigested غير مهضوم
undue غير ضروري
undulate تموج
undulation تموج،حركة موجية
unequal غير متساو
unguifer نتوء ظهري وسطي على نهاية الرسغ تتمفصل به المخالب
unguiform مخلبي الشكل
unguis(pl. ungues) ظفر أو أظافر: أي من الصفائح الشفافة المتقرنة التي تغطي السطح العلوي في نهاية كل اصبع يد او اصبع القدم
unguitractor plate صفيحة العضلة المكمشة للمخالب
ungula حافر
ungulates ظلفيات: ذوات الحوافر تتكون من اللبائن ذات الظلف المشقوق مثل والأبقار والغزلان والخنازير والفيلة

upwelling الدفق العلوي: عملية تحرك الماء الدافئ من سطح البحر واستبداله بالماء البارد من اسفل السطح، يحدث غالبا على طول السواحل الغربية للقارات

urban مدني

urban area مدينة او منطقة مبنية بالكامل

urban landscape المناظر الطبيعية المدنية: جزء لا يتجزأ من البناء الحديث في المناطق الحضرية.وذلك بضم عدة أنواع من الحدائق لخطة البناء في المدينة لتشكل عنصرا مهما في المشهد الحضري الشامل،وهي تساعد على خلق بيئة صحية

urban sprawl امتداد عشوائي: انتشار غير مخطط وغير مسيطر للمنازل والبنايات على اطراف المدن باتجاه الريف

urbanization مدينية ،حضرية

urchin, sea قنفذ البحر

urea اليوريا مادة صلبة بلورية منتجة في الكبد من الاحماض الامينية الزائدة وتفرز من الكلى في البول

ureotelic مفرغة بول

ureter حالب

uricotelic metabolism ايض افراغ البول

urinary بولي

urine البول السائل يفرزكنفايات من جسم الحيوان

Uromastyx الضب: هو جنس من السحالي التي تعرف بالسحالي شوكية الذيل، وهو من العواشب التي تعود لعائلة Agamidae

Uromastyx aegyptia ضب مصري

Uromastyx loricatus ضب صغير الحراشف

Uromastyx microlepis ضب مدور

uromere قطعة بطنية في المفصليات

Urophora jaceana ذبابة العفص

uropod زوج من اللواحق البطنية النهائية في القشريات غالباً ما تكون فصية

urticating يلدغ، يسبب إحساس بالوخز أو الحكة

urticating hairs شعر طفحي

uterus الرحم

utility الانتفاع ، المنفعة

utility factor عامل الانتفاع

utilization إنتفاع

UV مختصر فوق البنفسجية

UVR مختصر الاشعة فوق البنفسجية لا تسمع بالاذن البشرية

uvula لهاة الحلق

V

vaccination التحصين بالتلقيح

vaccinia لقاح

vacuum فراغ

vaccum filtration of sludge الترشيح الخوائي للحمأة

vacuole فجوة

vadose water ماء الارتشاح

vadum ضحل،مياه ضحلة،الجزء السفلي من جسم مائي

vagility حركة فطرية

vagina مهبل

vaginal مهبلي

vagrant طير يزور المنطقة او البلد احيانا

valence التكافؤ الكيميائي للذرة

valid ملزم، صحيح

valley (= vale) وادي

valve صمام

Vanellus vanellus الطيطوى- طير

vapor pressure deficit نقص ضغط البخار

vapor trails اثار البخار

vaporise, vaporize يتحول الى بخار

vaporization ,heat حرارة التبخير

vaporization تبخير ، تبخر

vapour (vapor) بخار

Varanidae,F. عائلة الوَرَل: وهي عائلة من السحالي التي تعود الى فوق عائلة Varanoidea والورل حيوان لاحم

Varanus الوَرَل-أسم جنس

variance مغايرة ،تباين

variation تبدل ،تغاير

variety ضرب، مجموعة تصنيفية ثانوية تقع تحت النوع

variety component مكون التنوع

vent مخرج، ثقب
ventilation تهوية
ventral بطني ، سفلي
ventral diaphragm الحجاب الحاجز البطني: غشاء كاملة أو منفذ يرتبط دائما بالحبل العصبي البطني في الحشرات
ventral diaphragm حاجز سفلي
ventral longitudinal muscles عضلات بطنية طولية
ventral nerve cord حبل عصبي بطني
ventral tube انبوبة بطنية
ventral valve صفيحة بطينية
ventricular valve صمام بطيني
venturi effect تأثير فنتوري: هو تخفيض ضغط السائل والذي ينتج عندما يتدفق السائل عبر قسم ضيق من الأنابيب وهو تعديل لمفهوم برنولي. هذا التأثير هو العامل في تصميم معدات العلاج التنفسي لخلط الغازات الطبية
veriform يرقة الحشرة دودية الشكل
vermian دودي
vermicular دودي
vermicide مبيد الدود
vermiculation حركة دودية
vermiform larva يرقة دودية الشكل عديمة الارجل وبدون راس جيد التكوين
vermiform دودي الشكل
vermifugal طارد الدود
vermis دودة
vermivorous اكلة الدود
vernal ربيع متاخر، صفة تشير للربيع
vernal pool بركة ربيعية: بركة مؤقتة او ضحلة تمتلئ في الربيع
vernalisation, vernalization تعجيل اثمار او ازهار النبات: حاجة بعض النباتات الى فترة برد حتى تنمو بصورة طبيعية او تقنية جعل البذور تنمو مبكرا بتبريدها لفترة
versatile متغير ،متقلب
version إصدار
vertebral فقري
vertebrates فقريات

vas deferens (pl.,vasa deferentia) القناة المنوية: التي تخرج من الخصية)
vascular وعائي
vascular system الجهاز الوعائي
vasiform وعائي الشكل
vaso constriction منعكس الانقباض وعائي
vavilovian mimicry(=crop mimicry or weed mimicry) محاكاة تشابه فيها الادغال المحاصيل او تشترك بصفة او اكثر من خصائص النباتات المستأنسة من خلال أجيال من الانتخاب الاصطناعي،سميت بعد العالم نيكولاي فافيلوف،أحد أبرز علماء الوراثة الروس الذي حدد مركز نشوء النباتات المزروعة
vector ناقل الجراثيم: كائن حي(غالبا الحشرات) ينقل الممرضات: الرواشح ،البكتيريا، الابتدائيات او الفطريات من كائن لاخر
vector ,system state موجه حالة النظام
vector ناقل:عامل ينقل الكائنات الدقيقة من مضيف واحد إلى آخر
vectorial capacity السعةالناقلة للجراثيم:الكفاءة الوبائية للأنواع المضيفة لبعوضة الانوفيليس على نقل طفيليات الملاريا، وتعبر كإصابات جديدة في اليوم الواحد، يعتمد على العلاقات الرياضية بين الخصائص الحياتية للبعوض للبقاء على قيد الحياة يوميا ، وجبة الدم ، نمط تغذية المضيف والتكرار والقابلية على العدوى الطفيلية
veer تغيير باتجاه عقرب الساعة
vegetal نباتي ، انمائي
vegetarian نباتي
vegetation خضرة
vegetative propagation تكاثر خضري للنباتات بالتطعيم والقطع وليس البذور
vegetative reproduction تكاثر النبات من خلال اجزاءه مثل الدرنات وكذلك البذور
veil طبقة رقيقة من الغيوم او الضباب،حجاب
veins عروق او اوردة تدعم الجناح
velocity سرعة، سرعة الحركة
velvet ants النمل المخملي
venation تعرق : نمط التعرق داخل الجناح

vertex ذروة ،الهامة، قمة الراس
vertical عمودي
vertical pore canals قنوات ثقبية عمودية
vertical stratification تطبق افقي للماء او التربة
vertical transmission الانتقال العمودي : انتقال العناصر الوراثية من الآباء إلى الذرية
vesicle حويصلة جهاز القابلة للتوسيع
vesicular seminalis حويصلة منوية
vesicular حويصلي
Vespa orientalis الزنبور الشرقي
vespiary عش الزنابير
Vespidae ,F. عائلة الزنابير
Vespoidea ,S.F. فوق عائلة الزنابير
vessel وعاء
vestibule دهليز
vestige اثر
vestigial organ عضو اثري، ضامر
vesica مثانة
vesical مثاني
vesicle حويصلة
vesicular-arbusclar mycorrhizae (VAM) علاقة بين الخويطات الفطرية وجذور النبات وفيه يدخل وينمو الفطر ضمن خلايا الجذر وتمتد الى التربة المحيطة
vessel وعاء
veteran tree(= ancient tree) شجرة قديمة
via عن طريق، بوساطة
viable حيوي، قابل للحياة والنمو
vial قنينة صغيرة
vibrate يهتز
vibration اهتزاز او ذبذبه
vibriocidal مبيد الضمات
vibrion ضمة
viceroy فراشة امريكية
vicious شديدة اللزوجة
villiform خملية الشكل
villus خملة
viper افعى
Viperidae,F. (vipers) عائلة الأفاعي:عائلة من الثعابين السامة
vipers افعى خبيثه سامه
viral سببه فايروس
virgin عذراء، بكر
virginal عذري
virtual عملي ، فعلي، ظاهري ، افتراضي
virucide مبيد الحمات
virulence سمية، فوعة: وهي مقدار حدة الجرثوم او الفايروس
virulent خبيث ،سام
viruses حمات
visceral layer طبقة حشوية
visceral nervous system جهاز عصبي حشوي
visceral sinus جيب حشوي
viscera أحشاء
viscid لزج
viscosity لزوجة
viscous لزج
visibility رؤية
visceral حشوي
vision البصر
visitor,visitant طير مهاجر ياتي للمنطقة بانتظام
visual cell خلية بصرية
visual بصري
vita حياة
vital حيوي
vital function وظيفة حيوية
vitality حيوية
vitamin فيتامين: مادة ضرورية لا تنتج بالجسم لكن توجد في الغذاء
vitellarium منطقة البيض
vitelline محي
vitelline membrane الغشاء المحي
vitiligo البهق
vitreous زجاجي
vitta (pl., vittae) شريط عريض
vivi- حي (سابقة)

vivid flash سنا برقه: لمعانه
vividiffusion انتشار حيوي
viviparity ولود: التكاثر بالولادة بدلا من البيض
viviparous ولودة
viviparously بالولادة
vivisection تشريح الحيوان الحي تحت ظروف تجريبية
voice صوت
void 1.خال، يفتقر، فراغ، مساحة فارغة،2. إخراج محتويات شيئ،يفرز(فضلات الجسم)3.ترك، اخلاء، يبطل
volatile oil(=essential oil) زيوت طيارة: سريعة التبخر
volatile متطاير
volcanic gases الغازات البركانية
volcanic lakes بحيرات بركانية
volcano(es) بركان
voles فئران الحقل
voltinism جيلية
voluntary طوعي، إرادي
voluntary muscles عضلات إرادية
vomit قيء، تقيؤ
voracious شره
-vore كائن ياكل غذاء معين (لاحقة)
vulcanism حركة الصخور المنصهرة على او نحو سطح الارض
vulnerability حساس،ضعيف،او درجة تعرض الناس ،الممتلكات ،الموارد، الأنظمة والنشاط الثقافي والاقتصادي والبيئي ،والاجتماعي عرضة للضرر، والتدهور أو التدمير عند التعرض لعمل او عامل معادي
vulnerable 1.حساس،ضعيف،عرضة، يمكن ان يتضرر بسهولة2. هو نوع يواجه خطر الانقراض في المستقبل المتوسط الأجل، تسمية معتمدة من قبل الاتحاد الدولي لحفظ الطبيعة والموارد الطبيعية قابل للضرر بسهولة
Vulpes vulpes regalis الثعلب الاحمر: وهو اكبر الثعالب واكثرها انتشاراً
vulva الفرج

W

waders الطائر المخوض
wadi وادي
wading bird الطيور الخواضه
waggled هز ، اهتز
wagtail الذعرة: اي من الطيور الصغيرة جداً ذوات ذنب طويل ترفعه وتخفضه كانها مذعورة تعود لعائلة Motacillidae
waldrapp ibis ابو منجل الاصلع الشمالي او ابو منجل الناسك :نوع من الطيور الكبيرة المهددة بالانقراض
waldsterben (=forest dieback) موت الاشجار(كلمة المانية)
walking leg رجل مشي
walrus (*Odobenus rosmarus*) الفظ: من الثدييات البحرية الكبيرة
wandering cells خلايا متجولة
wanes يتضائل ، ينحسر
warbler الدخلة - طير مغرد
ward off يصد ، يدفع
warm monomictic lakes بحيرات دافئة آحادية المزج
warm-blooded animals حيوانات ثابتة الحرارة ،ذوات الدم الحار
warning انذار
warren ماربة (مكان تواجد الارانب)
washland منطقة تتعرض للفيضان بانتظام
washout عملية تكون قطرات الماء في الجو ثم تجمع جزيئات الملوثات عند سقوطها
wasp waist خصر الزنبور: تضييق قوي بين قطع البطن الأولى والثانية،موجود في جميع أعضاء Apocrita
wasps زنابير
waste فضلة
waste desposal طرح الفضلات
waste management ادارة الفضلات

water potential وسع الماء: قدرة الماءعلى انجاز شغل، يحددها محتوى الماء من طاقة حرة

water purification تنقية الماء

watershed(=drainage basin) مستجمع مائي أو حوض التصريف: هو مساحة من الأرض حيث تتجمع المياه السطحية من الأمطار وذوبان الثلوج وتتقارب في نقطة واحدة منخفضة الاتفاع،وعادة تنضم الى مياه مسطحات مائية أخرى مثل الأنهار والبحيرات، المصب، الأراضي الرطبة، والبحر، أو المحيط

water softening تيسير الماء

water table مستوى المياه الجوفية:هو النقطة بين منطقتين في الأرض والتي تصبح مشبعة بالماء تماما وتشكل الحد الأعلى من المياه الجوفية ،والتي يمكن أن ترتفع وتنخفض اعتمادا على عدد من العوامل

water vapour بخار الماء: هي الحالة الغازية للماء

waterborne disease, waterborne infection مرض او اصابة تنتقل بالماء

watercourse جدول،نهر،قناة او اي جريان للماء

water devil اليرقة المفترسة لخنفساء الماء من الجنس *Dytiscus* تسمى أيضا نمر المياه

waterfall شلال، مسقط ماء

waterfowl طيور تعيش في الماء

waterhole مكان يرتفع الماء الى السطح بصورة طبيعية او بركة ماءناتجة من حفر ثقوب في الارض

waterlogged مُتغدِق، مشبع بالماء: يشير الى تربة مشبعة بالماء وبذلك لا تحتفظ بالاوكسجين بين جزيئاتها (معظم النباتات لا تستطيع النمو في هذه التربة)

waterproof غير منفذ الماء، مانع للرطوبة

waterproofing الصمود للماء

water-retaining حافظ ماء

water–salt balance حالة توازن الماء مع كمية الاملاح بالتربة

watershed(=drainage basin, basin) جابية، حاجز

waste neutral اختزال الفضلات مما يسبب توازن بين الفضلات المنتجة لاعادة تدويرها

waste products فضلات المنتجات

waste sorting عملية فصل الفضلات الى اصناف مختلفة مثل الزجاج، الورق والبلاستك

waste stabitization ponds برك موازنة الفضلات

waste stream مجرى الفضلات

wastewater treatment عملية معاملة مياه الفضلات لجعلها ملائمة لاعادة الاستعمال او امينة عند التخلص منها

wastewater ماء فضلة المصانع او مياه المجاري

water ماء

water balance التوازن المائي

water beetle خنفساء مائية

water- borne منقول بالماء

water column عمود المياه: المياه المفتوحة بين سطح وقاع البحر

water culture مزرعة او مستنبتات مائية

water cycle دورة الماء بين الجو، الارض والبحار

water dispersal انتشار بذور النبات بالماء

water evaporation تبخر الماء

water film رقيق الماء

water flea برغوث الماء:هي رتبة من القشريات الصغيرة Cladoceraالتي تعيش في برك وبحيرات الماء العذب،فيما تعيش أنواع قليلة في المحيط. ويصل طولها من 0.2 - 0.6 ملم.وسميت بالبراغيث بسبب حركاتها عند السباحة التي تشبه قفز البرغوث وهي تسبح عن طريق تحريك قرون الأستشعار

water gain صيد البحر

water logging التغدق: التشبع بالماء

water management ادارة المياه: الاستعمال الحذر واللائق للماء

water of constitution ماء التكوين

water plant=(aquatic plant) نبات ينمو في الماء

water pollution abatement اختزال الملوثات في الماء

water pollution تلوث الماء

whale حوت البال
whale oil زيت الحوت
wharf رصيف- لتفريغ السفن وتحميلها
wheat قمح
wheat stem fly ذبابة ساق القمح المنشاري
wheel دولاب
whirl لف، دوران، دوامة، تدويم
whirlwind ريح دوامية
white ant ارضة: النمل الابيض
white corpuscles كريات بيضاء
whole وحدة كاملة ، كينونة
whorl كوكب،دوارة المغزل،شيء يلتف او ملفوف
wild بري، وحشي ،غير اليف
wildcat (*Felis silvestris*) قط وحشي
wilderness برية
wilderness society جمعية البراري
wildfires حرائق البرية:حرائق شديدة تدمر معظم النباتات وبعض مواد التربة العضوية
wildland البراري :ارض غير مزروعة بحالتها الطبيعية تعد موطن للحياة البرية
wildlife حيوانات برية من كل الانواع (طيور، اسماك،..)
Wildlife Management إدارة الحياة البرية: فرع من علم البيئة يتعامل مع ادارة وحفظ الحياة البرية الاصلية
wild type النمط البري
wilting point نقطة الذبول:وهي النقطة التي يبدأ فيها النبات باستخدام المياه من أنسجته الخاصة للنتح بسبب نفاذ الماء في التربة (علم النبات)
wind ريح ،مرسلات: اي رياح متتابعة يتلو بعضه بعضاً، او هو هواء يتحرك في اسفل الغلاف الجوي
windbreak مصد الريح- اشجار تستعمل للوقاية من الريح
wind dispersal الانتشار بالريح
wind dispersal انتشار بذور النبات بالرياح
wind erosion تعرية الريح
wind erosion تعرية التربة او الصخور بالرياح
wind mill طاحونة هوائية
wind pollination تلقيح الازهار بحبوب اللقاح بالرياح

waterside 1.حافة، ضفة أو شاطئ نهر،بحيرة، المحيط ،..الخ 2.النباتات النامية بجوار النهر،البحيرة او مساحات مائية اخرى
wave موجة
wave-generated succession تعاقب متولد بموجة: تعاقب ثانوي محفز في مجتمع نباتي معرض لرياح القوية عندما تبدأ أمواج من الاشجار او النباتات بالأستئصال من جذورها
wave power الكهرباء الناتجة من استعمال قوة الامواج
wave, sound موجة صوت
wavy متموج
wax شمع
waxy مغطى بالشمع او ناعم ولامع
weak ضعيف
weasel *Mustela* ابن عرس: ثدييات تعود لجنس من عائلة **Mustelidae** وهي حيوانات مفترسة صغيرة ونشيطة، طويلة ونحيلة مع ساقين قصيرة
weather الطقس :الظروف الجوية اليومية مثل الرياح، شروق الشمس
weathering تجوية :اثر العوامل الجوية مثل الشمس والرياح والامطار على الصخور وتحويلها الى تربة
weaver ant النمل النساج
weed دغل: نبات ينمو حيث لا يجب ان ينمو
weeding تنقية او ابادة الادغال
weedkiller (= herbicide) مبيد ادغال
weevils السوس
weight ثِقل
weir سد غاطس
well بئر
well- defined محدد جيدا
wet رطب
wetland الاراضي الرطبة: منطقة من الارض حيث سطح التربة تقريبا بمستوى جدول الماء،او هي مواطن تفيض دائما او دوريا
wetland hydrology علم دراسة الفيضانات الدورية
wet soil الثرى: التراب الندي

wind power الطاقة المتولدة بالرياح
wind-driven يشتغل بطاقة الرياح
wing جناح
wing caste طبقة مجنحة
wing coupling apparatus جهاز تشابك الاجنحة
wing span المسافة بين طرف جناح الى طرف الجناح الاخر
wing tip الطرف الاكثر بعدا من الجناح
winged مجنح
winged bugs بق مجنح
winged female انثى مجنحة
winged male ذكر مجنح
winter residents مشتون
winterbourne جدول يجري فقط في الشتاء
wintering ground منطقة تاتي اليها الطيور كل عام لقضاء الشتاء
wintering تشتية النحل
wire worms ديدان سلكية
wither ذبل، ذوى
wolf ذئب
wonder تعجب
-wood خشبي (لاحقة)
wood غابة: عدد كبير من الاشجار تنمو سوية، نسيج صلب يكون ساق وافرع الاشجار، مادة بناء تاتي من الاشجار
wood-borer سوسة الخشب الثاقبة
wood-burning pollution ملوثات ناتجة من حرق الخشب
woodcock دجاج الأرض: طيور مهاجرة ممتلئة الجسم حادة المنقار تعود لخمس أنواع من العائلة Scolopacidae
woodfuel الخشب المستعمل كوقود
woodland غابة: اراض مغطاة بالاشجار بضمنها مواطن الحيوانات والنباتات
woodlice قمل الخشب
woodlot منطقة صغيرة من الارض تزرع بالاشجار
worm دودة
wound جرح
wrinkle تجعد
writhe يتلوى
wry لوي، ملتو، ساخر

X

xanth-,xantho اصفر(سابقة)
xanthophyll يصفور،صبغ نباتي اصفر
xeno- غريب، دخيل (سابقة)
xenobiotics مواد كيمياوية غريبة عن الكائن الحي
xenogamy تلقيح خلطي:نقل حبوب اللقاح من متك زهرة إلى ميسم زهرة نبات اخر
xenogeny اختلاف النسل: إنتاج ذرية تختلف كليا عن أي من الوالدين
xenon غاز الزينون وهو غاز خامل
xenoparasite طفيل غريب
Xenopsylla cheopis برغوث الجرذان الشرقي
xeric صفة تشير الى البيئة الجافة
xerocoles حيوانات صحراوية:حيوانات متكيفة للعيش في الصحراء معرضة الى حرارة عالية ومياه قليلة وضغط تبخر عالي
xeromorphy صحراوي
xerophytes نباتات صحراوية: نباتات تكيفت للعيش لفترة طويلة في ظروف جافة
xerosere مصطلح يستعمل لوصف تعاقب مجتمعات نامية في ظروف جافة او على اسطح الصخور
xerosis 1. جفاف غير طبيعي،لاسيما في الجلد والعينين، أو الأغشية المخاطية 2. تصلب طبيعي للأنسجة في سن الشيخوخة
xerothermic حرجَفي: صفة تشير لكائن حي متكيف للعيش في ظروف جافة جدا
xerotic جاف
xero- جاف (سابقة)
x-ray الاشعة السينية ذات طول موجي قصير
xylem الخشب: نسيج النبات الموصل، ويتألف من عدة أنواع الخلايا،وينقل المياه من الجذور إلى مواقع أخرى في النبات ويعمل أيضا على الدعم الهيكلي

xylophagous اكل الخشب (حشرات)
xylophilous محب للخشب، ينمو على الخشب

Y
yarding مستنقع للتغذية والحماية
year سنة
yeast خميرة
yellow bunting الدرسة الصفراء:من العصافير
yield انتاج ، غلة، عائد،عادة يعبر عنه بالكتلة او الطاقة
yield,water الحصيلة المائية
Yoldia arctica ثنائي الصدفة البحري
yolk صفار- مح البيض: تراكم البروتين،الدهون ،والجلايكوجين في سيتوبلازم البويضة
yolk cells خلايا محية
yolk cleavge انقسام المح
yolk granules حبيبات المح
yolk sac كيس المح
yolk segmentation انقسام المح
young صغير
young valley الوادي الحدث
youth شباب

Z
Zea mays الذرة الصفراء
zebra (*Equus zebra*) الحمار الوحشي المخطط
Zenaidura macroura اليمامة الحزينة: حمامة برية تتميز بان لها هديل حزين
zero population growth حالة يتساوى فيها عدد الولادات والوفيات لسكان ما ويبقى حجم السكان ثابت
zeroing تصفير
zerophytes نباتات صحراوية
zig zag متعرج
zinc(Zn) زنك ، من العناصر الاساسية للحياة
zoetic حيوي
zoic حيواني
zona منطقة
zona pellucida منطقة شفافة
zonation تمنطق: توزيع النباتات على طول مدرج بيئي، مثل خطوط العرض، المرتفعات، او مناطق أفقية ضمن الطبيعة
zone ,zona منطقة ،نطاق
zone of inactivity منطقة الخمود
zoning تحديد المناطق – منطقة
zoning and land use planning منطقة وتخطيط استعمال الارض
zoo- حيواني (سابقة)
zoobiotic يتطفل على او يرتبط مع حيوان
Zoochlorellae أي من الطحالب الخضراء وحيدة الخلية العديدة التي تعيش بالتكافل داخل خلايا الكائنات الحية الأخرى ، لاسيما لافقاريات المياه العذبة مثل الهايدرا
Zooecology دراسة علمية للعلاقات بين الحيوانات وبيئتها
zoogeography التوزيع الجغرافي للحيوانات، دراسة وفرة وتوزيع الحيوانات
Zoology علم الحيوان
zooneuston سواطح حيوانية
zoonosis, zoönosis(pl. zoonoses) مرض حيواني المنشأ:هو أحد الأمراض المعدية التي تنتقل بين الأنواع (بعض الأحيان من قبل ناقلات)، تنتقل من الحيوانات والبشر إلى البشر أو إلى حيوانات أخرى ويسمى هذا الأخير أحيانا حيواني المنشأ العكسي أو مقصور على البشر,anthroponosis reverse zoonosis
zoonotic disease مرض حيواني المنشأ:هو مرض يمكن أن ينتقل من الحيوانات إلى الناس،أو بشكل أكثر تحديدا هو مرض موجو د عادة في الحيوانات ولكن يمكن أن يصيب البشر
Zoopathology علم أمراض الحيوان
zoophagous آكل اللحوم
zoophyte حيوان يشبه النبات مثل شقائق البحر sea anemone
zooplankton عوالق حيوانية: الحيوانات التي توجد في المياه العذبة او المالحة والتي تطفو بحرية في الماء وتتحرك ببطء مع التيار

zoospore 1.بوغ لاجنسي تنتجه الطحالب وبعض الفطريات القادرة على التحرك بوساطة الاسواط (علم النبات،علم الفطريات)2 .أي من الكائنات المتحركة الدقيقة السوطية او الاميبية الشكل التي تنشأ من كيسة الأبواغ لأبتدائيات معينة (علم الحيوان)

zootechny تدجين، تربية وتحسين الحيوانات، وتقنية تربية الحيوان

zooxanthellae طحالب مجهرية تعيش داخل خلايا حيوانات بحرية لاسيما المرجان ويستفيد كلاهما من العلاقة

zygomorphic وحيد التناظر

zygopleural متماثل الجانبين

zygoptera الرعاشات الصغيرة

zygosis اقتران

zygote زايكوت ،لاقحة

zymogenous 1.قادرة على التسبب في التخمير 2. منتجة للانزيم 3. تتعلق بمولد الانزيم: المادة التي تتحول إلى الإنزيمات في ظل ظروف معينة4.مخمر : تطبق على الكائنات التي يكون وجودها في موطن معين هو عابر، وأعداد هذه الكائنات تتقلب إلى حد كبير، كان يكون استجابة لتوفر مواد غذائية معينة

zymolysis تخمر بفعل الانزيمات

zymosis تخمر، مرض معد

zymotic diseases الأمراض المعدية

السوابق واللواحق اليونانية واللاتينية المستعملة في اللغة الإنجليزية

A

a لا، بلا

ab-, a-, abs- بعيدا عن

ac- حاد أو مدبب

acanth-, acantho- العمود الفقري، وخز، شوكة

acer-, acid-, acri, acerb- حاد، مر، حامض

acin- عنقود العنب

acou-, acust- سمعي، متعلق بالسمع

acro-	طرف، نهاية
acr-	ارتفاع ، قمة
acr-	المر، لاذع،حاد، حامض
actin-	شعاع
acu-	حاد، أبري
ad-,a-, ac-, af-, ag-, al-,ap-,ar-,as-, at-	حركة نحو أو باتجاه، بالإضافة إلى
adeno-	غدي
adip-, adipo-, adipose-	دهن، شحمي
adventitia-	عرضي
aer-,aero-	الهواء، هوائي،الغلاف الجوي
aesthet-	الشعور، الإحساس
-agogue	مدر
agr-,agri-,agro-,-egri-	حقل، زراعي
ala-	جناح
alb-	أبيض
-algia	ألم
allo-	مخالف،مختلف
alve-	حوصلة
am-, amat-	حب
ambi-	كلا، كلا الجانبين
amic-, -imic-	صديق
amnio	غشاء جنيني
amph-,amphi-	حول، كلا، كلا الجانبين، كلا النوعين
ampl-	وافرة، واسع، وفيرة
ampulla-	دورق او قارورة ذات مقبضين
an-, a-	لا، بدون
ana-, an-	مرة أخرى،ضد، رجوع
andr-, andro-	ذكر، مذكر
anem-	رياح
anim-	تنفس
ann-, -enn-	سنة، سنوي
ant-, anti-	ضد، عكس، مضاد
ante-, anti-, antero-	الى ألامام، أمام، قبل

antr-, antro-	كهف، جيب، غار
anth-	زهرة
anthra-	فحم
anthrop-	بشري
angio-	وعائي
angul-	زاوية
ankyl,ankylo-,anchyl-, anchylo-	صلابة، جمود، غير متحرك
anomo-	غير عادي، شاذ
aorta-	أبهر
ap-, apo-	بعيد عن، منفصل، في أبعد نقطة
aqu-, aqua-, aqui-	ماء
ar-	المحراث، حتى
ar-	جاف
arach-	عنكبوت او نسيجه
arch-, archi-	حاكم، مسيطر
archae, arche-	قديم، بدائي
arc-	قوس
arct-	المتعلقة القطب الشمالي أو المنطقة بالقرب منه، المتعلقة الباردة
argent-	فضة
arist-	ممتاز
arbor-	شجرة
arthr-,arthro-	مفصل
asc-	جيب، كيس
astr-,astra-, astro-, aster-	نجم، نجمي الشكل
athl-	جائزة، كسب
-athroid	تجمع أو جمعها معا
atrium-	بهو، دهليز
audi-	السمع،الاستماع،الصوت
aug-, auct-	نمو، زيادة
aur-	ذهب، أو ذهبي
auri-	يتعلق بالأذن
aut-, auto-	ذات، ذاتي
avi-	طائر
axi-	محور
axi(o)-	يستحق، جدارة

B

bac- على شكل قضيب
bar- الوزن، الضغط
basi- في القاع
bathy-, batho- عميق، عمق
be-, beat- بارك
bell- حرب
ben- جيد، حسن
bi-, bis- اثنان، ثنائي
bib- شرب
bibl- كتاب
bio- حياة
blast- الجرثومية، جنين، برعم، الخلية مع نواة، ارومة
blenn- طين،وحل،مادة لعابية لزجة
bon- جيد
bor- شمال
botan- نبات
borty عنقود عنب صغير
bov- بقرة، ثور
brachi- ذراع
brachy- قصير
brady- بطيء
branchi- خيشوم
brev- باختصار، قصير(وقت)
brom- غذاء، الشوفان، رائحة نتنة
bronch- قصبة هوائية، شعبة
bront- رعد
bucc- الخد، الفم ،تجويف
bulb- بصلي الشكل
bull- فقاعة، قارورة
burs- الحقيبة، محفظة

C

cac سيء
cad-,-cid-,cas- سقط
caed-,-cid-,caes-, -cis- قطع
calc- حجر
call-, calli- جميل
calor- حرارة
calyp- غطاء
camer- قبو
camp- حقل
can- كلب
can-, -cin-, cant- غنى
cand- توهج، قزحي الألوان
cap-,-cip-, capt-, -cept- اجراء، اتخاذ
capit-,-cipit-, cap- رأس
capr- ماعز
caps- مربع، حالة
carbo- فحم، كربوني
carcer- سجن
carcin- السرطان (مرض)
cardi-, cardio- قلبي
cardin- مفصل
carn- لحم
carp- يتعلق بالفاكهة
carp- يتعلق بالرسغ
cast- نقي
cata-, cat- هبوط ، اسفل ،رجع
caten- سلسلة
cathar- نقي
caud- ذيل
caus-, -cus- السبب أو الدافع
cav- أجوف
ced-, cess- يذهب
celer- سريع
celo- جوفي
cen- جديد، فارغ
cens- تقييم
cent-, centi- مائة، مئوي
centen- كل مائة
centesim- مائة

-centesis	بَزْل، ثقب جراحي
centr-, centro-	مركز، مركزي
cephal-, cephalo-	رأس، رأسي
ceram-	طين
cerat-	قرن
cerebro-	مخي
cervic-	يتعلق بالرقبة،او بعنق الرحم
ceter-	آخر
cheilo-,cheil-	شفوي، شفة
chelon-chely,	سلحفاة
chem-,chemo-	كيميائي
chir-,cheir-	من ناحية أو اليد
chlor-	أخضر
chole-	صفراوي
chondr-	غضروف
chord-	حبل
chorion-	غشاء
chrom-,chromato-	صبغ، لون
chron-	وقت
chrys-	ذهب
chyl-,chyli-,chylo-	سائل، الكيلوس
-cide	قاتل
cili-	رمش
cine-	حركة
ciner-	رماد
circ-	دائرة، حلقة
circum-	حول
cirr-	برتقالي، حليق، لامس
civ-	مواطن
cl(e)ist-	مغلق
clad-	فرع، غصن
clar-	مسح
clast-	مكسور
claud- , -clud- , claus-, -clus-	مغلق
clav-, cleid	مفتاح
cleithr-	شريط، مفتاح، قضيب
clement-	معتدل
clin-	سرير، نحيل، انحنى

clinc-	سريري
cloaca	ممر مشترك، مجمع
cochl-	قشرة خفيفة
coec-	أعور
coel-,-coele	أجوف
cogn-	علم
col-, coli-, colo-	أمعاء غليظة
coll-	تل، عنق
color-	لون
colp- , colpo-	مهبل، مهبلي
columella	عامود صغير
con-,co-,col-,com-, cor-	مع، معا
con-,conus-	مخروط
conch-	محارة، قوقعة
condi-	موسم
condyl- , condylo-	مشترك، اللقمة وهي قمة مفصل الفك السفلي
contra-	مقابل،مضاد
copr- ,copro-	روث، برازي
corac-	أسحم، غراب
cord-	قلب
corium	جلد
corn-	قرن
coron-	تاج
corpor-	جسم، جثة
cortic-,cort-,cortico-	لحاء، قلف، قشري
cosm-	الكون
cosmet-	فن اللباس والزينة
cost-	ضلع
cotyl-	كوب
-cracy, -crat	حكومة، سيادة، سلطة
crani-	جمجمة
crass-	سميك
cre-	يجعل
cred-	يعتقد، ثقة، صدق
crep-	حذاء
cribr-	غربال
cric-	حلقة
cris-, crit-	قاضي
crisp-	مجعد

crist- ذروة، عرف
cross-,crosso- هامشي، حافة، مشرشر
cruc- عبر
crur-, cruro- فخذي
crura عرقوب، قصبة
crypt-, crypto- مخفي، خفي
cten- مشط
cub- مكعب، كذب
cub- كذب
culin- مطبخ
culp- اللوم، خطأ
cune- إسفين، وتد
cur- رعاية، يعتني
curr-, curs- شغل
curv- انحنى
cuspid-,cusp- رمح، نقطة
cut- جلد
cutaneo- جلدي
cyan-, cyano- أزرق
cycl-, cyclo- دائري، دوري
cylind- لفة
cyn- كلب
cyst-, cysto- محفظة، كيسي ،تكيس
-cystoid يشبه كيس او مثانة
cyt-,-cyte, cyto- خلية، خلوي

D

dacry-,dacryo- دمع
dactyl- إصبع،أخمص القدمين، رقم
damn-, -demn- إلحاق الخسارة على
de- بعيدا عن، إزالة، بلا
deb- مدين
deca-,dec-,deka-, dek عشرة
decim- الجزء العاشر
delt- أي شيءعلى شكل مثلث
dem- الناس
den- كل عشرة
dendr- يشبه شجرة
dens- سميك
dent- ضرس
derm-,dermato-,dermo- جلد
deuter- ثان
dexi-, dexter- اليمين، حق
di- اثنان، ثنائي
dia- نافذ ،خلال
dict- ويقول، يتكلم
digit- إصبع
dino- رهيب، عظيم بتخوف
dipl-, diplo- مزدوج، مضاعف
doc-, doct- يعلم
dodec- اثنا عشر
dogmat-, dox- رأي، عقيدة
dom- منزل
don- منح
dorm- نوم
dors- إلى الوراء
dorso-,dorsi- ظهري
du- اثنان
dub- مشكوك فيه
duc-, duct- يؤدي
dulc- حلو
dur- شاق
dy- اثنان
dyna- قوة
dynamo- حركي
dys- عسر ،سوء ،خلل

E

ec- خارج
eccles- التجمع، جماعة
eco- بيت
-ectasia وسع ،توسع
ecto- خارج
-ectomy قطع
-ectopy هجر، نبذ
ed-, es- يأكل
ego- الذات
ego-, eg- ماعز
elect- كهرمان
em-, empt- شراء

eme-	تقيؤ	**famili-**	قريب الصلة
emia-,-emia,-	مية، وجود شيء في	**fant-**	إظهار
aemia,-haemia	الدم	**fasc-**	حزمة
emul	السعي إلى المساواة، ينافس	**fatu-**	أحمق، غير نافع
en-, em-	في	**feder-**	معاهدة ، اتفاق أو عقد
encephalo-	دماغ	**fel-**	قطة
endo-, ento-	داخل،داخلي، باطن	**felic-**	سعيد
engy-	ضيق	**fell-**	يمص
ennea-	تسعة	**femin-**	المرأة، أنثى
ens-	سيف	**femor-**	فخذ
entero-	معوي	**fend-, fens-**	يضرب
eo-, eos-, eoso-	الفجر ، الشرق	**fenestr-**	نافذة
ep-, epi-	على	**fer-**	يحمل
epi-	فوق، حول	**feroc-**	عنيف، شرس
epistem-	المعرفة ، العلم	**ferr-**	حديد
equ-	حصان	**fet-**	نتن
equ-, -iqu-	حتى، مستوى	**fibro-**	ليفي
erg-	عمل	**fic-**	شكل
err-	ضال	**fid-, fis-**	إيمان، ثقة
erythr-, erythro-	أحمر	**fil-**	خيط
eso-	ضمن	**fili-**	ابن
-esthesia, esthe-	حس	**fin-**	نهاية
ethm-	منخل	**find-, fiss-**	يقسم
ethn-	ناس،عرق،قبيلة، أمة	**firm-**	ثابت، قوية
etho-, eth-, ethi-	العرف، العادة	**fistul-**	أجوف، أنبوب
etym-	صحيح	**fl-**	ضربة
eu-	حسن ، حقيقي	**flacc-**	مترهل
eur-	واسع	**flav-**	أصفر
ex-, e-, ef-	خارج، غير او للنفي	**flect-, flex-**	ينحني
exo-	ظاهر ، خارجي	**flig-, flict-**	يضرب
exter-, extra-	خارجي، أضافي	**flor-**	زهرة
extrem-	الأبعد، أقصى	**flu-, flux-**	تدفق
		foc-	موقد
F		**fod-, foss-**	حفر
f-, fat-	يقول، يتكلم	**foen-**	قش
fab-	فاصوليا	**foli-**	ورقة
fac-, -fic-,fact,-fect-	يجعل	**for-**	يتحمل، ثقب،بحفر
falc-	منجل	**form-**	شكل
fall-, -fell-, fals-	خدع	**-form**	الشكل
fallac-	كاذب، خطأ	**fornic-**	قبو

fort-	قوي
fove-	حالة اكتئاب قليلة
frang-,-fring-,fract-,frag	كسر
frater-, fratr-	شقيق
fric-, frict-	يفرك
frig-	بارد
front-	جبين
fruct-, frug-	فاكهة
-fug(e)	طارد ،نابذ
fug-, fugit-	فرار،هرب
fum-	دخان
fund-	قاع
fund-, fus-	يصب
fung-, funct-	يعمل
fur-, furt-	سرقة
furc-	تفرع
fusc-	مظلم

G

galact-	حليب
gangli-	عقدي
gastr-	معدة
gel-	جليدي بارد
gen-	العرق، النوع، المولد
geo-	أرض
ger-, gest-	تحمل، تحمل
germin-	تنبت
giga-	غيغا: ألف مليون، أو 10^9
glabr-	أصلع
glaci-	ثلج
gladi-	سيف
glia-	غراء
glob-	غلاف، مجال
glori-	مجد
gloss-	لساني
glutin-	غراء
grad-,-gred-, gress-	المشي،خطوة،يذهب
-gram	صورة، مخطط
gramm-	كتابة
gran-	حبوب
grand-	كبير
-graph	مخطاط
-graphy	تصوير ، تخطيط
grat-	شكرا، من فضلك
grav-	ثقيل
greg-	قطيع
gubern-	تحكم، الطيار
gust-	طعم
gutt-	قطرة
guttur-	حلق
gymn-	عاري
gyn-, gynec-,gyneco- ,gynaec-,gynaeco-	امرأة، نسائي

H

hab-,-hib-,habit-, -hibit-	عندي،يملك
hadr-	سميك
haem(at)-, hem(at)-	دم
hal- ,halo-	ملح
hal-, -hel-	يتنفس
hapl-	بسيط، مفرد
haur-, haust-	يرسم
hedo-	متعة
heli-, helio-	شمس
hemi-	نصف
hen-	واحد
hendec-	احد عشر
hept-	سبعة
her-, hes-	تشبث
herb-	عشب
hered-	وريث
herp-	زحف
hetero-,heter	مختلف او مغاير
heur-	يجد
hex-,hexa-	ستة، سداسي
hibern-	شتوي
hiem-	شتاء
hier-	مقدس
hipp-	حصان

hirsut-	أشعر
hispid-	هلبي
histo-	نسيجي
hod-	طريق
hol-, holo-	شامل او كامل
hom-,homo-	نفس الشيء، مجانس
homal-	حتى، مسطح
home-,homoeo-, homo-,homoio-	مثل، مماثل، مثيل
homin-	انسان
honor-	احترام
hor-	حدود، ساعة
horm-	الذي يثير
hort-	حديقة
hospit-	مضيف
host-	العدو
hum-	أرض
hyal-	زجاج
hydr-,hydro-	ماء، موه
hygr-, hygro-	رطب
hyo-	شكل حرفU
hyper-	فوق الحد او زائد عن المعدل او مفرط
- hypo-, hyp-	تحت ، اقل
hypn-	نوم
hyster-	فيما بعد، اخير

I

ichthy-	سمك
-icide	مادة تقتل كائن معين
icos-	عشرون
id-	شكل
ide-	فكرة، الفكر
idi-	شخصي
ign-	حريق
in-, im-	في، على
in-, il-, im-, ir-	لا، غير (نفي)
infra-	تحت ، دون
insul-	جزيرة
inter-	بين او ما بين، داخل
intra-	خلال ، داخل
intro-	داخل
irasc-, irat-	غضب
irid-	قوس قزح
is-, iso-	نظير، يساوي
ischio-	وركي
iter-	مرة اخرى
itiner-	الطريق
-itis	التهاب

J

jac-	يكذب
jac-, -ject-	يلقي، يرمي
janu-	باب
joc-	نكتة
judic-	قاض
jung-, junct-	ينضم
junior-	الأصغر
jus-, jur-	القانون ،العدالة
juv-, jut-	يساعد
juven-	الشباب
juxta-	الى جانب ذلك، بالقرب

K

karyo-	نووي
kil(o)-	الف
kine-, kineto-	حركة، حركي
-kinesis	حركية
klept-, klepto-	سرقة
kudo-	مجد

L

lab-, laps-	شريحة، زلة
labi- ,labio-	شفوي
labor-	يعمل
lacer-	يمزق
lacrim-	بكاء، دموع
lact-, lacto-	لبني، حليب
lamin-	طبقة أو شريحة
lamp-	شعلة

lapid-	حجر
larg-	كبير
larv-	شبح، قناع
lat-	واسع، عريض
later-,latero-	جانب
laud-, laus-	مدح
lav-	غسل
lax-	غير متوتر
lecith-	مح البيض
led-, les-	جرح
leg-	قانون
leg-	ارسل
lei-	ناعم، سلس
lekan-	طبق، وعاء
leni-	لطيف
leon-	أسد
lep-	يقشر
leps-	فهم، اغتنام
leuc-, leuk-	أبيض
lev-	رفع، خفيف
liber-	حر
libr-	كتاب
lig-	ربط
limac-	رخوي
limn-	ماء عذب
lin-	خط
lingu-	اللغة واللسان
linqu-, lict-	يغادر، يترك
lip-lipo	دهن، شحم
liter-	خطاب، حرف
lith-	حجر، حصوي
loc-	مكان
log-	الفكر، الكلمة، الكلام
-logy	مبحث ، علم
long-	طويل
loqu-, locut-	يتكلم
luc-	مشرق، مضيء
lud-, lus-	يلعب
lumin-	ضوء
lun-	قمر
lymph-	لمفي
-lysis	حل

M

macro-	كبير، كبر
magn-	كبير
maj-	أكبر
mal-	سيئ، ردئ
mal-	سوء
-malacia	تلين
mamm-	ثدي
man-	تدفق، إقامة، بقاء
mand-	النظام
mania	المرض العقلي
manu-	يد
mar-	بحر
mater-, matr-	أم
maxim-	أعظم
medi-, -midi-	أوسط
medio-	متوسط
meg-	كبير
mega-	كبير ،ضخم ،او مليون 10^6
megalo-	ضخم ، ضخامة
-megaly	ضخم ، ضخامة
mei-	أقل
-mel	طرف
melan-	اسود، مظلم
melan-	اسود
melior-	أفضل
mell-	عسل
memor-	تذكر
men-	شهر
mening-	غشاء
menstru-	شهريا
mensur-	قياس
ment-	العقل
mer-	جزء
merc-	مكافأة، أجور، تأجير
merg-, mers-	تراجع، انخفاض
mes-, meso-	أوسط

meta-	بعد ، خلف ، وراء
meter-, metr-	قياس، مقياس
-metry	قياس
mic-	حبوب
micr- micro-	دقيق جدا، مجهري
migr-	تجول
milit-	جندي
mill-	ألف
millen-	كل ألف
mim-	كرر
min-	نتوء
min-	أقل ، أصغر
mir-	عجب، ذهول
mis-	كراهية
misce-, mixt-	مزيج
mit-	خيط
mitt-, miss-	إرسل
mne-	ذاكرة
mol-	طحن
moll-	ناعم
mon-, mono-	وحيد ، احادي
monil-	مسبحة، سلسلة من الخرز
mont-	جبل
mord-	عضة
morph-	شكل
morph,morpho-	شكل ،مظهر
mort-	الموت
mov-, mot-	تحرك، حركة
mulg-, muls-	حليب
mult-, multi-	تعدد ،متعدد
mur-	جدار
mus-	لص
musc-	ذبابة
mut-	تغيير
my-	فأر
myco-, myc-	فطر ، فطري
-mycosis	فطار
myelo-	نخاعي ،نقيي
myo-	عضلي
myri-	لا يعد ولا يحصى،عشرة آلاف
myrmec-	نملة
myth-	قصة
myx-	مخاطي
myz-	مص

N

nar-	منخر، أنف
narc-	خدر
narr-	قال
nas-	أنف
nasc-, nat-	مولود
naut-	سفينة
nav-	سفينة
ne-, neo-	جديد ،حديث
necr-,necro-	نخر ،ميت
nect-	سباحة
nect-, nex-	ينضم، تعادل
neg-	يقول لا
nema-	شعر
nemor-	بستان، غابة
nephr-	كلية، كلوي
nes-	جزيرة
neur-	عصبي
nict-	غمز
nigr-	أسود
nihil-	لا شيء
noct-	ليل
nod-	عقدة
nom-	ترتيب، قانون
nomin-	أسم
non-	لا
non-	تاسع
nonagen-	كل تسعين
nonagesim-	التسعين
not-	رسالة، ملاحظة، ورقة
noth-	زائف
noto-	عودة، جنوب
nov-	تسعة
nov-	جديد
noven-	كل تسع

novendec-	تسعة عشر
nox-, noc-	مضر
nu-	إيماءة
nub-	يتزوج
nuc-	جوز
nuch-	مؤخرة الرقبة
nud-	عار
null-	لا شيء
numer-	عدد
nunci-	يعلن
nupti-	يتعلق بالزواج
nutri-	تغذية
normo-	سوي
nyct-	ليلة

O

ob-,o-,oc-, of-,og-,op-,os-	ضد
oct-	ثمانية
octav-	ثامن
octogen-	كل ثمانون
octogesim-	الثمانون
octon-	كل ثمانية
ocul-	عيني ، مقلي
od-	طريق
od-	كره
odont-	سن
odor-	عطر
odyno-	الم
oeco-	بيت
oed-	متورم، منتفخ
oen-	نبيذ
oesophag-	حنجرة
ogdo-	ثامن
-oid	يشبه
ole-	نفط، زيت
olig-, oligo-	قليل، قلة، نزر
oliv-	زيتون
-oma	سرطان
omas-	كرش
oment-	جلد دهني
omin-	زاحف
omm-	عين
omni-	جميع، كل
omo-	كتف
omphal-	سرة
oner-	عبء
onom-	اسم
ont-	موجود
onych-,onycho-	ظفري، مخلبي
-onym	اسم
oo-	بيضة
opac-	ظليل
oper-	عمل
opercul-	غطاء قليلا
ophi-	ثعبان
ophthalm-	عين
opisth-	ظهر، وراء
opoter-	إما
opt-	عين
opt-	يختار
optim-	أفضل
or-,oro	فم
orb-	دائرة
orch-	خصية
ordin-	ترتيب
organ-	جهاز، أداة
ori-, ort-	شرقي
orn-	تزيين
ornith-	طير
orth-, ortho-	قويم ، قيام، مستقيم
oscill-	تقلب
-osis	1.عمل،عملية،حالة 2.حالة غير طبيعية أو مرضية 3. زيادة ، تشكيل
oss-	عظم
osteo-,	عظم
osti-	مدخل
ostrac-	قشرة
ot-, oto-	أذن
ov-, ovo-	بيض ، بيضي
over-	فوق ، او بافراط

ovi- خروف
oxy- حاد، مدبب

P
pac- سلام
pach-, pachy- ثخين، ثخن
paed- طفل
pagin- صفحة
pal- وتد
palae-, pale- قديم
palin- إلى الوراء
pall- شاحب
palli- عباءة
palm- نخيل
palustr- في الاهوار
pan-, pam- جميع، عموم، كلي، تماما
pand-, pans- ينتشر
par(a)- بجانب، جنب
pariet- جدار
part- جزء
parthen- البكر
parv- قليل
pasc-, past- يطعم
pass- وتيرة، خطوة
passer- عصفور
pat- يفتح
path- patho- يشعر، يمرض
-pathy مرض، اعتلال
pati-, pass- يعاني، يشعر، يسمح
patr- أب
pauc- قليل
pecc- خطيئة
pect- ثابت
pector- الصدر
pecun- نقود
ped- طفل، قدم
pejor- أسوأ
pell-, puls- قيادة، يقود
pen- تقريبا
pend-, pens- علق
-penia قلة
penn-, pinn- ريشة
pent- خمسة
pentecost- الخمسين
pept- هضم
per- تماما، خلال
peran- عبر، وراء
peri- حول، قرب، محيط
persic- خوخ
pessim- أسوأ
pet- يسعي نحو ، يرغب
petr- صخرة
-pexy تثبيت
phae- مظلم
phag- آكل او الملتهم
phago- بلعمي
-phagy بلع
phalang- السلامى
phaner- مرئي
pharmac- عقاقير، أدوية
pher- يتحمل، تحمل
phil-, -phile اليف، الف، محب
-philia جذب نحو، يحب شيء
phlebo- وريد
phleg- حرارة
phloe- لحاء شجرة
phob- خوف
phobe نافر
-phobia رهاب
phon- صوت
phor- يحمل، يتحمل
-phore حامل، ناقل
phos-, phot- ضوء
phragm- سور، جدار
phren- الحجاب الحاجز، العقل
phryn- العلجوم، يشبه العلجوم
phyl- قبيلة
phyll- ورقة
phys- طبيعة
physalid- مثانة

physio-	وظيفي
phyt-, phyto	نبات
pil-, pilo	شعر
pin-	يشرب
pin-	صنوبر
ping-, pict-	يرسم
pingu-	دهن
pir-	كمثرى
pis-	البازلاء
pisc-	سمك
plac-	طبق، لوحة
plac-	يهدئ
plagi-	منحرف، مائل
plan-	مسطح
plas-	قالب
plasm-,plasmo-,plast-	متكون
-plasty	تقويم
-plasty	الجراحة التجميلية
platy-	مسطح، واسع
plaud-, -plod-,	يوافق، يصفق
plaus-, -plos-	
ple-, plet-	ملء
pleb-	الناس
plec-	متشابك
plect-, plex-	ضفيرة
plen-	كامل
plesi-	قرب
pleth-	كامل
pleur-	جانب
plic-	طية، أضعاف
plinth-	لبنة، طابوق
plu-	مطر
plum-	ريشة
plumb-	يقود
plur-	أكثر
plurim-	معظم
plus-	أكثر
plut-	ثروة
pluvi-	مطر
pne-	نفس
pneu-	هواء، رئة
pneum(on)-	رئة
pneum(o)(at) –	هواء ، نفس ، ريح
pneumo-	الهواء، التنفس أو رئوي
-pnoea	نفس
pod-	قدم
pogon-	لحية
poie-	جعل
poikilo-	مختلف او عدم منتظم
pol-	القطب
pole-, poli-	مدينة
polem-	حرب
poli-	رمادي
pollic-	الإبهام
pollin-	الدقيق ، الطحين
poly-	كثير او متعدد
pon-, posit-	يضع
ponder-	الوزن
pont-	جسر
popul-	الناس
por-	مرور
porc-	خنزير
porphyr-	أرجواني
port-	بوابة
port-	حمل
post-	عقب، بعد
postero-	خلفي
pot-	يشرب
potam-	نهر
prasin-	الكراث الأخضر
prat-	مرج
prav-	معوج
pre- , pro-	قبل، بدء ، سابق
prec-	صلى
pred-	فريسة
prehend-, prend-, prehens-	فهم
prem-, -prim-, press-	ضغط
presby-	شيخ، عجوز
preter-	الماضي
preti-	سعر

prim-	أول
prior-	سابق
priv(i)-	منفصل
pro-	قبل، أمام، إلى الأمام
prob-	يستحق، جيد
proct-	شرج
propri-	ملكية
pros-	إلى الأمام
proto-,prot-	اول، بدء
proxim-	أقرب
prun-	الخوخ
psamm-	رمل
pseud- ,pseudo-	كاذب
psil-	عاري، مجرد
psych-	العقل
psychr-	بارد
pter-	جناح، السرخس
pto-	يسقط
-ptosis	تدلي
ptyal-	لعاب
ptych-	طية، طبقة
pub-	ناضج جنسيا
pude-	العار
pugn-	تقاتل
pulchr-	جميل
pulmon-	رئة
pulver-	غبار
pung-, punct-	وخز
puni-	يعاقب
pup-	دمية
pur-	نقي
purg-	يطهر
purpur-	أرجواني
put-	تقليم، أحسب
pyelo-	حويضي
pyl-	بوابة
pyo-	قيحي ، تقيح
pyr- ,pyro-	حرارة، نار

Q

quadr-	أربعة
quadragen-	كل الأربعين
quadragesim-	الأربعون
quadric-	رباعي
quart-	رابع
quasi-	كما لو
quatern-	كل أربعة
quati-, quass-	هزة
quer-,-quir-,quesit-,-quisit-	بحث، يسعى
qui-	راحة
quin-	كل خمسة
quindecim-	الخامس عشر
quinden-	كل خمسة عشر
quinque-	خمسة
quint-	خامس
quot-	كم، كم كبير

R

rad-, ras-	حك، كشط
radi-	حزمة، شعاع
radic-	جذر
radio-	شعاعي، إشعاع
ram-	فرع
ran-	ضفدع
ranc-	ضغينة، حقد، المرارة
rap-	اللفت
rar-	نادر
rauc-	قاس، أجش
re-, red-	ثانية، مرة اخرى،يعود
reg-,-rig-, rect-	مستقيم
-related	متصل
rem-	مجذاف
ren-	كلية
rep-, rept-	زحف
-resistant	مقاوم
ret-	شبكة
retro-	الى الوراء، خلف
rhabd-	قضيب

rhach-, rach-	العمود الفقري
rhag-	يمزق
-rhagia	نزف
-rhaphy, -rrhaphy	رفو، خياطة
rhe-	تدفق
-rhea	نزر ،سيل
rhin-, rhino-	أنف، خطم
rhiz-	جذر
rhod-	ارتفع
rhynch-	خطم
rid-, ris-	ضحك
robor-	البلوط، قوة
rod-, ros-	نخر
rog-	يسأل
rostr-	منقار
rot-	عجلة
ruber-, rubr-	أحمر
rug-	تجعد
rumin-	حلق، حنجرة
rump-, rupt-	كسر
rur-	بلد
-rich	غنية

S

spino-	شوكي
sacchar-	سكر
sacr-, secr-	مقدس
sagac-	حكيم
sagitt-	سهم
sal-	ملح
sali-, -sili-, salt-	قفز
salic-	صفصاف
salv-	حفظ
san-	صحي
sanc-	مقدس
sanguin-	دم
sapi-, -sipi-	طعم، حكمة
sapon-	صابون
sapro-	تسوس، تعفن
sarc-, sarco-	لحم ،لحمي
-sarcoma	غرن
saur-	سحلية، زواحف
sax-	صخرة
scab-	يخدش
scal-	سلم، الدرج
scalen-	متفاوت
scand-, -scend-,scans-,-scens-	يصعد
scaph-	مجوف، وعاء، سفينة
scel-	الساق، الفخذ
schem-	خطة
schis-	تقسيم، فصل
sci-	يعرف
scind-, sciss-	تقسيم، فصل
scler-	شاق، صلب
-sclerosis	تصلب،تصلد
scoli-	مجوف، وعاء، سفينة
scop-, scept-	ينظر ،يبحث،يعرض،يراقب
-scope	منظار: أداة فحص عن طريق البصر
scopy-	تنظير
scrib-, script-	الكتابة
sculp-	نقش
scut-	درع
scyph-	كوب
se-, sed-	بعيدا، بصرف النظر
seb-	الشحم الحيواني
sec-, sect-, seg-	قطع
sed-	يستقر، تهدئة
sed-, -sid-, sess-	جلس
sedec-	ست عشرة
seget-	في حقول الذرة
sei-	يهز
selen-	قمر
self-	نفسه
sell-	سرج، مقعد
sema-	يوقع
semi-	نصف
semin-	بذور
sen-	رجل عجوز
sen-	كل ستة

senti-, **sens-**	يشعر
sept-	سور ، تقسيم
sept-	سبعة
septen-	كل سبعة
septim-	السابع
septuagen-	كل سبعون
septuagesim-, **septuagint-**	سبعون
sequ-, **secut-**	يتبع
ser-	سوائل الجسم
ser-	يتأخر
ser-, **sat-**	زرع
serp-	الزحف
serr-	منشار، اسنان منشارية
serv-	حفظ، حماية، خدمة
sesqui-	واحد ونصف
set-	الشعر الخشن، الهلب
sever-	صارم، جاد
sex-, **se-**	ستة
sexagen-	كل ستين
sexagesim-	الستين
sext-	سادس
sibil-	همس
sicc-	يجف
-side	جانب او حافة
sider-	نجم
sign-	يوقع
sil-	هادئ أو باق
silv(i)-	غابة، اشجار، خشب
simi-	قرد
simil-	يشبه، ثقة، مجموعة
simul-	تقليد، تظاهر
singul-	كل واحد
sinistr-	ترك، غادر
sinu-	يرسم خط
sinus-	أجوف، خليج
siph(o)-	أنبوب
sist-	يسبب الوقوف
sit-	غذاء، حبوب، قمح
soci-	مجموعة
sol-	شمس
sol-	راحة، تهدئة
sol-	لوحده، وحيد
solen-	أنابيب، قناة
solv-, **solut-**	يرخي، يطلق سراح
soma- ,**-somato**,**-some**	جسد، جسم
somn-	ينام
somni-	حلم
son-	صوت
soph-	حكيم
sorb-, **sorpt-**	يمص
sord-	قذارة
soror-	شقيقة
spati-	فضاء، فراغ
spec-,**-spic-**,**spect-**	ينظر
spect-	يشاهد، ينظر الى
specul-	راقب
sper-	أمل
sperm-	بذور
sphen-	وتد، أسفين
spher-	كرة
sphinct-	إغلاق
spic-	مسمار
spin-	شوكة
spir-	تنفس
spond-, **spons-**	ضمانة، ضمان، وعد رسمي
spondyl-	فقريات
spu-, **sput-**	تقيأ، بصق
squal-	متقشر، قذر
squam-	مقياس
st-	يقف
stagn-	بركة من المياه الراكدة
stann-	قصدير
-stasis	ركود
statu-, **-stitu-**	يقف
stear-	دهون، شحم
steg-	يغطي
stell-	نجم
sten-, **steno-**	ضيق ، تضييق ، محدد
stere-	صلب

stern-	عظمة الصدر
stern-, strat-	انتشار، نثر
stich-	خط، صف
stigmat-	علامة، ثقب
still-	يقطر
stimul-	مهماز، حرض، أثار
stingu-, stinct-	بعيدا، بصرف النظر
stoch-	هدف
stom-,stom(at)o-	فم
strept-	الملتوي
strig-	يضغط
strigos-	وجود شعيرات قاسية
string-, strict-	يستقيم، قاسي
stroph-	تدوير
stru-, struct-	تعويض، بناء
stud-	تفاني
stup-	عجب
styl-	عمود
stylo-	ابري
su-, sut-	يخيط
suad-, suas-	يحث
suav-	حلو
sub-	تحت، اسفل ،دون،اقل اهمية من
sub-, su-,suf-,sug-,sus-	أدنى
subter-	تحت
sucr-	سكر
sud-	عَرق
sui-	النفس
sulc-	ثلم
sum-, sumpt-	يأخذ
super-	فوق، فائق
supra-	فوق، اعلى
surd-	أصم
surg-	يرتفع
syn-,sy-,syl-,sym-	مشترك، سوية، مع
syring-	أنبوب

T

tac-, -tic-	يصمت
tach-, tachy-	سريع
taeni-	شريط
tal-	الكاحل
tang-,-ting-,tact-, tag-	لمس
tapet-	سجادة
tard-	بطيء
tars-	الكاحل
taur-	ثور
tax-	ترتيب،نظام
-taxis	انتحاء
techn-	فن، مهارة
teg-, tect-	غطاء
tele-	كامل
tele-	نهاية ،بعيد
telo-	انتهائي
temn-	قطع
tempor-	وقت
tend-, tens-	يمتد، شد
tenu-	نحيل، رقيق
tep-	يدفئ
ter-, trit-	فرك
tera-	تريليون 10^{12}
teret-	مدورة
terg-, ters-	مسح
termin-	الحدود، الحد، نهاية
tern-	كل ثلاثة
terr-	أرض
terti-	ثالث
test-	الشاهد
tetr-	أربعة
tex-, text-	نسيج
thalam-	غرفة، السرير
thalass-	بحر
than-	موت
the-	يضع
the-, thus-	الألوهية
thel-	الحلمة
theori-	تخمين
ther-	وحش، الحيوان
-therapy	مداواة
therm-, thermo	حرارة، دفء

thym-	مزاج
thyr-	باب
thyre-	درع كبير
tim-	يخاف
ting-, tinct-	بلل
tom-	قطع
-tome	مبضع ،قاطع
-tomy	شق ، بضع
ton-	يمتد
tono-	توتري
top-	مكان
torn-, tourn-	تحويل، تدوير
torpe-	خدران
torqu-, tort-	التواء
tot-	كل شيء، كله
tox-	سهم، قوس
tox-, toxi-	سام
toxico-	سام
trab-	حزمة
trachy-	خشن
trag-	ماعز
trah-, tract-	رسم، سحب
trans-, tra-, tran-	عبر
trapez-	من أربعة جوانب، جدول
traum-	جرح
trecent-	ثلاثمائة
tredec-	ثلاثة عشر
treiskaidek-	ثلاثة عشر
trem-	يرتعش
trema-	حفرة
tri-	ثلاثي ،مثلث
tricen-	كل ثلاثين
tricesim-, trigesim-	الثلاثون
trich-, tricho-	شعر
trin-	كل ثلاثة
trit-	ثالث
trit-	قمح
troch-	عجلة
trop-	دوران
tropho-, troph-	تغذي، نمو
-tropic	موجه ،يتجه نحو
-tropism	توجه
trud-, trus-	دفع، بثق
tuss-	سعال
tympan-	طبل
typ-	طابع، نموذج

U

uber-	مثمر
uligin-	في الاهوار
ulna-	مرفق
ulo-	صوفي
ultim-	الأبعد
ultra-	فوق، ما وراء
umbilic-	سرة
umbr-	الظل
un-	واحد
unc-	هلب
unci-	اوقية (الاونصة)، الثاني عشر
und-	موجة
undecim-	الحادي عشر
unden-	أحد عشر كل
under-	اسفل ،تحت
ungui-	ظفر، مخلب، حافر
uni-	واحد، احادي ،وحيد
ur-, uro	بول، ذيل
urb-	مدينة
ure	بول
urg-	يعمل
urs-	يتحمل
ut-, us-	يستعمل
utrict-	حقيبة جلدية صغيرة
uv-	عنب
uxor-	زوجة

V

vac-	فارغ
vad-, vas-	يذهب
vag-	يتجول
vagina-	مهبل، غمد

vague-	هائم
van-	فارغ، خامل
vap-	يفتقر الى
vas-	وعاء
vascul-	وعاء صغير
veh-, vect-	يحمل
vel-	برقع
vell-, vuls-	يسحب
veloc-	سريع
ven-, ven-	وريد، صيد
ven-, vent-	جاء
vend-	بيع
vener-	محترم
vent-, vent-	بطن، رياح
ventr-	بطن
ver-	صحيح
verb-	كلمة
verber-	سوط
verm -	دودة
vert-, vers-	تحول، تقلب
vesico-, vesic	مثاني،حويصلي ،مراري
vesper-	مساء،غرب
vest-	ملبس، ملابس
vestig-	تتبع، تعقب
vet-	العياذ، لا قدر
veter-	قديم
vi-	طريق
vic-	يغير
vicen-, vigen-	كل عشرين
vicesim-,vigesim-	عشرون
vid-, vis-	يرى
vil-	رخيص
vill-	شعر أشعث، المخمل
vin-	نبيذ
vinc-, vict-	قهر
vir-	رجُل، أخضر
visc	سميك
viscer-	أحشاء
vit- , vita-	حياة
vitell-	مح
viti-	خطأ
vitr-	زجاج
vivi-	حي
voc-	صوت
vol -	يطير ، يتمنى
volv-, volut-	لفة
vom-	تفريغ
vor-, vorac-	يبتلع
-vore	يتغذى
vov-, vot-	نذر
vulg-	مشترك، حشد
vulner-	جرح
vulp-	ثعلب

W

-wood	خشبي

X

xanth-,xantho-	اصفر
xen-	غريب، مختلف
xeno-	غريب، دخيل
xero-, xer-	جاف
xiphi-	سيف
xyl-	خشب

Z

zo-	حيوان، كائن حي
Zon-	حزام، طوق
zoo-	حيواني
Zyg-	مح
zym-	تخمر،خميرة

النظام الدولي لوحدات International System of Units SI

Système international d'unités

هو نظام وحدات القياس الاوسع انتشارا في العالم ، وهو يستخدم في كل بلدان العالم ماعدا الولايات الامريكية المتحدة واشتق هذا النظام من وحدات (كيلوغرام- ثانية) للقياس.

الوحـدات الأسـاسيـة -SI

المتر - طول

كيلوغرام - كتلة

الثانية - الزمن

كلفن - درجة الحرارة

الوحدات المشتقة -SI

هي وحدات مشتقة من الوحدات الاساسية مثلا:

نيوتن - القوة

باسكال - الضغط

التردد - هرتز

الطاقة، الحرارة - جول

الكمية الفيزيائية	الوحدة (SI)
الكتلة	كيلوجرام
الطول	متر
الزمن	ثانية
التردد	هيرتز = 1\ ثانية = ثانية$^{-1}$
الكثافة	كيلوجرام \ م^{3}
السرعة	متر \ ثانية
العجلة أو التسارع	متر \ ثانية^{2}
القوة	نيوتن = كجم . متر \ ثانية$^{-2}$

الشغل والطاقة	جول، سعرة
القدرة	واط
كمية التحرك الزاوي	كجم . م \ ث^{2}
عزم اللي (الدوران)	نيوتن . متر
كمية التحرك الخطي	كجم . م \ ث
عزم القصور الذاتي	كجم . م^{2}
الضغط	باسكال = م^{2}
الشحنة الكهربية	كولوم
شدة التيار الكهربي	أمبير = كولوم \ ثانية
شدة المجال الكهربائي	نيوتن \ كولوم
كثافة الفيض الكهربي	نيوتن . متر \ كولوم^{2}
القوة الدافعة الكهربية	فولت
الجهد الكهربائي	فولت
السعة الكهربية	فاراد = كولوم \ فولت
العزم الكهربي	كولوم . متر
الاستقطاب الكهربي	كولوم \ م^{2}
السماحية الكهربية	كولوم \ نيوتن . م^{2}
المقاومة الكهربية	أوم
المقاومة النوعية	متر . أوم
التوصيل الكهربي	أوم$^{-1}$ = سيمون
التوصيل النوعي	متر$^{-1}$ أوم$^{-1}$
العزم المغناطيسي	أمبير . متر^{2}
الفيض المغناطيسي	ويبر = فولت . ثانية
الحث المغناطيسي	تسلا = ويبر \ متر^{2} = نيوتن \ أمبير
شدة الجال المغناطيسي	أمبير \ متر
شدة التمغنط	أمبير. متر
الحث	هنري = ويبر \ أمبير
النفاذية	ويبر \ أمبير . متر = نيوتن \ أمبير^{2}

وحدات قياس الطول الانكليزية والفرنسية والعلاقة بينهما:

النظام الانكليزى : الميل- الياردة - القدم - البوصة.

النظام الفرنسى : الكيلو متر - المتر - السنتيمتر - المليمتر.

1- وحدات قياس الأطوال:

البوصة = 2.54 سنتمتر

سنتمتر = 10 مليمترات = 0.03281 قدم = 0.3937 بوصة

المتر = 10 ديسمتر = 100 سنتمتر = 1.094 ياردة = 3.281 قدم = 39.37 بوصة

الكيلو متر = 10 هكتومتر = 100 ديكامتر

الكيلو متر = 1000 متر = 0.6214 ميل = 1094 ياردة = 3281 قدم

الميل =1.6093 كيلومتر = 1609.3 متر = 1760 ياردة = 5280 قدم = 63360 بوصة

الياردة = 91.44 سنتمتر = 3 قدم = 36 بوصة

القدم = 30.48 سنتمتر = 12 بوصة

الذراع البلدي = 0.58 متر = 22.83 بوصة

الذراع المعماري = 0.75 متر = 29.53 بوصة

القصبة = 3.55 متر

2-وحدات قياس الأوزان:

الجرين = 0.0648 غرام/الغرام = 210 ملغرام = 610 ميكرو غرام

الملليغرام = 1000 ميكروغرام

الغرام = 15.432 جرينا / غرام = 910 نانو غرام = 1210 بيكوغرام

كيلو جرام = 1000جرام = 2.2046 باوند

الميكروغرام = 1000 نانوغرام (ng)

النانوغرام = 1000 بيكوغرام (pg)

الاونس = 28.35 غرام

باوند (رطل) = 16أونس(أوقية) = 453.59 غرام =0.454 كيلوغرام

الدرهم = 3.12 غرام = 0.11 أونس oz

الأوقية = 12 درهم = 37.44 غرام

الرطل = 12 أوقية = 449.28 غرام = 0.99 ليبرة

الليبرة = 16 أوقية = 453.6 غرام

الكيلو غرام = 1000 غرام = 2.205 ليبرة

الطن المتري = 1000 كيلو غرام = 22.5 ليبرة

الطن الانكليزى = 2240 باوند

الوحدات الاسلاميه:

الصاع = 4 أمداد

الصاع = 3.5 لتر تقريبا

المد = 880 مليلترا (سنتيمترا مكعبا) تقريبا

3-وحدات قياس المساحات:

100ملمتر مربع = 1 سنتمتر مربع = 0.15499 بوصة مربعة

100سنتمتر مربع = 1 ديسمتر مربع = 15.499 بوصة مربعة

المتر المربع =10000 سنتيمتر مربع = 100 ديسمتر مربع = 1549.9 بوصة مربعة = 1.196 ياردة مربعة

الياردة المربعة = 8361 سنتيمتر مربع = 9 قدم مربع = 1296 بوصة مربعة

القدم المربع = 929 سنتيمتر مربع = 144 بوصة مربعة

البوصة المربعة = 6.452 سنتيمتر مربع

ديكامتر مربع = 100 متر مربع = 119.6 ياردة مربعة

هكتار (هكتو متر مربع) = 100 ديكامتر مربع = 2.471 ايكر Acre = 10000 متر مربع

كيلو متر مربع= 0.3861 ميل مربع = 100 هكتار = 0.386 ميل مربع

الذراع المعماري المربع = 0.5625 متر مربع

الفدان = 4200.83 متر مربع = 24 قيراط مربع

الفدان = 1.038 ايكر Acre = 0.24 هكتار

القيراط المربع = 175.04 متر مربع

الميل المربع = 2.59 كيلو متر مربع = 259 هكتار = 640 ايكر

الأيكر = 4840 ياردة مربعة = 4047 متر مربع= 0.4047 هيكتار تقربيا

الدونم السوري = 1000 متر مربع

الدونم العراقي = 2500 متر مربع

4-وحدات قياس الحجوم:

سنتمتر مكعب = 1000 ملمتر مكعب = 0.6102 بوصة مكعبة = 0.001 لتر

ديسمتر مكعب = 1000 سنتمتر مكعب = 61.02 بوصة مكعبة

متر مكعب = 1000 ديسمتر مكعب = 35.314 قدم مكعب

القدم مكعب = 1728 بوصة مكعبة = 28.317 ديسمتر مكعب = 28.317 ليتر

اللتر = 1000 سنتمتر مكعب = 1000 ميللتر= 61.02 بوصة مكعبة = 0.03531 قدم مكعب

الياردة المكعبة = 0.7646 متر مكعب = 764.6 لتر = 27 قدم مكعب = 46656 بوصة مكعبة

القدم المكعب = 0.02832 متر مكعب = 28.32 لتر = 1728 بوصة مكعبة

5- وحدات المكاييل:

الجالون الإنكليزي = 4.546 ليتر = 277.42 بوصة مكعبة = 4 كوارت انكليزي

الجالون الأمريكي = 4 كوارت أمريكي للسوائل = 3.7853 ليتر = 231 بوصة مكعبة

الكوارت للسوائل = 0.9463 ليتر = 2 باينت للسوائل

البانت = 8/1 جالون = 0.4732 ليتر

الكوارت للسوائل = 1.1012 لتر

الليتر = 1.0567 كوارت أمريكي للسوائل= 1000 مليلترا = 0.2199 جالون

الليتر = 0.9081 كوارت أمريكي للجوامد

الكوارت الإنكليزي للسوائل = 1.032 كوارت متري أمريكي للجوامد

ديكالتر = 10 ليتر = 2.64 جالون متري للجوامد

ديكالتر = 0.284 بوشل للجوامد

كيلو ليتر = 1000 ليتر = 264.18 جالون متري للسوائل = 35.315 قدم مكعب

البوشل من القمح = 60 ليبرة طبقاً للمواصفات القياسية الأمريكية

البوشل من الذرة = 56 ليبرة طبقاً للمواصفات القياسية الأمريكية

6-الضغط:

الوحدات الألمانية = 1 كيلوجرام/سم^3= 1 ضغط جوي

الوحدات الإنكليزية = رطل / بوصة مربعة = 0.0703 كجم/بوصة مربعة

كيلوجرام / سم3 = 14.224 رطل / بوصة مربعة

7 -الوحدات الكهربية:

1كيلو وات = 1000 وات = 1.36 حصان.Horse Power H.P

1قوة حصان = 746 وات = 42.41 وحدة حرارية بريطانية

1وحدة حرارية بريطانية = 0.2930 وات / ساعة

8- وحدات قياس درجات الحرارة:

هناك مقياسان دوليان لقياس درجات الحرارة هما :

أ) المقياس المئوي "Celsius "centigrade

ب) المقياس الفهرنهيتي Fehrenheit

ويتم التحويل من أي منهما إلى الآخر طبقاً للعلاقتين التاليتين :

فْ = (مْ × 1.8) + 32

مْ = (فْ - 32) × 0.5556

العدد	10^{-15}	10^{-12}	10^{-9}	10^{-6}	10^{-3}	10^{-1}	10^{3}	10^{6}	10^{9}	10^{12}	10^{15}	10^{18}
التسمية	فيمتو Femto	بيكو peco	نانو nano	ميكرو micro	ميلي milli	سنتي centi	كيلو kilo	ميجا Mega	جيجا Giga	تيرا Tera	بيتا Peta	اكزا Exa
الرمز	F	p	n	μ	m	c	K	M	G	T	P	E

المصادر

اسس علم البيئة- بجزئيه الاول والثاني. 1990. اي.بي.اودم. ترجمة د. محمد عمار الراوي و م. اكرم الخياط. مطابع دار الحكمة للطباعة والنشر.

آل ياسين، محمد حسن. 1986. معجم النبات والزراعة. الجزء الاول. مطبوعات المجمع العلمي العراقي.

البعلبكي، منير.2005. المورد. قاموس انكليزي- عربي حديث.الطبعة التاسعة والثلاثون. دار العلم للملايين- بيروت.

التلوث البيئي. 1989. لورانت هوجز. ترجمة د. محمد عمار الراوي و د. عبد الرحيم عشير. مطبعة بيت الحكمة. وزارة التعليم العالي .

الجليلي، محمود (رئيس التحرير). 1973. المعجم الطبي الموحد- اتحاد الاطباء العرب. مطبعة المجمع العلمي العراقي. طبعة خاصة.

السنوي، سهل ونضير الانصاري. 1970. معجم مصطلحات علم الارض. الجمعية الجيولوجية العراقية. بغداد.98ص.

العاني، بدري عويد ومؤيد احمد يونس وحكمت عباس العاني .1988. دليل مصطلحات النبات. جامعة بغداد. وزارة التعليم العالي والبحث العلمي.101ص.

المحلي، جلال وجلال الدين السيوطي.1416هـ. تفسير الجلالين. على هامش القرآن الكريم. الطبعة الاولى.مكتبة ومطبعة الشربجي للطباعة والتجليد- دمشق.

المصطلحات العلمية. 1962. المجمع العلمي العراقي. مطبعة المجمع العلمي العراقي. بغداد.

المعجم الطبي الموحد.1978. اتحاد الاطباء العرب.مطبعة المجمع العلمي العراقي. بغداد.

المعجم الموحد للمصطلحات العلمية في مراحل التعليم العام -4، معجم مصطلحات الحيوان. 1979. مطبعة المجمع العلمي العراقي. بغداد.

الملائكة، جميل.1978. معجم مصطلحات علوم المياه. مطبعة المجمع العلمي العراقي. بغداد. 95ص.

اليوسوعي، لويس معلوف.1965. المنجد في اللغة والادب والعلوم. المطبعة الكاثوليكية في بيروت.

عبد الباقي، محمد فؤاد.1992. المعجم المفهرس لألفاظ القرآن الكريم. الطبعة الثالثة. دار الفكر للطباعة والنشر والتوزيع.

قاموس النبات والميكروبيولوجيا.1985. موسوعة الكويت العلمية. مؤسسة الكويت للتقدم العلمي. الجزء الاول. لجنة من المؤلفين. طباعة ذات السلاسل . الكويت.

قاموس النبات والميكروبيولوجيا.1985. موسوعة الكويت العلمية. مؤسسة الكويت للتقدم العلمي. الجزء الثاني. لجنة من المؤلفين. طباعة ذات السلاسل . الكويت.

مصطلحات علمية ، القسم الحادي عشر.1998. المجمع العلمي . مطبعة المجمع العلمي . بغداد.348ص.

معجم الحيوان.1971. جامعة الدول العربية. المنظمة العربية للتربية والثقافة والعلوم ،المكتب الدائم لتنسيق التعريب في الوطن العربي. الرباط . المملكة المغربية. 124ص.

معجم المصطلحات العلمية.1969. جمع وتعريب عبد العزيز محمود، محمود عبد الرحمن البرعي و حسن محمد ريحان . مكتبة الانجلو المصرية.

معجم النبات.1971. جامعة الدول العربية. المنظمة العربية للتربية والثقافة والعلوم ،المكتب الدائم لتنسيق التعريب في الوطن العربي. الرباط . المملكة المغربية. 173ص.

نشرة متحف التاريخ الطبيعي رقم 26. 1969. قائمة مصنفة للحيوانات الفقرية في العراق. مطبعة الاوقات العراقية. جامعة بغداد. بغداد.104ص.

A bercrombie, M.; C.J.Hickman and M.L. jonnson.1951. A dictionary of biology. Penguin Books.

Abdullah Yusuf Ali, 1946. The Holy Quran. Text, Translation and Commentary. Volumes one and two. Haf publishing company. New York.U.S.A.

Ainsworth, G.C. and M.P. Bisby.1954. A dictionary of Fungi. 4th ed. The Commonwealth Mycologieal Institute Kew, Surrey.

Borror, D.J.; De long,D.M. and Triplehorn, C.A. 1981.Introduction to the study of insects.5th ed. Saunders college publishing.USA.827p.

Collin,P.H.2004.Dictionary of Environment & Ecology. 5th ed. Bloomsbury Publishing Plc.228 p.

Edmunds,M.1974. Defence in animals.Longman group limited. 357p.

Krebs, G.J.1972. Ecology: The Experimental Analysis of the Distribution and Abundance. Harper and Row, Publishers. New York, London.

Odum,E.P. and Barrett,G.W.2005. Fundamentals of Ecology. Fifth edition.Brooks / Cole.Belmont. USA.598p.

RESH, V.H. & CARDÉ, R.T. (Editors). 2003. Encyclopedia of Insects. 1st ed. Academic Press. Elsevier Science .USA. 1266 p.

Twentieth Century Dictionary. 1943. Compiled by Rev. Thomas Davidson. Revised and Expanded by J. Liddell Geddie, M.A.W. and R. Chambers, ltd.

www.ingramcontent.com/pod-product-compliance
Lightning Source LLC
Chambersburg PA
CBHW081718220526
45468CB00008B/1885
9781721524983